高等学校数学公共课辅导系列

线性代数解题指导

——概念、方法与技巧

王中良 编

北京大学出版社
PEKING UNIVERSITY PRESS

图书在版编目(CIP)数据

线性代数解题指导:概念、方法与技巧/王中良编.—北京:北京大学出版社,2004.9
(高等学校数学公共课辅导系列)
ISBN 978-7-301-07790-0

Ⅰ.线…　Ⅱ.王…　Ⅲ.线性代数-高等学校-解题
Ⅳ.O151.2-44

中国版本图书馆 CIP 数据核字(2004)第 087931 号

书　　名:线性代数解题指导——概念、方法与技巧
著作责任者:王中良　编
责 任 编 辑:刘　勇
标 准 书 号:ISBN 978-7-301-07790-0/O·0608
出 版 发 行:北京大学出版社
地　　址:北京市海淀区中关村北京大学校内　100871
网　　址:http://www.pup.cn　电子邮箱:zpup@pup.pku.edu.cn
电　　话:邮购部 62752015　发行部 62750672　理科编辑部 62752021
出版部 62754962
印　刷　者:北京大学印刷厂
经　销　者:新华书店
890mm×1240mm　A5　9.875 印张　280 千字
2004 年 9 月第 1 版　2011 年 10 月第 4 次印刷
印　　数:13101—16100 册
定　　价:16.50 元

内容简介

本书是高等院校工科、经济管理和财经类各专业本科生数学公共基础课“线性代数”的学习辅导书.全书共分六章,内容包括行列式、矩阵、线性方程组和向量、向量空间、矩阵的特征值与特征向量、二次型等.每章按照内容提要,基本要求与重点、难点分析,典型例题解析,练习题四部分编写,与国内统编教材相辅相成、同步使用.书末有两个附录,附录一为 2004 年硕士学位研究生入学考试线性代数试题;附录二为每章练习题答案、提示与解答,也包括 2004 年考研试题的解答.

本书是按照原国家教委制定的工科类“线性代数课程教学基本要求”,并参照全国硕士研究生入学统一考试“数学考试大纲”,结合编者多年从事线性代数课程教学与辅导的经验和体会而编写的.本书重点是“典型例题解析”这一部分,选编例题约 300 道,按题型分为填空题、选择题、解答题和证明题等类型.用“讲思路、举例题”与“举例题、讲方法”的思维方法,帮助读者正确理解线性代数的基本概念和基本理论,掌握解题的常用方法与技巧,特别是许多例题给出一题多解,通过解题更能开阔思路,提高分析和解决问题的能力,达到融会贯通、举一反三的效果.

本书既可作为高校各相关专业本科生学习“线性代数”的辅导教材,也可作为任课教师的教学参考书,对于准备报考硕士研究生的读者,本书也是复习备考时的良师益友.

前 言

“线性代数”是高等院校工科、经济管理和财经类各专业的一门重要公共必修课程．随着科学技术飞速发展和计算机的广泛应用，线性代数所涉及的处理问题的思想、方法和技巧已被广泛应用到科技的各个领域，成为各类科技人员必备的数学基础之一．

线性代数具有较强的抽象性与逻辑性，概念多、符号多、运算法则多，内容纵横交错，前后联系紧密，环环相扣，相互渗透，有一套独特的理论体系和处理问题的规律和方法．初学者往往感到学习比较困难，不易抓住重点，不易理解其抽象的概念和理论．课上似乎已经听懂，但做题却有些困难，尤其对推理方面的问题有时感到无从入手．针对初学者学习线性代数中出现的这些问题和困难，编者根据多年从事线性代数课程教学与辅导的经验和体会，认真研究了由原国家教委制定的工科类“线性代数课程教学基本要求”和全国硕士研究生入学统一考试“数学考试大纲”的精神，编写了本辅导书，旨在帮助读者很好地掌握线性代数的基本内容，正确理解基本概念，掌握解题的基本方法与技巧，培养和提高分析问题、解决问题的能力．

全书共分六章，每章均由以下四部分组成：

一、内容提要　对本章的基本概念、基本理论和基本方法作简要归纳，揭示本章内容和前后章内容的联系，对某些重要的理论进行综合归纳讲解，以帮助读者较快地、正确地把握住本章的核心内容．

二、基本要求与重点难点分析　指出对本章各部分内容应达到的认知程度，特别指出本章的重点和难点，对重点内容侧重分析讲解，揭示其本质以及与其他概念的联系. 对难点则侧重指出克服难点的方法，以帮助读者站在一个更高层次上理解线性代数的理论和方法.

三、典型例题解析 本书例题选题广泛、典型，在题型上既有填空题、选择题，也有计算题、证明题和综合题，还包含了近年来大部分的考研试题. 这些例题(约 300 道)以本章内容为准，按照题型归类，用"讲思路、举例题"与"举例题、讲方法"的思维方式，揭示具有共性题目的特征和解题思路；着重分析题目条件和结论之间的逻辑关系；注意讲述解题技巧，归纳解题方法；有些题一题多解，开拓思路，通过解题可加深对基本概念和基本理论的理解和联系. 另外，通过对某些例题的注释，帮助读者更好地把握住典型例题的典型处理方法和可能的各种延伸，达到举一反三、触类旁通的效果.

希望读者在阅读这些例题时，要边看、边思索、边推导，自己先做一做. 有些例题步骤写得简略，也希望读者把它补充完整. 读后要注意总结这个例题包含了哪些知识点，用到了哪些基本理论和方法，这样才能提高得更快.

四、练习题 本书收集了约 120 余道练习题. 读者可以从中有选择地挑选一部分作为练习，并要求独立完成，以检验自己对所学内容和方法的掌握程度.

书末附录一为 2004 年硕士学位研究生入学考试线性代数试题，有助于准备报考研究生的读者熟悉题型，了解考研试题的大致难易程度，以备应考；附录二为每章练习题答案、提示与解答，其中也包括 2004 年研究生入学考试线性代数试题的解答. 有些题的答案不是惟一的，解题方法也不只一种，也不一定最好，望读者经过思索，能有新的解题方法和捷径.

本书在编写过程中，参阅了不少同类书籍(书末附有参考书目录)，受到不少启发和教益，在此谨向有关作者致以诚挚的谢意. 另外还要感谢刘书田老师和北京大学出版社责任编辑刘勇老师，对本书出版所给予的支持和帮助.

限于编者水平，本书难免有错误和不妥之处，恳请读者和使用本书的教师提出宝贵意见，以便今后改进.

编　者

2004年5月于北京

目　录

第一章　行　列　式

§1.1　内 容 提 要

1.1.1　排列及其奇偶性

由 1,2,…,n 这 n 个数字组成的一个有序数组,称为一个 n 元排列.一般地记作 $j_1j_2\cdots j_n$.由于是全排列,故 n 元排列共有 $n!$ 个.

在一个排列中,如果有一个大的数排在一个小的数的前面,则称这两个数构成该排列的一个**逆序**.排列中逆序的总数称为该排列的**逆序数**.排列 $j_1j_2\cdots j_n$ 的逆序数记作 $\tau(j_1j_2\cdots j_n)$.

逆序数为偶数的排列称为**偶排列**,逆序数为奇数的排列称为**奇排列**.在全部 $n!$ 个 n 元排列中,奇排列与偶排列各占一半.

1.1.2　n 阶行列式

一、基本概念

n 阶行列式

$$\begin{vmatrix} a_{11} & a_{12} & \cdots & a_{1n} \\ a_{21} & a_{22} & \cdots & a_{2n} \\ \vdots & \vdots & & \vdots \\ a_{n1} & a_{n2} & \cdots & a_{nn} \end{vmatrix} = \sum_{j_1j_2\cdots j_n} (-1)^{\tau(j_1j_2\cdots j_n)} a_{1j_1}a_{2j_2}\cdots a_{nj_n},$$

简记为 $D_n=|a_{ij}|$.数 a_{ij} 为行列式 D_n 中的元素,$\sum\limits_{j_1j_2\cdots j_n}$ 表示对所有 n 元排列求和,故行列式 D_n 的展开式中共有 $n!$ 项.

由定义可知,n 阶行列式 $D_n=|a_{ij}|$ 是一个数值.特别,

1 阶行列式:

$$|a_{11}| = a_{11};$$

2 阶行列式:

$$\begin{vmatrix} a_{11} & a_{12} \\ a_{21} & a_{22} \end{vmatrix} = a_{11}a_{22} - a_{12}a_{21}.$$

二、几个特殊的行列式

(1) 上(下)三角行列式:

$$\begin{vmatrix} a_{11} & a_{12} & a_{13} & \cdots & a_{1n} \\ 0 & a_{22} & a_{23} & \cdots & a_{2n} \\ 0 & 0 & a_{33} & \cdots & a_{3n} \\ \vdots & \vdots & \vdots & & \vdots \\ 0 & 0 & 0 & \cdots & a_{nn} \end{vmatrix} = \begin{vmatrix} a_{11} & 0 & 0 & \cdots & 0 \\ a_{21} & a_{22} & 0 & \cdots & 0 \\ a_{31} & a_{32} & a_{33} & \cdots & 0 \\ \vdots & \vdots & \vdots & & \vdots \\ a_{n1} & a_{n2} & a_{n3} & \cdots & a_{nn} \end{vmatrix}$$

$$= a_{11}a_{22}\cdots a_{nn}.$$

(2) $$\begin{vmatrix} a_{11} & a_{12} & \cdots & a_{1,n-1} & a_{1n} \\ a_{21} & a_{22} & \cdots & a_{2,n-1} & 0 \\ \vdots & \vdots & & \vdots & \vdots \\ a_{n1} & 0 & \cdots & 0 & 0 \end{vmatrix} = \begin{vmatrix} 0 & 0 & \cdots & 0 & a_{1n} \\ 0 & 0 & \cdots & a_{2,n-1} & a_{2n} \\ \vdots & \vdots & & \vdots & \vdots \\ a_{n1} & a_{n2} & \cdots & a_{n,n-1} & a_{nn} \end{vmatrix}$$

$$= (-1)^{\frac{n(n-1)}{2}} a_{1n}a_{2,n-1}\cdots a_{n1}.$$

(3) n 阶范德蒙(Vandermonde)行列式:

$$\begin{vmatrix} 1 & 1 & \cdots & 1 \\ a_1 & a_2 & \cdots & a_n \\ a_1^2 & a_2^2 & \cdots & a_n^2 \\ \vdots & \vdots & & \vdots \\ a_1^{n-1} & a_2^{n-1} & \cdots & a_n^{n-1} \end{vmatrix} = \prod_{1 \leqslant j < i \leqslant n} (a_i - a_j).$$

(4) 设 $\boldsymbol{A}$ 为 m 阶方阵，$\boldsymbol{B}$ 为 n 阶方阵，

$$\begin{vmatrix} \boldsymbol{A} & \boldsymbol{O} \\ \boldsymbol{O} & \boldsymbol{B} \end{vmatrix} = |\boldsymbol{A}||\boldsymbol{B}|, \quad \begin{vmatrix} \boldsymbol{O} & \boldsymbol{A} \\ \boldsymbol{B} & \boldsymbol{O} \end{vmatrix} = (-1)^{mn}|\boldsymbol{A}||\boldsymbol{B}|.$$

1.1.3 行列式的性质和展开定理

一、行列式的性质

(1) 行列式与它的转置行列式相等.

(2) 若互换行列式的某两行(或某两列)，行列式的值变号.

(3) 如果用数 k 乘行列式的某一行(或某一列)，等于用数 k 乘

行列式.换句话说,行列式某一行(或某一列)的公因子可以提到行列式外.

(4) 如果行列式的某一行(或某一列)的每个元素均表为两个数的和,则该行列式等于两个行列式的和.

(5) 将行列式某行(或某列)的 k 倍加到另一行(或另一列)上,行列式的值不变.

由上述性质,可以得到下述三个使行列式为零的充分条件:

(1) 若行列式中有一行(或一列)元素全为零,则行列式等于零.

(2) 若行列式中有两行(或两列)元素相同,则行列式等于零.

(3) 若行列式中有两行(或两列)元素对应成比例,则行列式等于零.

二、行列式按一行(或一列)的展开定理

设 $D=|a_{ij}|$ 为任意一个 n 阶行列式,则

$$\begin{aligned} D &= a_{i1}A_{i1}+a_{i2}A_{i2}+\cdots+a_{in}A_{in} \quad (i=1,2,\cdots,n) \\ &= a_{1j}A_{1j}+a_{2j}A_{2j}+\cdots+a_{nj}A_{nj} \quad (j=1,2,\cdots,n), \end{aligned}$$

其中 A_{ij} 为元素 a_{ij} 的代数余子式.

展开定理的推论:

$$a_{i1}A_{k1}+a_{i2}A_{k2}+\cdots+a_{in}A_{kn}=0 \quad (i\neq k),$$

$$a_{1j}A_{1k}+a_{2j}A_{2k}+\cdots+a_{nj}A_{nk}=0 \quad (j\neq k).$$

三、拉普拉斯(Laplace)展开定理

设 $D=|a_{ij}|$ 为任意一个 n 阶行列式,在 D 中任意取定 k 行 $(1\leqslant k\leqslant n)$,由这 k 行元素组成的所有 k 阶子式 M_i $(i=1,2,\cdots,t)$ 与它们的代数余子式 B_i $(i=1,2,\cdots,t)$ 的乘积之和等于 D,即

$$D=M_1B_1+M_2B_2+\cdots+M_tB_t \quad (t=C_n^k).$$

1.1.4 克莱姆(Cramer)法则

(1) 如果含有 n 个方程的 n 元非齐次线性方程组

$$\begin{cases} a_{11}x_1+a_{12}x_2+\cdots+a_{1n}x_n=b_1, \\ a_{21}x_1+a_{22}x_2+\cdots+a_{2n}x_n=b_2, \\ \cdots\cdots\cdots\cdots\cdots\cdots\cdots\cdots\cdots \\ a_{n1}x_1+a_{n2}x_2+\cdots+a_{nn}x_n=b_n \end{cases} \tag{1}$$

的系数行列式 $D=|a_{ij}|\neq 0$,则方程组(1)有惟一解,且

$$x_j=\frac{D_j}{D}\quad (j=1,2,\cdots,n),$$

其中 D_j 是将系数行列式 D 的第 j 列换成常数项 $b_1,b_2,\cdots,b_n$ 后得到的行列式.

(2) 如果含有 n 个方程的 n 元齐次线性方程组

$$\begin{cases}a_{11}x_1+a_{12}x_2+\cdots+a_{1n}x_n=0,\\ a_{21}x_1+a_{22}x_2+\cdots+a_{2n}x_n=0,\\ \cdots\cdots\cdots\cdots\cdots\cdots\cdots\cdots\cdots\cdots\\ a_{n1}x_1+a_{n2}x_2+\cdots+a_{nn}x_n=0\end{cases}\qquad(2)$$

的系数行列式 $D=|a_{ij}|\neq 0$,则方程组(2)仅有零解.

换句话说,如果方程组(2)有非零解,则其系数行列式 $D=0$.

§1.2 基本要求与重点、难点分析

1.2.1 基本要求

(1) 了解行列式的概念.

(2) 掌握行列式的性质,会应用行列式的性质和行列式按行(列)展开定理计算行列式.

(3) 掌握克莱姆法则.

1.2.2 重点、难点分析

n 阶行列式的定义是本章的一个难点,掌握行列式的基本计算方法是本章的重点,而元素中含有字母的行列式的计算也是一个难点.

(1) n 阶行列式的本质是对 n^2 个数按一定规则进行运算,其结果为一个数.这个运算规则的特点是:

① D_n 等于它的所有取自不同行、不同列的 n 个元素的乘积的代数和.这里的"所有"是指对所有 n 元排列求和,因而 D_n 的展开式中共有 $n!$ 个乘积项.

② 每个乘积项 $a_{1j_1}a_{2j_2}\cdots a_{nj_n}$ 前面所带符号为 $(-1)^{\tau(j_1j_2\cdots j_n)}$，即当行标排列为自然序排列时，若列标排列 $j_1j_2\cdots j_n$ 是偶排列，该乘积项前面带正号，否则带负号.

由克莱姆法则告知，方程组的系数行列式是否为零，决定了方程组的解的不同情形. 这是因为行列式的值是否为零取决于行列式中行与行之间(或列与列之间)两种不同的情况，即后面所要讨论到的线性相关及线性无关. 所以行列式的概念与计算是今后讨论矩阵、线性方程组及 n 维向量的基础之一.

(2) 行列式的性质及展开定理是计算行列式的基础，要求读者对行列式性质及展开法则一定要熟记，并弄清其含意及功能. 行列式的具体计算方法常常因题而异，读者也应注意分析所计算行列式的特点，灵活选用计算方法.

(3) 克莱姆法则是线性方程组理论中一个重要结论，它的意义在于给出了方程组的解与系数及常数项之间的关系，但克莱姆法则仅适用于方程个数与未知量个数相等的方程组，且系数行列式不为零. 因而克莱姆法则主要用于理论问题及简单方程组的求解，求解线性方程组的一般方法还是消元法.

§1.3 典型例题解析

1.3.1 求排列的逆序数

设有 n 元排列 $j_1j_2\cdots j_n$，若在数字 1 之前有 k_1 个数，记下 k_1，然后划掉 1；再看数字 2，若在数字 2 之前有 k_2 个数，记下 k_2，然后划掉 2；再看数字 3，若在数字 3 之前有 k_3 个数，记下 k_3，然后划掉 3；……，依次类推，设在数字 $n-1$ 之前有 k_{n-1} 个数，记下 k_{n-1}. 那么

$$\tau(j_1j_2\cdots j_n)=k_1+k_2+\cdots+k_{n-1}.$$

例 1.1 求下列排列的逆序数，并指出它们的奇偶性：

(1) 3 5 4 6 1 2；　　(2) 7 5 6 3 4 2 1；

(3) 3 4 5 … n 2 1；　　(4) $(n-1)(n-2)\cdots 2\ 1\ n$.

解 (1) 在 1 之前有 4 个数，划去 1；在 2 之前有 4 个数，划去 2；

在 3 之前有 0 个数，划去 3；在 4 之前有 1 个数，后面不存在逆序. 则

$$\tau(3\ 5\ 4\ 6\ 1\ 2) = 4 + 4 + 1 = 9,$$

为奇排列.

(2) $\tau(7\ 5\ 6\ 3\ 4\ 2\ 1)=6+5+3+3+1+1=19$，为奇排列.

(3) $\tau(3\ 4\ 5\ \cdots\ n\ 2\ 1)=(n-1)+(n-2)=2n-3$，为奇排列.

(4) $$\tau((n-1)(n-2)\cdots\ 2\ 1\ n)=(n-2)+(n-3)+\cdots+2+1 = \frac{(n-2)(n-1)}{2},$$

当 $n=4m$ 时，为奇排列；当 $n=4m+1$ 时，为偶排列；当 $n=4m+2$ 时，为偶排列；当 $n=4m+3$ 时，为奇排列.

例 1.2 设排列 $j_1j_2\cdots j_{n-1}j_n$ 的逆序数为 k，问 $j_nj_{n-1}\cdots j_2j_1$ 的逆序数是多少？

解 若排列 $j_1j_2\cdots j_{n-1}j_n$ 中关于 j_1 有 m_1 个逆序，则有 $(n-1)-m_1$ 个顺序，即在排列 $j_nj_{n-1}\cdots j_2j_1$ 中关于 j_1 有 $(n-1)-m_1$ 个逆序；若关于 j_2 有 m_2 个逆序，则有 $(n-2)-m_2$ 个顺序；……，依次类推，关于 j_n 有 m_n 个逆序，则有 $(n-n)-m_n$ 个顺序，而 $m_1+m_2+\cdots+m_n=k$，故 $j_nj_{n-1}\cdots j_2j_1$ 的逆序数为

$$\begin{aligned}
&\tau(j_nj_{n-1}\cdots j_2j_1)\\
&\quad = [(n-n)-m_n]+\cdots+[(n-2)-m_2]\\
&\qquad +[(n-1)-m_1]\\
&\quad = (n-1)+(n-2)+\cdots+1+0-k\\
&\quad = \frac{1}{2}n(n-1)-k.
\end{aligned}$$

例 1.3 求 i,j 使

(1) $2\ i\ 6\ 8\ j\ 4\ 3\ 1$ 是奇排列；

(2) $1\ 6\ 2\ i\ 5\ 4\ j\ 8$ 是偶排列.

解 (1) 由 $2\ i\ 6\ 8\ j\ 4\ 3\ 1$ 是 8 元排列，故 i,j 只能各是数字 5 和数字 7 中的一个. 若 $i=5$，$j=7$，由于 $\tau(2\ 5\ 6\ 8\ 7\ 4\ 3\ 1)=17$，则是奇排列.

(2) 由 $1\ 6\ 2\ i\ 5\ 4\ j\ 8$ 是 8 元排列，故 i,j 只能各是数字 3 和数字 7 中的一个. 若 $i=3$，$j=7$，由 $\tau(1\ 6\ 2\ 3\ 5\ 4\ 7\ 8)=5$，$1\ 6\ 2\ 3\ 5\ 4\ 7\ 8$ 是奇排列. 所以 $i=7$，$j=3$ 时，才为偶排列.

1.3.2 n 阶行列式的定义

例 1.4 在 5 阶行列式 $D=|a_{ij}|$ 的展开式中，下列各项的前面应带什么符号？

(1) $a_{13}a_{24}a_{31}a_{42}a_{55}$； (2) $a_{31}a_{24}a_{53}a_{12}a_{45}$.

解 (1) 该项的行标排列已是自然序排列，而列标排列为 3 4 1 2 5，其逆序数 $\tau(3\ 4\ 1\ 2\ 5)=4$，故应带正号.

(2) 该项的行标排列为 3 2 5 1 4，列标排列为 1 4 3 2 5，它们的逆序数之和为

$$\tau(3\ 2\ 5\ 1\ 4)+\tau(1\ 4\ 3\ 2\ 5)=5+3=8,$$

故应带正号.

例 1.5 写出 4 阶行列式展开式中所有带负号且含元素 a_{32} 的项.

解 由题设条件，在 4 阶行列式展开式中所要求的项为

$$-a_{1j_1}a_{2j_2}a_{32}a_{4j_4},$$

由带负号，可知 $\tau(j_1\ j_2\ 2\ j_4)$ 为奇数. 而在形式为 $j_1\ j_2\ 2\ j_4$ 的 4 元排列中，只有 1 3 2 4，3 4 2 1，4 1 2 3 这三个是奇排列. 所以带负号且含元素 a_{23} 的项为

$$-a_{11}a_{23}a_{32}a_{44},\quad -a_{13}a_{24}a_{32}a_{41},\quad -a_{14}a_{21}a_{32}a_{43}.$$

例 1.6 利用行列式定义计算行列式

$$D=\begin{vmatrix} a_{11} & 0 & 0 & a_{14} \\ 0 & a_{22} & a_{23} & 0 \\ 0 & a_{32} & a_{33} & 0 \\ a_{41} & 0 & 0 & a_{44} \end{vmatrix}.$$

分析 在 D 中有很多元素为零，因而在全部 4! 项中有很多项为零. 只要把 D 中所有可能不为零的项，即所有位于不同行、不同列的可能非零元素的情况分析出来，就可求出 D.

解 在 D 中位于不同行、不同列的可能非零元素的情形有

$$\begin{vmatrix} a_{11} & 0 & 0 & 0 \\ 0 & a_{22} & 0 & 0 \\ 0 & 0 & a_{33} & 0 \\ 0 & 0 & 0 & a_{44} \end{vmatrix} = a_{11}a_{22}a_{33}a_{44},$$

$$\begin{vmatrix} a_{11} & 0 & 0 & 0 \\ 0 & 0 & a_{23} & 0 \\ 0 & a_{32} & 0 & 0 \\ 0 & 0 & 0 & a_{44} \end{vmatrix} = -a_{11}a_{23}a_{32}a_{44},$$

$$\begin{vmatrix} 0 & 0 & 0 & a_{14} \\ 0 & 0 & a_{23} & 0 \\ 0 & a_{32} & 0 & 0 \\ a_{41} & 0 & 0 & 0 \end{vmatrix} = a_{14}a_{23}a_{32}a_{41},$$

$$\begin{vmatrix} 0 & 0 & 0 & a_{14} \\ 0 & a_{22} & 0 & 0 \\ 0 & 0 & a_{33} & 0 \\ a_{41} & 0 & 0 & 0 \end{vmatrix} = -a_{14}a_{22}a_{33}a_{41},$$

所以

$$\begin{aligned} D &= a_{11}a_{22}a_{33}a_{44} - a_{11}a_{23}a_{32}a_{44} + a_{14}a_{23}a_{32}a_{41} \\ &\quad - a_{14}a_{22}a_{33}a_{41} \\ &= (a_{11}a_{44} - a_{14}a_{41})(a_{22}a_{33} - a_{23}a_{32}). \end{aligned}$$

注释 本题若用展开定理计算，更为简单，读者不妨一试.

例 1.7 由行列式定义证明：

$$D = \begin{vmatrix} a_{11} & a_{12} & a_{13} & a_{14} & a_{15} \\ a_{21} & a_{22} & a_{23} & a_{24} & a_{25} \\ a_{31} & a_{32} & 0 & 0 & 0 \\ a_{41} & a_{42} & 0 & 0 & 0 \\ a_{51} & a_{52} & 0 & 0 & 0 \end{vmatrix} = 0.$$

证 由行列式定义，5 阶行列式的展开式中任意一项为

$$(-1)^{\tau(j_1j_2j_3j_4j_5)} a_{1j_1}a_{2j_2}a_{3j_3}a_{4j_4}a_{5j_5}.$$

由于 j_3,j_4,j_5 中至少有一个数取到 3,4,5 中的某一个,再由 D 中元素的特点,说明 $a_{3j_3},a_{4j_4},a_{5j_5}$ 中至少有一个元素为零. 这样展开式中任意一项都为零,因此 $D=0$.

例 1.8 由行列式定义计算多项式

$$f(x)=\begin{vmatrix} 2x & x & 1 & 2 \\ 1 & x & 1 & -1 \\ 3 & 2 & x & 1 \\ 1 & 1 & 1 & x \end{vmatrix}$$

中 x^4 与 x^3 的系数,并说明理由.

解 由行列式的定义, $f(x)$中出现 x^4 的项只能是

$$\begin{vmatrix} 2x & 0 & 0 & 0 \\ 0 & x & 0 & 0 \\ 0 & 0 & x & 0 \\ 0 & 0 & 0 & x \end{vmatrix}=2x^4,$$

$f(x)$中出现 x^3 的项只有

$$\begin{vmatrix} 0 & x & 0 & 0 \\ 1 & 0 & 0 & 0 \\ 0 & 0 & x & 0 \\ 0 & 0 & 0 & x \end{vmatrix}=-x^3,$$

因此, $f(x)$中 x^4 的系数为 2, x^3 的系数为-1.

1.3.3 行列式的性质与展开定理的应用

例 1.9 记行列式

$$\begin{vmatrix} x-2 & x-1 & x-2 & x-3 \\ 2x-2 & 2x-1 & 2x-2 & 2x-3 \\ 3x-3 & 3x-2 & 4x-5 & 3x-5 \\ 4x & 4x-3 & 5x-7 & 4x-3 \end{vmatrix}$$

为 $f(x)$,求方程 $f(x)=0$ 的全部根.

分析 本题实质上是计算这个 4 阶行列式. 由于行列式中各元素均含有 x,若直接展开是繁琐的,要先利用性质作恒等变形使计算变得简单.

解 将第1列的(−1)倍依次加至其余各列上,得

$$f(x)=\begin{vmatrix} x-2 & 1 & 0 & -1 \\ 2x-2 & 1 & 0 & -1 \\ 3x-3 & 1 & x-2 & -2 \\ 4x & -3 & x-7 & -3 \end{vmatrix}$$

$$\xlongequal{c_2+c_4}\begin{vmatrix} x-2 & 1 & 0 & 0 \\ 2x-2 & 1 & 0 & 0 \\ 3x-3 & 1 & x-2 & -1 \\ 4x & -3 & x-7 & -6 \end{vmatrix}$$

$$=\begin{vmatrix} x-2 & 1 \\ 2x-2 & 1 \end{vmatrix}\cdot\begin{vmatrix} x-2 & -1 \\ x-7 & -6 \end{vmatrix}=5x(x-1)=0,$$

所以,方程 $f(x)=0$ 有两个根为 $x_1=0$, $x_2=1$.

例 1.10 证明:

$$\begin{vmatrix} a+b & b+c & c+a \\ a_1+b_1 & b_1+c_1 & c_1+a_1 \\ a_2+b_2 & b_2+c_2 & c_2+a_2 \end{vmatrix}=2\begin{vmatrix} a & b & c \\ a_1 & b_1 & c_1 \\ a_2 & b_2 & c_2 \end{vmatrix}.$$

证 由于3阶行列式中每个元素都表示为两个数相加,由行列式性质(4),左端行列式可以表示成8个行列式之和(请读者思考,为什么?),即

$$\text{左式}=\begin{vmatrix} a & b & c \\ a_1 & b_1 & c_1 \\ a_2 & b_2 & c_2 \end{vmatrix}+\begin{vmatrix} a & b & a \\ a_1 & b_1 & a_1 \\ a_2 & b_2 & a_2 \end{vmatrix}+\begin{vmatrix} a & c & c \\ a_1 & c_1 & c_1 \\ a_2 & c_2 & c_2 \end{vmatrix}$$

$$+\begin{vmatrix} a & c & a \\ a_1 & c_1 & a_1 \\ a_2 & c_2 & a_2 \end{vmatrix}+\begin{vmatrix} b & b & c \\ b_1 & b_1 & c_1 \\ b_2 & b_2 & c_2 \end{vmatrix}+\begin{vmatrix} b & b & a \\ b_1 & b_1 & a_1 \\ b_2 & b_2 & a_2 \end{vmatrix}$$

$$+\begin{vmatrix} b & c & c \\ b_1 & c_1 & c_1 \\ b_2 & c_2 & c_2 \end{vmatrix}+\begin{vmatrix} b & c & a \\ b_1 & c_1 & a_1 \\ b_2 & c_2 & a_2 \end{vmatrix}.$$

上式右端8个行列式中,有6个行列式的两列元素相同,故它们都为零,于是

$$左式 = \begin{vmatrix} a & b & c \\ a_1 & b_1 & c_1 \\ a_2 & b_2 & c_2 \end{vmatrix} + \begin{vmatrix} b & c & a \\ b_1 & c_1 & a_1 \\ b_2 & c_2 & a_2 \end{vmatrix}.$$

将上式等号右端第 2 个行列式中第 3 列依次与第 2 列、第 1 列作相邻两列互换，由行列式性质(2)，得

$$左式 = \begin{vmatrix} a & b & c \\ a_1 & b_1 & c_1 \\ a_2 & b_2 & c_2 \end{vmatrix} + \begin{vmatrix} a & b & c \\ a_1 & b_1 & c_1 \\ a_2 & b_2 & c_2 \end{vmatrix} = 2\begin{vmatrix} a & b & c \\ a_1 & b_1 & c_1 \\ a_2 & b_2 & c_2 \end{vmatrix}.$$

例 1.11　证明：

$$\begin{vmatrix} a^2 & (a-1)^2 & (a-2)^2 & (a-3)^2 \\ b^2 & (b-1)^2 & (b-2)^2 & (b-3)^2 \\ c^2 & (c-1)^2 & (c-2)^2 & (c-3)^2 \\ d^2 & (d-1)^2 & (d-2)^2 & (d-3)^2 \end{vmatrix} = 0.$$

证　把左边行列式 D 的第 1 列的 (-1) 倍分别加到第 2,3,4 列上，得

$$D = \begin{vmatrix} a^2 & -2a+1 & -4a+4 & -6a+9 \\ b^2 & -2b+1 & -4b+4 & -6b+9 \\ c^2 & -2c+1 & -4c+4 & -6c+9 \\ d^2 & -2d+1 & -4d+4 & -6d+9 \end{vmatrix}.$$

再把上式第 2 列的 (-2) 倍、(-3) 倍分别加到第 3,4 列，得

$$D = \begin{vmatrix} a^2 & -2a+1 & 2 & 6 \\ b^2 & -2b+1 & 2 & 6 \\ c^2 & -2c+1 & 2 & 6 \\ d^2 & -2d+1 & 2 & 6 \end{vmatrix}.$$

由第 3 列与第 4 列对应成比例，所以 $D=0$.

例 1.12　设行列式

$$D = \begin{vmatrix} 3 & 0 & 4 & 0 \\ 2 & 2 & 2 & 2 \\ 0 & -7 & 0 & 0 \\ 5 & 3 & -2 & 2 \end{vmatrix}.$$

求：(1) 第 4 行各元素的余子式之和；(2) 第 4 行各元素的代数余子式之和.

解 (1) 解法 1 直接计算可得

$$M_{41}=\begin{vmatrix}0&4&0\\2&2&2\\-7&0&0\end{vmatrix}=-56,\quad M_{42}=\begin{vmatrix}3&4&0\\2&2&2\\0&0&0\end{vmatrix}=0,$$

$$M_{43}=\begin{vmatrix}3&0&0\\2&2&2\\0&-7&0\end{vmatrix}=42,\quad M_{44}=\begin{vmatrix}3&0&4\\2&2&2\\0&-7&0\end{vmatrix}=-14,$$

所以，可求得 $M_{41}+M_{42}+M_{43}+M_{44}=-28$.

解法 2

$$\begin{aligned}&M_{41}+M_{42}+M_{43}+M_{44}\\&\quad=(-1)\times(-1)^{4+1}M_{41}+1\times(-1)^{4+2}M_{42}\\&\qquad+(-1)\times(-1)^{4+3}M_{43}+1\times(-1)^{4+4}M_{44}\\&\quad=(-1)\times A_{41}+1\times A_{42}+(-1)\times A_{43}+1\times A_{44}.\end{aligned}$$

而 $A_{41},A_{42},A_{43},A_{44}$ 与 D 中第 4 行元素无关，当把 D 中第 4 行元素换成 $-1,1,-1,1$ 后，可有

$$M_{41}+M_{42}+M_{43}+M_{44}=\begin{vmatrix}3&0&4&0\\2&2&2&2\\0&-7&0&0\\-1&1&-1&1\end{vmatrix}=-28.$$

(2) 与解法 2 的思路相同，可有

$$A_{41}+A_{42}+A_{43}+A_{44}=\begin{vmatrix}3&0&4&0\\2&2&2&2\\0&-7&0&0\\1&1&1&1\end{vmatrix}=0.$$

1.3.4 行列式的计算

行列式的基本计算方法是：

(1) 利用行列式性质将行列式化成较简单的且易于计算的行列

式(例如化成上(下)三角行列式就是一个常用的方法).

(2) 由行列式展开定理,将高阶行列式化成较低阶行列式来计算.

实际计算行列式时,往往是将以上两种方法交替使用.例如欲将行列式按某行(或某列)展开时,常先利用行列式性质将该行(或该列)中较多元素化成零.对于元素全为具体数字的行列式,总可以通过这个方法来进行计算;对于在元素中出现字母或元素之间有某些规律的行列式,则需要注意分析它的特点,采用适当方法来计算.常用的方法有三角化法、箭形法、加边法、递推法及数学归纳法等.

例 1.13 计算 4 阶行列式

$$D=\begin{vmatrix}1&1&1&1\\1&1&-1&-1\\1&-1&1&-1\\1&-1&-1&1\end{vmatrix}.$$

解法 1 将 D 中第 1 行的 (-1) 倍加到第 2 行,第 3 行的 (-1) 倍加到第 4 行,得

$$D=\begin{vmatrix}1&1&1&1\\0&0&-2&-2\\1&-1&1&-1\\0&0&-2&2\end{vmatrix}$$

$$\xlongequal{\text{提出第 2,4 行的公因子}}4\begin{vmatrix}1&1&1&1\\0&0&-1&-1\\1&-1&1&-1\\0&0&-1&1\end{vmatrix}$$

$$\xlongequal[r_4+r_3]{r_2+r_1}4\begin{vmatrix}1&1&0&0\\0&0&-1&-1\\1&-1&0&0\\0&0&-1&1\end{vmatrix}$$

$$\xlongequal{r_2\leftrightarrow r_3}(-4)\begin{vmatrix}1&1&0&0\\1&-1&0&0\\0&0&-1&-1\\0&0&-1&1\end{vmatrix}$$

$$= (-4)\begin{vmatrix} 1 & 1 \\ 1 & -1 \end{vmatrix} \cdot \begin{vmatrix} -1 & -1 \\ -1 & 1 \end{vmatrix} = -16.$$

解法 2 由第 2,3,4 各行元素之和都为零,将第 2,3,4 列均加到第 1 列上,得

$$D = \begin{vmatrix} 4 & 1 & 1 & 1 \\ 0 & 1 & -1 & -1 \\ 0 & -1 & 1 & -1 \\ 0 & -1 & -1 & 1 \end{vmatrix} = 4\begin{vmatrix} 1 & -1 & -1 \\ -1 & 1 & -1 \\ -1 & -1 & 1 \end{vmatrix}$$

$$\xlongequal[r_1 + r_3]{r_1 + r_2} 4\begin{vmatrix} 1 & -1 & -1 \\ 0 & 0 & -2 \\ 0 & -2 & 0 \end{vmatrix} = -16.$$

例 1.14 计算 4 阶行列式

$$D = \begin{vmatrix} a & b & c & d \\ b & a & d & c \\ c & d & a & b \\ d & c & b & a \end{vmatrix}.$$

解法 1 显然 D 中每行元素之和均为 $a+b+c+d$. 称 D 是一个行和相同的行列式. 将从第 2 列起的后面各列均加到第 1 列上,然后提出第 1 列的公因子,可得

$$D = (a+b+c+d)\begin{vmatrix} 1 & b & c & d \\ 1 & a & d & c \\ 1 & d & a & b \\ 1 & c & b & a \end{vmatrix}$$

$$\xlongequal[\substack{r_3 - r_1 \\ r_4 - r_1}]{r_2 - r_1} (a+b+c+d)\begin{vmatrix} 1 & b & c & d \\ 0 & a-b & d-c & c-d \\ 0 & d-b & a-c & b-d \\ 0 & c-b & b-c & a-d \end{vmatrix}$$

$$= (a+b+c+d)\begin{vmatrix} a-b & d-c & c-d \\ d-b & a-c & b-d \\ c-b & b-c & a-d \end{vmatrix}$$

$$\xlongequal[c_2+c_3]{c_2+c_1}(a+b+c+d)$$

$$\cdot\begin{vmatrix} a-b+d-c & d-c & 0 \\ a-b+d-c & a-c & a+b-c-d \\ 0 & b-c & a+b-c-d \end{vmatrix}$$

$$=(a+b+c+d)(a-b+d-c)(a+b-c-d)$$

$$\cdot\begin{vmatrix} 1 & d-c & 0 \\ 1 & a-c & 1 \\ 0 & b-c & 1 \end{vmatrix}$$

$$=(a+b+c+d)(a-b+d-c)(a+b-c-d)$$

$$\cdot\begin{vmatrix} 1 & d-c & 0 \\ 0 & a-d & 1 \\ 0 & b-c & 1 \end{vmatrix}$$

$$=(a+b+c+d)(a-b+d-c)(a+b-c-d)$$

$$\cdot(a-b+c-d).$$

解法 2

$$D\xlongequal[r_4-r_3]{r_2-r_1}\begin{vmatrix} a & b & c & d \\ b-a & a-b & d-c & c-d \\ c & d & a & b \\ d-c & c-d & b-a & a-b \end{vmatrix}$$

$$\xlongequal[c_4+c_3]{c_2+c_1}\begin{vmatrix} a+b & b & c+d & d \\ 0 & a-b & 0 & c-d \\ c+d & d & a+b & b \\ 0 & c-d & 0 & a-b \end{vmatrix}$$

$$\xlongequal{r_2\leftrightarrow r_3}-\begin{vmatrix} a+b & b & c+d & d \\ c+d & d & a+b & b \\ 0 & a-b & 0 & c-d \\ 0 & c-d & 0 & a-b \end{vmatrix}$$

$$\xlongequal{c_2\leftrightarrow c_3}\begin{vmatrix} a+b & c+d & b & d \\ c+d & a+b & d & b \\ 0 & 0 & a-b & c-d \\ 0 & 0 & c-d & a-b \end{vmatrix}$$

$$=\begin{vmatrix} a+b & c+d \\ c+d & a+b \end{vmatrix}\cdot\begin{vmatrix} a-b & c-d \\ c-d & a-b \end{vmatrix}$$

$$=(a+b+c+d)(a+b-c-d)(a-b+c-d)\cdot(a-b-c+d).$$

例 1.15 计算 4 阶行列式

$$D=\begin{vmatrix} a & b & c & d \\ -b & a & -d & c \\ -c & d & a & -b \\ -d & -c & b & a \end{vmatrix}.$$

解法 1 将 D 按第 1 列展开,得

$$D=a\begin{vmatrix} a & -d & c \\ d & a & -b \\ -c & b & a \end{vmatrix}+b\begin{vmatrix} b & c & d \\ d & a & -b \\ -c & b & a \end{vmatrix}-c\begin{vmatrix} b & c & d \\ a & -d & c \\ -c & b & a \end{vmatrix}$$

$$+d\begin{vmatrix} b & c & d \\ a & -d & c \\ d & a & -b \end{vmatrix}$$

$$=a(a^3+ab^2+ad^2+ac^2)+b(b^3+ba^2+bc^2+bd^2)$$

$$-c(-c^3-ca^2-cb^2-cd^2)+d(d^3+da^2+db^2+dc^2)$$

$$=a^4+b^4+c^4+d^4+2a^2b^2+2a^2c^2$$

$$+2a^2d^2+2b^2c^2+2b^2d^2+2c^2d^2$$

$$=(a^2+b^2+c^2+d^2)^2.$$

解法 2 利用行列式的乘法法则,即若 $\boldsymbol{A},\boldsymbol{B}$ 都是 n 阶方阵,则 $|\boldsymbol{A}|\cdot|\boldsymbol{B}|=|\boldsymbol{AB}|$. 又显然可见 D 中任两行元素相应乘积之和为零(即 D 中 4 行元素是两两正交), D 中任一行元素的平方和均为

$$a^2+b^2+c^2+d^2.$$

$$D^2=DD^{\mathrm{T}}=\begin{vmatrix} a & b & c & d \\ -b & a & -d & c \\ -c & d & a & -b \\ -d & -c & b & a \end{vmatrix}\cdot\begin{vmatrix} a & -b & -c & -d \\ b & a & d & -c \\ c & -d & a & b \\ d & c & -b & a \end{vmatrix}$$

$$=\begin{vmatrix} a^2+b^2+c^2+d^2 & 0 & 0 & 0 \\ 0 & a^2+b^2+c^2+d^2 & 0 & 0 \\ 0 & 0 & a^2+b^2+c^2+d^2 & 0 \\ 0 & 0 & 0 & a^2+b^2+c^2+d^2 \end{vmatrix}$$

$$=(a^2+b^2+c^2+d^2)^4.$$

由于 D 的展开式中有一项为 a^4，所以 $D=(a^2+b^2+c^2+d^2)^2$.

例 1.16 计算 4 阶行列式

$$D=\begin{vmatrix} 1+x & 1 & 1 & 1 \\ 1 & 1-x & 1 & 1 \\ 1 & 1 & 1+y & 1 \\ 1 & 1 & 1 & 1-y \end{vmatrix}.$$

解法 1

$$D\xlongequal[r_4-r_3]{r_2-r_1}\begin{vmatrix} 1+x & 1 & 1 & 1 \\ -x & -x & 0 & 0 \\ 1 & 1 & 1+y & 1 \\ 0 & 0 & -y & -y \end{vmatrix}$$

$$=(-x)(-y)\begin{vmatrix} 1+x & 1 & 1 & 1 \\ 1 & 1 & 0 & 0 \\ 1 & 1 & 1+y & 1 \\ 0 & 0 & 1 & 1 \end{vmatrix}$$

$$\xlongequal[r_1-r_4]{r_3-r_2}xy\begin{vmatrix} 1+x & 1 & 0 & 0 \\ 1 & 1 & 0 & 0 \\ 0 & 0 & 1+y & 1 \\ 0 & 0 & 1 & 1 \end{vmatrix}$$

$$=xy\begin{vmatrix} 1+x & 1 \\ 1 & 1 \end{vmatrix}\cdot\begin{vmatrix} 1+y & 1 \\ 1 & 1 \end{vmatrix}=x^2y^2.$$

解法 2 考虑到 D 中每个元素中都有 1，利用拆成两个行列式相加的方法.

$$D=\begin{vmatrix}1+x & 1 & 1 & 1+0\\ 1 & 1-x & 1 & 1+0\\ 1 & 1 & 1+y & 1+0\\ 1 & 1 & 1 & 1-y\end{vmatrix}$$

$$=\begin{vmatrix}1+x & 1 & 1 & 1\\ 1 & 1-x & 1 & 1\\ 1 & 1 & 1+y & 1\\ 1 & 1 & 1 & 1\end{vmatrix}$$

$$+\begin{vmatrix}1+x & 1 & 1 & 0\\ 1 & 1-x & 1 & 0\\ 1 & 1 & 1+y & 0\\ 1 & 1 & 1 & -y\end{vmatrix}$$

$$=\begin{vmatrix}x & 0 & 0 & 1\\ 0 & -x & 0 & 1\\ 0 & 0 & y & 1\\ 0 & 0 & 0 & 1\end{vmatrix}+(-y)\begin{vmatrix}1+x & 1 & 1+0\\ 1 & 1-x & 1+0\\ 1 & 1 & 1+y\end{vmatrix}$$

$$=-x^2y-y\left[\begin{vmatrix}1+x & 1 & 1\\ 1 & 1-x & 1\\ 1 & 1 & 1\end{vmatrix}+\begin{vmatrix}1+x & 1 & 0\\ 1 & 1-x & 0\\ 1 & 1 & y\end{vmatrix}\right]$$

$$=-x^2y-y\left[\begin{vmatrix}x & 0 & 1\\ 0 & -x & 1\\ 0 & 0 & 1\end{vmatrix}+y\begin{vmatrix}1+x & 1\\ 1 & 1-x\end{vmatrix}\right]$$

$$=-x^2y-y(-x^2-x^2y)=x^2y^2.$$

解法 3 构造一个 5 阶行列式,由按第 1 列展开可知它与 D 是相等的,即

$$D=\begin{vmatrix}1 & 1 & 1 & 1 & 1\\ 0 & 1+x & 1 & 1 & 1\\ 0 & 1 & 1-x & 1 & 1\\ 0 & 1 & 1 & 1+y & 1\\ 0 & 1 & 1 & 1 & 1-y\end{vmatrix}$$

$$\xlongequal[(i=2,3,4,5)]{r_i - r_1} \begin{vmatrix} 1 & 1 & 1 & 1 & 1 \\ -1 & x & 0 & 0 & 0 \\ -1 & 0 & -x & 0 & 0 \\ -1 & 0 & 0 & y & 0 \\ -1 & 0 & 0 & 0 & -y \end{vmatrix}.$$

当 $xy=0$ 时，显然 $D=0$. 不妨假设 $xy\neq 0$. 将第 2 列的 $\frac{1}{x}$ 倍，第 3 列的 $\left(-\frac{1}{x}\right)$ 倍，第 4 列的 $\frac{1}{y}$ 倍，第 5 列的 $\left(-\frac{1}{y}\right)$ 倍都加到第 1 列上，可有

$$D=\begin{vmatrix} 1 & 1 & 1 & 1 & 1 \\ 0 & x & 0 & 0 & 0 \\ 0 & 0 & -x & 0 & 0 \\ 0 & 0 & 0 & y & 0 \\ 0 & 0 & 0 & 0 & -y \end{vmatrix}=x^2y^2.$$

注释 在解法 3 中，我们根据原行列式中元素的特点，对行列式添加一行及一列，构成一个高一阶的行列式，且保持它们的值相等，这种方法称为**加边法**.

例 1.17 计算 $n+1$ 阶行列式

$$D_{n+1}=\begin{vmatrix} a_0 & b_1 & b_2 & \cdots & b_n \\ c_1 & a_1 & 0 & \cdots & 0 \\ c_2 & 0 & a_2 & \cdots & 0 \\ \vdots & \vdots & \vdots & & \vdots \\ c_n & 0 & 0 & \cdots & a_n \end{vmatrix}, \quad a_i\neq 0,\ i=1,2,\cdots,n.$$

解 将第 $i+1$ $(i=1,2,\cdots,n)$ 列的 $\left(-\frac{c_i}{a_i}\right)$ 倍加到第 1 列，得

$$D_{n+1}=\begin{vmatrix} a_0-\sum\limits_{i=1}^{n}\frac{b_ic_i}{a_i} & b_1 & b_2 & \cdots & b_n \\ 0 & a_1 & 0 & \cdots & 0 \\ 0 & 0 & a_2 & \cdots & 0 \\ \vdots & \vdots & \vdots & & \vdots \\ 0 & 0 & 0 & \cdots & a_n \end{vmatrix}$$

$$= a_1a_2\cdots a_n\left(a_0 - \sum_{i=1}^{n}\frac{b_ic_i}{a_i}\right).$$

注释 本题行列式的特点是：主对角线上及第 1 行、第 1 列的元素非零，其余元素为零，成|◸|形状，称为**箭形行列式**，还有其他形式的箭形行列式，例如|◺|，|◹|，|◿|等，可以利用对角线上的元素的某个倍数，加到某个边上，将行列式化为三角形行列式，这种方法称为**箭形法**. 例 1.16 解法 3 中就出现了箭形行列式.

例 1.18 计算 $n+1$ 阶行列式

$$D_{n+1} = \begin{vmatrix} x & a_1 & a_2 & \cdots & a_n \\ a_1 & x & a_2 & \cdots & a_n \\ a_1 & a_2 & x & \cdots & a_n \\ \vdots & \vdots & \vdots & & \vdots \\ a_1 & a_2 & a_3 & \cdots & x \end{vmatrix}.$$

解法 1 D_{n+1}是一个行和相同的行列式. 故从第 2 列起把后面各列都加到第 1 列，且提出第 1 列的公因子，可得

$$D_{n+1} = \begin{vmatrix} x+\sum\limits_{i=1}^{n}a_i & a_1 & \cdots & a_n \\ x+\sum\limits_{i=1}^{n}a_i & x & \cdots & a_n \\ \vdots & \vdots & & \vdots \\ x+\sum\limits_{i=1}^{n}a_i & a_2 & \cdots & x \end{vmatrix}$$

$$= \left(x+\sum_{i=1}^{n}a_i\right)\begin{vmatrix} 1 & a_1 & \cdots & a_n \\ 1 & x & \cdots & a_n \\ \vdots & \vdots & & \vdots \\ 1 & a_2 & \cdots & x \end{vmatrix}$$

$$\xlongequal[(i=1,2,\cdots,n)]{r_i - r_1} \left(x+\sum_{i=1}^{n}a_i\right)\begin{vmatrix} 1 & a_1 & a_2 & \cdots & a_n \\ 0 & x-a_1 & 0 & \cdots & 0 \\ 0 & a_2-a_1 & x-a_2 & \cdots & 0 \\ \vdots & \vdots & \vdots & & \vdots \\ 0 & a_2-a_1 & a_3-a_2 & \cdots & x-a_n \end{vmatrix}$$

$$=\left(x+\sum_{i=1}^{n}a_i\right)\prod_{i=1}^{n}(x-a_i).$$

解法 2 注意到 D_{n+1} 中上、下行元素的相互关系，从第 1 行起，将上一行减去下一行，得到

$$D=\begin{vmatrix} x-a_1 & a_1-x & 0 & \cdots & 0 & 0 \\ 0 & x-a_2 & a_2-x & \cdots & 0 & 0 \\ 0 & 0 & x-a_3 & \cdots & 0 & 0 \\ \vdots & \vdots & \vdots & & \vdots & \vdots \\ 0 & 0 & 0 & \cdots & x-a_n & a_n-x \\ a_1 & a_2 & a_3 & \cdots & a_n & x \end{vmatrix}.$$

在这个行列式中，前 n 个行的元素之和均为零，故将前面各列都加到第 $n+1$ 列，可得

$$D=\begin{vmatrix} x-a_1 & a_1-x & 0 & \cdots & 0 & 0 \\ 0 & x-a_2 & a_2-x & \cdots & 0 & 0 \\ 0 & 0 & x-a_3 & \cdots & 0 & 0 \\ \vdots & \vdots & \vdots & & \vdots & \vdots \\ 0 & 0 & 0 & \cdots & x-a_n & 0 \\ a_1 & a_2 & a_3 & \cdots & a_n & x+\sum\limits_{i=1}^{n}a_i \end{vmatrix}$$

$$=\left(x+\sum_{i=1}^{n}a_i\right)\begin{vmatrix} x-a_1 & a_1-x & 0 & \cdots & 0 \\ 0 & x-a_2 & a_2-x & \cdots & 0 \\ 0 & 0 & x-a_3 & \cdots & 0 \\ \vdots & \vdots & \vdots & & \vdots \\ 0 & 0 & 0 & \cdots & x-a_n \end{vmatrix}$$

$$=\left(x+\sum_{i=1}^{n}a_i\right)\prod_{i=1}^{n}(x-a_i).$$

例 1.19 计算 n 阶行列式

$$D_n=\begin{vmatrix} a_1-b_1 & a_1-b_2 & \cdots & a_1-b_n \\ a_2-b_1 & a_2-b_2 & \cdots & a_2-b_n \\ \vdots & \vdots & & \vdots \\ a_n-b_1 & a_n-b_2 & \cdots & a_n-b_n \end{vmatrix}.$$

解法 1 可以假设 $b_1,b_2,\cdots,b_n$ 不全为零(否则 $D_n=0$),且不妨设 $b_1\neq 0$,由于第 1 列元素均表示为两个数之和,利用行列式性质(4),得

$$D_n=\begin{vmatrix} a_1 & a_1-b_2 & \cdots & a_1-b_n \\ a_2 & a_2-b_2 & \cdots & a_2-b_n \\ \vdots & \vdots & & \vdots \\ a_n & a_n-b_2 & \cdots & a_n-b_n \end{vmatrix}$$

$$+\begin{vmatrix} -b_1 & a_1-b_2 & \cdots & a_1-b_n \\ -b_1 & a_2-b_2 & \cdots & a_2-b_n \\ \vdots & \vdots & & \vdots \\ -b_1 & a_n-b_2 & \cdots & a_n-b_n \end{vmatrix}$$

$$=\begin{vmatrix} a_1 & -b_2 & \cdots & -b_n \\ a_2 & -b_2 & \cdots & -b_n \\ \vdots & \vdots & & \vdots \\ a_n & -b_2 & \cdots & -b_n \end{vmatrix}-b_1\begin{vmatrix} 1 & a_1 & \cdots & a_1 \\ 1 & a_2 & \cdots & a_2 \\ \vdots & \vdots & & \vdots \\ 1 & a_n & \cdots & a_n \end{vmatrix}.$$

当 $n\geqslant 3$ 时,均有两列成比例, $D_n=0$;

当 $n=2$ 时,

$$D_2=\begin{vmatrix} a_1 & -b_2 \\ a_2 & -b_2 \end{vmatrix}-b_1\begin{vmatrix} 1 & a_1 \\ 1 & a_2 \end{vmatrix}=(a_2-a_1)(b_2-b_1);$$

当 $n=1$ 时, $D_1=a_1-b_1$.

解法 2 从第 2 行起,各行都减去第 1 行得

$$D_n=\begin{vmatrix} a_1-b_1 & a_1-b_2 & \cdots & a_1-b_n \\ a_2-a_1 & a_2-a_1 & \cdots & a_2-a_1 \\ \vdots & \vdots & & \vdots \\ a_n-a_1 & a_n-a_1 & \cdots & a_n-a_1 \end{vmatrix}.$$

当 $n\geqslant 3$ 时,有两行元素对应成比例, $D_n=0$;

当 $n=2$ 时，

$$D_2=\begin{vmatrix} a_1-b_1 & a_1-b_2 \\ a_2-a_1 & a_2-a_1 \end{vmatrix}=(a_2-a_1)(b_2-b_1);$$

当 $n=1$ 时，$D_1=a_1-b_1$.

综上可得

$$D_n=\begin{cases} a_1-b_1, & n=1, \\ (a_2-a_1)(b_2-b_1), & n=2, \\ 0, & n\geqslant 3. \end{cases}$$

例 1.20 计算 n 阶行列式

$$D_n=\begin{vmatrix} a_1+b & a_2 & a_3 & \cdots & a_n \\ a_1 & a_2+b & a_3 & \cdots & a_n \\ a_1 & a_2 & a_3+b & \cdots & a_n \\ \vdots & \vdots & \vdots & & \vdots \\ a_1 & a_2 & a_3 & \cdots & a_n+b \end{vmatrix}.$$

解法 1 显然 D_n 是一个行和相同的行列式,故将各列都加到第1列上,然后提取第1列的公因子,可得

$$D_n=\left(b+\sum_{i=1}^n a_i\right)\begin{vmatrix} 1 & a_2 & a_3 & \cdots & a_n \\ 1 & a_2+b & a_3 & \cdots & a_n \\ 1 & a_2 & a_3+b & \cdots & a_n \\ \vdots & \vdots & \vdots & & \vdots \\ 1 & a_2 & a_3 & \cdots & a_n+b \end{vmatrix}$$

$$\xlongequal[(i=2,3,\cdots,n)]{r_i-r_1}\left(b+\sum_{i=1}^n a_i\right)\begin{vmatrix} 1 & a_2 & a_3 & \cdots & a_n \\ 0 & b & 0 & \cdots & 0 \\ 0 & 0 & b & \cdots & 0 \\ \vdots & \vdots & \vdots & & \vdots \\ 0 & 0 & 0 & \cdots & b \end{vmatrix}$$

$$=b^{n-1}\left(b+\sum_{i=1}^n a_i\right).$$

解法 2 将第 1 行的(-1)倍分别加到下面各行上，得

$$D_n = \begin{vmatrix} a_1+b & a_2 & a_3 & \cdots & a_n \\ -b & b & 0 & \cdots & 0 \\ -b & 0 & b & \cdots & 0 \\ \vdots & \vdots & \vdots & & \vdots \\ -b & 0 & 0 & \cdots & b \end{vmatrix},$$

这是一个箭形行列式，从第 2 列起，把后面各列都加到第 1 列上，得

$$D_n = \begin{vmatrix} b+\sum\limits_{i=1}^{n} a_i & a_2 & a_3 & \cdots & 0 \\ 0 & b & 0 & \cdots & 0 \\ 0 & 0 & b & \cdots & 0 \\ \vdots & \vdots & \vdots & & \vdots \\ 0 & 0 & 0 & \cdots & b \end{vmatrix} = b^{n-1}\left(b+\sum_{i=1}^{n} a_i\right).$$

解法 3 用加边法构造以下与 D_n 相等的 $n+1$ 阶行列式

$$D_n = \begin{vmatrix} 1 & a_1 & a_2 & \cdots & a_n \\ 0 & a_1+b & a_2 & \cdots & a_n \\ 0 & a_1 & a_2+b & \cdots & a_n \\ \vdots & \vdots & \vdots & & \vdots \\ 0 & a_1 & a_2 & \cdots & a_n+b \end{vmatrix}_{(n+1)}$$

$$\xlongequal[(i=2,3,\cdots,n)]{r_i-r_1} \begin{vmatrix} 1 & a_1 & a_2 & \cdots & a_n \\ -1 & b & 0 & \cdots & 0 \\ -1 & 0 & b & \cdots & 0 \\ \vdots & \vdots & \vdots & & \vdots \\ -1 & 0 & 0 & \cdots & b \end{vmatrix}_{(n+1)}.$$

这是一个$(n+1)$阶箭形行列式，不妨设 $b\neq 0$(否则 $D_n=0$)，从第 2 列起，把每列的$\frac{1}{b}$倍都加到第 1 列上，得

$$D_n=\begin{vmatrix} 1+\frac{1}{b}\sum_{i=1}^{n}a_i & a_1 & a_2 & \cdots & a_n \\ 0 & b & 0 & \cdots & 0 \\ 0 & 0 & b & \cdots & 0 \\ \vdots & \vdots & \vdots & & \vdots \\ 0 & 0 & 0 & \cdots & b \end{vmatrix}_{(n+1)}$$

$$=b^n\left(1+\frac{1}{b}\sum_{i=1}^{n}a_i\right)=b^{n-1}\left(b+\sum_{i=1}^{n}a_i\right).$$

解法 4 由本题行列式中元素的特点，显见 D_n 与 D_{n-1} 的结构相同，我们来求出 D_n 与 D_{n-1} 之间的关系，称为递推公式，然后计算之.

将第 n 列的元素都表示成两个数的和，然后拆成两个行列式相加，即

$$D_n=\begin{vmatrix} a_1+b & a_2 & \cdots & a_n+0 \\ a_1 & a_2+b & \cdots & a_n+0 \\ \vdots & \vdots & & \vdots \\ a_1 & a_2 & \cdots & a_n+b \end{vmatrix}$$

$$=\begin{vmatrix} a_1+b & a_2 & \cdots & a_n \\ a_1 & a_2+b & \cdots & a_n \\ \vdots & \vdots & & \vdots \\ a_1 & a_2 & \cdots & a_n \end{vmatrix}+\begin{vmatrix} a_1+b & a_2 & \cdots & 0 \\ a_1 & a_2+b & \cdots & 0 \\ \vdots & \vdots & & \vdots \\ a_1 & a_2 & \cdots & b \end{vmatrix}.$$

将上式等号右边第一个行列式的各行都减去第 n 行，将第二个行列式按第 n 列展开，得

$$D_n=\begin{vmatrix} b & 0 & \cdots & 0 \\ 0 & b & \cdots & 0 \\ \vdots & \vdots & & \vdots \\ a_1 & a_2 & \cdots & a_n \end{vmatrix}+bD_{n-1}=b^{n-1}a_n+bD_{n-1}.$$

类似有

$$D_{n-1}=b^{n-2}a_{n-1}+bD_{n-2},$$

代入上式，得

$$D_n=b^{n-1}a_n+b(b^{n-2}a_{n-1}+bD_{n-2})$$

$$
\begin{aligned}
&= b^{n-1}(a_n + a_{n-1}) + b^2 D_{n-2} \\
&= \cdots = b^{n-1}(a_n + a_{n-1} + \cdots + a_2) + b^{n-1} D_1 \\
&= b^{n-1}(a_n + a_{n-1} + \cdots + a_2) + b^{n-1}(a_1 + b) \\
&= b^{n-1}\left(b + \sum_{i=1}^{n} a_i\right).
\end{aligned}
$$

注释 用递推法计算行列式的关键是找到递推公式，往往用行列式按行(列)的展开来推导递推公式，而且递推公式也是用数学归纳法计算行列式的基础.

例 1.21 计算 n 阶行列式

$$
D_n = \begin{vmatrix} x+1 & x & x & \cdots & x \\ x & x+2 & x & \cdots & x \\ x & x & x+3 & \cdots & x \\ \vdots & \vdots & \vdots & & \vdots \\ x & x & x & \cdots & x+n \end{vmatrix}.
$$

解 D_n 中有很多元素为 x，若将第 1 行的(-1)倍分别加至下面各行，就可将 D_n 中很多元素化成零，即

$$
D_n = \begin{vmatrix} x+1 & x & x & \cdots & x \\ -1 & 2 & 0 & \cdots & 0 \\ -1 & 0 & 3 & \cdots & 0 \\ \vdots & \vdots & \vdots & & \vdots \\ -1 & 0 & 0 & \cdots & n \end{vmatrix}.
$$

这是一个箭形行列式，于是由第 j 列提取因子 j，再将第 j 列加至第 1 列$(j=2,3,\cdots,n)$，便得上三角行列式，即有

$$
D_n = n!\begin{vmatrix} x+1 & \frac{x}{2} & \frac{x}{3} & \cdots & \frac{x}{n} \\ -1 & 1 & 0 & \cdots & 0 \\ -1 & 0 & 1 & \cdots & 0 \\ \vdots & \vdots & \vdots & & \vdots \\ -1 & 0 & 0 & \cdots & 1 \end{vmatrix}
$$

$$= n!\begin{vmatrix} 1+\sum_{j=1}^{n}\frac{x}{j} & \frac{x}{2} & \frac{x}{3} & \cdots & \frac{x}{n} \\ 0 & 1 & 0 & \cdots & 0 \\ 0 & 0 & 1 & \cdots & 0 \\ \vdots & \vdots & \vdots & & \vdots \\ 0 & 0 & 0 & \cdots & 1 \end{vmatrix}$$

$$= n!\left(1+\sum_{j=1}^{n}\frac{x}{j}\right).$$

注释 本题也可用加边法将 D_n 化为箭形行列式,请读者一试.

例 1.22 计算 $n+1$ 阶行列式

$$D_{n+1} = \begin{vmatrix} a & -1 & 0 & \cdots & 0 \\ ax & a & -1 & \cdots & 0 \\ ax^2 & ax & a & \cdots & 0 \\ \vdots & \vdots & \vdots & & \vdots \\ ax^n & ax^{n-1} & ax^{n-2} & \cdots & a \end{vmatrix}.$$

解 用递推法,将行列式 D_{n+1} 按第 1 行展开,得

$$D_{n+1} = aD_n + (-1)(-1)^{1+2}\begin{vmatrix} ax & -1 & \cdots & 0 \\ ax^2 & a & \cdots & 0 \\ \vdots & \vdots & & \vdots \\ ax^n & ax^{n-2} & \cdots & a \end{vmatrix}$$

$$\xlongequal{\text{提出第 1 列公因子 } x} aD_n + x\begin{vmatrix} a & -1 & \cdots & 0 \\ ax & a & \cdots & 0 \\ \vdots & \vdots & & \vdots \\ ax^{n-1} & ax^{n-2} & \cdots & a \end{vmatrix}$$

$$= aD_n + xD_n = (a+x)D_n$$

$$= (a+x)^2D_{n-1} = \cdots = (a+x)^{n-1}D_2$$

$$= (a+x)^{n-1}\begin{vmatrix} a & -1 \\ ax & a \end{vmatrix} = a(a+x)^n.$$

例 1.23 计算 n 阶行列式

$$D_n=\begin{vmatrix}2&1&0&0&\cdots&0&0\\1&2&1&0&\cdots&0&0\\0&1&2&1&\cdots&0&0\\\vdots&\vdots&\vdots&\vdots&&\vdots&\vdots\\0&0&0&0&\cdots&2&1\\0&0&0&0&\cdots&1&2\end{vmatrix}.$$

解 用递推法,将 D_n 按第 1 列展开,得

$$D_n=2D_{n-1}-\begin{vmatrix}1&0&0&\cdots&0&0\\1&2&1&\cdots&0&0\\\vdots&\vdots&\vdots&&\vdots&\vdots\\0&0&0&\cdots&2&1\\0&0&0&\cdots&1&2\end{vmatrix}=2D_{n-1}-D_{n-2},$$

也就有 $D_n-D_{n-1}=D_{n-1}-D_{n-2}$. 说明 $\{D_n\}$ 为一个等差数列. 由 $D_1=2$, $D_2=3$, $D_3=4$ 可知 $D_n=n+1$.

例 1.24 证明: n 阶行列式

$$D_n=\begin{vmatrix}a+b&ab&0&\cdots&0&0\\1&a+b&ab&\cdots&0&0\\0&1&a+b&\cdots&0&0\\\vdots&\vdots&\vdots&&\vdots&\vdots\\0&0&0&\cdots&a+b&ab\\0&0&0&\cdots&1&a+b\end{vmatrix}$$

$$=\begin{cases}(n+1)a^n, & a=b,\\ \dfrac{a^{n+1}-b^{n+1}}{a-b}, & a\neq b.\end{cases}$$

证 与例 1.23 类似,将 D_n 按第 1 列展开,得递推关系式

$$D_n=(a+b)D_{n-1}-abD_{n-2}, \tag{1}$$

也就有另一递推关系式

$$D_n-aD_{n-1}=b(D_{n-1}-aD_{n-2}),$$

于是得

$$D_n-aD_{n-1}=b(D_{n-1}-aD_{n-2})=b^2(D_{n-2}-aD_{n-3})$$
$$=\cdots\cdots=b^{n-2}(D_2-aD_1).$$

由于 $D_1=a+b$, $D_2=\begin{vmatrix} a+b & ab \\ 1 & a+b \end{vmatrix}=a^2+ab+b^2$,所以

$$D_n-aD_{n-1}=b^{n-2}(a^2+ab+b^2-a^2-ab)=b^n,$$

于是得递推公式

$$D_n=b^n+aD_{n-1}. \tag{2}$$

逐次使用(2)式,得

$$\begin{aligned} D_n &= b^n+aD_{n-1}=b^n+a(b^{n-1}+aD_{n-2}) \\ &= b^n+ab^{n-1}+a^2D_{n-2} \\ &= b^n+ab^{n-1}+a^2(b^{n-2}+aD_{n-3}) \\ &= b^n+ab^{n-1}+a^2b^{n-2}+a^3D_{n-3} \\ &= \cdots\cdots \\ &= b^n+ab^{n-1}+a^2b^{n-2}+\cdots+a^{n-3}b^3+a^{n-2}D_2. \end{aligned}$$

由于 $D_2=b^2+ab+a^2$,所以

$$\begin{aligned} D_n &= b^n+ab^{n-1}+a^2b^{n-2}+\cdots+a^{n-1}b+a^n \\ &= \begin{cases} (n+1)a^n, & a=b, \\ \dfrac{a^{n+1}-b^{n+1}}{a-b}, & a\neq b. \end{cases} \end{aligned}$$

注释 当 $a\neq b$ 时,由 a 与 b 的对称性. 由(2)式可得

$$\begin{cases} D_n-aD_{n-1}=b^n, \\ D_n-bD_{n-1}=a^n, \end{cases}$$

作为以 D_n,D_{n-1} 为未知元的二元线性方程组,用克莱姆法则可求得

$$D_n=\frac{a^{n+1}-b^{n+1}}{a-b}.$$

例 1.25 证明: n 阶行列式

$$D_n=\begin{vmatrix} \cos\alpha & 1 & 0 & \cdots & 0 & 0 \\ 1 & 2\cos\alpha & 1 & \cdots & 0 & 0 \\ 0 & 1 & 2\cos\alpha & \cdots & 0 & 0 \\ \vdots & \vdots & \vdots & & \vdots & \vdots \\ 0 & 0 & 0 & \cdots & 2\cos\alpha & 1 \\ 0 & 0 & 0 & \cdots & 1 & 2\cos\alpha \end{vmatrix}=\cos n\alpha.$$

证 对阶数 n 用数学归纳法.

当 $n=1$ 时，$D_1=\cos\alpha$，结论成立.

当 $n=2$ 时，

$$D_2=\begin{vmatrix}\cos\alpha & 1\\ 1 & 2\cos\alpha\end{vmatrix}=2\cos^2\alpha-1=\cos2\alpha,$$

结论成立. 假设当 $n\leqslant k$ 时，结论成立，即当 $n\leqslant k$ 时，有

$$D_n=\cos n\alpha.$$

现在来看 $n=k+1$ 时的情形. 将 D_{k+1} 按最后一行展开，得

$$\begin{aligned}D_{k+1}&=2\cos\alpha\cdot D_k-D_{k-1}\\&=2\cos\alpha\cdot\cos k\alpha-\cos(k-1)\alpha=\cos(k+1)\alpha.\end{aligned}$$

因此，当 $n=k+1$ 时，结论成立. 故对任何正整数 n，结论成立.

例 1.26 计算 n 阶行列式

$$D_n=\begin{vmatrix}a & b & b & \cdots & b\\ c & a & b & \cdots & b\\ c & c & a & \cdots & b\\ \vdots & \vdots & \vdots & & \vdots\\ c & c & c & \cdots & a\end{vmatrix}.$$

解法 1 当 $b=c$ 时，显然 D_n 为一个行和相同的行列式，很容易求得

$$D_n=[a+(n-1)b](a-b)^{n-1}.$$

故假设 $b\neq c$.

将第 1 行的元素均表示成两个数的和，然后拆成两个行列式相加. 即

$$D_n=\begin{vmatrix}(a-b)+b & 0+b & 0+b & \cdots & 0+b\\ c & a & b & \cdots & b\\ c & c & a & \cdots & b\\ \vdots & \vdots & \vdots & & \vdots\\ c & c & c & \cdots & a\end{vmatrix}$$

$$=(a-b)D_{n-1}+b\begin{vmatrix}1 & 1 & 1 & \cdots & 1\\ c & a & b & \cdots & b\\ c & c & a & \cdots & b\\ \vdots & \vdots & \vdots & & \vdots\\ c & c & c & \cdots & a\end{vmatrix}$$

$$\xlongequal[(i=2,3,\cdots,n)]{r_i - cr_1}(a-b)D_{n-1}+b\begin{vmatrix} 1 & 1 & 1 & \cdots & 1 \\ 0 & a-c & b-c & \cdots & b-c \\ 0 & 0 & a-c & \cdots & b-c \\ \vdots & \vdots & \vdots & & \vdots \\ 0 & 0 & 0 & \cdots & a-c \end{vmatrix}$$

$$=(a-b)D_{n-1}+b(a-c)^{n-1}. \tag{1}$$

由于行列式与它的转置行列式相等,说明 b 与 c 是对称的,因此也有

$$D_n=(a-c)D_{n-1}+c(a-b)^{n-1}, \tag{2}$$

即有

$$\begin{cases} D_n-(a-b)D_{n-1}=b(a-c)^{n-1}, \\ D_n-(a-c)D_{n-1}=c(a-b)^{n-1}. \end{cases}$$

求解这个以 D_n, D_{n-1} 为未知元的线性方程组,可得

$$D_n=\frac{b(a-c)^n-c(a-b)^n}{b-c}.$$

解法 2 将 D_n 中第 1 列减去第 2 列,第 2 列减去第 3 列,…,第 $n-1$ 列减去第 n 列,得

$$D_n=\begin{vmatrix} a-b & 0 & 0 & \cdots & b \\ c-a & a-b & 0 & \cdots & b \\ 0 & c-a & a-b & \cdots & b \\ \vdots & \vdots & \vdots & & \vdots \\ 0 & 0 & 0 & \cdots & a \end{vmatrix},$$

然后按第 1 行展开,得

$$\begin{aligned} D_n &= (a-b)D_{n-1}+(-1)^{n+1}b(c-a)^{n-1} \\ &= (a-b)D_{n-1}+b(a-c)^{n-1}. \end{aligned}$$

以下与解法 1 相同.

1.3.5 利用范德蒙行列式进行计算

例 1.27 计算行列式

$$D_4=\begin{vmatrix}1&1&1&1\\a_1&a_2&a_3&a_4\\a_1^2&a_2^2&a_3^2&a_4^2\\a_1^4&a_2^4&a_3^4&a_4^4\end{vmatrix}.$$

分析 此行列式与范德蒙行列式很相似，但从方幂上缺少 a_i 的 3 次幂. 因此我们给它添上一行一列，使它成为范德蒙行列式，然后比较它们之间的关系来求出 D.

解法 1 构造 5 阶范德蒙行列式

$$f(x)=\begin{vmatrix}1&1&1&1&1\\a_1&a_2&a_3&a_4&x\\a_1^2&a_2^2&a_3^2&a_4^2&x^2\\a_1^3&a_2^3&a_3^3&a_4^3&x^3\\a_1^4&a_2^4&a_3^4&a_4^4&x^4\end{vmatrix}$$

$$=(x-a_1)(x-a_2)(x-a_3)(x-a_4)\cdot\prod_{1\leqslant j<i\leqslant 4}(a_i-a_j).\tag{1}$$

又对 $f(x)$ 按第 5 列展开，有

$$f(x)=A_{15}+xA_{25}+x^2A_{35}+x^3A_{45}+x^4A_{55}.$$

显然所求行列式 $D_4=-A_{45}$，即 D 为 $f(x)$ 的展开式中 x^3 项系数的相反数. 由(1)式可知 $f(x)$ 中 x^3 项的系数为

$$-\left(\sum_{i=1}^{4}a_i\right)\prod_{1\leqslant j<i\leqslant 4}(a_i-a_j),$$

所以

$$D_4=\left(\sum_{i=1}^{4}a_i\right)\prod_{1\leqslant j<i\leqslant 4}(a_i-a_j).$$

解法 2 不妨假设 a_1,a_2,a_3,a_4 互不相同，否则 $D_4=0$. 构造 4 元线性方程组

$$\begin{cases}x_1+a_1x_2+a_1^2x_3+a_1^3x_4=a_1^4,\\x_1+a_2x_2+a_2^2x_3+a_2^3x_4=a_2^4,\\x_1+a_3x_2+a_3^2x_3+a_3^3x_4=a_3^4,\\x_1+a_4x_2+a_4^2x_3+a_4^4x_4=a_4^4.\end{cases}\tag{2}$$

方程组的系数行列式为 4 阶范德蒙行列式

$$D=\begin{vmatrix}1 & a_1 & a_1^2 & a_1^3\\1 & a_2 & a_2^2 & a_2^3\\1 & a_3 & a_3^2 & a_3^3\\1 & a_4 & a_4^2 & a_4^3\end{vmatrix}=\prod_{1\leqslant j<i\leqslant 4}(a_i-a_j)\neq 0.$$

故由克莱姆法则，$x_4=\dfrac{D_4}{D}$，这里 D_4 即为所求的行列式.

又方程组(2)可看成 4 次多项式方程

$$y^4-x_4y^3-x_3y^2-x_2y-x_1=0$$

有 4 个根 a_1,a_2,a_3,a_4. 用根与系数关系可得

$$x_4=a_1+a_2+a_3+a_4,$$

所以

$$D_4=Dx_4=\left(\sum_{i=1}^{4}a_i\right)\prod_{1\leqslant j<i\leqslant 4}(a_i-a_j).$$

例 1.28 计算行列式

$$D_4=\begin{vmatrix}1 & 1 & 1 & 1\\x_1(x_1-1) & x_2(x_2-1) & x_3(x_3-1) & x_4(x_4-1)\\x_1^2(x_1-1) & x_2^2(x_2-1) & x_3^2(x_3-1) & x_4^2(x_4-1)\\x_1^3(x_1-1) & x_2^3(x_2-1) & x_3^3(x_3-1) & x_4^3(x_4-1)\end{vmatrix}.$$

分析 若能将第 j 列提出 x_j-1，则可化为与范德蒙行列式相近的形式，这只需注意到 $1=x_i-(x_i-1)$，并用拆分法转化成两个行列式的和.

解 把第 1 行改写为 $x_i-(x_i-1)$，则有

$$D_4=\begin{vmatrix}x_1-(x_1-1) & x_2-(x_2-1) & x_3-(x_3-1) & x_4-(x_4-1)\\x_1(x_1-1) & x_2(x_2-1) & x_3(x_3-1) & x_4(x_4-1)\\x_1^2(x_1-1) & x_2^2(x_2-1) & x_3^2(x_3-1) & x_4^2(x_4-1)\\x_1^3(x_1-1) & x_2^3(x_2-1) & x_3^3(x_3-1) & x_4^3(x_4-1)\end{vmatrix}$$

$$=\begin{vmatrix}x_1 & x_2 & x_3 & x_4\\x_1(x_1-1) & x_2(x_2-1) & x_3(x_3-1) & x_4(x_4-1)\\x_1^2(x_1-1) & x_2^2(x_2-1) & x_3^2(x_3-1) & x_4^2(x_4-1)\\x_1^3(x_1-1) & x_2^3(x_3-1) & x_3^3(x_3-1) & x_4^3(x_4-1)\end{vmatrix}$$

$$-\begin{vmatrix} x_1-1 & x_2-1 & x_3-1 & x_4-1 \\ x_1(x_1-1) & x_2(x_2-1) & x_3(x_3-1) & x_4(x_4-1) \\ x_1^2(x_1-1) & x_2^2(x_2-1) & x_3^2(x_3-1) & x_4^2(x_4-1) \\ x_1^3(x_1-1) & x_2^3(x_2-1) & x_3^3(x_3-1) & x_4^3(x_4-1) \end{vmatrix}$$

$$=\begin{vmatrix} x_1 & x_2 & x_3 & x_4 \\ x_1^2 & x_2^2 & x_3^2 & x_4^2 \\ x_1^3 & x_2^3 & x_3^3 & x_4^3 \\ x_1^4 & x_2^4 & x_3^4 & x_4^4 \end{vmatrix}-\prod_{i=1}^{4}(x_i-1)\begin{vmatrix} 1 & 1 & 1 & 1 \\ x_1 & x_2 & x_3 & x_4 \\ x_1^2 & x_2^2 & x_3^2 & x_4^2 \\ x_1^3 & x_2^3 & x_3^3 & x_4^3 \end{vmatrix}$$

$$=\left[\prod_{i=1}^{4}x_i-\prod_{i=1}^{4}(x_i-1)\right]\begin{vmatrix} 1 & 1 & 1 & 1 \\ x_1 & x_2 & x_3 & x_4 \\ x_1^2 & x_2^2 & x_3^2 & x_4^2 \\ x_1^3 & x_2^3 & x_3^3 & x_4^3 \end{vmatrix}$$

$$=\left[\prod_{i=1}^{4}x_i-\prod_{i=1}^{4}(x_i-1)\right]\prod_{1\leqslant j<i\leqslant 4}(x_i-x_j).$$

1.3.6 应用克莱姆法则解线性方程组

例 1.29 解线性方程组

$$\begin{cases} x_1+a_1x_2+a_1^2x_3+\cdots+a_1^{n-1}x_n=1, \\ x_1+a_2x_2+a_2^2x_3+\cdots+a_2^{n-1}x_n=1, \\ \cdots\cdots\cdots\cdots\cdots\cdots\cdots\cdots\cdots\cdots \\ x_1+a_nx_2+a_n^2x_3+\cdots+a_n^{n-1}x_n=1, \end{cases}$$

其中 $a_i\neq a_j$ $(i\neq j, i,j=1,2,\cdots,n)$.

解 此方程组是由 n 个方程组成，有 n 个未知量. 它的系数行列式

$$D=\begin{vmatrix} 1 & a_1 & a_1^2 & \cdots & a_1^{n-1} \\ 1 & a_2 & a_2^2 & \cdots & a_2^{n-1} \\ \vdots & \vdots & \vdots & & \vdots \\ 1 & a_n & a_n^2 & \cdots & a_n^{n-1} \end{vmatrix}$$

恰为 n 阶范德蒙行列式，由于 $a_1,a_2,\cdots,a_n$ 是两两互不相等的常数，有 $D\neq 0$，故由克莱姆法则知该方程组有惟一解，且解为 $x_i=\dfrac{D_i}{D}$ $(i=$

$1,2,\cdots,n$). 又由 D_i 的构造可知 $D_1=D$, $D_2=\cdots=D_n=0$. 因此方程组的惟一解为 $(1,0,\cdots,0)^T$.

例 1.30(选择题) (1) 对于非齐次线性方程组

$$\begin{cases} a_{11}x_1+a_{12}x_2+\cdots+a_{1n}x_n=b_1, \\ a_{21}x_1+a_{22}x_2+\cdots+a_{2n}x_n=b_2, \\ \cdots\cdots\cdots\cdots\cdots\cdots\cdots\cdots\cdots\cdots \\ a_{n1}x_1+a_{n2}x_2+\cdots+a_{nn}x_n=b_n, \end{cases}$$

以下结论中,不正确的是(　　).

(A) 若方程组有解,或者有惟一解或者有无穷多解;

(B) 若方程组有解,则系数行列式 $D\neq 0$;

(C) 若方程组无解,则系数行列式 $D=0$;

(D) 系数行列式 $D\neq 0$ 是方程组有惟一解的充分必要条件.

(2) 若齐次线性方程组

$$\begin{cases} \lambda x_1+x_2 \qquad\qquad\qquad =0, \\ \qquad\qquad\quad x_3+2x_4=0, \\ x_1 \qquad +\lambda x_3 \qquad\quad =0, \\ 2x_1 \qquad\qquad\quad -x_4=0 \end{cases}$$

有非零解,则(　　).

(A) $\lambda=\dfrac{1}{2}$;　　(B) $\lambda=-\dfrac{1}{2}$;　　(C) $\lambda=\dfrac{1}{4}$;　　(D) $\lambda=-\dfrac{1}{4}$.

解 (1) 由克莱姆法则可知,(A),(C),(D)是正确的. 而对于(B),方程组有解是包括或有惟一解,或有无穷多解. 在方程组有惟一解时,系数行列式 $D\neq 0$,但有无穷多解时, $D=0$,所以(B)错误,应选(B).

(2) 方程组为由 4 个方程而成的 4 元齐次线性方程组. 由它有非零解,故系数行列式

$$D=\begin{vmatrix} \lambda & 1 & 0 & 0 \\ 0 & 0 & 1 & 2 \\ 1 & 0 & \lambda & 0 \\ 2 & 0 & 0 & -1 \end{vmatrix}=4\lambda-1=0,$$

所以 $\lambda=1/4$,应选(C).

例 1.31 设有线性方程组

$$\begin{cases} x_1 + x_2 - x_3 = 1, \\ 2x_1 + 3x_2 + ax_3 = 3, \\ x_1 + ax_2 + 3x_3 = 2. \end{cases}$$

问 a 为何值时，方程组有惟一解？

解 为使方程组有惟一解，必须系数行列式 $D \neq 0$，即

$$D = \begin{vmatrix} 1 & 1 & -1 \\ 2 & 3 & a \\ 1 & a & 3 \end{vmatrix} = \begin{vmatrix} 1 & 0 & 0 \\ 2 & 1 & a+2 \\ 1 & a-1 & 4 \end{vmatrix}$$

$$= \begin{vmatrix} 1 & a+2 \\ a-1 & 4 \end{vmatrix} = (2-a)(3+a) \neq 0,$$

所以当 $a \neq -3$ 且 $a \neq 2$ 时，方程组有惟一解.

例 1.32 如果齐次线性方程组

$$\begin{cases} (3-\lambda)x_1 + x_2 + x_3 = 0, \\ (2-\lambda)x_2 - x_3 = 0, \\ 4x_1 - 2x_2 + (1-\lambda)x_3 = 0 \end{cases}$$

有非零解，试求 λ 可能取的值.

解 由于齐次线性方程组有非零解，其系数行列式必等于零，即

$$D = \begin{vmatrix} 3-\lambda & 1 & 1 \\ 0 & 2-\lambda & -1 \\ 4 & -2 & 1-\lambda \end{vmatrix}$$

$$\xlongequal{r_2 + r_1} \begin{vmatrix} 3-\lambda & 3-\lambda & 0 \\ 0 & 2-\lambda & -1 \\ 4 & -2 & 1-\lambda \end{vmatrix}$$

$$\xlongequal{c_2 - c_1} \begin{vmatrix} 3-\lambda & 0 & 0 \\ 0 & 2-\lambda & -1 \\ 4 & -6 & 1-\lambda \end{vmatrix}$$

$$= (3-\lambda)(\lambda-4)(\lambda+1) = 0,$$

所以，λ 只可能取值为 3 或 4 或 -1.

例 1.33 已知 a,b,c 不全为零，证明齐次线性方程组

$$\begin{cases} \qquad ax_2 + bx_3 + cx_4 = 0, \\ ax_1 + x_2 \qquad\qquad = 0, \\ bx_1 \qquad + x_3 \qquad = 0, \\ cx_1 \qquad\qquad + x_4 = 0 \end{cases}$$

只有零解.

证 只需证明系数行列式 $D\neq 0$,其系数行列式为

$$D=\begin{vmatrix} 0 & a & b & c \\ a & 1 & 0 & 0 \\ b & 0 & 1 & 0 \\ c & 0 & 0 & 1 \end{vmatrix}=\begin{vmatrix} -(a^2+b^2+c^2) & a & b & c \\ 0 & 1 & 0 & 0 \\ 0 & 0 & 1 & 0 \\ 0 & 0 & 0 & 1 \end{vmatrix}$$

$$=-(a^2+b^2+c^2).$$

由题设 a,b,c 不全为零,故 $D\neq 0$,所以方程组只有零解.

例 1.34 已知对称轴平行于 y 轴的抛物线过三点:$(1,-1)$,$(2,1)$,$(-1,7)$. 试求该抛物线方程.

解 可设所求抛物线方程为 $ty=ax^2+bx+c$. 由三个点在抛物线上可得

$$\begin{cases} ty = ax^2 + bx + c, \\ -t = a + b + c, \\ t = 4a + 2b + c, \\ 7t = a - b + c, \end{cases} \quad \text{即} \quad \begin{cases} ax^2 + bx + c - ty = 0, \\ a + b + c + t = 0, \\ 4a + 2b + c - t = 0, \\ a - b + c - 7t = 0. \end{cases}$$

作为 a,b,c,t 为未知量的齐次线性方程组,由 a,b,c,t 应不全为零,所以方程组的系数行列式应为零,即有

$$D=\begin{vmatrix} x^2 & x & 1 & -y \\ 1 & 1 & 1 & 1 \\ 4 & 2 & 1 & -1 \\ 1 & -1 & 1 & -7 \end{vmatrix}=0.$$

将 D 按第 1 行展开,得

$$\begin{vmatrix} 1 & 1 & 1 \\ 2 & 1 & -1 \\ -1 & 1 & -7 \end{vmatrix}x^2-\begin{vmatrix} 1 & 1 & 1 \\ 4 & 1 & -1 \\ 1 & 1 & -7 \end{vmatrix}x+\begin{vmatrix} 1 & 1 & 1 \\ 4 & 2 & -1 \\ 1 & -1 & -7 \end{vmatrix}$$

$$+\begin{vmatrix}1&1&1\\4&2&1\\1&-1&1\end{vmatrix}y=0,$$

即
$$12x^2-24x+6-6y=0,$$

化简得抛物线方程为 $y=2x^2-4x+1$.

§1.4 练 习 题

1. 填空题：

(1) $\begin{vmatrix}a_1&0&0&b_1\\b_2&a_2&0&0\\0&b_3&a_3&0\\0&0&b_4&a_4\end{vmatrix}=$________.

(2) 4 阶行列式 $|a_{ij}|$ 中带负号且包含因子 a_{12} 和 a_{21} 的项为________.

(3) 在多项式 $f(x)=\begin{vmatrix}2x&1&-1\\-x&-x&x\\1&3x&x\end{vmatrix}$ 中，x^3 的系数是________.

(4) 设行列式 $D=\begin{vmatrix}1&2&a\\2&0&3\\3&6&9\end{vmatrix}$ 中，余子式 $M_{21}=3$，则 $a=$________.

(5) $\begin{vmatrix}1&x&y&z\\x&1&0&0\\y&0&1&0\\z&0&0&1\end{vmatrix}=$________.

(6) $D_n=\begin{vmatrix}1&2&3&\cdots&n\\1&2&0&\cdots&0\\1&0&3&\cdots&0\\\vdots&\vdots&\vdots&&\vdots\\1&0&0&\cdots&n\end{vmatrix}=$________.

(7) $\begin{vmatrix} 1 & -1 & 1 & x-1 \\ 1 & -1 & x+1 & -1 \\ 1 & x-1 & 1 & -1 \\ x+1 & -1 & 1 & -1 \end{vmatrix}=$________.

(8) $\begin{vmatrix} 1-a & a & 0 & 0 & 0 \\ -1 & 1-a & a & 0 & 0 \\ 0 & -1 & 1-a & a & 0 \\ 0 & 0 & -1 & 1-a & a \\ 0 & 0 & 0 & -1 & 1-a \end{vmatrix}=$________.

(9) 方程 $f(x)=\begin{vmatrix} 1 & 1 & 1 & 1 \\ 1 & 2 & 3 & x \\ 1 & 4 & 9 & x^2 \\ 1 & 8 & 27 & x^3 \end{vmatrix}=0$ 的全部根是________.

(10) 方程 $f(t)=\begin{vmatrix} 0 & 4 & 2-t \\ 2 & 3-t & 1 \\ 1-t & 2 & 3 \end{vmatrix}=0$ 的实根为________.

2. 单项选择题：

(1) 下列 n 阶行列式的值等于零的是(　　).

(A) 主对角线上元素全为零；

(B) 零元素多于 n 个；

(C) 非零元素个数小于 n；

(D) 零元素个数多于 $2n$ 个($n\geqslant 4$).

(2) 设行列式

$$\begin{vmatrix} 0 & a_{12} & a_{13} & a_{14} \\ 0 & a_{22} & a_{23} & a_{24} \\ 0 & a_{32} & a_{33} & a_{34} \\ a & b & c & d \end{vmatrix}=1,$$

则

$$\begin{vmatrix} a_{12} & a_{13} & a_{14} \\ a_{22} & a_{23} & a_{24} \\ a_{32} & a_{33} & a_{34} \end{vmatrix}=(\quad).$$

(A) a；　　(B) $-a$；　　(C) $\frac{1}{a}$；　　(D) $-\frac{1}{a}$.

(3) 设 $\begin{vmatrix} a_{11} & a_{12} & a_{13} \\ a_{21} & a_{22} & a_{23} \\ a_{31} & a_{32} & a_{33} \end{vmatrix} = M$,则

$$\begin{vmatrix} 4a_{11}-3a_{12} & 2a_{12} & a_{13} \\ 4a_{21}-3a_{22} & 2a_{22} & a_{23} \\ 4a_{31}-3a_{32} & 2a_{32} & a_{33} \end{vmatrix} = (\quad).$$

(A) $4M$; (B) $8M$; (C) $-3M$; (D) M.

(4) 设 a,b,c 两两互不相同,则

$$\begin{vmatrix} b+c & c+a & a+b \\ a & b & c \\ a^2 & b^2 & c^2 \end{vmatrix} = 0$$

的充分必要条件是(　　).

(A) $abc=0$; (B) $a+b+c=0$;

(C) $a=1,b=-1,c=0$; (D) $a^2=b^2,c=0$.

(5) 方程

$$f(x) = \begin{vmatrix} -2 & 3 & -1 & x^2-1 \\ 2 & -3 & 1 & -8 \\ 4 & x^2-5 & -2 & 6 \\ 2 & -2 & -1 & 3 \end{vmatrix} = 0$$

的根为(　　).

(A) 1,1,3,3; (B) 1,−1,3,−3;

(C) −1,−1,−3,−3; (D) 1,1,−3,−3.

3. 计算下列 4 阶行列式:

(1) $\begin{vmatrix} 1 & \frac{1}{2} & \frac{1}{2} & \frac{1}{2} \\ \frac{1}{2} & 1 & \frac{1}{2} & \frac{1}{2} \\ \frac{1}{2} & \frac{1}{2} & 1 & \frac{1}{2} \\ \frac{1}{2} & \frac{1}{2} & \frac{1}{2} & 1 \end{vmatrix}$; (2) $\begin{vmatrix} a & b & c & 1 \\ b & c & a & 1 \\ c & a & b & 1 \\ \frac{b+c}{2} & \frac{c+a}{2} & \frac{a+b}{2} & 1 \end{vmatrix}$.

4. 计算下列 n 阶行列式：

(1) $\begin{vmatrix} 0 & 1 & 1 & \cdots & 1 \\ 1 & 0 & 1 & \cdots & 1 \\ 1 & 1 & 0 & \cdots & 1 \\ \vdots & \vdots & \vdots & & \vdots \\ 1 & 1 & 1 & \cdots & 0 \end{vmatrix}$；

(2) $\begin{vmatrix} 0 & 1 & 1 & \cdots & 1 & 1 \\ 1 & 0 & x & \cdots & x & x \\ 1 & x & 0 & \cdots & x & x \\ \vdots & \vdots & \vdots & & \vdots & \vdots \\ 1 & x & x & \cdots & 0 & x \\ 1 & x & x & \cdots & x & 0 \end{vmatrix}$；

(3) $\begin{vmatrix} 1 & 2 & 3 & \cdots & n \\ 1 & x+1 & 3 & \cdots & n \\ 1 & 2 & x+1 & \cdots & n \\ \vdots & \vdots & \vdots & & \vdots \\ 1 & 2 & 3 & \cdots & x+1 \end{vmatrix}$；

(4) $\begin{vmatrix} x+1 & x & x & \cdots & x \\ x & x+2 & x & \cdots & x \\ x & x & x+3 & \cdots & x \\ \vdots & \vdots & \vdots & & \vdots \\ x & x & x & \cdots & x+n \end{vmatrix}$.

5. 计算行列式：

$$\begin{vmatrix} 1 & 2 & 3 & \cdots & n-1 & n \\ 2 & 3 & 4 & \cdots & n & 1 \\ 3 & 4 & 5 & \cdots & 1 & 2 \\ \vdots & \vdots & \vdots & & \vdots & \vdots \\ n-1 & n & 1 & \cdots & n-3 & n-2 \\ n & 1 & 2 & \cdots & n-2 & n-1 \end{vmatrix}.$$

6. 证明：n 阶行列式

$$D_n=\begin{vmatrix} 2\cos\theta & 1 & 0 & \cdots & 0 & 0 \\ 1 & 2\cos\theta & 1 & \cdots & 0 & 0 \\ 0 & 1 & 2\cos\theta & \cdots & 0 & 0 \\ \vdots & \vdots & \vdots & & \vdots & \vdots \\ 0 & 0 & 0 & \cdots & 2\cos\theta & 1 \\ 0 & 0 & 0 & \cdots & 1 & 2\cos\theta \end{vmatrix}$$

$$=\frac{\sin(n+1)\theta}{\sin\theta}.$$

7. 利用克莱姆法则解方程组

$$\begin{cases} x_1+x_2+x_3=a+b+c, \\ ax_1+bx_2+cx_3=a^2+b^2+c^2, \\ bcx_1+cax_2+abx_3=3abc, \end{cases}$$

其中 a,b,c 互不相同.

8. 当 a,b 取什么值时，齐次线性方程组

$$\begin{cases} ax_1+x_2+x_3=0, \\ x_1+bx_2+x_3=0, \\ x_1+2bx_2+x_3=0 \end{cases}$$

(1) 只有零解？　　(2) 有非零解？

第二章　矩　　阵

§2.1　内容提要

2.1.1　矩阵及其运算

一、矩阵的概念

由 $m\times n$ 个数 a_{ij} $(i=1,2,\cdots,m;\ j=1,2,\cdots,n)$ 排列成 m 个行 n 个列的数表

$$\boldsymbol{A}=\begin{bmatrix} a_{11} & a_{12} & \cdots & a_{1n} \\ a_{21} & a_{22} & \cdots & a_{2n} \\ \vdots & \vdots & & \vdots \\ a_{m1} & a_{m2} & \cdots & a_{mn} \end{bmatrix}$$

称为 $m\times n$ **矩阵**，其中数 a_{ij} 称为矩阵 $\boldsymbol{A}$ 中的 (i,j) **元素**.

当 a_{ij} 为实数时，称 $\boldsymbol{A}$ 为一个实矩阵.

当 $m=n$ 时，称 $\boldsymbol{A}$ 为 n **阶矩阵**或 n **阶方阵**.

元素全为零的矩阵称为**零矩阵**，记成 $\boldsymbol{O}_{m\times n}$ 或 $\boldsymbol{O}$.

两个矩阵 $\boldsymbol{A}=(a_{ij})_{m\times n}$，$\boldsymbol{B}=(b_{ij})_{s\times t}$. 如果 $m=s,n=t$，则称矩阵 $\boldsymbol{A}$ 与 $\boldsymbol{B}$ 为**同型矩阵**.

两个同型矩阵 $\boldsymbol{A}$ 与 $\boldsymbol{B}$，如果它们的元素对应相等，则称矩阵 $\boldsymbol{A}$ 与 $\boldsymbol{B}$ **相等**，记作 $\boldsymbol{A}=\boldsymbol{B}$.

二、几种特殊的矩阵

1. 对角矩阵

形如

$$\begin{bmatrix} a_1 & 0 & \cdots & 0 \\ 0 & a_2 & \cdots & 0 \\ \vdots & \vdots & & \vdots \\ 0 & 0 & \cdots & a_n \end{bmatrix} \xlongequal{\text{记作}} \operatorname{diag}(a_1,a_2,\cdots,a_n)$$

的 n 阶矩阵，称为**对角矩阵**.

2．数量矩阵与单位矩阵

把对角矩阵 $\mathrm{diag}(a,a,\cdots,a)$ 称为**数量矩阵**. 特别，当 $a=1$ 时，即

$$\begin{bmatrix} 1 & 0 & \cdots & 0 \\ 0 & 1 & \cdots & 0 \\ \vdots & \vdots & & \vdots \\ 0 & 0 & \cdots & 1 \end{bmatrix}$$

称为 n **阶单位矩阵**，记作 $\boldsymbol{E}_n$ 或 $\boldsymbol{E}$.

3．对称矩阵与反对称矩阵

如果 n 阶矩阵 $\boldsymbol{A}=(a_{ij})$ 的元素满足 $a_{ij}=a_{ji}\ (i,j=1,2,\cdots,n)$，则称 $\boldsymbol{A}$ 为 n **阶对称矩阵**.

如果 n 阶矩阵 $\boldsymbol{A}=(a_{ij})$ 的元素满足 $a_{ij}=-a_{ji}\ (i,j=1,2,\cdots,n)$，则称 $\boldsymbol{A}$ 为 n **阶反对称矩阵**.

三、矩阵的运算

1．矩阵的加法与减法

设 $\boldsymbol{A}=(a_{ij})_{m\times n}$ 与 $\boldsymbol{B}=(b_{ij})_{m\times n}$ 为两个同型矩阵，则矩阵 $\boldsymbol{A}$ 与 $\boldsymbol{B}$ 的和、差分别为

$$\boldsymbol{A}+\boldsymbol{B}=(a_{ij}+b_{ij})_{m\times n},\quad \boldsymbol{A}-\boldsymbol{B}=(a_{ij}-b_{ij})_{m\times n}.$$

2．矩阵的数量乘法

设 k 为一个数，$\boldsymbol{A}=(a_{ij})_{m\times n}$ 为矩阵，则 k 与 $\boldsymbol{A}$ 的数量乘积为

$$k\boldsymbol{A}=(ka_{ij})_{m\times n}.$$

矩阵的加法与数乘运算统称为矩阵的**线性运算**. 它们满足以下运算律：

(1) $\boldsymbol{A}+\boldsymbol{B}=\boldsymbol{B}+\boldsymbol{A}$；　　(2) $\boldsymbol{A}+(\boldsymbol{B}+\boldsymbol{C})=(\boldsymbol{A}+\boldsymbol{B})+\boldsymbol{C}$；

(3) $\boldsymbol{A}+\boldsymbol{O}=\boldsymbol{A}$；　　(4) $\boldsymbol{A}+(-\boldsymbol{A})=\boldsymbol{O}$；

(5) $k(\boldsymbol{A}+\boldsymbol{B})=k\boldsymbol{A}+k\boldsymbol{B}$；　　(6) $(k+l)\boldsymbol{A}=k\boldsymbol{A}+l\boldsymbol{A}$；

(7) $(kl)\boldsymbol{A}=k(l\boldsymbol{A})=l(k\boldsymbol{A})$，其中 k,l 为常数.

3．矩阵的乘法

设 $\boldsymbol{A}=(a_{ij})_{m\times s}$，$\boldsymbol{B}=(b_{ij})_{s\times n}$，则 $\boldsymbol{A}$ 与 $\boldsymbol{B}$ 的乘积为

$$\boldsymbol{AB}=(c_{ij})_{m\times n},$$

其中 $\quad c_{ij} = \sum_{k=1}^{s} a_{ik} b_{kj} \quad (i = 1,2,\cdots,m;\ j = 1,2,\cdots,n).$

注意，只有 $\boldsymbol{A}$ 的列数与 $\boldsymbol{B}$ 的行数相同时，$\boldsymbol{AB}$ 才有意义.

矩阵的乘法运算满足以下运算律：

(1) $(\boldsymbol{AB})\boldsymbol{C}=\boldsymbol{A}(\boldsymbol{BC})=\boldsymbol{ABC}$； (2) $\boldsymbol{A}(\boldsymbol{B}+\boldsymbol{C})=\boldsymbol{AB}+\boldsymbol{AC}$；

(3) $(\boldsymbol{B}+\boldsymbol{C})\boldsymbol{A}=\boldsymbol{BA}+\boldsymbol{CA}$； (4) $(k\boldsymbol{A})\boldsymbol{B}=\boldsymbol{A}(k\boldsymbol{B})=k\boldsymbol{AB}$；

(5) $\boldsymbol{AO}=\boldsymbol{OA}=\boldsymbol{O}$； (6) $\boldsymbol{E}_m\boldsymbol{A}_{m\times n}=\boldsymbol{A}_{m\times n}\boldsymbol{E}_n=\boldsymbol{A}_{m\times n}$.

但矩阵乘法一般不满足交换律，即一般地 $\boldsymbol{AB}\neq\boldsymbol{BA}$.

4. 方阵的乘幂与多项式

设 $\boldsymbol{A}$ 为 n 阶方阵，

$$f(x) = a_0x^m + a_1x^{m-1} + \cdots + a_{m-1}x + a_m,$$

则 $\boldsymbol{A}$ 的幂为

$$\boldsymbol{A}^0 = \boldsymbol{E},\ \boldsymbol{A}^2 = \boldsymbol{AA},\ \cdots,\ \boldsymbol{A}^m = \overbrace{\boldsymbol{AA}\cdots\boldsymbol{A}}^{m个}.$$

$\boldsymbol{A}$ 的多项式为

$$f(\boldsymbol{A}) = a_0\boldsymbol{A}^m + a_1\boldsymbol{A}^{m-1} + \cdots + a_{m-1}\boldsymbol{A} + a_m\boldsymbol{E}.$$

5. 矩阵的转置

设 $\boldsymbol{A}=(a_{ij})_{m\times n}$，称 $\boldsymbol{A}^{\mathrm{T}}=(a_{ji})_{n\times m}$ 为 $\boldsymbol{A}$ 的**转置矩阵**. 转置运算满足以下运算律：

(1) $(\boldsymbol{A}^{\mathrm{T}})^{\mathrm{T}}=\boldsymbol{A}$； (2) $(\boldsymbol{A}+\boldsymbol{B})^{\mathrm{T}}=\boldsymbol{A}^{\mathrm{T}}+\boldsymbol{B}^{\mathrm{T}}$；

(3) $(k\boldsymbol{A})^{\mathrm{T}}=k\boldsymbol{A}^{\mathrm{T}}$； (4) $(\boldsymbol{AB})^{\mathrm{T}}=\boldsymbol{B}^{\mathrm{T}}\boldsymbol{A}^{\mathrm{T}}$.

四、矩阵与行列式的联系

由于矩阵是一个数表，行列式为一个数值，所以矩阵与行列式是两个不同的概念. 但在矩阵与行列式之间可有以下联系：

1. 矩阵的 k 阶子式

设 $\boldsymbol{A}$ 为一个 $m\times n$ 矩阵，在 $\boldsymbol{A}$ 中任意取定 k 个行、k 个列，由这些行与列交叉处的元素组成一个 k 阶行列式，称它为矩阵 $\boldsymbol{A}$ 的一个 k 阶子式. 显然 $\boldsymbol{A}$ 的每一个元素都是 $\boldsymbol{A}$ 的一个 1 阶子式.

2. 方阵的行列式

设 $\boldsymbol{A}$ 为一个 n 阶矩阵，则 $\boldsymbol{A}$ 的 n 阶子式称为 $\boldsymbol{A}$ 的行列式，记作 $|\boldsymbol{A}|$ 或 $\det\boldsymbol{A}$. 方阵的行列式有性质：

(1) $|A^{\mathrm{T}}|=|A|$;　　　　　　　　(2) $|kA|=k^n|A|$;

(3) 当 A,B 均为 n 阶矩阵时，$|AB|=|A||B|$.

把 $|A|\neq 0$ 的方阵称为**非奇异矩阵**.

五、矩阵与线性方程组的联系

设有 m 个方程、n 个未知量的线性方程组

$$\begin{cases} a_{11}x_1+a_{12}x_2+\cdots+a_{1n}x_n=b_1, \\ a_{21}x_1+a_{22}x_2+\cdots+a_{2n}x_n=b_2, \\ \cdots\cdots\cdots\cdots\cdots\cdots\cdots\cdots \\ a_{m1}x_1+a_{m2}x_2+\cdots+a_{mn}x_n=b_m. \end{cases} \tag{1}$$

利用矩阵乘法可以把线性方程组(1)表为矩阵形式

$$Ax=b,$$

其中 $A=(a_{ij})_{m\times n}$，$x=(x_1,x_2,\cdots,x_n)^{\mathrm{T}}$，$b=(b_1,b_2,\cdots,b_m)^{\mathrm{T}}$.

把矩阵 $\bar{A}=(A,b)$ 称为方程组(1)的增广矩阵，显然线性方程组(1)与它的增广矩阵 $\bar{A}$ 是一一对应的.

齐次线性方程组的矩阵形式是 $Ax=0$.

2.1.2　可逆矩阵

一、基本概念与性质

对于 n 阶矩阵 A，如果存在 n 阶矩阵 B，使得

$$AB=BA=E,$$

则称 B 为 A 的**逆矩阵**，记作 $B=A^{-1}$，称 A 为**可逆矩阵**(即可以存在逆矩阵的矩阵).

逆矩阵有下列性质：设 A,B 为 n 阶可逆矩阵，则

(1) A 的逆矩阵 A^{-1} 是惟一的，且 A^{-1} 也可逆，$(A^{-1})^{-1}=A$;

(2) A^{T} 可逆，且 $(A^{\mathrm{T}})^{-1}=(A^{-1})^{\mathrm{T}}$;

(3) AB 可逆，且 $(AB)^{-1}=B^{-1}A^{-1}$;

(4) 对常数 $k\neq 0$，kA 可逆，且 $(kA)^{-1}=\frac{1}{k}A^{-1}$;

(5) 矩阵方程 $AX=C$ 有惟一解 $X=A^{-1}C$，矩阵方程 $XA=C$ 有惟一解 $X=CA^{-1}$;

(6) $|A^{-1}|=|A|^{-1}$.

二、伴随矩阵

1. 伴随矩阵的定义

设 $\boldsymbol{A}=(a_{ij})$ 为 n 阶矩阵，A_{ij} 为行列式 $|\boldsymbol{A}|$ 中元素 a_{ij} 的代数余子式，则称矩阵

$$\boldsymbol{A}^* = \begin{bmatrix} A_{11} & A_{21} & \cdots & A_{n1} \\ A_{12} & A_{22} & \cdots & A_{n2} \\ \vdots & \vdots & & \vdots \\ A_{1n} & A_{2n} & \cdots & A_{nn} \end{bmatrix}$$

为矩阵 $\boldsymbol{A}$ 的伴随矩阵.

注意：伴随矩阵 $\boldsymbol{A}^*$ 中的 (i,j) 元素是 A_{ji}，即 $\boldsymbol{A}^*$ 中第 i 行元素是 $\boldsymbol{A}$ 中第 i 列对应元素的代数余子式.

2. 伴随矩阵的性质

对任意 n 阶矩阵 $\boldsymbol{A}$，成立以下重要的关系：

$$\boldsymbol{A}\boldsymbol{A}^* = \boldsymbol{A}^*\boldsymbol{A} = |\boldsymbol{A}|\boldsymbol{E} = \begin{bmatrix} |\boldsymbol{A}| & 0 & \cdots & 0 \\ 0 & |\boldsymbol{A}| & \cdots & 0 \\ \vdots & \vdots & & \vdots \\ 0 & 0 & \cdots & |\boldsymbol{A}| \end{bmatrix}.$$

并由此关系式可以推出：

(1) 若 $\boldsymbol{A}$ 可逆，则 $\boldsymbol{A}^{-1}=\dfrac{1}{|\boldsymbol{A}|}\boldsymbol{A}^*$；

(2) 若 $\boldsymbol{A}$ 可逆，则 $\boldsymbol{A}^*$ 也可逆，且 $(\boldsymbol{A}^*)^{-1}=(\boldsymbol{A}^{-1})^*=\dfrac{1}{|\boldsymbol{A}|}\boldsymbol{A}$；

(3) $(k\boldsymbol{A})^*=k^{n-1}\boldsymbol{A}^*$ $(n\geqslant 2)$；

(4) $(\boldsymbol{A}^{\mathrm{T}})^*=(\boldsymbol{A}^*)^{\mathrm{T}}$；

(5) 设 $\boldsymbol{A},\boldsymbol{B}$ 是同阶方阵，则 $(\boldsymbol{A}\boldsymbol{B})^*=\boldsymbol{B}^*\boldsymbol{A}^*$；

(6) $(\boldsymbol{A}^*)^*=|\boldsymbol{A}|^{n-2}\boldsymbol{A}$ $(n\geqslant 2)$.

三、矩阵可逆的条件与求逆矩阵的方法

1. 矩阵可逆的条件

n 阶矩阵 $\boldsymbol{A}$ 为可逆矩阵的充分必要条件是 $\boldsymbol{A}$ 的行列式 $|\boldsymbol{A}|\neq 0$，即可逆矩阵与非奇异矩阵是等价的.

如果 n 阶矩阵 $\boldsymbol{A},\boldsymbol{B}$ 满足 $\boldsymbol{A}\boldsymbol{B}=\boldsymbol{E}$，则矩阵 $\boldsymbol{A}$ 与 $\boldsymbol{B}$ 都可逆，且

$$\boldsymbol{A}^{-1}=\boldsymbol{B},\quad \boldsymbol{B}^{-1}=\boldsymbol{A}.$$

2. 求逆矩阵的方法

(1) 利用定义，对方阵 $\boldsymbol{A}$，若存在方阵 $\boldsymbol{B}$，使 $\boldsymbol{AB}=\boldsymbol{E}$ 或 $\boldsymbol{BA}=\boldsymbol{E}$，则 $\boldsymbol{A}$ 可逆，且 $\boldsymbol{A}^{-1}=\boldsymbol{B}$；

(2) 公式法：$\boldsymbol{A}^{-1}=\dfrac{1}{|\boldsymbol{A}|}\boldsymbol{A}^*$；

(3) 初等变换法：

$$(\boldsymbol{A},\boldsymbol{E})\xrightarrow{\text{初等行变换}}(\boldsymbol{E},\boldsymbol{A}^{-1}),$$

$$\begin{bmatrix}\boldsymbol{A}\\ \boldsymbol{E}\end{bmatrix}\xrightarrow{\text{初等列变换}}\begin{bmatrix}\boldsymbol{E}\\ \boldsymbol{A}^{-1}\end{bmatrix};$$

(4) 分块求逆法：设 $\boldsymbol{A},\boldsymbol{B}$ 均为可逆矩阵，则

$$\begin{bmatrix}\boldsymbol{A} & \boldsymbol{O}\\ \boldsymbol{O} & \boldsymbol{B}\end{bmatrix}^{-1}=\begin{bmatrix}\boldsymbol{A}^{-1} & \boldsymbol{O}\\ \boldsymbol{O} & \boldsymbol{B}^{-1}\end{bmatrix},\quad \begin{bmatrix}\boldsymbol{O} & \boldsymbol{A}\\ \boldsymbol{B} & \boldsymbol{O}\end{bmatrix}^{-1}=\begin{bmatrix}\boldsymbol{O} & \boldsymbol{B}^{-1}\\ \boldsymbol{A}^{-1} & \boldsymbol{O}\end{bmatrix}.$$

2.1.3 分块矩阵

一、分块矩阵的概念

1. 分块矩阵的定义

形如

$$\boldsymbol{A}=\begin{bmatrix}\boldsymbol{A}_{11} & \boldsymbol{A}_{12} & \cdots & \boldsymbol{A}_{1t}\\ \boldsymbol{A}_{21} & \boldsymbol{A}_{22} & \cdots & \boldsymbol{A}_{2t}\\ \vdots & \vdots & & \vdots\\ \boldsymbol{A}_{s1} & \boldsymbol{A}_{s2} & \cdots & \boldsymbol{A}_{st}\end{bmatrix}$$

的矩阵，称为**分块矩阵**，其中 $\boldsymbol{A}_{ij}$ $(i=1,2,\cdots,s;\ j=1,2,\cdots,t)$ 为矩阵，称为分块矩阵 $\boldsymbol{A}$ 的**子块**. 在 $\boldsymbol{A}$ 中，同行上的子块具有相同的行数，同列上的子块具有相同的列数.

2. 分块矩阵的运算

把矩阵分块，可以使型号大的矩阵的运算化为型号小的矩阵的运算，即只需把子块当作元素来进行运算. 特别要注意的是，在做分块矩阵的乘法时，应使左矩阵上列的分块方式与右矩阵上行的分块方式一致.

为了以后能方便地利用矩阵研究向量组的情形，下面的分块矩阵的乘法是经常用到的.

设有矩阵 $\boldsymbol{A}_{m\times s}$，$\boldsymbol{B}_{s\times n}$，把矩阵 $\boldsymbol{B}$ 按列分块，即

$$\boldsymbol{B}=(\beta_1,\beta_2,\cdots,\beta_n),$$

其中 β_j $(j=1,2,\cdots,n)$为矩阵 $\boldsymbol{B}$ 中第 j 列，那么

$$\boldsymbol{AB}=\boldsymbol{A}(\beta_1,\beta_2,\cdots,\beta_n)=(\boldsymbol{A}\beta_1,\boldsymbol{A}\beta_2,\cdots,\boldsymbol{A}\beta_n).$$

这说明乘积矩阵 $\boldsymbol{AB}$ 中的第 j 列等于用 $\boldsymbol{A}$ 左乘 $\boldsymbol{B}$ 中的第 j 列. 从而

$$\begin{aligned}\boldsymbol{AB}=\boldsymbol{O}&\Longleftrightarrow \boldsymbol{A}\beta_j=\boldsymbol{0}\ (j=1,2,\cdots,n)\\&\Longleftrightarrow \text{每个 } \beta_j \text{ 均为齐次线性方程组 } \boldsymbol{Ax}=\boldsymbol{0} \text{ 的解}.\end{aligned}$$

再来看 $\boldsymbol{AB}$ 中的第 j 列 $\boldsymbol{A}\beta_j$ $(j-1,2,\cdots,n)$与 $\boldsymbol{A}$ 中的列的关系. 设 $\boldsymbol{B}=(b_{ij})_{s\times n}$，那么 $\beta_j=(b_{1j},b_{2j},\cdots,b_{sj})^{\mathrm{T}}$，把矩阵 $\boldsymbol{A}$ 按列分块，即

$$\boldsymbol{A}=(\alpha_1,\alpha_2,\cdots,\alpha_s),$$

那么

$$\boldsymbol{A}\beta_j=(\alpha_1,\alpha_2,\cdots,\alpha_s)\begin{bmatrix}b_{1j}\\b_{2j}\\\vdots\\b_{sj}\end{bmatrix}=b_{1j}\alpha_1+b_{2j}\alpha_2+\cdots+b_{sj}\alpha_s.$$

说明矩阵 $\boldsymbol{AB}$ 中的每一个列向量都可以由矩阵 $\boldsymbol{A}$ 中的列向量线性表示.

读者可思考，矩阵 $\boldsymbol{AB}$ 中的每一个行向量如何表示？它与矩阵 $\boldsymbol{B}$ 的行向量组有什么关系？

二、分块对角矩阵

形如

$$\boldsymbol{A}=\begin{bmatrix}\boldsymbol{A}_1&&&\\&\boldsymbol{A}_2&&\\&&\ddots&\\&&&\boldsymbol{A}_s\end{bmatrix}$$

的分块矩阵，称为**分块对角矩阵**，其中 $\boldsymbol{A}_i$ $(i=1,2,\cdots,s)$均为方阵，未写出的均为零块.

分块对角矩阵 $\boldsymbol{A}$ 的行列式为

$$|\boldsymbol{A}|=|\boldsymbol{A}_1||\boldsymbol{A}_2|\cdots|\boldsymbol{A}_s|.$$

因而 $\boldsymbol{A}$ 可逆 $\Longleftrightarrow$ $\boldsymbol{A}_1,\boldsymbol{A}_2,\cdots,\boldsymbol{A}_s$ 均可逆，且

$$\begin{bmatrix} \boldsymbol{A}_1 & & & \\ & \boldsymbol{A}_2 & & \\ & & \ddots & \\ & & & \boldsymbol{A}_s \end{bmatrix}^{-1} = \begin{bmatrix} \boldsymbol{A}_1^{-1} & & & \\ & \boldsymbol{A}_2^{-1} & & \\ & & \ddots & \\ & & & \boldsymbol{A}_s^{-1} \end{bmatrix}.$$

2.1.4 矩阵的初等变换

一、初等变换的概念

1. 矩阵的初等变换

对矩阵施行的下列三种变换：

(1) 互换矩阵的某两行(列)；

(2) 用一个非零数乘以矩阵的某一行(列)；

(3) 将矩阵某一行(列)的 k 倍加至另一行(列)上，

称为矩阵的**初等行(列)变换**.

矩阵的初等行变换、初等列变换统称为矩阵的**初等变换**.

2. 矩阵的等价

(1) 若矩阵 $\boldsymbol{A}$ 经过一系列初等变换化成矩阵 $\boldsymbol{B}$，$\boldsymbol{B}$ 与 $\boldsymbol{A}$ 必是同型的，称矩阵 $\boldsymbol{A}$ 与 $\boldsymbol{B}$ **等价**；

(2) 对任何一个矩阵，均可以经过一系列初等行变换化成阶梯形矩阵，或再经过一系列初等行变换化成**简化阶梯形矩阵**.即任何一个矩阵都行等价于一个简化阶梯形矩阵，而且后者是惟一的.

二、矩阵的初等变换对方阵的行列式的影响

从字面上，矩阵的初等变换与行列式的性质有些类似，但这是完全不同的两回事，读者要仔细区分.

设 $\boldsymbol{A}$ 为一个 n 阶方阵，在初等变换下，其行列式 $|\boldsymbol{A}|$ 作为一个值的变化情况为：

(1) 对 $\boldsymbol{A}$ 作一次第一种初等变换，即互换 $\boldsymbol{A}$ 的某两行(列)将 $\boldsymbol{A}$ 化成 $\boldsymbol{B}$，则 $|\boldsymbol{B}|=-|\boldsymbol{A}|$；

(2) 对 $\boldsymbol{A}$ 作一次第二种初等变换，即用非零数 k 乘以 $\boldsymbol{A}$ 的某一行(列)将 $\boldsymbol{A}$ 化成 $\boldsymbol{B}$，则 $|\boldsymbol{B}|=k|\boldsymbol{A}|$；

(3) 对 $\boldsymbol{A}$ 作一次第三种初等变换，即将 $\boldsymbol{A}$ 的某一行(列)的倍数

加至另一行(列)上将 $\boldsymbol{A}$ 化成 $\boldsymbol{B}$，则 $|\boldsymbol{B}|=|\boldsymbol{A}|$.

上述讨论说明，两个等价的方阵有相同的可逆性.

三、初等矩阵

(1) 对单位矩阵 $\boldsymbol{E}$ 施行一次初等变换后得到的矩阵，称为初等矩阵. 对应于三种初等变换，初等矩阵也有三种.

初等矩阵均为可逆矩阵，并且其逆矩阵仍为同类型的初等矩阵.

(2) 矩阵的初等变换与初等矩阵有密切的关系：用一个初等矩阵左(右)乘矩阵 $\boldsymbol{A}$，其结果相当于对矩阵 $\boldsymbol{A}$ 作一次相应的初等行(列)变换.

(3) n 阶矩阵 $\boldsymbol{A}$ 可逆 $\Longleftrightarrow$ $\boldsymbol{A}$ 可以表为有限个初等矩阵的乘积.

(4) 对任一个矩阵 $\boldsymbol{A}_{m\times n}$，一定存在可逆矩阵 $\boldsymbol{P}_{m\times m}$ 与 $\boldsymbol{Q}_{n\times n}$，使 $\boldsymbol{PAQ}$ 化为下列形式之一：

$$\begin{bmatrix}\boldsymbol{E}_r & \boldsymbol{O}\\ \boldsymbol{O} & \boldsymbol{O}\end{bmatrix},\quad (\boldsymbol{E}_r,\boldsymbol{O}),\quad \begin{bmatrix}\boldsymbol{E}_r\\ \boldsymbol{O}\end{bmatrix},$$

称为矩阵 $\boldsymbol{A}$ 的等价标准形，其中 r 为矩阵 $\boldsymbol{A}$ 的秩.

2.1.5 矩阵的秩

一、矩阵的秩的概念

设 $\boldsymbol{A}$ 为一个 $m\times n$ 矩阵，把 $\boldsymbol{A}$ 中非零子式的最高阶数称为矩阵 $\boldsymbol{A}$ 的**秩**，记作 $\mathrm{r}(\boldsymbol{A})$ 或秩$(\boldsymbol{A})$. 若 $\boldsymbol{A}$ 是零矩阵，则 $\mathrm{r}(\boldsymbol{A})=0$. 因而

$$0\leqslant \mathrm{r}(\boldsymbol{A})\leqslant \min\{m,n\}.$$

当 $\boldsymbol{A}$ 是 n 阶方阵时，若 $\mathrm{r}(\boldsymbol{A})=n$，则称 $\boldsymbol{A}$ 是满秩矩阵. 显然，$\boldsymbol{A}$ 是满秩矩阵 $\Longleftrightarrow$ $\boldsymbol{A}$ 是非奇异矩阵 $\Longleftrightarrow$ $\boldsymbol{A}$ 是可逆矩阵.

二、矩阵的秩的性质

(1) $\mathrm{r}(\boldsymbol{A})=\mathrm{r}(\boldsymbol{A}^{\mathrm{T}})$；

(2) $\mathrm{r}(\boldsymbol{A}+\boldsymbol{B})\leqslant\mathrm{r}(\boldsymbol{A})+\mathrm{r}(\boldsymbol{B})$；

(3) $\mathrm{r}(k\boldsymbol{A})=\begin{cases}\mathrm{r}(\boldsymbol{A}), & k\neq 0,\\ 0, & k=0;\end{cases}$

(4) $\mathrm{r}(\boldsymbol{AB})\leqslant\min\{\mathrm{r}(\boldsymbol{A}),\mathrm{r}(\boldsymbol{B})\}$；

(5) 若 $\boldsymbol{P},\boldsymbol{Q}$ 为可逆矩阵，则

$$\mathrm{r}(\boldsymbol{PA})=\mathrm{r}(\boldsymbol{AQ})=\mathrm{r}(\boldsymbol{PAQ})=\mathrm{r}(\boldsymbol{A});$$

(6) $r\begin{bmatrix} A & O \\ O & B \end{bmatrix}=r(A)+r(B)$;

(7) $r(A)=r \iff$ 存在可逆矩阵 P,Q,使

$$PAQ=\begin{bmatrix} E_r & O \\ O & O \end{bmatrix};$$

(8) 设 $A_{m\times s}$, $B_{s\times n}$,且 $AB=O \Longrightarrow r(A)+r(B)\leqslant s$;

(9) 同型矩阵 A 与 B 等价 $\iff r(A)=r(B)$;

(10) 设 A 为 n 阶方阵,A^* 为 A 的伴随矩阵,则

$$r(A^*)=\begin{cases} n, & r(A)=n, \\ 1, & r(A)=n-1, \\ 0, & r(A)<n-1. \end{cases}$$

三、矩阵的秩的求法

方法 1 由定义,若矩阵 A 中所有 $r+1$ 阶子式全为零,而有一个 r 阶子式不为零,则 $r(A)=r$.

方法 2 初等变换法:将矩阵 A 用初等行变换化成阶梯形矩阵,则 A 的秩等于阶梯形矩阵中非零行的行数.

方法 3 利用矩阵的秩的性质.

§2.2 基本要求与重点、难点分析

2.2.1 基本要求

(1) 理解矩阵的概念.

(2) 掌握矩阵的线性运算、乘法及转置,以及它们的运算律.

(3) 了解矩阵与行列式的关系,掌握方阵乘积的行列式的性质.

(4) 理解逆矩阵的概念,掌握逆矩阵的性质以及求逆矩阵的方法.

(5) 了解矩阵的初等变换与初等矩阵的概念,掌握用矩阵的初等行变换将矩阵化为阶梯形矩阵的方法.

(6) 了解分块矩阵的概念,掌握分块矩阵的乘法.

(7) 理解矩阵的秩的概念,会用初等变换求矩阵的秩.

2.2.2 重点、难点分析

本章重点是矩阵的运算、逆矩阵、矩阵的初等变换与矩阵的秩，难点是分块矩阵.

(1) 矩阵不仅是本课程的主要讨论对象，也是本课程处理各种问题的主要工具之一. 矩阵的理论和方法几乎贯穿本课程的始终，矩阵的运算正是矩阵广泛应用的基础，读者必须熟练掌握矩阵的各种运算以及它们的运算律. 矩阵的运算律与数的运算律有些是类似的，但也有许多不同之处，学习时要注意它们的差异，尤其是矩阵的乘法.

(2) 逆矩阵的概念在矩阵理论中占有重要位置，利用逆矩阵可求解线性方程组和矩阵方程等. 而与逆矩阵密切相关的一个概念是伴随矩阵，对伴随矩阵，一是要理解其定义，伴随矩阵 $\boldsymbol{A}^*$ 中的 (i,j) 元素是 $\boldsymbol{A}$ 中 (j,i) 元素的代数余子式；二是关于伴随矩阵的基本公式：$\boldsymbol{A}\boldsymbol{A}^*=\boldsymbol{A}^*\boldsymbol{A}=|\boldsymbol{A}|\boldsymbol{E}$. 关于逆矩阵的主要问题有：① 证明矩阵的可逆性；② 对可逆矩阵，求出它的逆矩阵；③ 对矩阵方程，先化简再求解.

(3) 数学的一个基本思想是把讨论对象化简，而用矩阵的初等变换(特别是矩阵的初等行变换)化矩阵为阶梯形矩阵正是体现了这个思想，我们可以从这个阶梯形矩阵中看出很多原矩阵的性质，因而用初等变换化矩阵为阶梯形矩阵成为本课程中用得最多的一种变换，它在线性代数的各种问题中都有重要的应用，所以读者要熟练掌握初等变换的方法以及用初等变换解决其他有关问题的方法. 初等矩阵是和初等变换有密切关系的概念，读者务必分清对某个矩阵左乘(右乘)初等矩阵与初等变换的关系.

(4) 把矩阵分块是处理大型矩阵的有效办法，矩阵分块的原则是既要突出矩阵中元素排列的特点，又要使子块当成元素可以进行运算. 矩阵的分块不仅是为计算的方便，也是为讨论问题的需要，例如为了讨论矩阵的行(列)向量组的性质，就要把矩阵按行(列)分块. 熟练掌握分块矩阵的方法，对于处理许多矩阵问题是很有帮助的.

(5) 矩阵的秩是线性代数课程中重要概念之一. 通过秩的概念

把矩阵与行列式、线性方程组及 n 维向量紧密联系起来，它反映了矩阵的行(列)向量组中向量之间的关系，从而矩阵的秩在很多问题上有广泛应用. 例如，由矩阵的秩讨论线性方程组的解的有关问题，判断向量组的线性相关性，二次型的标准形的惟一性的讨论等. 所以读者要深刻理解矩阵的秩的概念及有关性质，掌握用初等变换求矩阵的秩的方法，并逐步掌握用矩阵的秩解决有关问题的方法.

§2.3 典型例题解析

2.3.1 矩阵的运算与运算律

例 2.1 举例说明下列命题是错误的：

设 $\boldsymbol{A},\boldsymbol{B},\boldsymbol{C},\boldsymbol{O}$ 均为 n 阶方阵.

(1) $(\boldsymbol{A}+\boldsymbol{B})^2=\boldsymbol{A}^2+2\boldsymbol{AB}+\boldsymbol{B}^2$.

(2) 若 $\boldsymbol{AB}=\boldsymbol{O}$，则必有 $\boldsymbol{A}=\boldsymbol{O}$ 或 $\boldsymbol{B}=\boldsymbol{O}$.

(3) 若 $\boldsymbol{A}^2=\boldsymbol{O}$，则 $\boldsymbol{A}=\boldsymbol{O}$.

(4) 若 $\boldsymbol{AB}=\boldsymbol{AC}$，且 $\boldsymbol{A}\neq\boldsymbol{O}$，则 $\boldsymbol{B}=\boldsymbol{C}$.

(5) 若 $|\boldsymbol{A}|=0$，则 $\boldsymbol{A}=\boldsymbol{O}$.

解 (1) 例如，$\boldsymbol{A}=\begin{bmatrix}1 & 0\\0 & 2\end{bmatrix}$，$\boldsymbol{B}=\begin{bmatrix}0 & 0\\1 & 0\end{bmatrix}$，则

$$(\boldsymbol{A}+\boldsymbol{B})^2=\begin{bmatrix}1 & 0\\1 & 2\end{bmatrix}^2=\begin{bmatrix}1 & 0\\3 & 4\end{bmatrix}.$$

而

$$\begin{aligned}&\boldsymbol{A}^2+2\boldsymbol{AB}+\boldsymbol{B}^2\\&=\begin{bmatrix}1 & 0\\0 & 2\end{bmatrix}^2+2\begin{bmatrix}1 & 0\\0 & 2\end{bmatrix}\begin{bmatrix}0 & 0\\1 & 0\end{bmatrix}+\begin{bmatrix}0 & 0\\1 & 0\end{bmatrix}^2\\&=\begin{bmatrix}1 & 0\\4 & 4\end{bmatrix}.\end{aligned}$$

这时，$(\boldsymbol{A}+\boldsymbol{B})^2\neq\boldsymbol{A}^2+2\boldsymbol{AB}+\boldsymbol{B}^2$.

事实上，

$$(\boldsymbol{A}+\boldsymbol{B})^2=\boldsymbol{A}^2+2\boldsymbol{AB}+\boldsymbol{B}^2\iff\boldsymbol{AB}=\boldsymbol{BA}.$$

(2) 例如，$\boldsymbol{A}=\begin{bmatrix}1 & 0\\0 & 0\end{bmatrix}$，$\boldsymbol{B}=\begin{bmatrix}0 & 0\\1 & 0\end{bmatrix}$，$\boldsymbol{A}$ 与 $\boldsymbol{B}$ 均为非零矩阵，但

$$AB=\begin{bmatrix}1&0\\0&0\end{bmatrix}\begin{bmatrix}0&0\\1&0\end{bmatrix}=\begin{bmatrix}0&0\\0&0\end{bmatrix}=\boldsymbol{O}.$$

(3) 例如,设 $\boldsymbol{A}=\begin{bmatrix}0&0\\1&0\end{bmatrix}\neq\boldsymbol{O}$,但

$$\boldsymbol{A}^2=\begin{bmatrix}0&0\\1&0\end{bmatrix}\begin{bmatrix}0&0\\1&0\end{bmatrix}=\begin{bmatrix}0&0\\0&0\end{bmatrix}=\boldsymbol{O}.$$

(4) 例如,设 $\boldsymbol{A}=\begin{bmatrix}1&0\\1&0\end{bmatrix}$, $\boldsymbol{B}=\begin{bmatrix}1&2\\3&4\end{bmatrix}$, $\boldsymbol{C}=\begin{bmatrix}1&2\\2&2\end{bmatrix}$,有

$$\boldsymbol{AB}=\boldsymbol{AC}=\begin{bmatrix}1&2\\1&2\end{bmatrix},\quad 但\quad \boldsymbol{B}\neq\boldsymbol{C}.$$

(5) 例如,设 $\boldsymbol{A}=\begin{bmatrix}1&2\\1&2\end{bmatrix}\neq\boldsymbol{O}$,但 $|\boldsymbol{A}|=\begin{vmatrix}1&2\\1&2\end{vmatrix}=0$.

注释 例题说明矩阵乘法与普通数的乘法有较大差异,务必特别加以注意,同时也要注意矩阵与行列式的区别.

例 2.2 设矩阵

$$\boldsymbol{A}=\begin{bmatrix}2&-2&0\\4&-2&2\\1&3&1\end{bmatrix},\quad \boldsymbol{B}=\begin{bmatrix}1&-1&0\\-2&1&-1\\0&1&0\end{bmatrix},$$

求 $\boldsymbol{A}^2-4\boldsymbol{B}^2-2\boldsymbol{BA}+2\boldsymbol{AB}$.

解 $\boldsymbol{A}^2-4\boldsymbol{B}^2-2\boldsymbol{BA}+2\boldsymbol{AB}=\boldsymbol{A}^2-2\boldsymbol{BA}+2\boldsymbol{AB}-4\boldsymbol{B}^2$

$$=(\boldsymbol{A}-2\boldsymbol{B})\boldsymbol{A}+2(\boldsymbol{A}-2\boldsymbol{B})\boldsymbol{B}=(\boldsymbol{A}-2\boldsymbol{B})(\boldsymbol{A}+2\boldsymbol{B})$$

$$=\begin{bmatrix}0&0&0\\8&-4&4\\1&1&1\end{bmatrix}\begin{bmatrix}4&-4&0\\0&0&0\\1&5&1\end{bmatrix}=\begin{bmatrix}0&0&0\\36&-12&4\\5&1&1\end{bmatrix}.$$

注释 本题若直接计算,比较繁琐,而利用运算律先进行化简,然后运算,可减少计算量.由此可见掌握矩阵的运算律的重要性.

例 2.3 设 $\boldsymbol{\alpha}=(a_1,a_2,\cdots,a_n)^{\mathrm{T}}$, $\boldsymbol{\beta}=(b_1,b_2,\cdots,b_n)^{\mathrm{T}}$,计算

$$\boldsymbol{A}=\boldsymbol{\alpha\beta}^{\mathrm{T}};\quad \boldsymbol{B}=\boldsymbol{\beta}^{\mathrm{T}}\boldsymbol{\alpha}\quad 及\quad \boldsymbol{A}^k\ (k=2,3,\cdots).$$

解 由矩阵的乘法运算律,有

$$\boldsymbol{A}=\boldsymbol{\alpha\beta}^{\mathrm{T}}=\begin{bmatrix}a_1\\a_2\\\vdots\\a_n\end{bmatrix}(b_1,b_2,\cdots,b_n)=\begin{bmatrix}a_1b_1&a_1b_2&\cdots&a_1b_n\\a_2b_1&a_2b_2&\cdots&a_2b_n\\\vdots&\vdots&&\vdots\\a_nb_1&a_nb_2&\cdots&a_nb_n\end{bmatrix},$$

$$B=\beta^{\mathrm{T}}\alpha=(b_1,b_2,\cdots,b_n)\begin{bmatrix}a_1\\a_2\\\vdots\\a_n\end{bmatrix}=a_1b_1+a_2b_2+\cdots+a_nb_n,$$

$$\begin{aligned}A^k&=\overbrace{(\alpha\beta^{\mathrm{T}})(\alpha\beta^{\mathrm{T}})\cdots(\alpha\beta)^{\mathrm{T}}}^{k\text{个}}\\&=\alpha(\beta^{\mathrm{T}}\alpha)(\beta^{\mathrm{T}}\alpha)\cdots(\beta^{\mathrm{T}}\alpha)\beta^{\mathrm{T}}=(\beta^{\mathrm{T}}\alpha)^{k-1}\alpha\beta^{\mathrm{T}}\\&=(a_1b_1+a_2b_2+\cdots+a_nb_n)^{k-1}\begin{bmatrix}a_1b_1&a_1b_2&\cdots&a_1b_n\\a_2b_1&a_2b_2&\cdots&a_2b_n\\\vdots&\vdots&&\vdots\\a_nb_1&a_nb_2&\cdots&a_nb_n\end{bmatrix}.\end{aligned}$$

注释 $\alpha\beta^{\mathrm{T}}$(左列乘右行)为一个矩阵,而 $\beta^{\mathrm{T}}\alpha$(左行乘右列)是一个数,由矩阵乘法的运算律可知,作为一个数它可从矩阵乘积中提出来.

例 2.4 设矩阵

$$A=\begin{bmatrix}1&-1&2\\2&-2&4\\-1&1&-2\end{bmatrix},$$

求 A^n (n 为正整数).

分析 矩阵 A 中任何两行都对应成比例,那么 A 一定可以表示成一个列矩阵(也称列向量)与一个行矩阵(也称行向量)的乘积.

解 矩阵 A 可以表示为

$$A=\begin{bmatrix}1&-1&2\\2&-2&4\\-1&1&-2\end{bmatrix}=\begin{bmatrix}1\\2\\-1\end{bmatrix}(1,-1,2).$$

记 $\alpha=(1,2,-1)^{\mathrm{T}}$, $\beta=(1,-1,2)^{\mathrm{T}}$,则 $A=\alpha\beta^{\mathrm{T}}$,所以

$$\begin{aligned}A^n&=(\alpha\beta^{\mathrm{T}})(\alpha\beta^{\mathrm{T}})\cdots(\alpha\beta^{\mathrm{T}})\\&=\alpha(\beta^{\mathrm{T}}\alpha)(\beta^{\mathrm{T}}\alpha)\cdots(\beta^{\mathrm{T}}\alpha)\beta^{\mathrm{T}}\\&=\alpha(-3)^{n-1}\beta^{\mathrm{T}}=(-3)^{n-1}\alpha\beta^{\mathrm{T}}\end{aligned}$$

$$= (-3)^{n-1}\boldsymbol{A}.$$

例 2.5 填空题：

(1) 设 $\boldsymbol{\alpha}=(a_1,a_2,a_3)^{\mathrm{T}}$，且 $\boldsymbol{\alpha}\boldsymbol{\alpha}^{\mathrm{T}}=\begin{bmatrix}1 & -1 & 1\\ -1 & 1 & -1\\ 1 & -1 & 1\end{bmatrix}$，则 $\boldsymbol{\alpha}^{\mathrm{T}}\boldsymbol{\alpha}=$ ________.

(2) 设 $\boldsymbol{A}=\begin{bmatrix}1 & 0 & 1\\ 0 & 2 & 0\\ 1 & 0 & 1\end{bmatrix}$，若 $n\geqslant 2$ 为正整数，则 $\boldsymbol{A}^n-2\boldsymbol{A}^{n-1}=$ ________.

解 (1) 由

$$\boldsymbol{\alpha}\boldsymbol{\alpha}^{\mathrm{T}}=\begin{bmatrix}1 & -1 & 1\\ -1 & 1 & -1\\ 1 & -1 & 1\end{bmatrix}=\begin{bmatrix}1\\ -1\\ 1\end{bmatrix}(1,-1,1)$$

可知，$\boldsymbol{\alpha}=(1,-1,1)^{\mathrm{T}}$. 所以

$$\boldsymbol{\alpha}^{\mathrm{T}}\boldsymbol{\alpha}=(1,-1,1)\begin{bmatrix}1\\ -1\\ 1\end{bmatrix}=3.$$

应填 3.

(2) 由于 $\boldsymbol{A}^n-2\boldsymbol{A}^{n-1}=(\boldsymbol{A}-2\boldsymbol{E})\boldsymbol{A}^{n-1}$，又

$$\boldsymbol{A}-2\boldsymbol{E}=\begin{bmatrix}-1 & 0 & 1\\ 0 & 0 & 0\\ 1 & 0 & -1\end{bmatrix},$$

所以

$$(\boldsymbol{A}-2\boldsymbol{E})\boldsymbol{A}=\begin{bmatrix}-1 & 0 & 1\\ 0 & 0 & 0\\ 1 & 0 & -1\end{bmatrix}\begin{bmatrix}1 & 0 & 1\\ 0 & 2 & 0\\ 1 & 0 & 1\end{bmatrix}$$

$$=\begin{bmatrix}0 & 0 & 0\\ 0 & 0 & 0\\ 0 & 0 & 0\end{bmatrix}=\boldsymbol{O}.$$

故 $$\boldsymbol{A}^n-2\boldsymbol{A}^{n-1}=\boldsymbol{O}.$$

应填 $\boldsymbol{O}$.

例 2.6 证明：

$$\begin{bmatrix}\lambda & 1 & 0\\ 0 & \lambda & 1\\ 0 & 0 & \lambda\end{bmatrix}^n=\begin{bmatrix}\lambda^n & n\lambda^{n-1} & \dfrac{n(n-1)}{2}\lambda^{n-2}\\ 0 & \lambda^n & n\lambda^{n-1}\\ 0 & 0 & \lambda^n\end{bmatrix}.$$

证法 1 用数学归纳法证明.

当 $n=2$ 时,结论显然成立.

设 $n=k-1$ 时结论成立,则当 $n=k$ 时,

$$\begin{bmatrix}\lambda & 1 & 0\\ 0 & \lambda & 1\\ 0 & 0 & \lambda\end{bmatrix}^k=\begin{bmatrix}\lambda & 1 & 0\\ 0 & \lambda & 1\\ 0 & 0 & \lambda\end{bmatrix}^{k-1}\begin{bmatrix}\lambda & 1 & 0\\ 0 & \lambda & 1\\ 0 & 0 & \lambda\end{bmatrix}$$

$$=\begin{bmatrix}\lambda^{k-1} & (k-1)\lambda^{k-2} & \dfrac{(k-1)(k-2)}{2}\lambda^{k-3}\\ 0 & \lambda^{k-1} & (k-1)\lambda^{k-2}\\ 0 & 0 & \lambda^{k-1}\end{bmatrix}\begin{bmatrix}\lambda & 1 & 0\\ 0 & \lambda & 1\\ 0 & 0 & \lambda\end{bmatrix}$$

$$=\begin{bmatrix}\lambda^k & k\lambda^{k-1} & \dfrac{k(k-1)}{2}\lambda^{k-2}\\ 0 & \lambda^k & k\lambda^{k-1}\\ 0 & 0 & \lambda^k\end{bmatrix}.$$

由归纳法原理,命题对任何正整数 n ($n\geqslant 2$)均成立.

证法 2 记矩阵 $\boldsymbol{B}=\begin{bmatrix}0 & 1 & 0\\ 0 & 0 & 1\\ 0 & 0 & 0\end{bmatrix}$,容易计算得到

$$\boldsymbol{B}^2=\begin{bmatrix}0 & 0 & 1\\ 0 & 0 & 0\\ 0 & 0 & 0\end{bmatrix},\quad \boldsymbol{B}^k\geqslant\boldsymbol{O}\ (k\geqslant 3).$$

由 $\boldsymbol{A}=\lambda\boldsymbol{E}+\boldsymbol{B}$,又 $\boldsymbol{B}$ 与 $\lambda\boldsymbol{E}$ 是可交换的,故

$$\begin{aligned}\boldsymbol{A}^n&=(\lambda\boldsymbol{E}+\boldsymbol{B})^n\\ &=\lambda^n\boldsymbol{E}+n\lambda^{n-1}\boldsymbol{B}+\frac{n(n-1)}{2}\lambda^{n-2}\boldsymbol{B}^2+\cdots+\boldsymbol{B}^n\end{aligned}$$

$$
\begin{aligned}
&= \lambda^n \boldsymbol{E} + n\lambda^{n-1}\boldsymbol{B} + \frac{n(n-1)}{2}\lambda^{n-2}\boldsymbol{B}^2 \\
&= \begin{bmatrix} \lambda^n & 0 & 0 \\ 0 & \lambda^n & 0 \\ 0 & 0 & \lambda^n \end{bmatrix} + \begin{bmatrix} 0 & n\lambda^{n-1} & 0 \\ 0 & 0 & n\lambda^{n-1} \\ 0 & 0 & 0 \end{bmatrix} \\
&\quad + \begin{bmatrix} 0 & 0 & \frac{n(n-1)}{2}\lambda^{n-2} \\ 0 & 0 & 0 \\ 0 & 0 & 0 \end{bmatrix} \\
&= \begin{bmatrix} \lambda^n & n\lambda^{n-1} & \frac{n(n-1)}{2}\lambda^{n-2} \\ 0 & \lambda^n & n\lambda^{n-1} \\ 0 & 0 & \lambda^n \end{bmatrix}.
\end{aligned}
$$

注释 当 $\boldsymbol{A},\boldsymbol{B}$ 为同阶方阵，且 $\boldsymbol{A}$ 与 $\boldsymbol{B}$ 可交换时，则成立

$$(\boldsymbol{A}+\boldsymbol{B})^n = \boldsymbol{A}^n + C_n^1\boldsymbol{A}^{n-1}\boldsymbol{B} + C_n^2\boldsymbol{A}^{n-2}\boldsymbol{B}^2 + \cdots + \boldsymbol{B}^n.$$

但若 $\boldsymbol{AB}\neq\boldsymbol{BA}$，此式一般不成立.

例 2.7 设 $\boldsymbol{A}=\begin{bmatrix} 2 & 1 & 1 \\ 3 & 1 & 2 \\ 1 & -1 & 0 \end{bmatrix}$，$f(x)=x^2-x+1$，求 $f(\boldsymbol{A})$.

解 $f(\boldsymbol{A})=\boldsymbol{A}^2-\boldsymbol{A}+\boldsymbol{E}$

$$
\begin{aligned}
&= \begin{bmatrix} 2 & 1 & 1 \\ 3 & 1 & 2 \\ 1 & -1 & 0 \end{bmatrix}\begin{bmatrix} 2 & 1 & 1 \\ 3 & 1 & 2 \\ 1 & -1 & 0 \end{bmatrix} - \begin{bmatrix} 2 & 1 & 1 \\ 3 & 1 & 2 \\ 1 & -1 & 0 \end{bmatrix} \\
&\quad + \begin{bmatrix} 1 & 0 & 0 \\ 0 & 1 & 0 \\ 0 & 0 & 1 \end{bmatrix} \\
&= \begin{bmatrix} 7 & 1 & 3 \\ 8 & 2 & 3 \\ -2 & 1 & 0 \end{bmatrix}.
\end{aligned}
$$

注释 方阵 $\boldsymbol{A}$ 的多项式 $f(\boldsymbol{A})$ 也是一个方阵，它是与 $\boldsymbol{A}$ 有密切关系的一个矩阵.

例 2.8 设 $\boldsymbol{A},\boldsymbol{B}$ 为同阶方阵，且 $\boldsymbol{A}=\frac{1}{2}(\boldsymbol{B}+\boldsymbol{E})$，试证 $\boldsymbol{A}^2=\boldsymbol{A}$ 当

且仅当 $B^2=E$.

证
$$A^2=A \Longleftrightarrow \left[\frac{1}{2}(B+E)\right]^2=\frac{1}{2}(B+E)$$
$$\Longleftrightarrow \frac{1}{4}(B+E)^2=\frac{1}{2}(B+E)$$
$$\Longleftrightarrow \frac{1}{2}(B^2+2B+E)=B+E$$
$$\Longleftrightarrow B^2+2B+E=2B+2E$$
$$\Longleftrightarrow B^2=E.$$

例 2.9 设 n 阶矩阵 A,B 满足 $A^2=A$, $B^2=B$, $(A+B)^2=A+B$. 证明：$AB=O$.

证 由题设条件 $(A+B)^2=A+B$，得
$$A^2+AB+BA+B^2=A+B.$$
又已知 $A^2=A$, $B^2=B$，故得
$$AB+BA=O. \tag{1}$$
用 A 左乘(1)式两端，并利用 $A^2=A$，得
$$AB+ABA=O. \tag{2}$$
用 A 右乘(1)式两端，并利用 $A^2=A$，得
$$ABA+BA=O. \tag{3}$$
(2)式与(3)式相减，可得
$$AB=BA. \tag{4}$$
将(4)式代入(1)式，便得
$$AB=O.$$

注释 对本题，在还不知道 $AB=BA$ 时，不能把 $(A+B)^2$ 写成 $A^2+2AB+B^2$.

例 2.10 试证：如果 A 是实对称矩阵，且 $A^2=O$，则 $A=O$.

证 设 $A=(a_{ij})$ 为 n 阶实对称矩阵，即 $A^{\mathrm{T}}=A$. 因此题设条件 $A^2=O$ 成为 $AA^{\mathrm{T}}=O$.

比较 $AA^{\mathrm{T}}=O$ 两端的 (i,i) 元素，得
$$(a_{i1},a_{i2},\cdots,a_{in})\begin{bmatrix}a_{i1}\\a_{i2}\\\vdots\\a_{in}\end{bmatrix}=\sum_{j=1}^{n}a_{ij}^2=0.$$

由于 a_{ij} 为实数，故得 $a_{ij}=0\ (i,j=1,2,\cdots,n)$，即 $\boldsymbol{A}=\boldsymbol{O}$.

例 2.11 设矩阵 $\boldsymbol{A}=(a_{ij})_{m\times n}$，若对任意 n 维列向量 $\boldsymbol{x}$，均有 $\boldsymbol{Ax}=\boldsymbol{O}$，试证：$\boldsymbol{A}=\boldsymbol{O}$.

证 对 $\boldsymbol{x}=\boldsymbol{e}_j=(0,\cdots,0,1,0,\cdots,0)^{\mathrm{T}}$（这里第 j 个分量为 1，其余全为零，$j=1,2,\cdots,n$）. 由题设条件，有

$$\boldsymbol{A}\boldsymbol{e}_j=\boldsymbol{O}\quad(j=1,2,\cdots,n).$$

由乘法，上式即

$$\begin{bmatrix}a_{1j}\\a_{2j}\\\vdots\\a_{mj}\end{bmatrix}=\begin{bmatrix}0\\0\\\vdots\\0\end{bmatrix}\quad(j=1,2,\cdots,n),$$

故有 $$a_{ij}=0\quad(i=1,2,\cdots,m;\ j=1,2,\cdots,n).$$

此即 $\boldsymbol{A}=\boldsymbol{O}$.

注释 凡涉及任意 n 维向量的问题，一般总可以取 n 维向量中一组特殊的向量 $\boldsymbol{e}_1,\boldsymbol{e}_2,\cdots,\boldsymbol{e}_n$ 来加以讨论.

例 2.12 设 $\boldsymbol{A}$ 为 n 阶对称矩阵，$\boldsymbol{B}$ 为 n 阶反对称矩阵，证明：$\boldsymbol{AB}$ 为反对称矩阵当且仅当 $\boldsymbol{AB}=\boldsymbol{BA}$.

证 由题设条件，有 $\boldsymbol{A}^{\mathrm{T}}=\boldsymbol{A}$，$\boldsymbol{B}^{\mathrm{T}}=-\boldsymbol{B}$. 所以

$$\boldsymbol{AB}\text{ 为反对称矩阵}\Longleftrightarrow(\boldsymbol{AB})^{\mathrm{T}}=-\boldsymbol{AB}$$
$$\Longleftrightarrow\boldsymbol{B}^{\mathrm{T}}\boldsymbol{A}^{\mathrm{T}}=-\boldsymbol{AB}\Longleftrightarrow(-\boldsymbol{B})\boldsymbol{A}=-\boldsymbol{AB}\Longleftrightarrow\boldsymbol{BA}=\boldsymbol{AB}.$$

注释 对称矩阵和反对称矩阵是两种重要的特殊方阵，尤其是对称矩阵，应熟悉它们的定义和性质. 例如对称矩阵的和、数乘、幂、逆矩阵（当可逆时）都还是对称矩阵，但对称矩阵的乘积却未必是对称矩阵，读者不难举例说明.

2.3.2 求方阵的行列式

例 2.13 设 4 阶方阵

$$\boldsymbol{A}=(\alpha_1,\alpha_2,\alpha_3,\beta),\quad\boldsymbol{B}=(\alpha_1,\alpha_2,\alpha_3,\gamma),$$

其中 $\alpha_1,\alpha_2,\alpha_3,\beta,\gamma$ 均为 4 维列向量. 已知 $|\boldsymbol{A}|=1$，$|\boldsymbol{B}|=4$，求 $|3\boldsymbol{A}-\boldsymbol{B}|$.

解 $3A-B=3(\alpha_1,\alpha_2,\alpha_3,\beta)-(\alpha_1,\alpha_2,\alpha_3,\gamma)$

$$=(2\alpha_1,2\alpha_2,2\alpha_3,3\beta-\gamma),$$

所以 $|3A-B|=|2\alpha_1,2\alpha_2,2\alpha_3,3\beta-\gamma|$

$$\xlongequal{\text{提取第 1,2,3 列公因子}} 8|\alpha_1,\alpha_2,\alpha_3,3\beta-\gamma|$$

$$\xlongequal{\text{由第 4 列拆成两个行列式相加}} 8(|\alpha_1,\alpha_2,\alpha_3,3\beta|-|\alpha_1,\alpha_2,\alpha_3,\gamma|)$$

$$=8(3|\alpha_1,\alpha_2,\alpha_3,\beta|-|\alpha_1,\alpha_2,\alpha_3,\gamma|)$$

$$=8(3|A|-|B|)$$

$$=8\times(3\times1-4)=-8.$$

注释 若 $|3A-B|=|3A|-|B|=3|A|-|B|$,这是错误的.

例 2.14 设 A,B 均为 n 阶方阵,且满足 $A^2=E$, $B^2=E$, $|A|+|B|=0$. 证明: $|A+B|=0$.

分析 行列式的值是一个数,对抽象的 $|A+B|$,要证明它等于零,只需证明 $|A+B|=-|A+B|$,这是一个重要的思想方法.

证 由 $A^2=E$ 两端取行列式得 $|A|=\pm1$,同理有 $|B|=\pm1$,又 $|A|=-|B|$,故有 $|A||B|=-1$.

因为 $A^2=E$, $B^2=E$,所以

$$\begin{aligned}|A+B|&=|AE+EB|=|AB^2+A^2B|\\&=|A(B+A)B|=|A||B||B+A|\\&=-|B+A|=-|A+B|,\end{aligned}$$

于是得 $|A+B|=0$.

例 2.15 试证:设 A 是 n 阶矩阵,且满足 $AA^{\mathrm T}=E$, $|A|=-1$,则 $|E+A|=0$.

证 $|E+A|=|AA^{\mathrm T}+A|=|A(A^{\mathrm T}+E)|$

$$=|A||A^{\mathrm T}+E|=|A||(A+E)^{\mathrm T}|$$

$$=|A||E+A|=-|E+A|,$$

于是得 $|E+A|=0$.

2.3.3 逆矩阵的计算与证明题

在求方阵 A 的逆矩阵时,当 A 的阶数较低时,可以利用伴随矩阵求逆矩阵;当 A 的阶数较大时,一般利用矩阵的初等行变换求逆

矩阵.对某些较简单的分块矩阵,也可以利用分块矩阵的求逆公式求逆矩阵.

当 $\boldsymbol{A}$ 是抽象矩阵时,欲证明 $\boldsymbol{A}^{-1}$存在或求 $\boldsymbol{A}^{-1}$时,往往利用以下命题:当同阶方阵 $\boldsymbol{A},\boldsymbol{B}$ 满足 $\boldsymbol{AB}=\boldsymbol{E}$ 时,$\boldsymbol{A}$ 与 $\boldsymbol{B}$ 均可逆,且 $\boldsymbol{A}^{-1}=\boldsymbol{B}$,$\boldsymbol{B}^{-1}=\boldsymbol{A}$.

例 2.16 设 $\alpha=(-1,0,1)^{\mathrm{T}}$,矩阵 $\boldsymbol{A}=3\boldsymbol{E}-\alpha\alpha^{\mathrm{T}}$.

(1) 求矩阵 $\boldsymbol{A}$;

(2) $\boldsymbol{A}$ 是否可逆?若可逆,求 $\boldsymbol{A}^{-1}$.

解 (1) 由于

$$\alpha\alpha^{\mathrm{T}}=\begin{bmatrix}-1\\0\\1\end{bmatrix}(-1,0,1)=\begin{bmatrix}1&0&-1\\0&0&0\\-1&0&1\end{bmatrix},$$

所以

$$\boldsymbol{A}=3\boldsymbol{E}-\alpha\alpha^{\mathrm{T}}=\begin{bmatrix}3&0&0\\0&3&0\\0&0&3\end{bmatrix}-\begin{bmatrix}1&0&-1\\0&0&0\\-1&0&1\end{bmatrix}=\begin{bmatrix}2&0&1\\0&3&0\\1&0&2\end{bmatrix}.$$

(2) 由于 $|\boldsymbol{A}|=\begin{vmatrix}2&0&1\\0&3&0\\1&0&2\end{vmatrix}=9\neq0$,故 $\boldsymbol{A}$ 是可逆矩阵.下面用初等行变换法求 $\boldsymbol{A}^{-1}$:

$$(\boldsymbol{A},\boldsymbol{E})=\begin{bmatrix}2&0&1&1&0&0\\0&3&0&0&0&1\\1&0&2&0&0&1\end{bmatrix}\to\begin{bmatrix}1&0&0&2/3&0&-1/3\\0&1&0&0&1/3&0\\0&0&1&-1/3&0&2/3\end{bmatrix},$$

所以

$$A^{-1}=\begin{bmatrix}\frac{2}{3} & 0 & -\frac{1}{3}\\ 0 & \frac{1}{3} & 0\\ -\frac{1}{3} & 0 & \frac{2}{3}\end{bmatrix}.$$

例 2.17 设矩阵

$$A=\begin{bmatrix}1 & -1 & 1 & -1\\ 1 & 1 & 1 & 1\\ 0 & 0 & -1 & -1\\ 0 & 0 & -1 & 1\end{bmatrix},$$

用本身矩阵和分块矩阵,分别求 A^{-1}.

解 (1) 对矩阵 A 用初等行变换法求 A^{-1}.

$$(A,E)=\begin{bmatrix}1 & -1 & 1 & -1 & 1 & 0 & 0 & 0\\ 1 & 1 & 1 & 1 & 0 & 1 & 0 & 0\\ 0 & 0 & -1 & -1 & 0 & 0 & 1 & 0\\ 0 & 0 & -1 & 1 & 0 & 0 & 0 & 1\end{bmatrix}$$

$$\rightarrow\begin{bmatrix}1 & 0 & 0 & 0 & \frac{1}{2} & \frac{1}{2} & \frac{1}{2} & \frac{1}{2}\\ 0 & 1 & 0 & 0 & -\frac{1}{2} & \frac{1}{2} & \frac{1}{2} & -\frac{1}{2}\\ 0 & 0 & 1 & 0 & 0 & 0 & -\frac{1}{2} & -\frac{1}{2}\\ 0 & 0 & 0 & 1 & 0 & 0 & -\frac{1}{2} & \frac{1}{2}\end{bmatrix},$$

所以

$$A^{-1}=\begin{bmatrix}\frac{1}{2} & \frac{1}{2} & \frac{1}{2} & \frac{1}{2}\\ -\frac{1}{2} & \frac{1}{2} & \frac{1}{2} & -\frac{1}{2}\\ 0 & 0 & -\frac{1}{2} & -\frac{1}{2}\\ 0 & 0 & -\frac{1}{2} & \frac{1}{2}\end{bmatrix}.$$

(2) 把矩阵 $\boldsymbol{A}$ 分块为

$$\boldsymbol{A}=\left[\begin{array}{cc:cc}1 & -1 & 1 & -1 \\ 1 & 1 & 1 & 1 \\ \hdashline 0 & 0 & -1 & -1 \\ 0 & 0 & -1 & 1\end{array}\right]=\begin{bmatrix}\boldsymbol{A}_1 & \boldsymbol{C}_1 \\ \boldsymbol{O} & \boldsymbol{B}_1\end{bmatrix},$$

其中 $\boldsymbol{A}_1=\begin{bmatrix}1 & -1 \\ 1 & 1\end{bmatrix}$, $\boldsymbol{C}_1=\begin{bmatrix}1 & -1 \\ 1 & 1\end{bmatrix}$, $\boldsymbol{B}_1=\begin{bmatrix}-1 & -1 \\ -1 & 1\end{bmatrix}$,可知 $\boldsymbol{A}_1,\boldsymbol{B}_1$ 均可逆,且

$$\boldsymbol{A}_1^{-1}=\begin{bmatrix}\frac{1}{2} & \frac{1}{2} \\ -\frac{1}{2} & \frac{1}{2}\end{bmatrix},\quad \boldsymbol{B}_1^{-1}=\begin{bmatrix}-\frac{1}{2} & -\frac{1}{2} \\ -\frac{1}{2} & \frac{1}{2}\end{bmatrix}.$$

又

$$-\boldsymbol{A}_1^{-1}\boldsymbol{C}_1\boldsymbol{B}_1^{-1}=-\begin{bmatrix}\frac{1}{2} & \frac{1}{2} \\ -\frac{1}{2} & \frac{1}{2}\end{bmatrix}\begin{bmatrix}1 & -1 \\ 1 & 1\end{bmatrix}\begin{bmatrix}-\frac{1}{2} & -\frac{1}{2} \\ -\frac{1}{2} & \frac{1}{2}\end{bmatrix}$$

$$=\begin{bmatrix}\frac{1}{2} & \frac{1}{2} \\ \frac{1}{2} & -\frac{1}{2}\end{bmatrix},$$

于是

$$\boldsymbol{A}^{-1}=\begin{bmatrix}\boldsymbol{A}_1 & \boldsymbol{C}_1 \\ \boldsymbol{O} & \boldsymbol{B}_1\end{bmatrix}^{-1}=\begin{bmatrix}\boldsymbol{A}_1^{-1} & -\boldsymbol{A}_1^{-1}\boldsymbol{C}\boldsymbol{B}^{-1} \\ \boldsymbol{O} & \boldsymbol{B}_1^{-1}\end{bmatrix}$$

$$=\begin{bmatrix}\frac{1}{2} & \frac{1}{2} & \frac{1}{2} & \frac{1}{2} \\ -\frac{1}{2} & \frac{1}{2} & \frac{1}{2} & -\frac{1}{2} \\ 0 & 0 & -\frac{1}{2} & -\frac{1}{2} \\ 0 & 0 & -\frac{1}{2} & \frac{1}{2}\end{bmatrix}.$$

例 2.18 设矩阵

$$
\boldsymbol{A}=\begin{bmatrix} 0 & a_1 & 0 & \cdots & 0 \\ 0 & 0 & a_2 & \cdots & 0 \\ \vdots & \vdots & \vdots & & \vdots \\ 0 & 0 & 0 & \cdots & a_{n-1} \\ a_n & 0 & 0 & \cdots & 0 \end{bmatrix},
$$

其中 $a_i \neq 0\ (i=1,2,\cdots,n)$. 求:

(1) $\boldsymbol{A}^{-1}$;

(2) $A_{k1}+A_{k2}+\cdots+A_{kn}\ (k=1,2,\cdots,n)$,其中 A_{kj} 为 $\boldsymbol{A}$ 中元素 a_{kj} 的代数余子式.

解 (1) 用矩阵的初等行变换求 $\boldsymbol{A}^{-1}$,即

$$
(\boldsymbol{A},\boldsymbol{E})=\begin{bmatrix} 0 & a_1 & 0 & \cdots & 0 & 1 & 0 & 0 & \cdots & 0 & 0 \\ 0 & 0 & a_2 & \cdots & 0 & 0 & 1 & 0 & \cdots & 0 & 0 \\ \vdots & \vdots & \vdots & & \vdots & \vdots & \vdots & \vdots & & \vdots & \vdots \\ 0 & 0 & 0 & \cdots & a_{n-1} & 0 & 0 & 0 & \cdots & 1 & 0 \\ a_n & 0 & 0 & \cdots & 0 & 0 & 0 & 0 & \cdots & 0 & 1 \end{bmatrix}
$$

$$
\rightarrow \begin{bmatrix} 1 & 0 & 0 & \cdots & 0 & 0 & 0 & \cdots & 0 & a_n^{-1} \\ 0 & 1 & 0 & \cdots & 0 & a_1^{-1} & 0 & \cdots & 0 & 0 \\ 0 & 0 & 1 & \cdots & 0 & 0 & a_2^{-1} & \cdots & 0 & 0 \\ \vdots & \vdots & \vdots & & \vdots & \vdots & \vdots & & \vdots & \vdots \\ 0 & 0 & 0 & \cdots & 1 & 0 & 0 & \cdots & a_{n-1}^{-1} & 0 \end{bmatrix}
$$

$$
=(\boldsymbol{E},\boldsymbol{A}^{-1}),
$$

于是
$$
\boldsymbol{A}^{-1}=\begin{bmatrix} 0 & 0 & \cdots & 0 & a_n^{-1} \\ a_1^{-1} & 0 & \cdots & 0 & 0 \\ 0 & a_2^{-1} & \cdots & 0 & 0 \\ \vdots & \vdots & & \vdots & \vdots \\ 0 & 0 & \cdots & a_{n-1}^{-1} & 0 \end{bmatrix}.
$$

(2) 由于 $A_{k1}+A_{k2}+\cdots+A_{kn}$ 恰是伴随矩阵 $\boldsymbol{A}^*$ 中第 k 列元素的和. 而

$$
\boldsymbol{A}^*=|\boldsymbol{A}|\boldsymbol{A}^{-1}
$$

$$= (-1)^{n+1}a_1a_2\cdots a_n\begin{bmatrix} 0 & 0 & \cdots & 0 & a_n^{-1} \\ a_1^{-1} & 0 & \cdots & 0 & 0 \\ 0 & a_2^{-1} & \cdots & 0 & 0 \\ \vdots & \vdots & & \vdots & \vdots \\ 0 & 0 & \cdots & a_{n-1}^{-1} & 0 \end{bmatrix},$$

所以

$$A_{k1}+A_{k2}+\cdots+A_{kn} = (-1)^{n+1}a_1a_2\cdots a_n\cdot a_k^{-1}$$
$$= (-1)^{n+1}\prod_{\substack{i=1\\(i\neq k)}}^{n} a_i.$$

例 2.19 设 $\boldsymbol{A},\boldsymbol{B},\boldsymbol{A}+\boldsymbol{B}$ 均为 n 阶可逆矩阵. 证明 $\boldsymbol{A}^{-1}+\boldsymbol{B}^{-1}$ 也可逆,并求 $(\boldsymbol{A}^{-1}+\boldsymbol{B}^{-1})^{-1}$.

证 由于

$$\boldsymbol{A}+\boldsymbol{B} = \boldsymbol{E}\boldsymbol{B}+\boldsymbol{A}\boldsymbol{E} = \boldsymbol{A}\boldsymbol{A}^{-1}\boldsymbol{B}+\boldsymbol{A}\boldsymbol{B}^{-1}\boldsymbol{B}$$
$$= \boldsymbol{A}(\boldsymbol{A}^{-1}+\boldsymbol{B}^{-1})\boldsymbol{B},$$

将上式两端左乘 $\boldsymbol{A}^{-1}$,右乘 $\boldsymbol{B}^{-1}$,得

$$\boldsymbol{A}^{-1}+\boldsymbol{B}^{-1} = \boldsymbol{A}^{-1}(\boldsymbol{A}+\boldsymbol{B})\boldsymbol{B}^{-1},$$

说明 $\boldsymbol{A}^{-1}+\boldsymbol{B}^{-1}$ 表示成三个可逆矩阵的乘积,故 $\boldsymbol{A}^{-1}+\boldsymbol{B}^{-1}$ 是可逆矩阵,且

$$(\boldsymbol{A}^{-1}+\boldsymbol{B}^{-1})^{-1} = [\boldsymbol{A}^{-1}(\boldsymbol{A}+\boldsymbol{B})\boldsymbol{B}^{-1}]^{-1} = \boldsymbol{B}(\boldsymbol{A}+\boldsymbol{B})^{-1}\boldsymbol{A}.$$

注释 本题思路是:若某个方阵能表示成若干个可逆矩阵的乘积,则这个方阵也是可逆矩阵.

例 2.20 设 n 阶方阵 $\boldsymbol{A}$ 满足 $\boldsymbol{A}^3=2\boldsymbol{E}$,矩阵 $\boldsymbol{B}=\boldsymbol{A}^2+2\boldsymbol{A}+\boldsymbol{E}$. 试证: $\boldsymbol{B}$ 可逆并求 $\boldsymbol{B}^{-1}$.

分析 显然 $\boldsymbol{B}=(\boldsymbol{A}+\boldsymbol{E})^2$,故只需证明 $\boldsymbol{A}+\boldsymbol{E}$ 可逆,这可从 $\boldsymbol{A}^3=2\boldsymbol{E}$ 上寻找思路.

证 由 $\boldsymbol{A}^3=2\boldsymbol{E}$,又 $\boldsymbol{A}$ 与 $\boldsymbol{E}$ 是可交换的,于是

$$(\boldsymbol{A}+\boldsymbol{E})(\boldsymbol{A}^2-\boldsymbol{A}+\boldsymbol{E}) = \boldsymbol{A}^3+\boldsymbol{E} = 3\boldsymbol{E},$$

即

$$(\boldsymbol{A}+\boldsymbol{E})\left[\frac{1}{3}(\boldsymbol{A}^2-\boldsymbol{A}+\boldsymbol{E})\right] = \boldsymbol{E},$$

所以 $\boldsymbol{A}+\boldsymbol{E}$ 可逆,且 $(\boldsymbol{A}+\boldsymbol{E})^{-1}=\frac{1}{3}(\boldsymbol{A}^2-\boldsymbol{A}+\boldsymbol{E})$. 则 $\boldsymbol{B}=(\boldsymbol{A}+\boldsymbol{E})^2$ 也

可逆，且

$$B^{-1}=[(A+E)^2]^{-1}=[(A+E)^{-1}]^2=\frac{1}{9}(A^2-A+E)^2.$$

例 2.21 设 A 为 n 阶方阵，$A^k=O\ (k\geqslant 2)$，求 $(E-A)^{-1}$.

分析 由于 A 与 E 是可交换的，因此某些关于代数式的运算公式，对矩阵也成立. 例如，由

$$(1-a)(1+a+a^2+\cdots+a^{m-1})=1-a^m$$

可以推出

$$(E-A)(E+A+A^2+\cdots+A^{m-1})=E-A^m.$$

解 由于 $A^k=O\ (k\geqslant 2)$ 及

$$(E-A)(E+A+\cdots+A^{k-1})=E-A^k=E.$$

于是 $E-A$ 可逆，且 $(E-A)^{-1}=E+A+\cdots+A^{k-1}$.

例 2.22 设方阵 A 满足 $A^2+A-3E=O$，证明 $A-2E$ 可逆并求 $(A-2E)^{-1}$.

证 由题设条件可得 $A^2+A=3E$，也就有

$$A^2+A-6E=-3E,$$

即

$$(A-2E)(A+3E)=-3E,$$

即

$$(A-2E)\left[-\frac{1}{3}(A+3E)\right]=E.$$

所以 $A-2E$ 可逆，且 $(A-2E)^{-1}=-\frac{1}{3}(A+3E)$.

例 2.23 设 A 为 n 阶矩阵，$A+E$ 为可逆矩阵，如果

$$f(A)=(E-A)(A+E)^{-1},$$

证明：(1) $[E+f(A)](E+A)=2E$； (2) $f[f(A)]=A$.

证 (1)
$$\begin{aligned}[E+f(A)](E+A)&=[E+(E-A)(A+E)^{-1}](E+A)\\&=(E+A)+(E-A)=2E.\end{aligned}$$

(2) 由(1)可知 $E+f(A)$ 可逆，且

$$[E+f(A)]^{-1}=\frac{1}{2}(E+A).$$

于是

$$\begin{aligned}f[f(A)]&=[E-f(A)][f(A)+E]^{-1}\\&=[E-(E-A)(A+E)^{-1}]\left[\frac{1}{2}(E+A)\right]\end{aligned}$$

$$= \frac{1}{2}(E + A) - \frac{1}{2}(E - A) = A.$$

例 2.24 设 n 阶矩阵 A,B 满足 $A+B=AB$.

(1) 证明：矩阵 $A-E$ 可逆；

(2) 证明：$AB=BA$；

(3) 若 $B=\begin{bmatrix}1 & 2 & 0\\3 & 4 & 0\\0 & 0 & 5\end{bmatrix}$，求 A.

解 (1) 由 $A+B=AB$，即有 $AB-B-A=O$，所以

$$(A - E)B - A + E = E, \quad 即 \quad (A - E)B - (A - E) = E,$$

即

$$(A - E)(B - E) = E.$$

所以 $A-E$ 可逆，且 $(A-E)^{-1}=B-E$.

(2) 由(1)的证明可知，$A-E$ 与 $B-E$ 互为逆阵，故它们是可交换的，即

$$(A - E)(B - E) = (B - E)(A - E).$$

两边由矩阵乘法的分配律，经化简就得 $AB=BA$.

(3) 由 $A-E=(B-E)^{-1}$，所以

$$A = E + (B - E)^{-1}$$

$$= \begin{bmatrix}1 & 0 & 0\\0 & 1 & 0\\0 & 0 & 1\end{bmatrix} + \begin{bmatrix}0 & 2 & 0\\3 & 3 & 0\\0 & 0 & 4\end{bmatrix}^{-1}$$

$$= \begin{bmatrix}1 & 0 & 0\\0 & 1 & 0\\0 & 0 & 1\end{bmatrix} + \begin{bmatrix}-\frac{1}{2} & \frac{1}{3} & 0\\\frac{1}{2} & 0 & 0\\0 & 0 & \frac{1}{4}\end{bmatrix}$$

$$= \begin{bmatrix}\frac{1}{2} & \frac{1}{3} & 0\\\frac{1}{2} & 1 & 0\\0 & 0 & \frac{5}{4}\end{bmatrix}.$$

注释 矩阵的乘法不满足交换律，而可逆矩阵与其逆阵是可交换的. 因此在计算题或证明题中，若涉及矩阵可交换的问题，可考虑从可逆矩阵或逆矩阵入手.

例 2.25(选择题) 设 n 阶方阵 $\boldsymbol{A},\boldsymbol{B},\boldsymbol{C}$ 满足 $\boldsymbol{ABC}=\boldsymbol{E}$，则必有(　　).

(A) $\boldsymbol{ACB}=\boldsymbol{E}$;　　(B) $\boldsymbol{CBA}=\boldsymbol{E}$;

(C) $\boldsymbol{BAC}=\boldsymbol{E}$;　　(D) $\boldsymbol{BCA}=\boldsymbol{E}$.

解 题设条件 $\boldsymbol{ABC}=\boldsymbol{E}$，也就是 $\boldsymbol{A}(\boldsymbol{BC})=\boldsymbol{E}$. 说明 $\boldsymbol{A}$ 与 $\boldsymbol{BC}$ 互为逆阵，它们是可交换的. 于是 $(\boldsymbol{BC})\boldsymbol{A}=\boldsymbol{BCA}=\boldsymbol{E}$. 故(D)正确. 应选(D).

例 2.26 设 3 阶方阵 $\boldsymbol{A},\boldsymbol{B}$ 满足 $\boldsymbol{A}^2\boldsymbol{B}-\boldsymbol{A}-\boldsymbol{B}=\boldsymbol{E}$，若

$$\boldsymbol{A}=\begin{bmatrix}1&0&1\\0&2&0\\-2&0&1\end{bmatrix},$$

求 $|\boldsymbol{B}|$.

分析 本题矩阵 $\boldsymbol{A}$ 是具体给出的，欲求 $|\boldsymbol{B}|$，就需从 $\boldsymbol{A}$ 与 $\boldsymbol{B}$ 满足的关系式中找出 $\boldsymbol{B}$ 通过矩阵 $\boldsymbol{A}$ 的表达式.

解 由题设关系式 $\boldsymbol{A}^2\boldsymbol{B}-\boldsymbol{A}-\boldsymbol{B}=\boldsymbol{E}$，得

$$(\boldsymbol{A}^2-\boldsymbol{E})\boldsymbol{B}=\boldsymbol{A}+\boldsymbol{E},$$

即

$$(\boldsymbol{A}+\boldsymbol{E})(\boldsymbol{A}-\boldsymbol{E})\boldsymbol{B}=\boldsymbol{A}+\boldsymbol{E},$$

由已知矩阵 $\boldsymbol{A}$，可知 $\boldsymbol{A}+\boldsymbol{E}$ 可逆，上式两端左乘 $(\boldsymbol{A}+\boldsymbol{E})^{-1}$，得 $(\boldsymbol{A}-\boldsymbol{E})\boldsymbol{B}=\boldsymbol{E}$，故

$$\boldsymbol{B}=(\boldsymbol{A}-\boldsymbol{E})^{-1}.$$

所以 $|\boldsymbol{B}|=|(\boldsymbol{A}-\boldsymbol{E})^{-1}|=|\boldsymbol{A}-\boldsymbol{E}|^{-1}$. 而

$$|\boldsymbol{A}-\boldsymbol{E}|=\begin{vmatrix}0&0&1\\0&1&0\\-2&0&0\end{vmatrix}=2,$$

所以 $|\boldsymbol{B}|=1/2$.

例 2.27 已知 $\boldsymbol{A}$ 是元素都为 1 的 n 阶矩阵($n\geqslant 2$)，证明：

$$(\boldsymbol{E}-\boldsymbol{A})^{-1}=\boldsymbol{E}-\frac{1}{n-1}\boldsymbol{A}.$$

证 由$(\boldsymbol{E}-\boldsymbol{A})\left(\boldsymbol{E}-\frac{1}{n-1}\boldsymbol{A}\right)=\boldsymbol{E}-\frac{1}{n-1}\boldsymbol{A}-\boldsymbol{A}+\frac{1}{n-1}\boldsymbol{A}^2$,而

$$\boldsymbol{A}^2=\begin{bmatrix}1&1&\cdots&1\\1&1&\cdots&1\\\vdots&\vdots&&\vdots\\1&1&\cdots&1\end{bmatrix}\begin{bmatrix}1&1&\cdots&1\\1&1&\cdots&1\\\vdots&\vdots&&\vdots\\1&1&\cdots&1\end{bmatrix}$$

$$=\begin{bmatrix}n&n&\cdots&n\\n&n&\cdots&n\\\vdots&\vdots&&\vdots\\n&n&\cdots&n\end{bmatrix}=n\boldsymbol{A},$$

所以

$$\begin{aligned}(\boldsymbol{E}-\boldsymbol{A})\left(\boldsymbol{E}-\frac{1}{n-1}\boldsymbol{A}\right)&=\boldsymbol{E}-\frac{1}{n-1}\boldsymbol{A}-\boldsymbol{A}+\frac{n}{n-1}\boldsymbol{A}\\&=\boldsymbol{E}-\left(\frac{1}{n-1}+1-\frac{n}{n-1}\right)\boldsymbol{A}\\&=\boldsymbol{E},\end{aligned}$$

故
$$(\boldsymbol{E}-\boldsymbol{A})^{-1}=\boldsymbol{E}-\frac{1}{n-1}\boldsymbol{A}.$$

注释 由逆矩阵的性质,要验证方阵 $\boldsymbol{B}$ 是方阵 $\boldsymbol{A}$ 的逆矩阵时,只需验证"$\boldsymbol{AB}=\boldsymbol{E}$"和"$\boldsymbol{BA}=\boldsymbol{E}$"二者中的一个就可以.

例 2.28 设 $\boldsymbol{A}=\boldsymbol{E}-\boldsymbol{\xi}\boldsymbol{\xi}^{\mathrm{T}}$,其中 $\boldsymbol{E}$ 为 n 阶单位方阵,$\boldsymbol{\xi}$ 是 n 维非零列向量,$\boldsymbol{\xi}^{\mathrm{T}}$ 是 $\boldsymbol{\xi}$ 的转置. 证明:

(1) $\boldsymbol{A}^2=\boldsymbol{A}$ 的充分必要条件是 $\boldsymbol{\xi}^{\mathrm{T}}\boldsymbol{\xi}=1$;

(2) 当 $\boldsymbol{\xi}^{\mathrm{T}}\boldsymbol{\xi}=1$ 时,$\boldsymbol{A}$ 是不可逆矩阵.

证 (1) 由

$$\begin{aligned}\boldsymbol{A}^2&=(\boldsymbol{E}-\boldsymbol{\xi}\boldsymbol{\xi}^{\mathrm{T}})(\boldsymbol{E}-\boldsymbol{\xi}\boldsymbol{\xi}^{\mathrm{T}})=\boldsymbol{E}-2\boldsymbol{\xi}\boldsymbol{\xi}^{\mathrm{T}}+\boldsymbol{\xi}(\boldsymbol{\xi}^{\mathrm{T}}\boldsymbol{\xi})\boldsymbol{\xi}^{\mathrm{T}}\\&=\boldsymbol{E}-(2-\boldsymbol{\xi}^{\mathrm{T}}\boldsymbol{\xi})\boldsymbol{\xi}\boldsymbol{\xi}^{\mathrm{T}}.\end{aligned}$$

那么

$$\begin{aligned}\boldsymbol{A}^2=\boldsymbol{A}&\Longleftrightarrow\boldsymbol{E}-(2-\boldsymbol{\xi}^{\mathrm{T}}\boldsymbol{\xi})\boldsymbol{\xi}\boldsymbol{\xi}^{\mathrm{T}}=\boldsymbol{E}-\boldsymbol{\xi}\boldsymbol{\xi}^{\mathrm{T}}\\&\Longleftrightarrow(\boldsymbol{\xi}^{\mathrm{T}}\boldsymbol{\xi}-1)\boldsymbol{\xi}\boldsymbol{\xi}^{\mathrm{T}}=\boldsymbol{O}.\end{aligned}$$

由于 $\boldsymbol{\xi}$ 是非零向量,有 $\boldsymbol{\xi}\boldsymbol{\xi}^{\mathrm{T}}\neq\boldsymbol{O}$,故

$$\boldsymbol{A}^2=\boldsymbol{A}\Longleftrightarrow\boldsymbol{\xi}^{\mathrm{T}}\boldsymbol{\xi}-1=0\Longleftrightarrow\boldsymbol{\xi}^{\mathrm{T}}\boldsymbol{\xi}=1.$$

(2) 证法 1　用反证法. 当 $\boldsymbol{\xi}^T\boldsymbol{\xi}=1$ 时，由(1)知 $\boldsymbol{A}^2=\boldsymbol{A}$. 若 $\boldsymbol{A}$ 可逆，则有

$$\boldsymbol{A}=\boldsymbol{A}^{-1}\boldsymbol{A}^2=\boldsymbol{A}^{-1}\boldsymbol{A}=\boldsymbol{E}$$

与已知 $\boldsymbol{A}=\boldsymbol{E}-\boldsymbol{\xi}\boldsymbol{\xi}^T\neq\boldsymbol{E}$ 矛盾，故 $\boldsymbol{A}$ 是不可逆矩阵.

证法 2　当 $\boldsymbol{\xi}^T\boldsymbol{\xi}=1$ 时，$\boldsymbol{A}^2=\boldsymbol{A}$，即 $\boldsymbol{A}(\boldsymbol{E}-\boldsymbol{A})=\boldsymbol{O}$. 故 $\boldsymbol{E}-\boldsymbol{A}$ 的每一列都是齐次线性方程组 $\boldsymbol{Ax}=\boldsymbol{O}$ 的解. 而 $\boldsymbol{E}-\boldsymbol{A}=\boldsymbol{\xi}\boldsymbol{\xi}^T\neq\boldsymbol{O}$，说明方程组 $\boldsymbol{Ax}=\boldsymbol{0}$ 有非零解，因此 $|\boldsymbol{A}|=0$.

证法 3　由 $\boldsymbol{A}=\boldsymbol{E}-\boldsymbol{\xi}\boldsymbol{\xi}^T$ 两边右乘 $\boldsymbol{\xi}$，得

$$\boldsymbol{A}\boldsymbol{\xi}=\boldsymbol{\xi}-\boldsymbol{\xi}\boldsymbol{\xi}^T\boldsymbol{\xi}=\boldsymbol{\xi}-\boldsymbol{\xi}(\boldsymbol{\xi}^T\boldsymbol{\xi}).$$

当 $\boldsymbol{\xi}^T\boldsymbol{\xi}=1$ 时，就有 $\boldsymbol{A}\boldsymbol{\xi}=\boldsymbol{\xi}-\boldsymbol{\xi}=\boldsymbol{0}$，因为 $\boldsymbol{\xi}$ 为非零向量，说明齐次线性方程组 $\boldsymbol{Ax}=\boldsymbol{0}$ 有非零解 $\boldsymbol{\xi}$，因此 $|\boldsymbol{A}|=0$.

证法 4　当 $\boldsymbol{\xi}^T\boldsymbol{\xi}=1$ 时，$\boldsymbol{A}^2=\boldsymbol{A}$，即 $\boldsymbol{A}(\boldsymbol{E}-\boldsymbol{A})=\boldsymbol{O}$，即 $\boldsymbol{A}(\boldsymbol{\xi}\boldsymbol{\xi}^T)=\boldsymbol{O}$，所以

$$\mathrm{r}(\boldsymbol{A})+\mathrm{r}(\boldsymbol{\xi}\boldsymbol{\xi}^T)\leqslant n,$$

而 $\mathrm{r}(\boldsymbol{\xi}\boldsymbol{\xi}^T)=1$(此结论的证明见例 2.50 中(2))，故

$$\mathrm{r}(\boldsymbol{A})\leqslant n-1,$$

即 $\boldsymbol{A}$ 为降秩矩阵，也就是不可逆矩阵.

证法 5　当 $\boldsymbol{\xi}^T\boldsymbol{\xi}=1$ 时，

$$(\boldsymbol{\xi}\boldsymbol{\xi}^T)\boldsymbol{\xi}=\boldsymbol{\xi}(\boldsymbol{\xi}^T\boldsymbol{\xi})=\boldsymbol{\xi},$$

又 $\boldsymbol{\xi}\neq\boldsymbol{0}$，则由特征值与特征向量的定义，可知 1 为方阵 $\boldsymbol{\xi}\boldsymbol{\xi}^T$ 的一个特征值，因而 1 就是方阵 $\boldsymbol{\xi}\boldsymbol{\xi}^T$ 的特征多项式 $|\lambda\boldsymbol{E}-\boldsymbol{\xi}\boldsymbol{\xi}^T|$ 的根，故

$$|\boldsymbol{E}-\boldsymbol{\xi}\boldsymbol{\xi}^T|=|\boldsymbol{A}|=0,$$

即 $\boldsymbol{A}$ 为不可逆矩阵.

2.3.4　解矩阵方程

矩阵方程的最简形式为：$\boldsymbol{AX}=\boldsymbol{B}$，$\boldsymbol{XA}=\boldsymbol{B}$，$\boldsymbol{AXB}=\boldsymbol{C}$，这里 $\boldsymbol{A},\boldsymbol{B},\boldsymbol{C}$ 为已知矩阵，$\boldsymbol{X}$ 为未知矩阵. 当 $\boldsymbol{A}$(或 $\boldsymbol{B}$)可逆时，其解分别为 $\boldsymbol{X}=\boldsymbol{A}^{-1}\boldsymbol{B}$，$\boldsymbol{X}=\boldsymbol{B}\boldsymbol{A}^{-1}$，$\boldsymbol{X}=\boldsymbol{A}^{-1}\boldsymbol{C}\boldsymbol{B}^{-1}$. 对其他的矩阵方程应注意先化简再计算.

例 2.29　设矩阵

$$A=\begin{bmatrix}2&2&-1\\-1&0&2\\2&7&1\end{bmatrix},$$

求矩阵 X,使 $AX=A+X$.

解 由已知 $AX=A+X$ 得 $AX-X=A$,于是

$$(A-E)X=A.$$

由

$$A-E=\begin{bmatrix}2&2&-1\\-1&0&2\\2&7&1\end{bmatrix}-\begin{bmatrix}1&0&0\\0&1&0\\0&0&1\end{bmatrix}=\begin{bmatrix}1&2&-1\\-1&-1&2\\2&7&0\end{bmatrix}$$

可知 $|A-E|=-1$,从而 $A-E$ 可逆,且

$$(A-E)^{-1}=\begin{bmatrix}14&7&-3\\-4&-2&1\\5&3&-1\end{bmatrix},$$

所以

$$X=(A-E)^{-1}A=\begin{bmatrix}14&7&-3\\-4&-2&1\\5&3&-1\end{bmatrix}\begin{bmatrix}2&2&-1\\-1&0&2\\2&7&1\end{bmatrix}$$

$$=\begin{bmatrix}15&7&-3\\-4&-1&1\\5&3&0\end{bmatrix}.$$

注释 本题中有两点需注意:一是 $AX-X=(A-E)X$,这里是把 X 从右边提出来,而不能从左边提出;二是对方程 $(A-E)X=A$,是用 $(A-E)^{-1}$ 左乘方程两端,而不能用 $(A-E)^{-1}$ 右乘方程两端.

另外在求 $X=(A-E)^{-1}A$ 时,可以不先求出 $(A-E)^{-1}$,直接用矩阵的初等行变换来求 $(A-E)^{-1}A$,方法如下:

$$(A-E,A)=\begin{bmatrix}1&2&-1&2&2&-1\\-1&-1&2&-1&0&2\\2&7&0&2&7&1\end{bmatrix}$$

$$\to\begin{bmatrix}1&0&0&15&7&-3\\0&1&0&-4&-1&1\\0&0&1&5&3&0\end{bmatrix}=(E,X).$$

例 2.30 设矩阵 $\boldsymbol{A}=\begin{bmatrix}1&1&-1\\-1&1&1\\1&-1&1\end{bmatrix}$,求矩阵 $\boldsymbol{X}$,使 $\boldsymbol{A}^*\boldsymbol{X}=\boldsymbol{A}^{-1}+2\boldsymbol{X}$,其中 $\boldsymbol{A}^*$ 是 $\boldsymbol{A}$ 的伴随矩阵.

分析 在矩阵方程中既出现 $\boldsymbol{A}^*$,又出现 $\boldsymbol{A}^{-1}$,显然要利用 $\boldsymbol{A}^*$ 与 $\boldsymbol{A}$ 的关系式 $\boldsymbol{A}\boldsymbol{A}^*=\boldsymbol{A}^*\boldsymbol{A}=|\boldsymbol{A}|\boldsymbol{E}$.

解 由题设方程 $\boldsymbol{A}^*\boldsymbol{X}=\boldsymbol{A}^{-1}+2\boldsymbol{X}$,两端左乘 $\boldsymbol{A}$,得到

$$|\boldsymbol{A}|\boldsymbol{X}=\boldsymbol{E}+2\boldsymbol{A}\boldsymbol{X}. \tag{1}$$

由于

$$|\boldsymbol{A}|=\begin{vmatrix}1&1&-1\\-1&1&1\\1&-1&1\end{vmatrix}=4,$$

故方程(1)即为

$$4\boldsymbol{X}=\boldsymbol{E}+2\boldsymbol{A}\boldsymbol{X}.$$

经移项及提出 $\boldsymbol{X}$,得 $(4\boldsymbol{E}-2\boldsymbol{A})\boldsymbol{X}=\boldsymbol{E}$. 所以

$$\boldsymbol{X}=(4\boldsymbol{E}-2\boldsymbol{A})^{-1}=\frac{1}{2}(2\boldsymbol{E}-\boldsymbol{A})^{-1}$$

$$=\frac{1}{2}\begin{bmatrix}1&-1&1\\1&1&-1\\-1&1&1\end{bmatrix}^{-1}=\frac{1}{2}\begin{bmatrix}1/2&1/2&0\\0&1/2&1/2\\1/2&0&1/2\end{bmatrix}$$

$$=\frac{1}{4}\begin{bmatrix}1&1&0\\0&1&1\\1&0&1\end{bmatrix}.$$

例 2..31 设 3 阶方阵 $\boldsymbol{A},\boldsymbol{B}$ 满足关系式 $\boldsymbol{A}^{-1}\boldsymbol{B}\boldsymbol{A}=6\boldsymbol{A}+\boldsymbol{B}\boldsymbol{A}$,其中

$$\boldsymbol{A}=\begin{bmatrix}1/3&0&0\\0&1/4&0\\0&0&1/7\end{bmatrix},$$

求矩阵 $\boldsymbol{B}$.

解 由题设方程 $\boldsymbol{A}^{-1}\boldsymbol{B}\boldsymbol{A}=6\boldsymbol{A}+\boldsymbol{B}\boldsymbol{A}$,两端右乘 $\boldsymbol{A}^{-1}$,得

$$\boldsymbol{A}^{-1}\boldsymbol{B}=6\boldsymbol{E}+\boldsymbol{B}.$$

经移项并提出 $\boldsymbol{B}$,得到 $(\boldsymbol{A}^{-1}-\boldsymbol{E})\boldsymbol{B}=6\boldsymbol{E}$. 由

$$A^{-1}-E=\begin{bmatrix}3&0&0\\0&4&0\\0&0&7\end{bmatrix}-\begin{bmatrix}1&0&0\\0&1&0\\0&0&1\end{bmatrix}=\begin{bmatrix}2&0&0\\0&3&0\\0&0&6\end{bmatrix},$$

显然 $A^{-1}-E$ 可逆,且

$$(A^{-1}-E)^{-1}=\begin{bmatrix}\frac{1}{2}&0&0\\0&\frac{1}{3}&0\\0&0&\frac{1}{6}\end{bmatrix},$$

所以

$$B=6(A^{-1}-E)^{-1}=6\begin{bmatrix}\frac{1}{2}&0&0\\0&\frac{1}{3}&0\\0&0&\frac{1}{6}\end{bmatrix}=\begin{bmatrix}3&0&0\\0&2&0\\0&0&1\end{bmatrix}.$$

注释 作为对角矩阵,当它可逆(即主对角线上元素全非零)时,其逆矩阵仍是对角矩阵. 它们主对角线上的元素是互为倒数的关系.

例 2.32 已知 A,B 均为 3 阶矩阵,且满足 $2A^{-1}B=B-4E$,其中 E 是 3 阶单位矩阵.

(1) 证明:矩阵 $A-2E$ 可逆;

(2) 若 $B=\begin{bmatrix}1&-2&0\\1&2&0\\0&0&2\end{bmatrix}$,求矩阵 A.

解 (1) 由 $2A^{-1}B=B-4E$ 两边左乘 A,再移项,得

$$AB-4A-2B=O,$$

从而 $$AB-2B-4A+8E=8E,$$

即 $$(A-2E)B-4(A-2E)=8E,$$

即 $$(A-2E)(B-4E)=8E.$$

从而 $(A-2E)\left[\frac{1}{8}(B-4E)\right]=E$,所以 $A-2E$ 可逆,且

$$(\boldsymbol{A}-2\boldsymbol{E})^{-1}=\frac{1}{8}(\boldsymbol{B}-4\boldsymbol{E}).$$

(2) 由(1)可知 $\boldsymbol{A}-2\boldsymbol{E}=\left[\frac{1}{8}(\boldsymbol{B}-4\boldsymbol{E})\right]^{-1}=8(\boldsymbol{B}-4\boldsymbol{E})^{-1}$,而

$$(\boldsymbol{B}-4\boldsymbol{E})^{-1}=\begin{bmatrix}-3&-2&0\\1&-2&0\\0&0&-2\end{bmatrix}^{-1}=\begin{bmatrix}-\frac{1}{4}&\frac{1}{4}&0\\-\frac{1}{8}&-\frac{3}{8}&0\\0&0&-\frac{1}{2}\end{bmatrix},$$

故

$$\begin{aligned}\boldsymbol{A}&=2\boldsymbol{E}+8(\boldsymbol{B}-4\boldsymbol{E})^{-1}\\&=\begin{bmatrix}2&0&0\\0&2&0\\0&0&2\end{bmatrix}+8\begin{bmatrix}-1/4&1/4&0\\-1/8&-3/8&0\\0&0&-1/2\end{bmatrix}\\&=\begin{bmatrix}0&2&0\\-1&-1&0\\0&0&-2\end{bmatrix}.\end{aligned}$$

注释 矩阵 $\boldsymbol{A}$ 也可由 $\boldsymbol{A}=2\boldsymbol{B}(\boldsymbol{B}-4\boldsymbol{E})^{-1}$求出.

例 2.33 设矩阵 $\boldsymbol{A}$ 的伴随矩阵

$$\boldsymbol{A}^*=\begin{bmatrix}1&0&0&0\\0&1&0&0\\1&0&1&0\\0&-3&0&8\end{bmatrix},$$

矩阵 $\boldsymbol{B}$ 满足 $\boldsymbol{ABA}^{-1}=\boldsymbol{BA}^{-1}+3\boldsymbol{E}$,求 $\boldsymbol{B}$.

解法 1 $\boldsymbol{A}$ 为 4 阶矩阵,则由 $|\boldsymbol{A}|^3=|\boldsymbol{A}^*|=8$,得 $|\boldsymbol{A}|=2$. 故有

$$\boldsymbol{A}^*\boldsymbol{A}=\boldsymbol{A}\boldsymbol{A}^*=2\boldsymbol{E}.$$

在方程两边左乘 $\boldsymbol{A}^*$,右乘 $\boldsymbol{A}$,得

$$\boldsymbol{A}^*\boldsymbol{A}\boldsymbol{B}=\boldsymbol{A}^*\boldsymbol{B}+6\boldsymbol{E},$$

即

$$2\boldsymbol{B}=\boldsymbol{A}^*\boldsymbol{B}+6\boldsymbol{E},$$

即

$$(2\boldsymbol{E}-\boldsymbol{A}^*)\boldsymbol{B}=6\boldsymbol{E}.$$

而 $2E-A^{*}=\begin{bmatrix}1&0&0&0\\0&1&0&0\\-1&0&1&0\\0&3&0&-6\end{bmatrix}$可逆，且

$$(2E-A^{*})^{-1}=\begin{bmatrix}1&0&0&0\\0&1&0&0\\1&0&1&0\\0&\frac{1}{2}&0&-\frac{1}{6}\end{bmatrix},$$

所以

$$B=6(2E-A^{*})^{-1}=\begin{bmatrix}6&0&0&0\\0&6&0&0\\6&0&6&0\\0&3&0&-1\end{bmatrix}.$$

解法 2 同解法 1，得 $|A|=2$，由 $AA^{*}=2E$，所以

$$A=2(A^{*})^{-1}=2\begin{bmatrix}1&0&0&0\\0&1&0&0\\1&0&1&0\\0&-3&0&8\end{bmatrix}^{-1}$$

$$=\begin{bmatrix}2&0&0&0\\0&2&0&0\\-2&0&2&0\\0&\frac{3}{4}&0&\frac{1}{4}\end{bmatrix}.$$

由题设方程经移项并提出 BA^{-1}可得

$$(A-E)BA^{-1}=3E,$$

由所求出的 A 可知，$A-E$ 可逆，则在上式两端左乘$(A-E)^{-1}$，右乘 A，得

$$B=3(A-E)^{-1}A$$

$$= 3\begin{bmatrix} 1 & 0 & 0 & 0 \\ 0 & 1 & 0 & 0 \\ -2 & 0 & 1 & 0 \\ 0 & \frac{3}{4} & 0 & -\frac{3}{4} \end{bmatrix}^{-1}\begin{bmatrix} 2 & 0 & 0 & 0 \\ 0 & 2 & 0 & 0 \\ -2 & 0 & 2 & 0 \\ 0 & \frac{3}{4} & 0 & \frac{1}{4} \end{bmatrix}$$

$$= \begin{bmatrix} 6 & 0 & 0 & 0 \\ 0 & 6 & 0 & 0 \\ 6 & 0 & 6 & 0 \\ 0 & 3 & 0 & -1 \end{bmatrix}.$$

例 2.34 设矩阵

$$\boldsymbol{A} = \begin{bmatrix} 1 & 0 & 0 \\ 1 & 1 & 0 \\ 1 & 1 & 1 \end{bmatrix}, \quad \boldsymbol{B} = \begin{bmatrix} 0 & 1 & 1 \\ 1 & 0 & 1 \\ 1 & 1 & 0 \end{bmatrix},$$

且矩阵 $\boldsymbol{X}$ 满足 $\boldsymbol{AXA}+\boldsymbol{BXB}=\boldsymbol{AXB}+\boldsymbol{BXA}+\boldsymbol{E}$,求 $\boldsymbol{X}$.

解 把矩阵方程经移项并提出公因子可得到

$$\boldsymbol{AX}(\boldsymbol{A}-\boldsymbol{B})-\boldsymbol{BX}(\boldsymbol{A}-\boldsymbol{B})=\boldsymbol{E},$$

即有
$$(\boldsymbol{A}-\boldsymbol{B})\boldsymbol{X}(\boldsymbol{A}-\boldsymbol{B})=\boldsymbol{E}.$$

由于 $\boldsymbol{A}-\boldsymbol{B}=\begin{bmatrix} 1 & -1 & -1 \\ 0 & 1 & -1 \\ 0 & 0 & 1 \end{bmatrix}$ 可逆,且

$$(\boldsymbol{A}-\boldsymbol{B})^{-1}=\begin{bmatrix} 1 & 1 & 2 \\ 0 & 1 & 1 \\ 0 & 0 & 1 \end{bmatrix},$$

于是
$$\boldsymbol{X}=[(\boldsymbol{A}-\boldsymbol{B})^{-1}]^2=\begin{bmatrix} 1 & 2 & 5 \\ 0 & 1 & 2 \\ 0 & 0 & 1 \end{bmatrix}.$$

例 2.35 设矩阵

$$\boldsymbol{A} = \begin{bmatrix} 1 & 2 & -3 & -2 \\ 0 & 1 & 2 & -3 \\ 0 & 0 & 1 & 2 \\ 0 & 0 & 0 & 1 \end{bmatrix}, \quad \boldsymbol{B} = \begin{bmatrix} 1 & 2 & 0 & 1 \\ 0 & 1 & 2 & 0 \\ 0 & 0 & 1 & 2 \\ 0 & 0 & 0 & 1 \end{bmatrix}.$$

矩阵 X 满足 $(2E-B^{-1}A)X^{T}=B^{-1}$，求 X.

解 在方程两端左乘矩阵 B，得到 $(2B-A)X^{T}=E$. 从而

$$X^{T}=(2B-A)^{-1}=\begin{bmatrix}1&2&3&4\\0&1&2&3\\0&0&1&2\\0&0&0&1\end{bmatrix}^{-1}$$

$$=\begin{bmatrix}1&-2&1&0\\0&1&-2&1\\0&0&1&-2\\0&0&0&1\end{bmatrix},$$

所以

$$X=\begin{bmatrix}1&0&0&0\\-2&1&0&0\\1&-2&1&0\\0&1&-2&1\end{bmatrix}.$$

2.3.5 与伴随矩阵有关的计算或证明题

凡涉及伴随矩阵的计算或证明题，往往要用到公式

$$AA^{*}=A^{*}A=|A|E.$$

例 2.36 设 A,B 均为 n 阶矩阵 $(n\geqslant 2)$，证明下列命题成立：

(1) $(A^{T})^{*}=(A^{*})^{T}$；

(2) 若 A 可逆，k 为非零数，则 $(kA)^{*}=k^{n-1}A^{*}$；

(3) 若 A 可逆，则 $(A^{*})^{-1}=(A^{-1})^{*}$；

(4) 若 A,B 均可逆，则 $(AB)^{*}=B^{*}A^{*}$；

(5) 若 A 可逆，$(A^{*})^{*}=|A|^{n-2}A$；

(6) 若 $AA^{T}=E$，则 $A^{*}(A^{*})^{T}=E$.

证 (1) 设 $A=(a_{ij})_{n\times n}$，A_{ij} 为行列式 $|A|$ 中元素 a_{ij} 的代数余子式. 则 $A^{*}=(A_{ji})_{n\times n}$，即有 $(A^{*})^{T}=(A_{ij})_{n\times n}$.

又 $A^{T}=(a_{ji})_{n\times n}$，故 $(A^{T})^{*}=(A_{ij})_{n\times n}$，所以 $(A^{*})^{T}=(A^{T})^{*}$.

(2) 利用公式 $AA^{*}=A^{*}A=|A|E$ 及已知 A 可逆，有

$$A^{*}=|A|A^{-1},$$

于是 $$(kA)^* = |kA|(kA)^{-1} = k^n|A|\left(\frac{1}{k}A^{-1}\right)$$
$$= k^{n-1}|A|A^{-1}$$
$$= k^{n-1}A^*.$$

(3) 因 A 可逆,则由公式 $AA^*=A^*A=|A|E$,知 $A^*=|A|A^{-1}$,于是

$$(A^{-1})^* = |A^{-1}|(A^{-1})^{-1} = \frac{1}{|A|}A.$$

又 $(A^*)^{-1}=(|A|A^{-1})^{-1}=\frac{1}{|A|}A$,故 $(A^{-1})^*=(A^*)^{-1}$.

(4) 因 A,B 均可逆,所以 AB 也可逆,且有

$$(AB)^{-1} = \frac{1}{|AB|}(AB)^*,$$

所以

$$(AB)^* = |AB|(AB)^{-1} = |A||B|B^{-1}A^{-1}$$
$$= (|B|B^{-1})(|A|A^{-1})$$
$$= B^*A^*.$$

(5) 由 A 可逆,可有 $A^*=|A|A^{-1}$,于是

$$(A^*)^* = (|A|A^{-1})^* = ||A|A^{-1}|(|A|A^{-1})^{-1}$$
$$= |A|^n|A^{-1}|\frac{1}{|A|}(A^{-1})^{-1} = |A|^{n-2}A.$$

(6) 由 $AA^{\mathrm{T}}=E$,故 A 可逆,且 $A^{-1}=A^{\mathrm{T}}$,那么由(3),(1)可有

$$(A^*)^{-1} = (A^{-1})^* = (A^{\mathrm{T}})^* = (A^*)^{\mathrm{T}},$$

所以

$$A^*(A^*)^{\mathrm{T}} = A^*(A^*)^{-1} = E.$$

注释 把满足 $AA^{\mathrm{T}}=E$ 的 n 阶实方阵称为**正交矩阵**,由(6)说明,当 A 是正交矩阵时,A 的伴随矩阵 A^* 也是正交矩阵.

例 2.37 设 A 为 $n(n\geqslant 2)$ 阶矩阵,试证:$|A^*|=|A|^{n-1}$.

证 分 A 为可逆矩阵和不可逆矩阵两种情况来证明.

(1) 若 A 为 n 阶可逆矩阵,即 $|A|\neq 0$,则由 $AA^*=|A|E$ 两边取行列式,得到

$$|AA^*| = |A||A^*| = ||A|E| = |A|^n,$$

由$|\boldsymbol{A}|\neq 0$，所以$|\boldsymbol{A}^*|=|\boldsymbol{A}|^{n-1}$.

(2) 若$\boldsymbol{A}$为n阶不可逆矩阵，即$|\boldsymbol{A}|=0$.

1° 若$\boldsymbol{A}=\boldsymbol{O}$，则$\boldsymbol{A}^*=\boldsymbol{O}$，显然有$|\boldsymbol{A}^*|=|\boldsymbol{A}|^{n-1}$.

2° 若$\boldsymbol{A}\neq\boldsymbol{O}$，由$\boldsymbol{A}\boldsymbol{A}^*=|\boldsymbol{A}|\boldsymbol{E}=\boldsymbol{O}$，反证之，假设$|\boldsymbol{A}^*|\neq 0$，即$\boldsymbol{A}^*$可逆，这时必有$\boldsymbol{A}=\boldsymbol{O}$，与$\boldsymbol{A}\neq\boldsymbol{O}$矛盾，所以$|\boldsymbol{A}^*|=0$，从而也有$|\boldsymbol{A}^*|=|\boldsymbol{A}|^{n-1}$.

例 2.38 设$\boldsymbol{A}$为3阶方阵，且$|\boldsymbol{A}|=\dfrac{1}{2}$，求$|(3\boldsymbol{A})^{-1}-2\boldsymbol{A}^*|$的值.

解法 1 因为$(3\boldsymbol{A})^{-1}=\dfrac{1}{3}\boldsymbol{A}^{-1}$，$\boldsymbol{A}^*=|\boldsymbol{A}|\boldsymbol{A}^{-1}=\dfrac{1}{2}\boldsymbol{A}^{-1}$，所以

$$\begin{aligned}|(3\boldsymbol{A})^{-1}-2\boldsymbol{A}^*| &= \left|\frac{1}{3}\boldsymbol{A}^{-1}-2\left(\frac{1}{2}\boldsymbol{A}^{-1}\right)\right| \\ &= \left|-\frac{2}{3}\boldsymbol{A}^{-1}\right| = \left(-\frac{2}{3}\right)^3|\boldsymbol{A}^{-1}| \\ &= \left(-\frac{2}{3}\right)^3\frac{1}{|\boldsymbol{A}|} = -\frac{16}{27}.\end{aligned}$$

解法 2 由$\boldsymbol{A}^{-1}=\dfrac{1}{|\boldsymbol{A}|}\boldsymbol{A}^*=2\boldsymbol{A}^*$，$|\boldsymbol{A}^*|=|\boldsymbol{A}|^{3-1}=\dfrac{1}{4}$，所以

$$\begin{aligned}|(3\boldsymbol{A})^{-1}-2\boldsymbol{A}^*| &= \left|\frac{1}{3}\boldsymbol{A}^{-1}-2\boldsymbol{A}^*\right| = \left|\frac{2}{3}\boldsymbol{A}^*-2\boldsymbol{A}^*\right| \\ &= \left|-\frac{4}{3}\boldsymbol{A}^*\right| = \left(-\frac{4}{3}\right)^3|\boldsymbol{A}^*| \\ &= \left(-\frac{4}{3}\right)^3\times\frac{1}{4} = -\frac{16}{27}.\end{aligned}$$

例 2.39 设n阶实方阵$\boldsymbol{A}=(a_{ij})$满足$a_{ij}=A_{ij}\ (i,j=1,2,\cdots,n)$，其中$A_{ij}$是$|\boldsymbol{A}|$中元素$a_{ij}$的代数余子式，$a_{11}=-1$，求$|\boldsymbol{A}|$.

解 由题设$\boldsymbol{A}=(a_{ij})$，即$\boldsymbol{A}$中(i,j)元素为a_{ij}，则$\boldsymbol{A}$的转置矩阵$\boldsymbol{A}^{\mathrm{T}}$中$(i,j)$元素是$a_{ji}$，$\boldsymbol{A}$的伴随矩阵$\boldsymbol{A}^*$中$(i,j)$元素是$A_{ji}$. 再由题设

$$a_{ij}=A_{ij}\quad(i,j=1,2,\cdots,n),$$

故

$$\boldsymbol{A}^*=\boldsymbol{A}^{\mathrm{T}}.$$

两端取行列式，即$|\boldsymbol{A}^*|=|\boldsymbol{A}^{\mathrm{T}}|$，就有$|\boldsymbol{A}|^{n-1}=|\boldsymbol{A}|$，可知$|\boldsymbol{A}|$的值只可能或为0，或为1，或为$-1$.

将$|A|$按第1列展开，由题设条件可知

$$|A| = a_{11}A_{11} + a_{21}A_{21} + \cdots + a_{n1}A_{n1}$$
$$= a_{11}^2 + a_{21}^2 + \cdots + a_{n1}^2 > 0,$$

所以$|A|=1$.

例 2.40 设可逆矩阵A的逆矩阵

$$A^{-1} = \begin{bmatrix} 1 & 1 & 1 \\ 1 & 2 & 1 \\ 1 & 1 & 3 \end{bmatrix},$$

求$(A^*)^{-1}$.

解 由公式$AA^*=A^*A=|A|E$及A的可逆，可知

$$(A^*)^{-1} = \frac{1}{|A|}A = |A^{-1}|(A^{-1})^{-1}.$$

而
$$|A^{-1}| = \begin{vmatrix} 1 & 1 & 1 \\ 1 & 2 & 1 \\ 1 & 1 & 3 \end{vmatrix} = 2,$$

再用初等变换法求A^{-1}的逆矩阵：

$$(A^{-1},E) = \begin{bmatrix} 1 & 1 & 1 & 1 & 0 & 0 \\ 1 & 2 & 1 & 0 & 1 & 0 \\ 1 & 1 & 3 & 0 & 0 & 1 \end{bmatrix}$$
$$\to \begin{bmatrix} 1 & 0 & 0 & \frac{5}{2} & -1 & -\frac{1}{2} \\ 0 & 1 & 0 & -1 & 1 & 0 \\ 0 & 0 & 1 & -\frac{1}{2} & 0 & \frac{1}{2} \end{bmatrix},$$

即有

$$A = (A^{-1})^{-1} = \begin{bmatrix} \frac{5}{2} & -1 & -\frac{1}{2} \\ -1 & 1 & 0 \\ -\frac{1}{2} & 0 & \frac{1}{2} \end{bmatrix},$$

所以

$$(A^*)^{-1}=|A^{-1}|A=2\begin{bmatrix}5/2 & -1 & -1/2\\ -1 & 1 & 0\\ -1/2 & 0 & 1/2\end{bmatrix}$$

$$=\begin{bmatrix}5 & -2 & -1\\ -2 & 2 & 0\\ -1 & 0 & 1\end{bmatrix}.$$

例 2.41 已知 n 阶矩阵

$$A=\begin{bmatrix}2 & 2 & 2 & \cdots & 2\\ 0 & 1 & 1 & \cdots & 1\\ 0 & 0 & 1 & \cdots & 1\\ \vdots & \vdots & \vdots & & \vdots\\ 0 & 0 & 0 & \cdots & 1\end{bmatrix},$$

求矩阵 A 中所有元素的代数余子式的和.

分析 若通过直接求矩阵 A 中每个元素的代数余子式,然后再相加,显然比较麻烦.而 A 的伴随矩阵就是以代数余子式作为其元素的矩阵,且当 A 可逆时,$A^*=|A|A^{-1}$.于是只需求出 A^{-1},再作数乘可求出 A^*,也就可以得到所要的结果.

解 首先显然$|A|=2$.用初等行变换的方法,不难求出

$$A^{-1}=\begin{bmatrix}\frac{1}{2} & -1 & 0 & \cdots & 0 & 0\\ 0 & 1 & -1 & \cdots & 0 & 0\\ 0 & 0 & 1 & \cdots & 0 & 0\\ \vdots & \vdots & \vdots & & \vdots & \vdots\\ 0 & 0 & 0 & \cdots & 1 & -1\\ 0 & 0 & 0 & \cdots & 0 & 1\end{bmatrix},$$

于是

$$A^*=2A^{-1}=\begin{bmatrix}1 & -2 & 0 & \cdots & 0 & 0\\ 0 & 2 & -2 & \cdots & 0 & 0\\ 0 & 0 & 2 & \cdots & 0 & 0\\ \vdots & \vdots & \vdots & & \vdots & \vdots\\ 0 & 0 & 0 & \cdots & 2 & -2\\ 0 & 0 & 0 & \cdots & 0 & 2\end{bmatrix}=(A_{ji})_{n\times n}.$$

所以，$\sum_{i=1}^{n}\sum_{j=1}^{n}A_{ij}=1$.

2.3.6 分块矩阵

例 2.42 设 $\boldsymbol{A},\boldsymbol{B}$ 分别为 r 阶、s 阶可逆矩阵，求分块矩阵

$$\boldsymbol{X}=\begin{bmatrix}\boldsymbol{O} & \boldsymbol{A}\\ \boldsymbol{B} & \boldsymbol{C}\end{bmatrix}$$

的逆矩阵.

解法 1 由拉普拉斯展开定理可知，

$$|\boldsymbol{X}|=(-1)^{rs}|\boldsymbol{A}||\boldsymbol{B}|\neq 0,$$

故 $\boldsymbol{X}$ 可逆，设 $\boldsymbol{X}^{-1}=\begin{bmatrix}\boldsymbol{X}_{11} & \boldsymbol{X}_{12}\\ \boldsymbol{X}_{21} & \boldsymbol{X}_{22}\end{bmatrix}$，于是

$$\boldsymbol{X}\boldsymbol{X}^{-1}=\begin{bmatrix}\boldsymbol{O} & \boldsymbol{A}\\ \boldsymbol{B} & \boldsymbol{C}\end{bmatrix}\begin{bmatrix}\boldsymbol{X}_{11} & \boldsymbol{X}_{12}\\ \boldsymbol{X}_{21} & \boldsymbol{X}_{22}\end{bmatrix}=\boldsymbol{E},$$

即

$$\begin{bmatrix}\boldsymbol{A}\boldsymbol{X}_{21} & \boldsymbol{A}\boldsymbol{X}_{22}\\ \boldsymbol{B}\boldsymbol{X}_{11}+\boldsymbol{C}\boldsymbol{X}_{21} & \boldsymbol{B}\boldsymbol{X}_{12}+\boldsymbol{C}\boldsymbol{X}_{22}\end{bmatrix}=\begin{bmatrix}\boldsymbol{E}_r & \boldsymbol{O}\\ \boldsymbol{O} & \boldsymbol{E}_s\end{bmatrix}.$$

比较等式两边对应的子块，可得矩阵方程组

$$\begin{cases}\boldsymbol{A}\boldsymbol{X}_{21}=\boldsymbol{E}_r,\\ \boldsymbol{A}\boldsymbol{X}_{22}=\boldsymbol{O},\\ \boldsymbol{B}\boldsymbol{X}_{11}+\boldsymbol{C}\boldsymbol{X}_{21}=\boldsymbol{O},\\ \boldsymbol{B}\boldsymbol{X}_{12}+\boldsymbol{C}\boldsymbol{X}_{22}=\boldsymbol{E}_s,\end{cases}$$

注意到 $\boldsymbol{A},\boldsymbol{B}$ 可逆，可解得

$$\boldsymbol{X}_{21}=\boldsymbol{A}^{-1},\quad \boldsymbol{X}_{22}=\boldsymbol{O},\quad \boldsymbol{X}_{11}=-\boldsymbol{B}^{-1}\boldsymbol{C}\boldsymbol{A}^{-1},\quad \boldsymbol{X}_{12}=\boldsymbol{B}^{-1}.$$

所以

$$\boldsymbol{X}^{-1}=\begin{bmatrix}-\boldsymbol{B}^{-1}\boldsymbol{C}\boldsymbol{A}^{-1} & \boldsymbol{B}^{-1}\\ \boldsymbol{A}^{-1} & \boldsymbol{O}\end{bmatrix}.$$

解法 2 初等行变换法

$$(\boldsymbol{X},\boldsymbol{E})=\begin{bmatrix}\boldsymbol{O} & \boldsymbol{A} & \boldsymbol{E}_r & \boldsymbol{O}\\ \boldsymbol{B} & \boldsymbol{C} & \boldsymbol{O} & \boldsymbol{E}_s\end{bmatrix}\xrightarrow{\text{换行}}\begin{bmatrix}\boldsymbol{B} & \boldsymbol{C} & \boldsymbol{O} & \boldsymbol{E}_s\\ \boldsymbol{O} & \boldsymbol{A} & \boldsymbol{E}_r & \boldsymbol{O}\end{bmatrix}$$

$$\xrightarrow[\text{加到第1行上}]{\text{用}-CA^{-1}\text{乘第2行}}\begin{bmatrix} B & O & -CA^{-1} & E \\ O & A & E & O \end{bmatrix}$$

$$\xrightarrow[\text{用}A^{-1}\text{乘第2行}]{\text{用}B^{-1}\text{乘第1行}}\begin{bmatrix} E & O & -B^{-1}CA^{-1} & B^{-1} \\ O & E & A^{-1} & O \end{bmatrix},$$

所以

$$X^{-1}=\begin{bmatrix} -B^{-1}CA^{-1} & B^{-1} \\ A^{-1} & O \end{bmatrix}.$$

注释 特别地，当 $C=O$ 时，

$$\begin{bmatrix} O & A \\ B & O \end{bmatrix}^{-1}=\begin{bmatrix} O & B^{-1} \\ A^{-1} & O \end{bmatrix}.$$

例 2.43 设分块矩阵 $W=\begin{bmatrix} A & B \\ C & D \end{bmatrix}$，其中 A,B,C,D 均为 n 阶矩阵，且 A 可逆. 证明：

(1) $\begin{vmatrix} A & B \\ C & D \end{vmatrix}=|A|\,|D-CA^{-1}B|$；

(2) 若 $AC=CA$，则 $\begin{vmatrix} A & B \\ C & D \end{vmatrix}=|AD-CB|$.

分析 由上三角分块矩阵的行列式等于主对角线上各子块行列式的乘积，故需对分块矩阵 W 作初等行变换化成上三角分块矩阵.

解 (1) 由 A 可逆，以 $-CA^{-1}$ 右乘 W 的第一行加到第二行上，相当于

$$\begin{bmatrix} E & O \\ -CA^{-1} & E \end{bmatrix}\begin{bmatrix} A & B \\ C & D \end{bmatrix}=\begin{bmatrix} A & B \\ O & D-CA^{-1}B \end{bmatrix},$$

两端取行列式得到

$$|W|=|A|\,|D-CA^{-1}B|.$$

(2) 由矩阵乘积的行列式等于矩阵行列式的乘积，再利用 $AC=CA$，得

$$\begin{vmatrix} A & B \\ C & D \end{vmatrix}=|A|\,|D-CA^{-1}B|=|AD-ACA^{-1}B|$$

$$=|AD-CAA^{-1}B|=|AD-CB|.$$

例 2.44(选择题) 设 A,B 为 n 阶矩阵，A^*，B^* 分别为 A,B 的

伴随矩阵,分块矩阵 $C=\begin{bmatrix}A & O\\ O & B\end{bmatrix}$,则 C 的伴随矩阵 C^* 为(   ).

(A) $\begin{bmatrix}|A|A^* & O\\ O & |B|B^*\end{bmatrix}$; (B) $\begin{bmatrix}|B|B^* & O\\ O & |A|A^*\end{bmatrix}$;

(C) $\begin{bmatrix}|A|B^* & O\\ O & |B|A^*\end{bmatrix}$; (D) $\begin{bmatrix}|B|A^* & O\\ O & |A|B^*\end{bmatrix}$.

解 首先 $|C|=|A||B|$. 所以有 $CC^*=|C|E=|A||B|E$. 而只有

$$\begin{bmatrix}A & O\\ O & B\end{bmatrix}\begin{bmatrix}|B|A^* & O\\ O & |A|B^*\end{bmatrix}=\begin{bmatrix}|B|AA^* & O\\ O & |A|BB^*\end{bmatrix}$$
$$=\begin{bmatrix}|A||B|E & O\\ O & |A||B|E\end{bmatrix}.$$

应选(D).

例 2.45 设 A 为 n 阶可逆矩阵, α 为 n 维列向量, b 为常数. 记分块矩阵

$$P=\begin{bmatrix}E & O\\ -\alpha^{T}A^* & |A|\end{bmatrix},\quad Q=\begin{bmatrix}A & \alpha\\ \alpha^{T} & b\end{bmatrix},$$

其中 A^* 是 A 的伴随矩阵, E 是 n 阶单位矩阵.

(1) 计算并化简 PQ;

(2) 证明:矩阵 Q 可逆的充分必要条件是 $\alpha^{T}A^{-1}\alpha\neq b$.

解 (1) 因为 $AA^*=A^*A=|A|E$,故由分块矩阵乘法得

$$PQ=\begin{bmatrix}E & O\\ -\alpha^{T}A^* & |A|\end{bmatrix}\begin{bmatrix}A & \alpha\\ \alpha^{T} & b\end{bmatrix}$$
$$=\begin{bmatrix}A & \alpha\\ -\alpha^{T}A^*A+|A|\alpha^{T} & -\alpha^{T}A^*\alpha+b|A|\end{bmatrix}$$
$$=\begin{bmatrix}A & \alpha\\ O & |A|(b-\alpha^{T}A^{-1}\alpha)\end{bmatrix}.$$

(2) 把上式两端取行列式,得

$$|PQ|=|P||Q|=|A|^2(b-\alpha^{T}A^{-1}\alpha).$$

由矩阵 P 的定义知 $|P|=|A|\neq 0$,故上式成为

$$|Q|=|A|(b-\alpha^{T}A^{-1}\alpha),$$

所以，矩阵 $\boldsymbol{Q}$ 可逆 $\Longleftrightarrow|\boldsymbol{Q}|\neq 0\Longleftrightarrow b-\boldsymbol{\alpha}^{\mathrm{T}}\boldsymbol{A}^{-1}\boldsymbol{\alpha}\neq 0\Longleftrightarrow\boldsymbol{\alpha}^{\mathrm{T}}\boldsymbol{A}^{-1}\boldsymbol{\alpha}\neq b$.

注释 注意到 $\boldsymbol{A}$ 可逆，所以由例 2.43(1)的结果可得

$$|\boldsymbol{Q}|=|\boldsymbol{A}|\,|b-\boldsymbol{\alpha}^{\mathrm{T}}\boldsymbol{A}^{-1}\boldsymbol{\alpha}|.$$

因此，(2)的证明也可由此得到.

2.3.7 矩阵的初等变换与初等矩阵

矩阵的初等变换是线性代数课程中用得最多的一种变换(这里我们强调的是变换，即把一个矩阵变成另一个矩阵，而不是矩阵的相等)，读者要熟练掌握用矩阵的初等行变换化矩阵为阶梯形的方法.

为方便起见，以 $r_i\leftrightarrow r_j$ 表示交换矩阵的第 i,j 行；以 lr_i 表示用非零数 l 乘矩阵的第 i 行；以 kr_i+r_j 表示将矩阵第 i 行的 k 倍加到第 j 行上.

例 2.46 用初等行变换把矩阵

$$\boldsymbol{A}=\begin{bmatrix}0 & 1 & 3 & 2\\ 1 & -2 & 3 & 5\\ -2 & 7 & 3 & -4\end{bmatrix}$$

化成阶梯形矩阵 $\boldsymbol{B}$，并利用初等矩阵表示出 $\boldsymbol{A}$ 与 $\boldsymbol{B}$ 的关系.

解 由矩阵的初等行变换得

$$\boldsymbol{A}\xrightarrow{r_1\leftrightarrow r_2}\begin{bmatrix}1 & -2 & 3 & 5\\ 0 & 1 & 3 & 2\\ -2 & 7 & 3 & -4\end{bmatrix}$$

$$\xrightarrow{2r_1+r_3}\begin{bmatrix}1 & -2 & 3 & 5\\ 0 & 1 & 3 & 2\\ 0 & 3 & 9 & 6\end{bmatrix}$$

$$\xrightarrow{-3r_2+r_3}\begin{bmatrix}1 & -2 & 3 & 5\\ 0 & 1 & 3 & 2\\ 0 & 0 & 0 & 0\end{bmatrix}=\boldsymbol{B}.$$

与上面所作三次初等行变换对应的初等矩阵依次是

$$\boldsymbol{P}_1=\begin{bmatrix}0 & 1 & 0\\ 1 & 0 & 0\\ 0 & 0 & 1\end{bmatrix},\quad \boldsymbol{P}_2=\begin{bmatrix}1 & 0 & 0\\ 0 & 1 & 0\\ 2 & 0 & 1\end{bmatrix},\quad \boldsymbol{P}_3=\begin{bmatrix}1 & 0 & 0\\ 0 & 1 & 0\\ 0 & -3 & 1\end{bmatrix},$$

则由初等矩阵与初等变换的关系,得 $P_3P_2P_1A=B$.

注释 用初等行变换将 A 化成的阶梯形矩阵 B 不是惟一的.对本题,若我们再对阶梯形矩阵 B 作初等行变换,即

$$A\to B\xrightarrow{2r_2+r_1}\begin{bmatrix}1&0&9&9\\0&1&3&2\\0&0&0&0\end{bmatrix}=C.$$

则 C 为简化阶梯形矩阵,这个答案是惟一的.

例 2.47(选择题) 设

$$A=\begin{bmatrix}a_{11}&a_{12}&a_{13}&a_{14}\\a_{21}&a_{22}&a_{23}&a_{24}\\a_{31}&a_{32}&a_{33}&a_{34}\\a_{41}&a_{42}&a_{43}&a_{44}\end{bmatrix},\quad B=\begin{bmatrix}a_{14}&a_{13}&a_{12}&a_{11}\\a_{24}&a_{23}&a_{22}&a_{21}\\a_{34}&a_{33}&a_{32}&a_{31}\\a_{44}&a_{43}&a_{42}&a_{41}\end{bmatrix},$$

$$P_1=\begin{bmatrix}0&0&0&1\\0&1&0&0\\0&0&1&0\\1&0&0&0\end{bmatrix},\quad P_2=\begin{bmatrix}1&0&0&0\\0&0&1&0\\0&1&0&0\\0&0&0&1\end{bmatrix},$$

其中 A 可逆,则 B^{-1} 等于(　　).

(A) $A^{-1}P_1P_2$; (B) $P_1A^{-1}P_2$; (C) $P_1P_2A^{-1}$; (D) $P_2A^{-1}P_1$.

解 把矩阵 A 的 1,4 两列对换, 2,3 两列对换即得到矩阵 B.根据初等矩阵与初等变换的关系,有

$$B=AP_1P_2=AP_2P_1,$$

那么 $$B^{-1}=(AP_2P_1)^{-1}=P_1^{-1}P_2^{-1}A^{-1}=P_1P_2A^{-1}.$$

应选(C).

例 2.48 设矩阵

$$A=\begin{bmatrix}a_{11}&a_{12}&a_{13}\\a_{21}&a_{22}&a_{23}\\a_{31}&a_{32}&a_{33}\end{bmatrix},\quad B=\begin{bmatrix}a_{11}-2a_{13}&a_{13}&a_{12}\\a_{21}-2a_{23}&a_{23}&a_{22}\\a_{31}-2a_{33}&a_{33}&a_{32}\end{bmatrix}.$$

求矩阵 X,使 $A=BX$.

分析 由 A 经过两次初等列变换化成 B,故可以通过初等矩阵求出 X.

解 对矩阵 A,先将第三列的(−2)倍加到第一列上,然后再交换第二、三列就得到矩阵 B,故取两个初等矩阵

$$P_1=\begin{bmatrix}1&0&0\\0&1&0\\-2&0&1\end{bmatrix},\quad P_2=\begin{bmatrix}1&0&0\\0&0&1\\0&1&0\end{bmatrix},$$

则有

$$AP_1P_2=B,$$

于是

$$A=BP_2^{-1}P_1^{-1}=BX,$$

所以

$$X=P_2^{-1}P_1^{-1}=\begin{bmatrix}1&0&0\\0&0&1\\0&1&0\end{bmatrix}^{-1}\begin{bmatrix}1&0&0\\0&1&0\\-2&0&1\end{bmatrix}^{-1}$$

$$=\begin{bmatrix}1&0&0\\0&0&1\\0&1&0\end{bmatrix}\begin{bmatrix}1&0&0\\0&1&0\\2&0&1\end{bmatrix}=\begin{bmatrix}1&0&0\\2&0&1\\0&1&0\end{bmatrix}.$$

例 2.49 设 n 阶矩阵 A 可逆,将 A 的第 i 行和第 j 行互换后所得矩阵记为 B.

(1) 证明 B 可逆; (2) 求 AB^{-1}.

解 (1) 由题设条件, $|A|\neq0$,而 $|B|=-|A|\neq0$. 所以,矩阵 B 可逆.

(2) 以 $P(i,j)$ 表示交换单位方阵 E 的第 i,j 行得到的初等矩阵,则由初等变换与初等矩阵的关系,有

$$B=P(i,j)A.$$

因而 $$AB^{-1}=A[P(i,j)A]^{-1}=AA^{-1}P(i,j)^{-1}=P(i,j).$$

2.3.8 求矩阵的秩及有关证明题

求矩阵的秩的常用方法是利用初等变换,有时利用秩的定义以及关于秩的性质也是需要的.

例 2.50(填空题)

(1) 设 A 是 4×3 矩阵,且 $\mathrm{r}(A)=2$, $B=\begin{bmatrix}1&0&2\\0&2&0\\-1&0&3\end{bmatrix}$,则

$r(\boldsymbol{AB})=$ __________.

(2) 设

$$\boldsymbol{A}=\begin{bmatrix} a_1b_1 & a_1b_2 & \cdots & a_1b_n \\ a_2b_1 & a_2b_2 & \cdots & a_2b_n \\ \vdots & \vdots & & \vdots \\ a_nb_1 & a_nb_2 & \cdots & a_nb_n \end{bmatrix},$$

其中 $a_i\neq 0$, $b_i\neq 0$ $(i=1,2,\cdots,n)$,则 $r(\boldsymbol{A})=$ __________.

解 (1) 显然,$|\boldsymbol{B}|=10\neq 0$,即 $\boldsymbol{B}$ 为可逆矩阵,则由秩的性质,$r(\boldsymbol{AB})=r(\boldsymbol{A})=2$. 应填 2.

(2) 显然

$$\boldsymbol{A}=\begin{bmatrix} a_1 \\ a_2 \\ \vdots \\ a_n \end{bmatrix}(b_1,b_2,\cdots,b_n).$$

记 $\boldsymbol{\alpha}=(a_1,a_2,\cdots,a_n)^{\mathrm{T}}$, $\boldsymbol{\beta}=(b_1,b_2,\cdots,b_n)^{\mathrm{T}}$,则 $\boldsymbol{A}=\boldsymbol{\alpha}\boldsymbol{\beta}^{\mathrm{T}}$.

由于 $\boldsymbol{\alpha}$ 与 $\boldsymbol{\beta}$ 均为非零列向量,故 $r(\boldsymbol{\alpha})=r(\boldsymbol{\beta})=1$,所以

$$r(\boldsymbol{A})\leqslant \min\{r(\boldsymbol{\alpha}),r(\boldsymbol{\beta})\}=1.$$

又 $\boldsymbol{A}$ 显然为非零矩阵,故 $r(\boldsymbol{A})\geqslant 1$. 这样 $r(\boldsymbol{A})=1$. 应填 1.

例 2.51(选择题)

(1) 已知 $\boldsymbol{Q}=\begin{bmatrix} 1 & 2 & 3 \\ 2 & 4 & t \\ 3 & 6 & 9 \end{bmatrix}$, $\boldsymbol{P}$ 为 3 阶非零矩阵,且满足 $\boldsymbol{PQ}=\boldsymbol{O}$,则( ).

(A) $t=6$ 时, $\boldsymbol{P}$ 的秩必为 1; (B) $t=6$ 时, $\boldsymbol{P}$ 的秩必为 2;

(C) $t\neq 6$ 时, $\boldsymbol{P}$ 的秩必为 1; (D) $t\neq 6$ 时, $\boldsymbol{P}$ 的秩必为 2.

(2) 设 $\boldsymbol{A},\boldsymbol{B}$ 都是 n 阶非零矩阵,且 $\boldsymbol{AB}=\boldsymbol{O}$,则 $\boldsymbol{A}$ 和 $\boldsymbol{B}$ 的秩( ).

(A) 必有一个等于零; (B) 都小于 n;

(C) 一个小于 n,一个等于 n; (D) 都等于 n.

(3) 设 $n(n\geqslant 3)$阶矩阵

$$A=\begin{bmatrix}1 & a & a & \cdots & a\\ a & 1 & a & \cdots & a\\ a & a & 1 & \cdots & a\\ \vdots & \vdots & \vdots & & \vdots\\ a & a & a & \cdots & 1\end{bmatrix},$$

若 $r(\boldsymbol{A})=n-1$,则 a 必为(　　).

(A) 1;　　(B) $\dfrac{1}{1-n}$;　　(C) -1;　　(D) $\dfrac{1}{n-1}$.

(4) 设 3 阶矩阵 $\boldsymbol{A}=\begin{bmatrix}a & b & b\\ b & a & b\\ b & b & a\end{bmatrix}$. 若 $\boldsymbol{A}$ 的伴随矩阵 $\boldsymbol{A}^*$ 的秩等于 1,则必有(　　).

(A) $a=b$ 或 $a+2b=0$;　　(B) $a=b$ 或 $a+2b\neq 0$;

(C) $a\neq b$ 且 $a+2b=0$;　　(D) $a\neq b$ 且 $a+2b\neq 0$.

解　(1) 由 $\boldsymbol{P}$ 和 $\boldsymbol{Q}$ 均为 3 阶矩阵,且 $\boldsymbol{PQ}=\boldsymbol{O}$,则

$$r(\boldsymbol{P})+r(\boldsymbol{Q})\leqslant 3.$$

当 $t=6$ 时, $r(\boldsymbol{Q})=1$,故 $r(\boldsymbol{P})\leqslant 2$,因此选项(A),(B)不是必成立的,所以选项(A),(B)不正确.

当 $t\neq 6$ 时, $r(\boldsymbol{Q})=2$,故 $r(\boldsymbol{P})\leqslant 1$,但 $\boldsymbol{P}$ 是非零矩阵,有 $r(\boldsymbol{P})\geqslant 1$,从而必有 $r(\boldsymbol{P})=1$. 应选(C).

(2) 由 $\boldsymbol{A},\boldsymbol{B}$ 为 n 阶矩阵,且 $\boldsymbol{AB}=\boldsymbol{O}$ 知 $r(\boldsymbol{A})+r(\boldsymbol{B})\leqslant n$. 又 $\boldsymbol{A},\boldsymbol{B}$ 均为非零矩阵,于是 $r(\boldsymbol{A})\geqslant 1$, $r(\boldsymbol{B})\geqslant 1$,可见 $\boldsymbol{A},\boldsymbol{B}$ 的秩都小于 n. 应选(B).

(3) 由于 $|\boldsymbol{A}|=[(n-1)a+1](1-a)^{n-1}$,以及 $r(\boldsymbol{A})=n-1$,知 $|\boldsymbol{A}|=0$,故 a 或取 1 或取 $\dfrac{1}{1-n}$. 显然 $a=1$ 时, $r(\boldsymbol{A})=1$ 不合题意,所以 $a=\dfrac{1}{1-n}$. 应选(B).

(4) 由 $\boldsymbol{A}$ 是 3 阶矩阵,且 $|\boldsymbol{A}|=(a+2b)(a-b)^2$. 因为已知 $r(\boldsymbol{A}^*)=1$,则由 $r(\boldsymbol{A})$ 与 $r(\boldsymbol{A}^*)$ 的关系可知 $r(\boldsymbol{A})=2$,即应有 $|\boldsymbol{A}|=0$. 当 $a-b=0$ 时, $r(\boldsymbol{A})=1$ 不合题意,故只能是 $a+2b=0$ 且 $a\neq b$. 应选(C).

例 2.52　设 $\boldsymbol{A}$ 是 $m\times n$ 矩阵, $\boldsymbol{B}$ 是 $n\times s$ 矩阵,证明:

$$r(AB) \leqslant \min(r(A), r(B)).$$

证 设 $r(B)=r$，则存在 n 阶可逆矩阵 P 及 s 阶可逆矩阵 Q，使

$$PBQ = \begin{bmatrix} E_r & O \\ O & O \end{bmatrix}.$$

于是 $$ABQ = AP^{-1}PBQ = AP^{-1}\begin{bmatrix} E_r & O \\ O & O \end{bmatrix}.$$

把 AP^{-1} 作分块为

$$AP^{-1} = (C_1, C_2),$$

其中 C_1 是 $m\times r$ 矩阵，C_2 是 $m\times(n-r)$ 矩阵，则

$$ABQ = (C_1, C_2)\begin{bmatrix} E_r & O \\ O & O \end{bmatrix} = (C_1, O).$$

由于 Q 是可逆矩阵，所以

$$r(AB) = r(ABQ) = r(C_1).$$

因 C_1 的列数为 r，故 $r(C_1)\leqslant r$，于是

$$r(AB) \leqslant r = r(B),$$

也就有 $$r(AB) = r(B^{T}A^{T}) \leqslant r(A^{T}) = r(A),$$

所以 $$r(AB) \leqslant \min(r(A), r(B)).$$

注释 本题的证明方法比较多，上面的证法不是最简单的，后面利用向量组的线性表出与向量组的秩能比较简单的证明本题.

2.53 设 A 是 n 阶矩阵，A^* 是 A 的伴随矩阵，证明：

$$r(A^*) = \begin{cases} n, & \text{若 } r(A) = n, \\ 1, & \text{若 } r(A) = n-1, \\ 0, & \text{若 } r(A) < n-1. \end{cases}$$

证 若 $r(A)=n$，则 $|A|\neq 0$，由 $|A^*|=|A|^{n-1}$，故 $|A^*|\neq 0$，所以 $r(A^*)=n$.

若 $r(A)=n-1$，则 $|A|=0$，而且 A 中有 $n-1$ 阶子式非零，注意到 A 中的 $n-1$ 阶子式就是 $|A|$ 中某个元素的余子式，故至少有一个代数余子式不为零，即 A^* 不是零矩阵，可知 $r(A^*)\geqslant 1$，又由

$$AA^* = |A|E = O$$

知 $r(A)+r(A^*)\leqslant n$，把 $r(A)=n-1$ 代入，得 $r(A^*)\leqslant 1$，故 $r(A^*)=1$.

若 $r(\boldsymbol{A})<n-1$，则 $\boldsymbol{A}$ 中每一个 $n-1$ 阶子式全为零，从而 $\boldsymbol{A}^*$ 为零矩阵，所以 $r(\boldsymbol{A}^*)=0$.

例 2.54 设 $\boldsymbol{A}$ 为 $m\times n$ 矩阵，$\boldsymbol{B}$ 为 $n\times m$ 矩阵，证明：当 $m>n$ 时，必有 $|\boldsymbol{AB}|=0$.

证法 1 由题设可知 $\boldsymbol{AB}$ 是 m 阶矩阵，且 $r(\boldsymbol{A})\leqslant n<m$，于是

$$r(\boldsymbol{AB})\leqslant r(\boldsymbol{A})<m.$$

所以，$\boldsymbol{AB}$ 是降秩矩阵，即必有 $|\boldsymbol{AB}|=0$.

证法 2 考虑齐次线性方程组 $\boldsymbol{BX}=\boldsymbol{O}$，这是一个 n 个方程 m 个未知元的方程组. 当 $n<m$ 时，$\boldsymbol{BX}=\boldsymbol{O}$ 有非零解，从而方程组 $\boldsymbol{ABX}=\boldsymbol{O}$ 也有非零解. 由于 $\boldsymbol{AB}$ 是 m 阶方阵，则必有 $|\boldsymbol{AB}|=0$.

注释 本题给出了证明某个方阵的行列式等于零的两个方法，或证明该方阵是降秩的，或证明相应的齐次线性方程组有非零解. 读者应仔细体会.

例 2.55 设矩阵

$$\boldsymbol{A}=\begin{bmatrix}1 & \lambda & -1 & 2\\ 2 & -1 & \lambda & 5\\ 1 & 10 & -6 & 1\end{bmatrix},$$

试确定参数 λ 的值，使矩阵 $\boldsymbol{A}$ 的秩最小.

解法 1 显然 $\boldsymbol{A}$ 中有 2 阶子式 $\begin{vmatrix}2 & -1\\ 1 & 10\end{vmatrix}=21\neq 0$，故 $r(\boldsymbol{A})\geqslant 2$. 为使 $r(\boldsymbol{A})$ 最小，即使 $r(\boldsymbol{A})=2$，应有 $\boldsymbol{A}$ 中所有 3 阶子式(共 4 个)全为零，即

$$\begin{vmatrix}1 & \lambda & -1\\ 2 & -1 & \lambda\\ 1 & 10 & -6\end{vmatrix}=\begin{vmatrix}1 & \lambda & 2\\ 2 & -1 & 5\\ 1 & 10 & 1\end{vmatrix}=\begin{vmatrix}\lambda & -1 & 2\\ -1 & \lambda & 5\\ 10 & -6 & 1\end{vmatrix}$$

$$=\begin{vmatrix}1 & -1 & 2\\ 2 & \lambda & 5\\ 1 & -6 & 1\end{vmatrix}=0,$$

可解得 $\lambda=3$.

解法 2 利用矩阵的初等变换

$$A\to\begin{bmatrix}1 & 10 & -6 & 1\\ 1 & \lambda & -1 & 2\\ 2 & -1 & \lambda & 5\end{bmatrix}\to\begin{bmatrix}1 & 10 & -6 & 1\\ 0 & \lambda-10 & 5 & 1\\ 0 & -21 & \lambda+12 & 3\end{bmatrix}$$

$$\to\begin{bmatrix}1 & 1 & 10 & -6\\ 0 & 1 & \lambda-10 & 5\\ 0 & 3 & -21 & \lambda+12\end{bmatrix}\to\begin{bmatrix}1 & 1 & 10 & -6\\ 0 & 1 & \lambda-10 & 5\\ 0 & 0 & 9-3\lambda & \lambda-3\end{bmatrix},$$

可见 $\lambda=3$ 时，$\mathrm{r}(A)=2$ 为最小.

例 2.56 设矩阵

$$A=\begin{bmatrix}1 & 1 & 1 & 1\\ 0 & 1 & -1 & b\\ 2 & 3 & a & 4\\ 3 & 5 & 1 & 7\end{bmatrix},$$

其中 a,b 为参数，求 $\mathrm{r}(A)$.

解法 1 由 A 是 4 阶方阵，且

$$|A|=\begin{vmatrix}1 & 1 & 1 & 1\\ 0 & 1 & -1 & b\\ 2 & 3 & a & 4\\ 3 & 5 & 1 & 7\end{vmatrix}=(a-1)(4-2b),$$

那么：当 $a\neq1$ 且 $b\neq2$ 时，$|A|\neq0$，所以 $\mathrm{r}(A)=4$；

当 $a\neq1,b=2$ 时，由于

$$A=\begin{bmatrix}1 & 1 & 1 & 1\\ 0 & 1 & -1 & 2\\ 2 & 3 & a & 4\\ 3 & 5 & 1 & 7\end{bmatrix}\to\begin{bmatrix}1 & 1 & 1 & 1\\ 0 & 1 & -1 & 2\\ 0 & 0 & a-1 & 0\\ 0 & 0 & 0 & 0\end{bmatrix},$$

所以，$\mathrm{r}(A)=3$.

当 $a=1,b\neq2$ 时，由于

$$A=\begin{bmatrix}1 & 1 & 1 & 1\\ 0 & 1 & -1 & b\\ 2 & 3 & 1 & 4\\ 3 & 5 & 1 & 7\end{bmatrix}\to\begin{bmatrix}1 & 1 & 1 & 1\\ 0 & 1 & -1 & b\\ 0 & 0 & 0 & 2-b\\ 0 & 0 & 0 & 0\end{bmatrix},$$

所以，$\mathrm{r}(A)=3$.

当 $a=1,b=2$ 时，由于

$$A=\begin{bmatrix}1&1&1&1\\0&1&-1&2\\2&3&1&4\\3&5&1&7\end{bmatrix}\to\begin{bmatrix}1&1&1&1\\0&1&-1&2\\0&0&0&0\\0&0&0&0\end{bmatrix},$$

所以，$\mathrm{r}(A)=2$.

解法 2 用矩阵的初等行变换将 A 化为阶梯形，即

$$A\to\begin{bmatrix}1&1&1&1\\0&1&-1&b\\0&0&a-1&2-b\\0&0&0&2-b\end{bmatrix}.$$

由阶梯形矩阵可知：

当 $a\neq1$ 且 $b\neq2$ 时，$\mathrm{r}(A)=4$;

当 $a\neq1$, $b=2$ 时，$\mathrm{r}(A)=3$;

当 $a=1$, $b\neq2$ 时，$\mathrm{r}(A)=3$;

当 $a=1$, $b=2$ 时，$\mathrm{r}(A)=2$.

例 2.57 试证：如 A 是 n 阶幂等矩阵，即 A 满足 $A^2=A$，则

$$\mathrm{r}(A)+\mathrm{r}(A-E)=n.$$

证 由题设 $A^2=A$，就有 $A^2-A=A(A-E)=O$. 因 A 与 $A-E$ 都是 n 阶矩阵，于是

$$\mathrm{r}(A)+\mathrm{r}(A-E)\leqslant n.$$

又
$$A-(A-E)=E,$$

则
$$\mathrm{r}(A)+\mathrm{r}(A-E)\geqslant \mathrm{r}(E)=n.$$

所以
$$\mathrm{r}(A)+\mathrm{r}(A-E)=n.$$

§2.4 练 习 题

1. 填空题：

(1) 设 $A=\begin{bmatrix}1&-1\\2&3\end{bmatrix}$, $B=A^2-3A+2E$，则 $B^{-1}=$____________.

(2) 设 n 维向量 $\alpha=(a,0,\cdots,0,a)^{\mathrm{T}}$, $a<0$; E 为 n 阶单位矩阵，

矩阵

$$\boldsymbol{A}=\boldsymbol{E}-\alpha\alpha^{\mathrm{T}},\quad \boldsymbol{B}=\boldsymbol{E}+\frac{1}{a}\alpha\alpha^{\mathrm{T}},$$

其中 $\boldsymbol{A}$ 的逆矩阵为 $\boldsymbol{B}$,则 $a=$__________.

(3) 设 $\boldsymbol{A},\boldsymbol{B}$ 为 n 阶矩阵,且 $|\boldsymbol{A}|=2$, $|\boldsymbol{B}|=-\frac{1}{2}$, $\boldsymbol{A}^*$ 为 $\boldsymbol{A}$ 的伴随矩阵,则 $|2\boldsymbol{A}^*\boldsymbol{B}^{-1}|=$__________.

(4) 设矩阵 $\boldsymbol{A}=\begin{bmatrix}1&0&1\\0&2&0\\1&0&1\end{bmatrix}$,则 $(\boldsymbol{A}^2-4\boldsymbol{E})(\boldsymbol{A}+2\boldsymbol{E})^{-1}=$__________.

(5) 设 $\boldsymbol{A}$ 为 3×2 矩阵, $\boldsymbol{B}$ 为 2×3 矩阵,则 $|\boldsymbol{AB}|=$__________.

(6) 设 n 阶矩阵 $\boldsymbol{A}$ 满足 $\boldsymbol{A}^2-2\boldsymbol{A}-2\boldsymbol{E}=\boldsymbol{O}$,则 $(\boldsymbol{A}+\boldsymbol{E})^{-1}=$__________.

(7) 设 $n(n\geqslant 3)$阶矩阵

$$\boldsymbol{A}=\begin{bmatrix}1&a&a&\cdots&a\\a&1&a&\cdots&a\\a&a&1&\cdots&a\\\vdots&\vdots&\vdots&&\vdots\\a&a&a&\cdots&1\end{bmatrix}$$

的秩为 $n-1$,则 $a=$__________.

2. 单项选择题:

(1) 设 $\boldsymbol{A},\boldsymbol{B}$ 均为 n 阶矩阵,则下列结论成立的是(　　).

(A) $\boldsymbol{AB}\neq\boldsymbol{O}\iff\boldsymbol{A}\neq\boldsymbol{O}$ 且 $\boldsymbol{B}\neq\boldsymbol{O}$;

(B) $|\boldsymbol{A}|=0\iff\boldsymbol{A}=\boldsymbol{O}$;

(C) $|\boldsymbol{AB}|=0\iff|\boldsymbol{A}|=0$ 或 $|\boldsymbol{B}|=0$;

(D) $\boldsymbol{A}=\boldsymbol{E}\iff|\boldsymbol{A}|=1$.

(2) 设 $\boldsymbol{A},\boldsymbol{B}$ 均为 n 阶矩阵,则下列结论成立的是(　　).

(A) 若 $\boldsymbol{A}$ 或 $\boldsymbol{B}$ 可逆,必有 $\boldsymbol{AB}$ 可逆;

(B) 若 $\boldsymbol{A}$ 或 $\boldsymbol{B}$ 不可逆,必有 $\boldsymbol{AB}$ 不可逆;

(C) 若 $\boldsymbol{A}$ 且 $\boldsymbol{B}$ 均可逆,则必有 $\boldsymbol{A}+\boldsymbol{B}$ 可逆;

(D) 若 $\boldsymbol{A}$ 且 $\boldsymbol{B}$ 不可逆,必有 $\boldsymbol{A}+\boldsymbol{B}$ 不可逆.

(3) 设 $\boldsymbol{A},\boldsymbol{B}$ 均为 n 阶矩阵，则下列结论正确的是(　　).

(A) 若 $\boldsymbol{A},\boldsymbol{B}$ 都可逆，则 $\boldsymbol{A}^*+\boldsymbol{B}^*$ 一定可逆；

(B) 若 $\boldsymbol{A},\boldsymbol{B}$ 都不可逆，则 $\boldsymbol{A}^*+\boldsymbol{B}^*$ 一定不可逆；

(C) 若 $\boldsymbol{A}$ 可逆但 $\boldsymbol{B}$ 不可逆，则 $\boldsymbol{A}^*+\boldsymbol{B}^*$ 一定不可逆；

(D) 以上都不正确.

(4) 设矩阵

$$\boldsymbol{A}=\begin{bmatrix} a_{11} & a_{12} & a_{13} \\ a_{21} & a_{22} & a_{23} \\ a_{31} & a_{32} & a_{33} \end{bmatrix},$$

$$\boldsymbol{B}=\begin{bmatrix} a_{21} & a_{22} & a_{23} \\ a_{11} & a_{12} & a_{13} \\ a_{11}+a_{31} & a_{12}+a_{32} & a_{13}+a_{33} \end{bmatrix},$$

$$\boldsymbol{P}_1=\begin{bmatrix} 0 & 1 & 0 \\ 1 & 0 & 0 \\ 0 & 0 & 1 \end{bmatrix},\quad \boldsymbol{P}_2=\begin{bmatrix} 1 & 0 & 0 \\ 0 & 1 & 0 \\ 1 & 0 & 1 \end{bmatrix},$$

则下列等式中正确的是(　　).

(A) $\boldsymbol{AP}_1\boldsymbol{P}_2=\boldsymbol{B}$；　　(B) $\boldsymbol{AP}_2\boldsymbol{P}_1=\boldsymbol{B}$；

(C) $\boldsymbol{P}_1\boldsymbol{P}_2\boldsymbol{A}=\boldsymbol{B}$；　　(D) $\boldsymbol{P}_2\boldsymbol{P}_1\boldsymbol{A}=\boldsymbol{B}$.

(5) 设 $\boldsymbol{A},\boldsymbol{B},\boldsymbol{C}$ 均为 n 阶方阵，且 $\boldsymbol{AB}=\boldsymbol{BC}=\boldsymbol{CA}=\boldsymbol{E}$，则

$$\boldsymbol{A}^2+\boldsymbol{B}^2+\boldsymbol{C}^2=(\quad).$$

(A) $3\boldsymbol{E}$；　(B) $2\boldsymbol{E}$；　(C) $\boldsymbol{E}$；　(D) $\boldsymbol{O}$.

3. 设 $\boldsymbol{A},\boldsymbol{B}$ 均为 3 阶矩阵，已知

$$\boldsymbol{AB}=2\boldsymbol{A}+\boldsymbol{B},\quad \boldsymbol{B}=\begin{bmatrix} 2 & 0 & 2 \\ 0 & 4 & 0 \\ 2 & 0 & 2 \end{bmatrix},$$

求 $(\boldsymbol{A}-\boldsymbol{E})^{-1}$.

4. 已知 $\boldsymbol{AP}=\boldsymbol{PB}$，其中

$$\boldsymbol{B}=\begin{bmatrix} 1 & 0 & 0 \\ 0 & 0 & 0 \\ 0 & 0 & -1 \end{bmatrix},\quad \boldsymbol{P}=\begin{bmatrix} 1 & 0 & 0 \\ 2 & -1 & 0 \\ 2 & 1 & 1 \end{bmatrix},$$

求 $\boldsymbol{A}$ 及 $\boldsymbol{A}^5$.

5. 设矩阵

$$\boldsymbol{A}=\begin{bmatrix}1 & -1 & 1\\ 1 & 1 & 0\\ 2 & 1 & 1\end{bmatrix},$$

矩阵 $\boldsymbol{B}$ 满足 $\boldsymbol{AB}+4\boldsymbol{E}=\boldsymbol{A}^2-2\boldsymbol{B}$,求 $\boldsymbol{B}$.

6. 设

$$\boldsymbol{A}=\begin{bmatrix}1 & 2 & 0 & 0\\ 3 & 4 & 0 & 0\\ 0 & 0 & 3 & 4\\ 0 & 0 & 1 & 2\end{bmatrix},$$

$$\boldsymbol{B}=(\boldsymbol{E}-\boldsymbol{A})(\boldsymbol{E}+2\boldsymbol{A})^{-1},$$

求 $(\boldsymbol{B}-\boldsymbol{E})^{-1}$.

7. 已知 $\boldsymbol{A}$ 是 n 阶矩阵, $\boldsymbol{A}^2=\boldsymbol{A}$ 且 $\boldsymbol{A}\neq\boldsymbol{E}$,证明: $|\boldsymbol{A}|=0$.

8. 设 $\boldsymbol{A}$ 是 n 阶矩阵, $\boldsymbol{B}$ 是 $n\times m$ 非零矩阵,如 $\boldsymbol{AB}=\boldsymbol{O}$,证明: $|\boldsymbol{A}|=0$.

9. 设 $\boldsymbol{A},\boldsymbol{B}$ 都是 n 阶矩阵,且 $\boldsymbol{E}+\boldsymbol{AB}$ 可逆,证明: $\boldsymbol{E}+\boldsymbol{BA}$ 可逆,且 $(\boldsymbol{E}+\boldsymbol{BA})^{-1}=\boldsymbol{E}-\boldsymbol{B}(\boldsymbol{E}+\boldsymbol{AB})^{-1}\boldsymbol{A}$.

10. 设 $\boldsymbol{A},\boldsymbol{B}$ 为 n 阶矩阵,证明:

$$\begin{vmatrix}\boldsymbol{A} & \boldsymbol{E}\\ \boldsymbol{E} & \boldsymbol{B}\end{vmatrix}=|\boldsymbol{AB}-\boldsymbol{E}|.$$

11. 设 $\boldsymbol{A},\boldsymbol{B}$ 为 n 阶矩阵,证明:

$$\begin{vmatrix}\boldsymbol{A} & \boldsymbol{B}\\ \boldsymbol{B} & \boldsymbol{A}\end{vmatrix}=|\boldsymbol{A}+\boldsymbol{B}|\,|\boldsymbol{A}-\boldsymbol{B}|.$$

12. 已知

$$\boldsymbol{A}=\begin{bmatrix}1 & 3 & 0 & 1\\ 2 & 6 & 1 & 2\\ 3 & 9 & 2 & 3\end{bmatrix},$$

求可逆矩阵 $\boldsymbol{P},\boldsymbol{Q}$,使 $\boldsymbol{PAQ}$ 为 $\boldsymbol{A}$ 的等价标准形.

13. 设矩阵

$$A=\begin{bmatrix}1 & a & -1 & 2\\2 & -1 & a & 5\\1 & 10 & -6 & 1\end{bmatrix},\quad a\text{ 为参数},$$

求 $r(A)$.

14. 设 A 为 n 阶非零实方阵，A^* 是 A 的伴随矩阵，A^T 是 A 的转置矩阵，当 $A^*=A^T$ 时，证明 $|A|\neq 0$.

第三章　线性方程组和向量

§3.1　内容提要

3.1.1　线性方程组的消元法

一、线性方程组的解与有解的判定

1. 线性方程组的解

对于 n 元线性方程组 $\boldsymbol{Ax}=\boldsymbol{b}$，若存在 n 个数 $c_1,c_2,\cdots,c_n$，使当 $x_1=c_1,\ x_2=c_2,\ \cdots,\ x_n=c_n$ 时可使方程组的每个等式都成立，则称 $x_1=c_1,\ x_2=c_2,\ \cdots,\ x_n=c_n$ 为该方程组的**一个解**. 记 $\boldsymbol{x}_0=(c_1,c_2,\cdots,c_n)^{\mathrm{T}}$，称 $\boldsymbol{x}_0$ 为该方程组的一个**解向量**，并称方程组的全体解为该方程组的**解集**. 用向量表示方程组的解，为以后讨论方程组的解的结构提供了方便.

2. 线性方程组有解判别定理

n 元非齐次线性方程组 $\boldsymbol{Ax}=\boldsymbol{b}$ 有解 $\Longleftrightarrow$ $\mathrm{r}(\overline{\boldsymbol{A}})=\mathrm{r}(\boldsymbol{A})$. 在方程组有解时，即 $\mathrm{r}(\overline{\boldsymbol{A}})=\mathrm{r}(\boldsymbol{A})=r$ 时，

$\boldsymbol{Ax}=\boldsymbol{b}$ 有惟一解 $\Longleftrightarrow$ $r=n$；

$\boldsymbol{Ax}=\boldsymbol{b}$ 有无穷多解 $\Longleftrightarrow$ $r<n$，此时在一般解中有 $n-r$ 个自由未知量.

注　设 $\boldsymbol{A}$ 为 $m\times n$ 矩阵，若 $\mathrm{r}(\boldsymbol{A})=m$，则对任意一个 m 维列向量 $\boldsymbol{b}$，总有 $\mathrm{r}(\boldsymbol{A},\boldsymbol{b})=\mathrm{r}(\boldsymbol{A})$，因而方程组 $\boldsymbol{Ax}=\boldsymbol{b}$ 一定有解.

3. 齐次线性方程组的有解判别定理

对于 n 元齐次线性方程组 $\boldsymbol{Ax}=\boldsymbol{0}$，当 $\mathrm{r}(\boldsymbol{A})=r$ 时，

$\boldsymbol{Ax}=\boldsymbol{0}$ 有非零解 $\Longleftrightarrow$ $r<n$；

$\boldsymbol{Ax}=\boldsymbol{0}$ 仅有零解 $\Longleftrightarrow$ $r=n$.

特别地，(1) 当 $\boldsymbol{A}$ 为 $m\times n$ 矩阵，且 $m<n$，则方程组 $\boldsymbol{Ax}=\boldsymbol{0}$ 必有非零解.

(2) 当 $\boldsymbol{A}$ 为 n 阶矩阵，方程组 $\boldsymbol{Ax}=\boldsymbol{0}$ 有非零解 $\Longleftrightarrow$ $|\boldsymbol{A}|=0$.

二、线性方程组的消元法

线性方程组的消元法是指，对方程组施行初等变换，把方程组化为同解的阶梯形方程组. 但由于方程组 $\boldsymbol{Ax}=\boldsymbol{b}$ 与其增广矩阵 $\overline{\boldsymbol{A}}$ 是一一对应的，方程组的初等变换就相当于在增广矩阵上施行矩阵的初等行变换，又阶梯形方程组对应的是阶梯形矩阵. 因此线性方程组的消元法只需在增广矩阵上施行矩阵的初等行变换.

设有 n 元非齐次线性方程组 $\boldsymbol{Ax}=\boldsymbol{b}$，用消元法求其解的具体步骤为：

第一步：写出方程组的增广矩阵 $\overline{\boldsymbol{A}}$(若是齐次线性方程组，只需写出方程组的系数矩阵 $\boldsymbol{A}$).

第二步：对增广矩阵 $\overline{\boldsymbol{A}}$ 作初等行变换，化 $\overline{\boldsymbol{A}}$ 为阶梯形矩阵.

第三步：由阶梯形矩阵，确定 $\overline{\boldsymbol{A}}$ 与 $\boldsymbol{A}$ 的秩，由此判定方程组解的情况. 若无解，解题结束.

第四步：如果 $\mathrm{r}(\overline{\boldsymbol{A}})=\mathrm{r}(\boldsymbol{A})$，即方程组有解，用初等行变换把 $\overline{\boldsymbol{A}}$ 化成简化的阶梯形矩阵，据此可以直接写出方程组的解(惟一解或一般解).

当方程组有无穷多解时，即 $\mathrm{r}(\overline{\boldsymbol{A}})=\mathrm{r}(\boldsymbol{A})=r<n$ 时，在 n 个未知量中必然有 $n-r$ 个自由未知量，其余 r 个为约束未知量. 用自由未知量表示约束未知量的表达式称为**一般解**. 虽然自由未知量的取法不是惟一的，但从方便起见，通常选取与简化阶梯形矩阵中首非零元对应的未知量为约束未知量，其余的就是自由未知量，这样可很容易写出方程组的一般解. 当令自由未知量取任一组数，代入一般解就能得到方程组的任一个解.

3.1.2 n 维向量及其线性运算

一、n 维向量

由 n 个数 $a_1,a_2,\cdots,a_n$ 组成的一个有序数组称为一个 n 维向量，其中数 a_i $(i=1,2,\cdots,n)$称为该向量的第 i 个分量. 分量全为实数的向量称为实向量.

若向量表示成

$$\boldsymbol{\alpha}=\begin{bmatrix}a_1\\a_2\\\vdots\\a_n\end{bmatrix},$$

称为 n **维列向量**,就是 $n\times1$ 矩阵,即列矩阵.

若向量表示成

$$\boldsymbol{\alpha}^{\mathrm{T}}=(a_1,a_2,\cdots,a_n),$$

称其为 n **维行向量**,就是 $1\times n$ 矩阵,即行矩阵.

以后我们写出的向量 $\boldsymbol{\alpha},\boldsymbol{\beta}$ 等,在没有特别指明时,都当成列向量.

若 $\boldsymbol{\alpha},\boldsymbol{\beta}$ 均为 n 维列向量(或均为 n 维行向量),且它们的分量对应相等,则说 $\boldsymbol{\alpha}$ 与 $\boldsymbol{\beta}$ 相等,记作 $\boldsymbol{\alpha}=\boldsymbol{\beta}$.

把分量全为 0 的向量,称为零向量,用 $\mathbf{0}$ 表示.

二、向量的线性运算及线性组合、线性表出

(1) 若 $\boldsymbol{\alpha}=(a_1,a_2,\cdots,a_n)^{\mathrm{T}}$, $\boldsymbol{\beta}=(b_1,b_2,\cdots,b_n)^{\mathrm{T}}$,则

$$\boldsymbol{\alpha}+\boldsymbol{\beta}=(a_1+b_1,a_2+b_2,\cdots,a_n+b_n)^{\mathrm{T}},$$

$$k\boldsymbol{\alpha}=(ka_1,ka_2,\cdots,ka_n),\quad k\text{ 为常数}.$$

以上向量的加法及数乘运算统称为向量的线性运算,与矩阵的线性运算有类似的运算律.

(2) 设 $\boldsymbol{\alpha}_1,\boldsymbol{\alpha}_2,\cdots,\boldsymbol{\alpha}_m$ 是一组 n 维向量, $k_1,k_2,\cdots,k_m$ 是一组常数,则称向量

$$k_1\boldsymbol{\alpha}_1+k_2\boldsymbol{\alpha}_2+\cdots+k_m\boldsymbol{\alpha}_m$$

为向量组 $\boldsymbol{\alpha}_1,\boldsymbol{\alpha}_2,\cdots,\boldsymbol{\alpha}_m$ 的**一个线性组合**,并称 $k_1,k_2,\cdots,k_m$ 为该线性组合的**系数**.

(3) 对于 n 维向量 $\boldsymbol{\alpha}_1,\boldsymbol{\alpha}_2,\cdots,\boldsymbol{\alpha}_m$ 与 $\boldsymbol{\beta}$,若存在 m 个常数 $k_1,k_2,\cdots,k_m$,使得

$$k_1\boldsymbol{\alpha}_1+k_2\boldsymbol{\alpha}_2+\cdots+k_m\boldsymbol{\alpha}_m=\boldsymbol{\beta},$$

即 $\boldsymbol{\beta}$ 是 $\boldsymbol{\alpha}_1,\boldsymbol{\alpha}_2,\cdots,\boldsymbol{\alpha}_m$ 的线性组合,则称向量 $\boldsymbol{\beta}$ **可以由向量组** $\boldsymbol{\alpha}_1,\boldsymbol{\alpha}_2,\cdots,\boldsymbol{\alpha}_m$ **线性表出(线性表示)**. 否则,说 $\boldsymbol{\beta}$ **不能由** $\boldsymbol{\alpha}_1,\boldsymbol{\alpha}_2,\cdots,\boldsymbol{\alpha}_m$ **线性表出**.

几个特例：① 零向量是任何一个向量组的线性组合，即零向量可以由任何一个向量组线性表出；② 向量组中任一个向量可以由该向量组线性表出；③ 任一个 n 维向量可以由 n 维基本向量组 $\boldsymbol{\varepsilon}_1,\boldsymbol{\varepsilon}_2,\cdots,\boldsymbol{\varepsilon}_n$ 线性表出. 这里 $\boldsymbol{\varepsilon}_i$ 是指第 i 个分量为 1，其余分量全为零的 n 维向量.

三、向量与矩阵及线性方程组的联系

1. 向量与矩阵之间的联系

设 $\boldsymbol{A}=(a_{ij})$ 为一个 $m\times n$ 矩阵，把 $\boldsymbol{A}$ 按列分块，即

$$\boldsymbol{A}=(\boldsymbol{\alpha}_1,\boldsymbol{\alpha}_2,\cdots,\boldsymbol{\alpha}_n),$$

其中 $\boldsymbol{\alpha}_j=(a_{1j},a_{2j},\cdots,a_{mj})^{\mathrm{T}}$ 为 m 维列向量($j=1,2,\cdots,n$)，称 m 维向量组 $\boldsymbol{\alpha}_1,\boldsymbol{\alpha}_2,\cdots,\boldsymbol{\alpha}_n$ 为矩阵 $\boldsymbol{A}$ 的列向量组.

把 $\boldsymbol{A}$ 按行分块，即

$$\boldsymbol{A}=\begin{bmatrix}\boldsymbol{\beta}_1\\ \boldsymbol{\beta}_2\\ \vdots\\ \boldsymbol{\beta}_m\end{bmatrix},$$

其中 $\boldsymbol{\beta}_i=(a_{i1},a_{i2},\cdots,a_{in})$为 n 维行向量($i=1,2,\cdots,m$)，称 n 维向量组 $\boldsymbol{\beta}_1,\boldsymbol{\beta}_2,\cdots,\boldsymbol{\beta}_m$ 为矩阵 $\boldsymbol{A}$ 的行向量组.

这样，给出了一个矩阵相当于给出了两个向量组，我们将通过对向量组的讨论来对矩阵讨论，也可以反过来通过矩阵来讨论向量组.

2. 向量与线性方程组之间的联系

设有 m 个方程 n 个未知量的线性方程组

$$\begin{cases}a_{11}x_1+a_{12}x_2+\cdots+a_{1n}x_n=b_1,\\ a_{21}x_1+a_{22}x_2+\cdots+a_{2n}x_n=b_2,\\ \cdots\cdots\cdots\cdots\cdots\cdots\cdots\cdots\cdots\cdots\\ a_{m1}x_1+a_{m2}x_2+\cdots+a_{mn}x_n=b_m.\end{cases}$$

令 $\boldsymbol{\alpha}_i=(a_{1i},a_{2i},\cdots,a_{mi})^{\mathrm{T}}$ ($i=1,2,\cdots,n$)，$\boldsymbol{\beta}=(b_1,b_2,\cdots,b_m)^{\mathrm{T}}$，则上述线性方程组可由向量表示为

$$x_1\boldsymbol{\alpha}_1+x_2\boldsymbol{\alpha}_2+\cdots+x_n\boldsymbol{\alpha}_n=\boldsymbol{\beta}.$$

特别，n 元齐次线性方程组的向量表示为

$$x_1\alpha_1 + x_2\alpha_2 + \cdots + x_n\alpha_n = \mathbf{0}.$$

3. 向量组的线性表出与线性方程组求解之间的联系

向量 β 可以由 $\alpha_1,\alpha_2,\cdots,\alpha_m$ 线性表出

$\Longleftrightarrow$ 非齐次线性方程组 $x_1\alpha_1+x_2\alpha_2+\cdots+x_m\alpha_m=\beta$ 有解，且方程组的一个解就是一个线性组合系数.

$\Longleftrightarrow$ 矩阵 $\overline{A}=(\alpha_1,\alpha_2,\cdots,\alpha_m,\beta)$ 与矩阵 $A=(\alpha_1,\alpha_2,\cdots,\alpha_m)$ 有相同的秩.

这说明，一个向量能否由向量组 $\alpha_1,\alpha_2,\cdots,\alpha_m$ 线性表出的问题转化成一个非齐次线性方程组有无解的问题.

3.1.3 向量组的线性相关与线性无关

一、线性相关性的概念

1. 向量组的线性相关的定义

对于向量组 $\alpha_1,\alpha_2,\cdots,\alpha_m$，如果存在不全为零的 m 个数 $k_1,k_2,\cdots,k_m$，使得

$$k_1\alpha_1 + k_2\alpha_2 + \cdots + k_m\alpha_m = \mathbf{0},$$

则称向量组 $\alpha_1,\alpha_2,\cdots,\alpha_m$ 线性相关. 否则称向量组 $\alpha_1,\alpha_2,\cdots,\alpha_m$ 线性无关.

单个向量 α 线性相关 $\Longleftrightarrow \alpha=\mathbf{0}$.

单个向量 α 线性无关 $\Longleftrightarrow \alpha\neq\mathbf{0}$.

2. 向量组的线性相关性与线性表出的关系

向量组 $\alpha_1,\alpha_2,\cdots,\alpha_m$ 线性相关 $\Longleftrightarrow$ 向量组中存在一个向量可以由其余向量线性表出.

向量组 $\alpha_1,\alpha_2,\cdots,\alpha_m$ 线性无关 $\Longleftrightarrow$ 向量组中任意一个向量都不能由其余向量线性表出.

读者应注意搞清这里提到的“存在一个”与“任意一个”的差别.

3. 向量组的线性相关性与齐次线性方程组及矩阵的秩的关系

向量组 $\alpha_1,\alpha_2,\cdots,\alpha_m$ 线性相关

$\Longleftrightarrow$ 齐次线性方程组 $x_1\alpha_1+x_2\alpha_2+\cdots+x_m\alpha_m=\mathbf{0}$ 有非零解

$\Longleftrightarrow$ 矩阵 $A=(\alpha_1,\alpha_2,\cdots,\alpha_m)$ 的秩小于 m.

向量组 $\alpha_1,\alpha_2,\cdots,\alpha_m$ 线性无关

$\iff$ 齐次线性方程组 $x_1\alpha_1+x_2\alpha_2+\cdots+x_m\alpha_m=\mathbf{0}$ 仅有零解

$\iff$ 矩阵 $\boldsymbol{A}=(\alpha_1,\alpha_2,\cdots,\alpha_m)$的秩等于 m.

4. 向量组的线性相关性与行列式的关系

设 $\alpha_1,\alpha_2,\cdots,\alpha_n$ 为 n 维向量组,则 $\boldsymbol{A}=(\alpha_1,\alpha_2,\cdots,\alpha_n)$为 n 阶矩阵,那么

$\alpha_1,\alpha_2,\cdots,\alpha_n$ 线性相关 $\iff |\boldsymbol{A}|=0$;

$\alpha_1,\alpha_2,\cdots,\alpha_n$ 线性无关 $\iff |\boldsymbol{A}|\neq 0$.

以上分析说明,当 $\alpha_1,\alpha_2,\cdots,\alpha_m$ 为具体向量组,即分量已知的向量组时,一般地可由矩阵 $\boldsymbol{A}=(\alpha_1,\alpha_2,\cdots,\alpha_m)$的秩,或当 $\boldsymbol{A}$ 为方阵时,由 $\boldsymbol{A}$ 的行列式来判别向量组的线性相关性. 当 $\alpha_1,\alpha_2,\cdots,\alpha_m$ 为抽象向量组时,则利用定义或有关线性相关性的结论来判别向量组的线性相关性.

二、有关线性相关性的结论

(1) 两个向量 α 与 β 线性相关(无关) $\iff$ α 与 β 的分量对应成比例(不成比例).

(2) 含有零向量的向量组必线性相关.

(3) 向量个数多于 n 的 n 维向量组必线性相关.

(4) 若部分向量组线性相关,则整体向量组线性相关;若整体向量组线性无关,则任何部分组线性无关.

(5) 对线性无关向量组中每个向量在相同位置上任意添加分量,所得升维后的向量组仍线性无关.

(6) 设向量组 $\alpha_1,\alpha_2,\cdots,\alpha_m$ 线性无关,向量组 $\alpha_1,\alpha_2,\cdots,\alpha_m,\beta$ 线性相关,则向量 β 可以由向量组 $\alpha_1,\alpha_2,\cdots,\alpha_m$ 线性表出.

(7) 设向量 β 可以由 $\alpha_1,\alpha_2,\cdots,\alpha_m$ 线性表出,则表示法惟一的充分必要条件是 $\alpha_1,\alpha_2,\cdots,\alpha_m$ 线性无关.

3.1.4 向量组的极大线性无关组与向量组的秩

一、两个向量组等价的概念与性质

1. 两个向量组等价的概念

设有两个 n 维向量组:

(Ⅰ): $\alpha_1,\alpha_2,\cdots,\alpha_s$;

(Ⅱ)：$\boldsymbol{\beta}_1,\boldsymbol{\beta}_2,\cdots,\boldsymbol{\beta}_t$.

如果这两个向量组可以互相线性表出，则称向量组(Ⅰ)与向量组(Ⅱ)等价，记作(Ⅰ)$\cong$(Ⅱ).

显然，向量组的等价关系是可以传递的.

2. 两个向量组线性表出的性质

在向量组(Ⅰ)与向量组(Ⅱ)有线性表出关系时，向量组的线性相关性与向量组中向量个数之间有下列结论：

(1) 若向量组(Ⅰ)可由向量组(Ⅱ)线性表出，并且 $s>t$，则向量组(Ⅰ)必线性相关；

(2) 若向量组(Ⅰ)线性无关，且向量组(Ⅰ)可以由向量组(Ⅱ)线性表出，则 $s\leqslant t$；

(3) 两个等价的且都是线性无关的向量组中所含有向量个数是相同的.

3. 矩阵的等价与向量组等价的关系

设 $m\times n$ 矩阵 $\boldsymbol{A}$ 经过若干次初等行变换化成 $m\times n$ 矩阵 $\boldsymbol{B}$，即 $\boldsymbol{A}$ 与 $\boldsymbol{B}$ 是行等价的，那么

(1) 矩阵 $\boldsymbol{A}$ 的行向量组与矩阵 $\boldsymbol{B}$ 的行向量组是等价的.

(2) 矩阵 $\boldsymbol{A}$ 的列向量组(或其某个部分组)与矩阵 $\boldsymbol{B}$ 的列向量组(或其对应部分组)有相同的线性相关性.

二、向量组的极大线性无关组

(1) 如果向量组中有一个部分组满足以下两个条件：① 部分组线性无关，② 向量组中每个向量都可以由这个部分组线性表出，也就是说，将向量组中任意一个向量添加进该部分组中，得到的向量组都线性相关，则称该部分向量组为原向量组的一个**极大线性无关组**.

向量组的极大线性无关组与该向量组是等价的.

(2) 如果向量组是线性无关的，则它的极大线性无关组就是该向量组本身.

(3) 如果向量组中全是零向量，则不存在极大线性无关组.

(4) 线性相关的向量组的极大线性无关组一般不是惟一的，但由于它们相互等价，从而极大线性无关组中所含向量的个数是惟一的，这个个数完全取决于原向量组.

三、向量组的秩与矩阵的秩

(1) 向量组 $\alpha_1,\alpha_2,\cdots,\alpha_m$ 的极大线性无关组中所含向量的个数,称为该向量组的**秩**,记作 $\mathrm{r}(\alpha_1,\alpha_2,\cdots,\alpha_m)$,从而

$$0\leqslant \mathrm{r}(\alpha_1,\alpha_2,\cdots,\alpha_m)\leqslant m.$$

(2) $\mathrm{r}(\alpha_1,\alpha_2,\cdots,\alpha_m)=0$ 当且仅当 $\alpha_1,\alpha_2,\cdots,\alpha_m$ 全是零向量.

(3) 向量组 $\alpha_1,\alpha_2,\cdots,\alpha_m$ 线性相关 $\Longleftrightarrow \mathrm{r}(\alpha_1,\alpha_2,\cdots,\alpha_m)<m$;

向量组 $\alpha_1,\alpha_2,\cdots,\alpha_m$ 线性无关 $\Longleftrightarrow \mathrm{r}(\alpha_1,\alpha_2,\cdots,\alpha_m)=m$.

(4) 向量组的秩的性质:

若向量组(Ⅰ)可以由向量组(Ⅱ)线性表出,则 r(Ⅰ)≤r(Ⅱ);

若向量组(Ⅰ)与(Ⅱ)等价,则 r(Ⅰ)=r(Ⅱ). 但反之不一定.

(5) 矩阵 $\boldsymbol{A}$ 的行向量组的秩称为矩阵 $\boldsymbol{A}$ 的行秩;矩阵 $\boldsymbol{A}$ 的列向量组的秩称为矩阵 $\boldsymbol{A}$ 的列秩. 那么矩阵 $\boldsymbol{A}$ 的行秩与矩阵 $\boldsymbol{A}$ 的列秩相等,即为矩阵 $\boldsymbol{A}$ 的秩.

设 $\mathrm{r}(\boldsymbol{A})=r$,即 $\boldsymbol{A}$ 中至少有一个 r 阶子式不为零,那么这个子式所在的 r 个行向量就是行向量组的一个极大线性无关组;这个子式所在的 r 个列向量就是列向量组的一个极大线性无关组.

(6) 求向量组的秩与极大线性无关组的方法:

设有 n 维向量组 $\alpha_1,\alpha_2,\cdots,\alpha_m$,以它们为列向量组构造矩阵 $\boldsymbol{A}$,然后用初等行变换将 $\boldsymbol{A}$ 化成阶梯形矩阵 $\boldsymbol{B}$,那么 $\boldsymbol{B}$ 中非零行的行数就是向量组 $\alpha_1,\alpha_2,\cdots,\alpha_m$ 的秩.

又设在阶梯形矩阵 $\boldsymbol{B}$ 中,若首非零元所在列的序号为 $j_1,j_2,\cdots,j_r$,那么 $\alpha_{j_1},\alpha_{j_2},\cdots,\alpha_{j_r}$ 就是向量组 $\alpha_1,\alpha_2,\cdots,\alpha_m$ 的一个极大线性无关组.

四、关于满秩矩阵的等价条件

设 $\boldsymbol{A}$ 为 n 阶矩阵,那么下列条件相互等价:

(1) $\boldsymbol{A}$ 为满秩矩阵,即 $\mathrm{r}(\boldsymbol{A})=n$;

(2) $\boldsymbol{A}$ 为可逆矩阵,即有矩阵 $\boldsymbol{A}^{-1}$,使 $\boldsymbol{A}\boldsymbol{A}^{-1}=\boldsymbol{A}^{-1}\boldsymbol{A}=\boldsymbol{E}$;

(3) $\boldsymbol{A}$ 为非奇异矩阵,即 $|\boldsymbol{A}|\neq 0$;

(4) 齐次线性方程组 $\boldsymbol{A}\boldsymbol{x}=\boldsymbol{0}$ 仅有零解;

(5) 对任何一个 n 维列向量 $\boldsymbol{b}$,非齐次线性方程组 $\boldsymbol{A}\boldsymbol{x}=\boldsymbol{b}$ 有惟一解;

(6) $\boldsymbol{A}$ 与单位方阵 $\boldsymbol{E}$ 等价;

(7) $\boldsymbol{A}$ 可以表为若干个初等矩阵的乘积；

(8) $\boldsymbol{A}$ 的行(列)向量组线性无关.

以上分析说明，向量组的线性相关性与行列式的值，矩阵的秩及线性方程组的解之间有密切联系，而且互相交叉，读者应深刻理解它们之间的关系.

3.1.5 线性方程组解的结构

一、线性方程组解的性质

1. 齐次线性方程组解的性质

(1) 若 $\boldsymbol{x}=\boldsymbol{\xi}_1$ 与 $\boldsymbol{x}=\boldsymbol{\xi}_2$ 都是方程组 $\boldsymbol{Ax}=\boldsymbol{0}$ 的解，则 $\boldsymbol{x}=\boldsymbol{\xi}_1+\boldsymbol{\xi}_2$ 也是方程组 $\boldsymbol{Ax}=\boldsymbol{0}$ 的解.

(2) 若 $\boldsymbol{x}=\boldsymbol{\xi}$ 是方程组 $\boldsymbol{Ax}=\boldsymbol{0}$ 的解，k 为常数，则 $\boldsymbol{x}=k\boldsymbol{\xi}$ 也是方程组 $\boldsymbol{Ax}=\boldsymbol{0}$ 的解.

以上性质说明，齐次线性方程组 $\boldsymbol{Ax}=\boldsymbol{0}$ 的解集合对向量的线性运算是封闭的.

2. 非齐次线性方程组解的性质

非齐次线性方程组 $\boldsymbol{Ax}=\boldsymbol{b}$ 与其导出组 $\boldsymbol{Ax}=\boldsymbol{0}$ 的解之间有以下性质：

(1) 若 $\boldsymbol{\eta}$ 是 $\boldsymbol{Ax}=\boldsymbol{b}$ 的一个解，$\boldsymbol{\xi}$ 是导出组 $\boldsymbol{Ax}=\boldsymbol{0}$ 的解，则 $\boldsymbol{x}=\boldsymbol{\eta}+\boldsymbol{\xi}$ 是方程组 $\boldsymbol{Ax}=\boldsymbol{b}$ 的解.

(2) 若 $\boldsymbol{x}=\boldsymbol{\eta}_1$ 与 $x=\boldsymbol{\eta}_2$ 都是方程组 $\boldsymbol{Ax}=\boldsymbol{b}$ 的解，则 $\boldsymbol{x}=\boldsymbol{\eta}_1-\boldsymbol{\eta}_2$ 为其导出组 $\boldsymbol{Ax}=\boldsymbol{0}$ 的解.

二、齐次线性方程组解的结构

(1) 齐次线性方程组的解集合(即解向量组)的一个极大线性无关组，称为该方程组的一个基础解系.

(2) 如果 n 元齐次线性方程组 $\boldsymbol{Ax}=\boldsymbol{0}$ 的系数矩阵 $\boldsymbol{A}$ 的秩 $\mathrm{r}(\boldsymbol{A})=r<n$，即方程组有非零解时，那么方程组 $\boldsymbol{Ax}=\boldsymbol{0}$ 必存在基础解系，并且它的任一个基础解系均由 $n-r$ 个解向量组成.

(3) 当齐次线性方程组 $\boldsymbol{Ax}=\boldsymbol{0}$ 存在基础解系时，基础解系不是惟一的. 方程组 $\boldsymbol{Ax}=\boldsymbol{0}$ 的任意 $n-r$ 个线性无关的解向量都可作为该方程组的一个基础解系.

(4) 求方程组 $\boldsymbol{Ax}=\boldsymbol{0}$ 的基础解系的步骤.

设有 n 元齐次线性方程组 $\boldsymbol{Ax}=\boldsymbol{0}$，且 $\mathrm{r}(\boldsymbol{A})=r<n$.

第一步：用消元法求出方程组的一般解，在一般解中有 $n-r$ 个自由未知量；

第二步：令这 $n-r$ 个自由未知量分别取以下 $n-r$ 组数：

$$\begin{bmatrix}1\\0\\\vdots\\0\end{bmatrix},\quad\begin{bmatrix}0\\1\\\vdots\\0\end{bmatrix},\quad\cdots,\quad\begin{bmatrix}0\\0\\\vdots\\1\end{bmatrix},$$

把它们代入一般解中，就得到方程组的 $n-r$ 个解，这 $n-r$ 个组成方程组的一个基础解系.

(5) 如果已求出 $\boldsymbol{\xi}_1,\boldsymbol{\xi}_2,\cdots,\boldsymbol{\xi}_{n-r}$ 为方程组 $\boldsymbol{AX}=\boldsymbol{0}$ 的一个基础解系，则方程组的全部解(即通解)为

$$\boldsymbol{x}=c_1\boldsymbol{\xi}_1+c_2\boldsymbol{\xi}_2+\cdots+c_{n-r}\boldsymbol{\xi}_{n-r},$$

其中 $c_1,c_2,\cdots,c_{n-r}$ 为任意常数.

这说明，方程组 $\boldsymbol{Ax}=\boldsymbol{0}$ 的任意一个解都可以由基础解系这组向量线性表出.

三、非齐次线性方程组解的结构

设有 n 元非齐次线性方程组 $\boldsymbol{Ax}=\boldsymbol{b}$，满足 $\mathrm{r}(\bar{\boldsymbol{A}})=\mathrm{r}(\boldsymbol{A})=r<n$，即 $\boldsymbol{Ax}=\boldsymbol{b}$ 有无穷多解，则导出组 $\boldsymbol{Ax}=\boldsymbol{0}$ 有非零解，若求出 $\boldsymbol{\eta}_0$ 为 $\boldsymbol{Ax}=\boldsymbol{b}$ 的一个特解，$\boldsymbol{\xi}_1,\boldsymbol{\xi}_2,\cdots,\boldsymbol{\xi}_{n-r}$ 为导出组 $\boldsymbol{Ax}=\boldsymbol{0}$ 的一个基础解系，则方程组 $\boldsymbol{Ax}=\boldsymbol{b}$ 的全部解为

$$\boldsymbol{x}=\boldsymbol{\eta}_0+c_1\boldsymbol{\xi}_1+c_2\boldsymbol{\xi}_2+\cdots+c_{n-r}\boldsymbol{\xi}_{n-r},$$

其中 $c_1,c_2,\cdots,c_{n-r}$ 为任意常数.

这说明，对于非齐次线性方程组，当它有无穷多解时，其全部解由本身方程组的一个特解与对应导出组的全部解这两项相加所组成.

§3.2 基本要求与重点、难点分析

3.2.1 基本要求

(1) 理解线性方程组有解判别定理，掌握用矩阵的初等行变换

解线性方程组的消元法.

(2) 理解 n 维向量及向量的线性组合与线性表出的概念.

(3) 理解向量组线性相关与线性无关的定义,了解有关向量组线性相关性的结论,掌握判别向量组线性相关性的方法.

(4) 了解向量组的极大线性无关组和向量组的秩的概念,会求向量组的极大线性无关组和秩.

(5) 了解向量组等价的概念及性质,了解向量组的秩与矩阵的秩的关系.

(6) 理解齐次线性方程组的基础解系的概念,掌握求基础解系及方程组的全部解的方法.

(7) 理解非齐次线性方程组解的结构,掌握求其全部解的方法.

3.2.2 重点、难点分析

本章重点是线性方程解的理论与求解方法,向量组的线性相关性,难点是向量组的线性相关性.

(1) 线性方程组理论是线性代数课程的重要内容之一,关于线性方程组的主要问题是:

① 如何判别非齐次线性方程组有没有解?如何判别齐次线性方程组有没有非零解?

② 在方程组有解时,有多少个解?

③ 在有无穷多解时,解的结构是怎样的?

④ 如何求出方程组的全部解?

本章利用矩阵和向量作为工具,使这些问题都有了很好的答案.特别在讨论线性方程组的解的结构时,齐次线性方程组的基础解系的概念很重要,读者要深刻理解.

(2) 向量组的线性相关和线性无关是描述向量之间关系的最基本的概念,它与行列式、矩阵及线性方程组的内容有密切关系且相互交叉.这部分内容概念多且抽象、定理和推论多且环环相扣、解题思想和方法多且逻辑性强,因而向量组的线性相关性既是本章的重点,也是本章的难点.读者首先要透彻理解线性相关与线性无关的定义,弄清向量组的线性相关性与齐次线性方程组的解及矩阵的秩的关系；其次要正确理解有关线性相关、线性无关的性质，正确区分充分条件、必要条件与充分必要条件，注意原命题与逆否命题的等价性；最后要掌握判别向量组线性相关性的常用方法.

(3) 在引入向量组的秩的概念以后，就丰富了矩阵的秩的涵义. 矩阵的秩不仅理解成矩阵中非零子式的最高阶数，又可理解成矩阵的行秩（行向量组的秩），还可以理解成矩阵的列秩（列向量组的秩）. 矩阵的秩这个量能够从上述三个不同角度加以刻画，可见矩阵的秩是一个相当深刻的概念，它的应用也非常广泛. 我们可以用矩阵的秩判别向量组的线性相关性，可以通过增广矩阵与系数矩阵的秩的关系判别非齐次线性方程组有无解，可以通过系数矩阵的秩与未知量个数的关系来判别齐次线性方程组是否有非零解. 在矩阵的等价关系上，矩阵的秩是刻画两个同型矩阵是否等价的惟一量.

§3.3　典型例题解析

3.3.1　关于线性方程组的解的判定与消元法

例 3.1（选择题）　(1) 设 $\boldsymbol{A}$ 是 $m\times n$ 矩阵，$\boldsymbol{Ax}=\boldsymbol{0}$ 是非齐次线性方程组 $\boldsymbol{Ax}=\boldsymbol{b}$ 对应的导出方程组，则下列结论正确的是（　　）.

(A) 若 $\boldsymbol{Ax}=\boldsymbol{0}$ 仅有零解，则 $\boldsymbol{Ax}=\boldsymbol{b}$ 有惟一解；

(B) 若 $\boldsymbol{Ax}=\boldsymbol{b}$ 有惟一解，则 $\boldsymbol{Ax}=\boldsymbol{0}$ 仅有零解；

(C) 若 $\boldsymbol{Ax}=\boldsymbol{0}$ 有非零解，则 $\boldsymbol{Ax}=\boldsymbol{b}$ 有无穷多解；

(D) 若 $\boldsymbol{Ax}=\boldsymbol{b}$ 无解，则 $\boldsymbol{Ax}=\boldsymbol{0}$ 仅有零解.

(2) 设 $\boldsymbol{A}$ 为 $m\times n$ 矩阵，且 $\mathrm{r}(\boldsymbol{A})=r$，则非齐次线性方程组 $\boldsymbol{Ax}=\boldsymbol{b}$（　　）.

(A) 当 $r=m$ 时，方程组 $\boldsymbol{Ax}=\boldsymbol{b}$ 有解；

(B) 当 $r=n$ 时，方程组 $\boldsymbol{Ax}=\boldsymbol{b}$ 有惟一解；

(C) 当 $m=n$ 时，方程组 $\boldsymbol{Ax}=\boldsymbol{b}$ 有无穷多解；

(D) 当 $r<n$ 时，方程组 $\boldsymbol{Ax}=\boldsymbol{b}$ 有无穷多解.

(3) 设 $\boldsymbol{A}$ 是 $m\times n$ 矩阵，$\boldsymbol{B}$ 是 $n\times m$ 矩阵，则齐次线性方程组 $(\boldsymbol{AB})\boldsymbol{x}=\boldsymbol{0}$（　　）.

(A) 当 $n>m$ 时,仅有零解; (B) 当 $n>m$ 时,必有非零解;

(C) 当 $m>n$ 时,仅有零解; (D) 当 $m>n$ 时,必有非零解.

(4) 设 $\boldsymbol{A}$ 是 n 阶矩阵,$\boldsymbol{\alpha}$ 是 n 维列向量,若

$$\mathrm{r}\begin{bmatrix}\boldsymbol{A} & \boldsymbol{\alpha}\\ \boldsymbol{\alpha}^{\mathrm{T}} & 0\end{bmatrix}=\mathrm{r}(\boldsymbol{A}),$$

则以下结论正确的是( ).

(A) $\boldsymbol{Ax}=\boldsymbol{\alpha}$ 必有无穷多解;

(B) $\boldsymbol{Ax}=\boldsymbol{\alpha}$ 必有惟一解;

(C) $\begin{bmatrix}\boldsymbol{A} & \boldsymbol{\alpha}\\ \boldsymbol{\alpha}^{\mathrm{T}} & 0\end{bmatrix}\begin{bmatrix}\boldsymbol{x}\\ \boldsymbol{y}\end{bmatrix}=\boldsymbol{0}$ 仅有零解;

(D) $\begin{bmatrix}\boldsymbol{A} & \boldsymbol{\alpha}\\ \boldsymbol{\alpha}^{\mathrm{T}} & 0\end{bmatrix}\begin{bmatrix}\boldsymbol{x}\\ \boldsymbol{y}\end{bmatrix}=\boldsymbol{0}$ 必有非零解.

(5) 设

$$\boldsymbol{\alpha}_1=(a_1,a_2,a_3)^{\mathrm{T}},\quad \boldsymbol{\alpha}_2=(b_1,b_2,b_3)^{\mathrm{T}},\quad \boldsymbol{\alpha}_3=(c_1,c_2,c_3)^{\mathrm{T}},$$

则平面上三条直线

$$l_1:\ a_1x+b_1y+c_1=0,$$
$$l_2:\ a_2x+b_2y+c_2=0,$$
$$l_3:\ a_3x+b_3y+c_3=0$$

(其中 $a_i^2+b_i^2\neq 0,\ i=1,2,3$)交于一点的充要条件是( ).

(A) $\boldsymbol{\alpha}_1,\boldsymbol{\alpha}_2,\boldsymbol{\alpha}_3$ 线性相关;

(B) $\boldsymbol{\alpha}_1,\boldsymbol{\alpha}_2,\boldsymbol{\alpha}_3$ 线性无关;

(C) $\mathrm{r}(\boldsymbol{\alpha}_1,\boldsymbol{\alpha}_2,\boldsymbol{\alpha}_3)=\mathrm{r}(\boldsymbol{\alpha}_1,\boldsymbol{\alpha}_2)$;

(D) $\boldsymbol{\alpha}_1,\boldsymbol{\alpha}_2,\boldsymbol{\alpha}_3$ 线性相关,$\boldsymbol{\alpha}_1,\boldsymbol{\alpha}_2$ 线性无关.

解 (1) 由于 $\boldsymbol{A}$ 是 $m\times n$ 矩阵,故 $\boldsymbol{Ax}=\boldsymbol{0}$ 与 $\boldsymbol{Ax}=\boldsymbol{b}$ 均为 n 元线性方程组.

对于(A),由于 $\boldsymbol{Ax}=\boldsymbol{0}$ 仅有零解 $\Longleftrightarrow$ $\mathrm{r}(\boldsymbol{A})=n$.

当 $\boldsymbol{A}$ 是 n 阶方阵时,也就有 $\mathrm{r}(\boldsymbol{A},\boldsymbol{b})=n$,这时 $\boldsymbol{Ax}=\boldsymbol{b}$ 有惟一解. 但对一般的 $m\times n$ 矩阵 $\boldsymbol{A}$,就不一定保证 $\mathrm{r}(\boldsymbol{A},\boldsymbol{b})=n$. 例如,方程组 $\begin{bmatrix}1 & 2\\ 0 & 3\\ 0 & 0\end{bmatrix}\begin{bmatrix}x_1\\ x_2\end{bmatrix}=\begin{bmatrix}0\\ 0\\ 0\end{bmatrix}$ 仅有零解. 但方程组 $\begin{bmatrix}1 & 2\\ 0 & 3\\ 0 & 0\end{bmatrix}\begin{bmatrix}x_1\\ x_2\end{bmatrix}=\begin{bmatrix}4\\ 5\\ 6\end{bmatrix}$ 无解. 故

(A)不正确.

对于(C),与(A)类似,由 $\boldsymbol{Ax}=\boldsymbol{0}$ 有非零解 $\Leftrightarrow \mathrm{r}(\boldsymbol{A})=r<n$. 但不能保证 $\mathrm{r}(\boldsymbol{A},\boldsymbol{b})=r$,即当 $\boldsymbol{Ax}=\boldsymbol{0}$ 有非零解时, $\boldsymbol{Ax}=\boldsymbol{b}$ 可能无解. 例如,方程组 $\begin{bmatrix}1&2\\2&4\end{bmatrix}\begin{bmatrix}x_1\\x_2\end{bmatrix}=\begin{bmatrix}0\\0\end{bmatrix}$ 有非零解,但方程组 $\begin{bmatrix}1&2\\2&4\end{bmatrix}\begin{bmatrix}x_1\\x_2\end{bmatrix}=\begin{bmatrix}3\\5\end{bmatrix}$ 无解. 故(C)不正确.

对于(B),由于 $\boldsymbol{Ax}=\boldsymbol{b}$ 有惟一解 $\Leftrightarrow \mathrm{r}(\boldsymbol{A},\boldsymbol{b})=\mathrm{r}(\boldsymbol{A})=n$,所以也就由 $\mathrm{r}(\boldsymbol{A})=n$ 可知, $\boldsymbol{Ax}=\boldsymbol{0}$ 只有零解. 故(B)正确.

对于(D),由于 $\boldsymbol{Ax}=\boldsymbol{b}$ 无解 $\Leftrightarrow \mathrm{r}(\boldsymbol{A},\boldsymbol{b})\neq\mathrm{r}(\boldsymbol{A})$. 因而无法确定 $\mathrm{r}(\boldsymbol{A})$ 与 n 的关系,即由 $\boldsymbol{Ax}=\boldsymbol{b}$ 无解,对应的 $\boldsymbol{Ax}=\boldsymbol{0}$ 可能仅有零解,也可能有非零解. 在上面对(A),(C)的分析中已举出了例题. 故(D)不正确. 所以应选(B).

(2) 因为 $\boldsymbol{A}$ 是 $m\times n$ 矩阵. 若 $\mathrm{r}(\boldsymbol{A})=r=m$ 时,则

$$m=\mathrm{r}(\boldsymbol{A})\leqslant\mathrm{r}(\boldsymbol{A},\boldsymbol{b})\leqslant m.$$

于是 $\mathrm{r}(\boldsymbol{A})=\mathrm{r}(\boldsymbol{A},\boldsymbol{b})=m$,说明方程组 $\boldsymbol{Ax}=\boldsymbol{b}$ 有解,故(A)正确.

关于(B),当 $\mathrm{r}(\boldsymbol{A})=r=n$ 时,只能说明对应的导出组 $\boldsymbol{Ax}=\boldsymbol{0}$ 仅有零解,但不能推出 $\mathrm{r}(\boldsymbol{A},\boldsymbol{b})=n$,即方程组 $\boldsymbol{Ax}=\boldsymbol{b}$ 可能无解. 故(B)不正确.

对于(C),当 $m=n$ 时,说明 $\boldsymbol{A}$ 是 n 阶方阵,由 $\mathrm{r}(\boldsymbol{A})=r$,但不知 r 与 n 什么关系,也不知 $\mathrm{r}(\boldsymbol{A},\boldsymbol{b})$ 与 $\mathrm{r}(\boldsymbol{A})$ 什么关系,即 $\boldsymbol{Ax}=\boldsymbol{b}$ 的解的情况不能确定. 故(C)不正确.

对于(D),由 $\mathrm{r}(\boldsymbol{A})=r<n$,只说明方程组 $\boldsymbol{Ax}=\boldsymbol{b}$ 的导出组 $\boldsymbol{Ax}=\boldsymbol{0}$ 有非零解,但不能推出 $\mathrm{r}(\boldsymbol{A},\boldsymbol{b})=r$,即方程组 $\boldsymbol{Ax}=\boldsymbol{b}$ 可能无解. 故(D)错误. 所以应选(A).

(3) 由题设条件可知 $\boldsymbol{AB}$ 是 m 阶方阵,故 m 元齐次线性方程组 $(\boldsymbol{AB})\boldsymbol{x}=\boldsymbol{0}$ 仅有零解 $\Leftrightarrow \mathrm{r}(\boldsymbol{AB})=m$. 由于

$$\mathrm{r}(\boldsymbol{AB})\leqslant\mathrm{r}(\boldsymbol{B})\leqslant\min(m,n),$$

当 $n>m$ 时,只能推出 $\mathrm{r}(\boldsymbol{AB})\leqslant m$. 所以(A),(B)均错误. 当 $m>n$ 时,必有 $\mathrm{r}(\boldsymbol{AB})\leqslant n<m$,说明方程组 $(\boldsymbol{AB})\boldsymbol{x}=\boldsymbol{0}$ 必有非零解. 所以应选(D).

(4) 由题设 $r\begin{bmatrix} A & \alpha \\ \alpha^{T} & 0 \end{bmatrix}=r(A)$ 可知 $r(A,\alpha)=r(A)$，但不能知道 $r(A)$ 与 n 的关系，故只能推出 n 元非齐次线性方程组 $Ax=\alpha$ 有解，而无法确定有多少个解. 故(A)，(B)是错误的.

又由于 $\begin{bmatrix} A & \alpha \\ \alpha^{T} & 0 \end{bmatrix}$ 是 $n+1$ 阶矩阵，A 是 n 阶矩阵，故可知

$$r\begin{bmatrix} A & \alpha \\ \alpha^{T} & 0 \end{bmatrix}=r(A)\leqslant n<n+1,$$

说明(D)正确. 所以应选(D).

(5) 三条直线交于一点的充要条件是方程组

$$\begin{cases} a_1x+b_1y+c_1=0, \\ a_2x+b_2y+c_2=0, \\ a_3x+b_3y+c_3=0 \end{cases}$$

有惟一解. 即方程组的增广矩阵 $\bar{A}$ 与系数矩阵 A 的秩相等. 且等于 2. 而 $A=(\alpha_1,\alpha_2)$，$\bar{A}=(\alpha_1,\alpha_2,-\alpha_3)$. 那么由

$$r(\alpha_1,\alpha_2)=r(\alpha_1,\alpha_2,-\alpha_3)=2,$$

说明 α_1,α_2 线性无关，$\alpha_1,\alpha_2,\alpha_3$ 线性相关. 所以应选(D).

例 3.2 判断下述线性方程组有无解：

$$\begin{cases} x_1+x_2+x_3=1, \\ -x_1+2x_2+3x_3=4, \\ x_1+4x_2+9x_3=16, \\ -x_1+8x_2+27x_3=64. \end{cases}$$

分析 讨论非齐次线性方程组有无解，就是讨论方程组的增广矩阵与系数矩阵的秩是否相等. 对本题方程组，显然可见其增广矩阵的行列式是 4 阶范德蒙行列式.

解 本题为 3 元非齐次线性方程组，从而 $r(A)\leqslant 3$. 而增广矩阵的行列式为

$$|\bar{A}|=\begin{vmatrix} 1 & 1 & 1 & 1 \\ -1 & 2 & 3 & 4 \\ 1 & 4 & 9 & 16 \\ -1 & 8 & 27 & 64 \end{vmatrix}=120,$$

故 $r(\bar{A})=4\neq r(A)$，所以方程组无解.

例 3.3 解线性方程组

$$\begin{cases}5x_1+2x_2+x_3+14x_4+x_5=0,\\ x_1+2x_2+x_3+3x_4=0,\\ 3x_1+6x_2+3x_3+12x_4+x_5=0.\end{cases}$$

解 对方程组的系数矩阵施行初等行变换：

$$A=\begin{bmatrix}5&2&1&14&1\\1&2&1&3&0\\3&6&3&12&1\end{bmatrix}\to\begin{bmatrix}1&2&1&3&0\\0&2&1&1&0\\0&0&0&3&1\end{bmatrix},$$

可知，$r(A)=3<5=n$，方程组有非零解.

将系数矩阵 A 再用初等行变换化成简化阶梯形：

$$A\to\begin{bmatrix}1&0&0&0&-2/3\\0&1&1/2&0&-1/6\\0&0&0&1&1/3\end{bmatrix}.$$

在这个阶梯形矩阵中，非零行的首非零元位于第一、二、四列，可选取 x_1,x_2,x_4 为约束未知量，即取 x_3,x_5 为自由未知量，那么根据上面简化阶梯形矩阵，当把自由未知量移到等式右边，可得到方程组的一般解为

$$\begin{cases}x_1=\dfrac{2}{3}x_5,\\ x_2=-\dfrac{1}{2}x_3+\dfrac{1}{6}x_5,\\ x_4=-\dfrac{1}{3}x_5,\end{cases}$$

其中 x_3,x_5 为自由未知量.

注释 在一般解中，自由未知量的选取方式不是惟一的，但其个数必是 $n-r$ 个. 对本题，若由

$$A\to\begin{bmatrix}1&0&0&2&0\\0&2&1&1&0\\0&0&0&3&1\end{bmatrix},$$

则可以选取 x_1,x_3,x_5 为约束未知量，得到方程组一般解为

$$\begin{cases} x_1 = -2x_4, \\ x_3 = -2x_2 - x_4, \\ x_5 = -3x_4, \end{cases}$$

其中 x_2, x_4 为自由未知量.

例 3.4 解线性方程组

$$\begin{cases} -x_1 - x_2 + 3x_3 + x_4 = -1, \\ 3x_1 + 3x_2 - 8x_3 - 5x_4 = 7, \\ x_1 + x_2 - 2x_3 - 3x_4 = 5. \end{cases}$$

解 对方程组的增广矩阵施行初等行变换：

$$\bar{\boldsymbol{A}} = \begin{bmatrix} -1 & -1 & 3 & 1 & -1 \\ 3 & 3 & -8 & -5 & 7 \\ 1 & 1 & -2 & -3 & 5 \end{bmatrix} \to \begin{bmatrix} -1 & -1 & 3 & 1 & -1 \\ 0 & 0 & 1 & -2 & 4 \\ 0 & 0 & 0 & 0 & 0 \end{bmatrix},$$

可知，$\mathrm{r}(\bar{\boldsymbol{A}}) = \mathrm{r}(\boldsymbol{A}) = 2 < n = 4$，方程组有无穷多解.

将增广矩阵 $\bar{\boldsymbol{A}}$ 再用初等行变换化成简化阶梯形：

$$\bar{\boldsymbol{A}} \to \begin{bmatrix} 1 & 1 & 0 & -7 & 13 \\ 0 & 0 & 1 & -2 & 4 \\ 0 & 0 & 0 & 0 & 0 \end{bmatrix}.$$

在这个阶梯形矩阵中，非零行上的首非零元位于第一、三列，可选取 x_1, x_3 为约束未知量，即取 x_2, x_4 为自由未知量，则根据上面简化阶梯形矩阵，可以得到方程组的一般解为

$$\begin{cases} x_1 = 13 - x_2 + 7x_4, \\ x_3 = 4 \qquad\quad + 2x_4, \end{cases}$$

其中 x_2, x_4 为自由未知量.

例 3.5 已知平面上三条不同的直线的方程分别是

$$l_1:\ ax + 2by + 3c = 0,$$

$$l_2:\ bx + 2cy + 3a = 0,$$

$$l_3:\ cx + 2ay + 3b = 0.$$

试证：这三条直线交于一点的充分必要条件为 $a+b+c=0$.

证 *必要性* 设三条直线交于一点，则由这三条直线的方程组成的 2 元非齐次线性方程组

$$\begin{cases} ax + 2by = -3c, \\ bx + 2cy = -3a, \\ cx + 2ay = -3b \end{cases} \tag{1}$$

有惟一解，故 $r(\bar{A}) = r(A) = 2$. 再由 $\bar{A}$ 是 3 阶方阵，于是必有 $|\bar{A}| = 0$. 由于

$$|\bar{A}| = \begin{vmatrix} a & 2b & -3c \\ b & 2c & -3a \\ c & 2a & -3b \end{vmatrix}$$

$$= 6(a+b+c)\begin{vmatrix} 1 & 1 & -1 \\ b & c & -a \\ c & a & -b \end{vmatrix}$$

$$= 6(a+b+c)(a^2+b^2+c^2-ab-ac-bc)$$

$$= 3(a+b+c)[(a-b)^2+(b-c)^2+(c-a)^2].$$

由 l_1, l_2, l_3 是三条不同直线，知 $a=b=c$ 不成立，那么

$$(a-b)^2+(b-c)^2+(c-a)^2 \neq 0,$$

故必有 $a+b+c=0$.

充分性 设 $a+b+c=0$，由以上证明可知 $|\bar{A}|=0$，故 $r(\bar{A})<3$.

考察 A 中一个 2 阶子式

$$\begin{vmatrix} a & 2b \\ b & 2c \end{vmatrix} = 2(ac-b^2) = -2[a(a+b)+b^2]$$

$$= -2\left[\left(a+\frac{1}{2}b\right)^2+\frac{3}{4}b^2\right] \neq 0$$

（否则 $a=b=c=0$），知 $r(A)=2$. 于是 $r(\bar{A})=r(A)=2$. 因此，方程组(1)有惟一解，即三条直线交于一点.

例 3.6 设 A 为 $m\times n$ 实矩阵，$n<m$. 证明：当非齐次线性方程组 $Ax=b$ 有惟一解时，矩阵 A^TA 是可逆矩阵.

分析 由 A^TA 是 n 阶矩阵，为证矩阵 A^TA 可逆，只需证明 A^TA 的秩为 n，即需证明方程组 $(A^TA)x=0$ 只有零解.

证 由题设 $Ax=b$ 有惟一解可知，与其对应的齐次线性方程组 $Ax=0$ 只有零解.

若 $r(A^TA)<n$，那么方程组 $(A^TA)x=0$ 有非零解，即存在非零向

量 $\boldsymbol{x}_0$，使 $(\boldsymbol{A}^{\mathrm{T}}\boldsymbol{A})\boldsymbol{x}_0=\boldsymbol{0}$.

从而，$\boldsymbol{x}_0^{\mathrm{T}}(\boldsymbol{A}^{\mathrm{T}}\boldsymbol{A}\boldsymbol{x}_0)=(\boldsymbol{A}\boldsymbol{x}_0)^{\mathrm{T}}(\boldsymbol{A}\boldsymbol{x}_0)=0$，即有 $\boldsymbol{A}\boldsymbol{x}_0=\boldsymbol{0}$. 这说明方程组 $\boldsymbol{A}\boldsymbol{x}=\boldsymbol{0}$ 有非零解，与题设 $\boldsymbol{A}\boldsymbol{x}=\boldsymbol{0}$ 只有零解相矛盾. 所以 $\mathrm{r}(\boldsymbol{A}^{\mathrm{T}}\boldsymbol{A})=n$，即 $\boldsymbol{A}^{\mathrm{T}}\boldsymbol{A}$ 是可逆矩阵.

注释 利用证明本题的方法，我们可以类似证明以下结论：

设 $\boldsymbol{A}$ 为任一个 $m\times n$ 实矩阵，则 $\boldsymbol{A}^{\mathrm{T}}\boldsymbol{A}$ 与 $\boldsymbol{A}$ 有相同的秩. 证明的方法是证明方程组 $(\boldsymbol{A}^{\mathrm{T}}\boldsymbol{A})\boldsymbol{x}=\boldsymbol{0}$ 与 $\boldsymbol{A}\boldsymbol{x}=\boldsymbol{0}$ 同解.

3.3.2 含有参数的线性方程组的讨论与求解

若在线性方程组的系数或右端常数项中含某些待定常数(称为参数)，这类方程组称为含有参数的线性方程组. 显然，当参数取不同的值时，将会影响到方程组的解的情形. 我们需要讨论参数取何值时使方程组有解，并在这时求出方程组的解. 常用方法之一是利用矩阵的初等行变换，把增广矩阵 $\overline{\boldsymbol{A}}$ 或系数矩阵 $\boldsymbol{A}$ 化成阶梯形矩阵，通过对它们的秩的讨论来确定方程组的解的情况. 方法之二是利用克莱姆法则，这适用于方程个数与未知元个数相等，且参数出现在系数中的情形，通过计算方程组的系数行列式来确定方程组有惟一解的条件，然后再讨论其他的情形.

例 3.7(填空题) (1) 已知方程组

$$\begin{bmatrix}1 & 2 & 1\\ 2 & 3 & a+2\\ 1 & a & -2\end{bmatrix}\begin{bmatrix}x_1\\ x_2\\ x_3\end{bmatrix}=\begin{bmatrix}1\\ 3\\ 0\end{bmatrix}$$

无解，则 $a=$__________.

(2) 设方程组

$$\begin{bmatrix}a & 1 & 1\\ 1 & a & 1\\ 1 & 1 & a\end{bmatrix}\begin{bmatrix}x_1\\ x_2\\ x_3\end{bmatrix}=\begin{bmatrix}1\\ 1\\ -2\end{bmatrix}$$

有无穷多解，则 $a=$__________.

解 (1) 解法 1 利用矩阵的初等行变换. 由方程组的增广矩阵

$$\overline{\boldsymbol{A}}=\begin{bmatrix}1&2&1&1\\2&3&a+2&3\\1&a&-2&0\end{bmatrix}$$

$$\to\begin{bmatrix}1&2&1&1\\0&-1&a&1\\0&0&(a+1)(a-3)&a-3\end{bmatrix}$$

可知 $a=-1$ 时，$r(\overline{\boldsymbol{A}})=3$，$r(\boldsymbol{A})=2$,方程组无解,所以应填 $a=-1$.

解法 2　利用克莱姆法则.先计算系数行列式

$$|\boldsymbol{A}|=\begin{vmatrix}1&2&1\\2&3&a+2\\1&a&-2\end{vmatrix}=-(a-3)(a+1),$$

可知 $a\neq3$ 且 $a\neq-1$ 时，$|\boldsymbol{A}|\neq0$,这时方程组有惟一解.

当 $a=-1$ 时,由于

$$\overline{\boldsymbol{A}}=\begin{bmatrix}1&2&1&1\\2&3&1&3\\1&-1&-2&0\end{bmatrix}\to\begin{bmatrix}1&2&1&1\\0&-1&-1&1\\0&0&0&-4\end{bmatrix},$$

可见 $r(\overline{\boldsymbol{A}})\neq r(\boldsymbol{A})$,这时方程组无解.

当 $a=3$ 时,由于

$$\overline{\boldsymbol{A}}=\begin{bmatrix}1&2&1&1\\2&3&5&3\\1&3&-2&0\end{bmatrix}\to\begin{bmatrix}1&2&1&1\\0&-1&3&1\\0&0&0&0\end{bmatrix},$$

可见 $r(\overline{\boldsymbol{A}})=r(\boldsymbol{A})=2<n=3$,这时方程组有无穷多解.

(2) 将方程组的增广矩阵用初等行变换化为阶梯形矩阵,即

$$\overline{\boldsymbol{A}}=\begin{bmatrix}a&1&1&1\\1&a&1&1\\1&1&a&-2\end{bmatrix}$$

$$\to\begin{bmatrix}1&1&a&-2\\0&a-1&1-a&3\\0&0&(a+2)(1-a)&4+2a\end{bmatrix},$$

可知当 $a=-2$ 时，$r(\overline{\boldsymbol{A}})=r(\boldsymbol{A})=2<n=3$,方程组有无穷多解.所以应填 $a=-2$.

例 3.8 当 a 取何值时,齐次线性方程组

$$\begin{cases}(a-2)x_1 - 2x_2 + 2x_3 = 0,\\ -2x_1 + (a-5)x_2 + 4x_3 = 0,\\ 2x_1 + 4x_2 + (a-5)x_3 = 0\end{cases}$$

有非零解?并求出它的一般解.

解法 1 计算方程组的系数行列式

$$|\boldsymbol{A}| = \begin{vmatrix} a-2 & -2 & 2 \\ -2 & a-5 & 4 \\ 2 & 4 & a-5 \end{vmatrix}$$

$$= \begin{vmatrix} a-2 & -2 & 2 \\ -2 & a-5 & 4 \\ 0 & a-1 & a-1 \end{vmatrix} = (a-1)^2(a-10),$$

可知当 $a=1$ 或 $a=10$ 时, $|\boldsymbol{A}|=0$,即方程组有非零解.

当 $a=1$ 时,

$$\boldsymbol{A} = \begin{bmatrix} -1 & -2 & 2 \\ -2 & -4 & 4 \\ 2 & 4 & -4 \end{bmatrix} \to \begin{bmatrix} 1 & 2 & -2 \\ 0 & 0 & 0 \\ 0 & 0 & 0 \end{bmatrix},$$

方程组的一般解为

$$x_1 = -2x_2 + 2x_3 \quad (x_2, x_3 \text{ 为自由未知量}).$$

当 $a=10$ 时,

$$\boldsymbol{A} = \begin{bmatrix} 8 & -2 & 2 \\ -2 & 5 & 4 \\ 2 & 4 & 5 \end{bmatrix} \to \begin{bmatrix} 1 & 0 & \frac{1}{2} \\ 0 & 1 & 1 \\ 0 & 0 & 0 \end{bmatrix},$$

方程组的一般解为

$$\begin{cases} x_1 = -\dfrac{1}{2}x_3, \\ x_2 = -x_3, \end{cases} \quad x_3 \text{ 为自由未知量}.$$

解法 2 用初等行变换化系数矩阵为阶梯形矩阵,即

$$\boldsymbol{A} = \begin{bmatrix} a-2 & -2 & 2 \\ -2 & a-5 & 4 \\ 2 & 4 & a-5 \end{bmatrix} \xrightarrow{r_1 \leftrightarrow r_3} \begin{bmatrix} 2 & 4 & a-5 \\ -2 & a-5 & 4 \\ a-2 & -2 & 2 \end{bmatrix}$$

$$\xrightarrow[r_3+\frac{1}{2}(2-a)r_1]{r_2+r_1}\begin{bmatrix}2 & 4 & a-5\\0 & a-1 & a-1\\0 & 2-2a & \frac{1}{2}(-a^2+7a-6)\end{bmatrix}$$

$$\xrightarrow{r_3+2r_2}\begin{bmatrix}2 & 4 & a-5\\0 & a-1 & a-1\\0 & 0 & -\frac{1}{2}(a-1)(a-10)\end{bmatrix},$$

可知,当 $a=1$ 时,$r(\boldsymbol{A})=1$,或当 $a=10$ 时,$r(\boldsymbol{A})=2$,方程组有非零解.一般解的求法与解法 1 相同.

例 3.9 设线性方程组

$$\begin{cases}x_1+x_2+x_3=0,\\ax_1+bx_2+cx_3=0,\\a^2x_1+b^2x_2+c^2x_3=0.\end{cases}$$

问:

(1) a,b,c 满足何种关系时,方程组仅有零解?

(2) a,b,c 满足何种关系时,方程组有非零解?并求出一般解.

解 方程组的系数行列式为 3 阶范德蒙行列式,

$$|\boldsymbol{A}|=\begin{vmatrix}1 & 1 & 1\\a & b & c\\a^2 & b^2 & c^2\end{vmatrix}=(b-a)(c-a)(c-b).$$

(1) 当 a,b,c 互不相同时,$|\boldsymbol{A}|\neq 0$,方程组仅有零解.

(2) 当 $|\boldsymbol{A}|=0$ 时,方程组有非零解,这时有以下 4 种情形:

① 当 $a=b\neq c$ 时,由

$$\boldsymbol{A}=\begin{bmatrix}1 & 1 & 1\\a & a & c\\a^2 & a^2 & c^2\end{bmatrix}\rightarrow\begin{bmatrix}1 & 1 & 0\\0 & 0 & 1\\0 & 0 & 0\end{bmatrix}$$

得方程组一般解为

$$\begin{cases}x_1=-x_2,\\x_3=0,\end{cases}\quad x_2\text{ 为自由未知量}.$$

② 当 $a=c\neq b$ 时,由

$$A=\begin{bmatrix}1&1&1\\a&b&a\\a^2&b^2&a^2\end{bmatrix}\to\begin{bmatrix}1&0&1\\0&1&0\\0&0&0\end{bmatrix}$$

得方程组一般解为

$$\begin{cases}x_1=-x_3,\\x_2=0,\end{cases}\quad x_3\text{ 为自由未知量}.$$

③ 当 $b=c\neq a$ 时，由

$$A=\begin{bmatrix}1&1&1\\a&b&b\\a^2&b^2&b^2\end{bmatrix}\to\begin{bmatrix}1&0&0\\0&1&1\\0&0&0\end{bmatrix}$$

得方程组一般解为

$$\begin{cases}x_1=0,\\x_2=-x_3,\end{cases}\quad x_3\text{ 为自由未知量}.$$

④ 当 $a=b=c$ 时，由

$$A=\begin{bmatrix}1&1&1\\a&a&a\\a^2&a^2&a^2\end{bmatrix}\to\begin{bmatrix}1&1&1\\0&0&0\\0&0&0\end{bmatrix}$$

得方程组一般解为

$$x_1=-x_2-x_3,\quad x_2,x_3\text{ 为自由未知量}.$$

例 3.10 λ 取何值时，方程组

$$\begin{cases}2x_1+\lambda x_2-x_3=1,\\\lambda x_1-x_2+x_3=2,\\4x_1+5x_2-5x_3=-1\end{cases}$$

无解、有惟一解或有无穷多解？并在有无穷多解时，写出方程组的一般解.

分析 本题中参数 λ 出现在未知量 x_1,x_2 的系数中，则对其增广矩阵施行初等行变换化为阶梯形矩阵较为麻烦. 再由本方程组适合克莱姆法则使用的条件，故可从计算方程组的系数行列式入手.

解 计算方程组的系数行列式，即

$$|\boldsymbol{A}|=\begin{vmatrix}2 & \lambda & -1\\ \lambda & -1 & 1\\ 4 & 5 & -5\end{vmatrix}=(\lambda-1)(5\lambda+4),$$

可知,当 $\lambda\neq1$ 且 $\lambda\neq-\dfrac{4}{5}$时, $|\boldsymbol{A}|\neq0$,方程组有惟一解.

当 $\lambda=1$ 时,由

$$\bar{\boldsymbol{A}}=\begin{bmatrix}2 & 1 & -1 & 1\\ 1 & -1 & 1 & 2\\ 4 & 5 & -5 & -1\end{bmatrix}\rightarrow\begin{bmatrix}1 & 0 & 0 & 1\\ 0 & 1 & -1 & -1\\ 0 & 0 & 0 & 0\end{bmatrix},$$

则 $\mathrm{r}(\bar{\boldsymbol{A}})=\mathrm{r}(\boldsymbol{A})=2<n=3$,方程组有无穷多解,且一般解为

$$\begin{cases}x_1=1,\\ x_2=-1+x_3,\end{cases}\quad x_3\text{ 为自由未知量}.$$

当 $\lambda=-4/5$ 时,由

$$\bar{\boldsymbol{A}}=\begin{bmatrix}2 & -4/5 & -1 & 1\\ -4/5 & -1 & 1 & 2\\ 4 & 5 & -5 & -1\end{bmatrix}\rightarrow\begin{bmatrix}10 & -4 & -5 & 5\\ 4 & 5 & -5 & 10\\ 0 & 0 & 0 & 9\end{bmatrix},$$

则 $\mathrm{r}(\bar{\boldsymbol{A}})=3$, $\mathrm{r}(\boldsymbol{A})=2$,方程组无解.

例 3.11 当 a,b 为何值时,方程组

$$\begin{cases}ax_1+x_2+x_3=4,\\ x_1+bx_2+x_3=3,\\ x_1+2bx_2+x_3=4\end{cases}$$

有解?并在有解时,求出方程组的解.

分析 本题中出现两个参数,且都出现在系数矩阵中,考虑到方程的个数与未知量个数相同,利用系数行列式是否为零来讨论更为简单.

解 由计算方程组的系数行列式

$$|\boldsymbol{A}|=\begin{vmatrix}a & 1 & 1\\ 1 & b & 1\\ 1 & 2b & 1\end{vmatrix}=b(1-a)$$

可知,当 $a\neq1$ 且 $b\neq0$ 时, $|\boldsymbol{A}|\neq0$,方程组有惟一解,利用克莱姆法则,可求出惟一解为

$$x_1=\frac{2b-1}{b(a-1)},\quad x_2=\frac{1}{b},\quad x_3=\frac{1-4b+2ab}{b(a-1)}.$$

当 $b=0$ 时，由

$$\bar{A}=\begin{bmatrix}a&1&1&4\\1&0&1&3\\1&0&1&4\end{bmatrix}\to\begin{bmatrix}a&1&1&4\\1&0&1&3\\0&0&0&1\end{bmatrix},$$

则 $\mathrm{r}(\bar{A})=3$，$\mathrm{r}(A)=2$，方程组无解.

当 $a=1$ 时，由

$$\bar{A}=\begin{bmatrix}1&1&1&4\\1&b&1&3\\1&2b&1&4\end{bmatrix}\to\begin{bmatrix}1&1&1&4\\0&1&0&2\\0&0&0&1-2b\end{bmatrix}.$$

当 $a=1$ 且 $b\neq\frac{1}{2}$ 时，$\mathrm{r}(\bar{A})\neq\mathrm{r}(A)$，方程组无解；

当 $a=1$ 且 $b=\frac{1}{2}$ 时，$\mathrm{r}(\bar{A})=\mathrm{r}(A)=2$，方程组有无穷多解. 此时，可容易求出方程组的一般解为

$$\begin{cases}x_1=2-x_3,\\x_2=2,\end{cases}\quad x_3\text{ 为自由未知量}.$$

例 3.12 设齐次线性方程组

$$\begin{cases}ax_1+bx_2+\cdots+bx_n=0,\\bx_1+ax_2+\cdots+bx_n=0,\\\cdots\cdots\cdots\cdots\cdots\cdots\cdots\cdots\\bx_1+bx_2+\cdots+ax_n=0,\end{cases}$$

其中 $a\neq0,b\neq0,n\geqslant2$，试讨论 a,b 为何值时，方程组仅有零解，有非零解？在有非零解时，求出一般解.

解 由于方程组为 n 个方程、n 个未知量. 计算方程组的系数行列式

$$|A|=\begin{vmatrix}a&b&b&\cdots&b\\b&a&b&\cdots&b\\b&b&a&\cdots&b\\\vdots&\vdots&\vdots&&\vdots\\b&b&b&\cdots&a\end{vmatrix}=[a+(n-1)b](a-b)^{n-1}$$

可知，当 $a\neq b$ 且 $a\neq(1-n)b$ 时，$|\boldsymbol{A}|\neq 0$，方程组仅有零解.

当 $a=b$ 时，$|\boldsymbol{A}|=0$，方程组有非零解，由

$$\boldsymbol{A}=\begin{bmatrix} a & a & \cdots & a \\ a & a & \cdots & a \\ \vdots & \vdots & & \vdots \\ a & a & \cdots & a \end{bmatrix}\rightarrow\begin{bmatrix} 1 & 1 & \cdots & 1 \\ 0 & 0 & \cdots & 0 \\ \vdots & \vdots & & \vdots \\ 0 & 0 & \cdots & 0 \end{bmatrix},$$

所以，方程组一般解为 $x_1=-x_2-x_3-\cdots-x_n$，$x_2,x_3,\cdots,x_n$ 为自由未知量.

当 $a=(1-n)b$ 时，$|\boldsymbol{A}|=0$，方程组有非零解. 由

$$\boldsymbol{A}=\begin{bmatrix} (1-n)b & b & \cdots & b \\ b & (1-n)b & \cdots & b \\ \vdots & \vdots & & \vdots \\ b & b & \cdots & (1-n)b \end{bmatrix}$$

$$\rightarrow\begin{bmatrix} 1-n & 1 & \cdots & 1 \\ 1 & 1-n & \cdots & 1 \\ \vdots & \vdots & & \vdots \\ 1 & 1 & \cdots & 1-n \end{bmatrix}$$

$$\rightarrow\begin{bmatrix} 1 & 0 & \cdots & 0 & -1 \\ 0 & 1 & \cdots & 0 & -1 \\ \vdots & \vdots & & \vdots & \\ 0 & 0 & \cdots & 1 & -1 \\ 0 & 0 & \cdots & 0 & 0 \end{bmatrix},$$

于是方程组的一般解为 $x_1=x_2=\cdots=x_{n-1}=x_n$，$x_n$ 为自由未知量.

3.3.3 一个向量由某个向量组线性表出的问题

讨论向量 $\boldsymbol{\beta}$ 能否由向量组 $\boldsymbol{\alpha}_1,\boldsymbol{\alpha}_2,\cdots,\boldsymbol{\alpha}_m$ 线性表出时，要利用以下结论：$\boldsymbol{\beta}$ 能由 $\boldsymbol{\alpha}_1,\boldsymbol{\alpha}_2,\cdots,\boldsymbol{\alpha}_m$ 线性表出的充要条件是非齐次线性方程组 $x_1\boldsymbol{\alpha}_1+x_2\boldsymbol{\alpha}_2+\cdots+x_m\boldsymbol{\alpha}_m=\boldsymbol{\beta}$ 有解，且方程组的一个解即为一个

线性组合系数. 说明若方程组有惟一解，则 $\boldsymbol{\beta}$ 能由 $\boldsymbol{\alpha}_1,\boldsymbol{\alpha}_2,\cdots,\boldsymbol{\alpha}_m$ 惟一地线性表出；若方程组有无穷多解，则 $\boldsymbol{\beta}$ 能由 $\boldsymbol{\alpha}_1,\boldsymbol{\alpha}_2,\cdots,\boldsymbol{\alpha}_m$ 线性表出，且表出方式有无穷多个.

例 3.13 判断下列向量 $\boldsymbol{\beta}$ 能否由向量组 $\boldsymbol{\alpha}_1,\boldsymbol{\alpha}_2,\boldsymbol{\alpha}_3$ 线性表出，若能，写出它的一种表出方式.

(1) $\boldsymbol{\beta}=(-8,-3,7,-10)^{\mathrm{T}}$, $\boldsymbol{\alpha}_1=(-2,7,1,3)^{\mathrm{T}}$,

$\boldsymbol{\alpha}_2=(3,-5,0,-2)^{\mathrm{T}}$, $\boldsymbol{\alpha}_3=(-5,-6,3,-1)^{\mathrm{T}}$;

(2) $\boldsymbol{\beta}=(2,-30,13,-26)^{\mathrm{T}}$, $\boldsymbol{\alpha}_1=(3,-5,2,-4)^{\mathrm{T}}$,

$\boldsymbol{\alpha}_2=(-1,7,-3,6)^{\mathrm{T}}$, $\boldsymbol{\alpha}_3=(3,11,-5,10)^{\mathrm{T}}$.

解 (1) 考虑线性方程组

$$x_1\boldsymbol{\alpha}_1+x_2\boldsymbol{\alpha}_2+x_3\boldsymbol{\alpha}_3=\boldsymbol{\beta},$$

即

$$\begin{cases}-2x_1+3x_2-5x_3=-8,\\ 7x_1-5x_2-6x_3=-3,\\ x_1\qquad\quad+3x_3=7,\\ 3x_1-2x_2-x_3=-10.\end{cases}$$

对方程组的增广矩阵作初等行变换，即

$$\overline{\boldsymbol{A}}=\begin{bmatrix}-2&3&-5&-8\\7&-5&-6&-3\\1&0&3&7\\3&-2&-1&-10\end{bmatrix}\to\begin{bmatrix}1&0&3&7\\0&1&-9&-25\\0&0&28&81\\0&0&72&177\end{bmatrix},$$

可知 $\mathrm{r}(\overline{\boldsymbol{A}})=4$, $\mathrm{r}(\boldsymbol{A})=3$，所以方程组无解. 因此，$\boldsymbol{\beta}$ 不能由 $\boldsymbol{\alpha}_1,\boldsymbol{\alpha}_2,\boldsymbol{\alpha}_3$ 线性表出.

(2) 考虑线性方程组

$$x_1\boldsymbol{\alpha}_1+x_2\boldsymbol{\alpha}_2+x_3\boldsymbol{\alpha}_3=\boldsymbol{\beta}.$$

对方程组的增广矩阵作初等行变换，即

$$\overline{\boldsymbol{A}}=\begin{bmatrix}3&-1&3&2\\-5&7&11&-30\\2&-3&-5&13\\-4&6&10&-26\end{bmatrix}\to\begin{bmatrix}1&0&2&-1\\0&1&3&5\\0&0&0&0\\0&0&0&0\end{bmatrix},$$

可知 $r(\overline{A})=r(A)=2<n=3$，所以方程组有无穷多解，且其一般解为

$$\begin{cases}x_1=-1-2x_3,\\ x_2=5-3x_3,\end{cases}\quad x_3\text{ 为自由未知量}.$$

若令 $x_3=1$，则得到方程组的一个解为 $(-3,2,1)^{T}$. 因而，向量 $\boldsymbol{\beta}$ 能由 $\boldsymbol{\alpha}_1,\boldsymbol{\alpha}_2,\boldsymbol{\alpha}_3$ 线性表出，且表出方式有无穷多种. 一种表出方式为

$$\boldsymbol{\beta}=-3\boldsymbol{\alpha}_1+2\boldsymbol{\alpha}_2+\boldsymbol{\alpha}_3.$$

例 3.14 已知

$$\boldsymbol{\alpha}_1=(1,4,0,2)^{T},\quad \boldsymbol{\alpha}_2=(2,7,1,3)^{T},$$
$$\boldsymbol{\alpha}_3=(0,1,-1,a)^{T},\quad \boldsymbol{\beta}=(3,10,b,4)^{T}.$$

(1) a,b 取何值时，$\boldsymbol{\beta}$ 不能由 $\boldsymbol{\alpha}_1,\boldsymbol{\alpha}_2,\boldsymbol{\alpha}_3$ 线性表出？

(2) a,b 取何值时，$\boldsymbol{\beta}$ 能由 $\boldsymbol{\alpha}_1,\boldsymbol{\alpha}_2,\boldsymbol{\alpha}_3$ 线性表出？并写出此表示式.

解 考虑线性方程组

$$x_1\boldsymbol{\alpha}_1+x_2\boldsymbol{\alpha}_2+x_3\boldsymbol{\alpha}_3=\boldsymbol{\beta}.$$

对方程组的增广矩阵 $\overline{A}$ 作初等行变换，即

$$\overline{A}=\begin{bmatrix}1&2&0&3\\4&7&1&10\\0&1&-1&b\\2&3&a&4\end{bmatrix}\to\begin{bmatrix}1&2&0&3\\0&1&-1&2\\0&0&a-1&0\\0&0&0&b-2\end{bmatrix}.$$

(1) 当 a 任意，$b\neq 2$ 时，$r(\overline{A})\neq r(A)$，方程组无解，说明 $\boldsymbol{\beta}$ 不能由 $\boldsymbol{\alpha}_1,\boldsymbol{\alpha}_2,\boldsymbol{\alpha}_3$ 线性表出.

(2) 当 $a\neq 1,b=2$ 时，$r(\overline{A})=r(A)=3$，则方程组有惟一解. 且易求出惟一解为 $x_1=-1$，$x_2=2$，$x_3=0$. 说明 $\boldsymbol{\beta}$ 能由 $\boldsymbol{\alpha}_1,\boldsymbol{\alpha}_2,\boldsymbol{\alpha}_3$ 惟一地线性表出，表示式为

$$\boldsymbol{\beta}=-\boldsymbol{\alpha}_1+2\boldsymbol{\alpha}_2+0\boldsymbol{\alpha}_3.$$

当 $a=1,b=2$ 时，$r(\overline{A})=r(A)=2$，方程组有无穷多解. 容易求出方程组的一般解为

$$\begin{cases}x_1=-1-2x_3,\\ x_2=2+x_3,\end{cases}\quad x_3\text{ 为自由未知量}.$$

说明 $\boldsymbol{\beta}$ 能由 $\boldsymbol{\alpha}_1,\boldsymbol{\alpha}_2,\boldsymbol{\alpha}_3$ 线性表出，表出方式有无穷多种. 若令 $x_3=c$ 为

任意常数,表示式为

$$\beta = (-1-2c)\alpha_1 + (2+c)\alpha_2 + c\alpha_3.$$

例 3.15 设

$$\alpha_1 = (1+\lambda,1,1)^{\mathrm{T}}, \quad \alpha_2 = (1,1+\lambda,1)^{\mathrm{T}},$$
$$\alpha_3 = (1,1,1+\lambda)^{\mathrm{T}}, \quad \beta = (0,\lambda,\lambda^2),$$

试讨论 λ 为何值时,

(1) β 不能由 $\alpha_1,\alpha_2,\alpha_3$ 线性表出?

(2) β 能由 $\alpha_1,\alpha_2,\alpha_3$ 惟一表示?

(3) β 能由 $\alpha_1,\alpha_2,\alpha_3$ 线性表出,但不惟一?

解 考虑线性方程组

$$x_1\alpha_1 + x_2\alpha_2 + x_3\alpha_3 = \beta,$$

即

$$\begin{cases}(1+\lambda)x_1 + x_2 + x_3 = 0,\\ x_1 + (1+\lambda)x_2 + x_3 = \lambda,\\ x_1 + x_2 + (1+\lambda)x_3 = \lambda^2.\end{cases}$$

方程组的系数行列式为

$$|\boldsymbol{A}| = \begin{vmatrix}1+\lambda & 1 & 1\\ 1 & 1+\lambda & 1\\ 1 & 1 & 1+\lambda\end{vmatrix} = \lambda^2(\lambda+3).$$

(1) 当 $\lambda=-3$ 时,可求出 $\mathrm{r}(\overline{\boldsymbol{A}})=3$, $\mathrm{r}(\boldsymbol{A})=2$,方程组无解,所以 β 不能由 $\alpha_1,\alpha_2,\alpha_3$ 线性表出.

(2) 当 $\lambda\neq-3$ 且 $\lambda\neq0$ 时, $|\boldsymbol{A}|\neq0$,方程组有惟一解,所以 β 能由 $\alpha_1,\alpha_2,\alpha_3$ 惟一地线性表出.

(3) 当 $\lambda=0$ 时,可求出 $\mathrm{r}(\overline{\boldsymbol{A}})=\mathrm{r}(\boldsymbol{A})=1$,方程组有无穷多个解,所以 β 可以由 $\alpha_1,\alpha_2,\alpha_3$ 线性表出,且表示式有无穷多种.

例 3.16 设向量 β 能由向量组 $\alpha_1,\alpha_2,\cdots,\alpha_m$ 线性表出,但不能由向量组 $\alpha_1,\alpha_2,\cdots,\alpha_{m-1}$ 线性表出. 证明: α_m 能由 $\beta,\alpha_1,\alpha_2,\cdots,\alpha_{m-1}$ 线性表出,但不可由 $\alpha_1,\alpha_2,\cdots,\alpha_{m-1}$ 线性表出.

证 由题设 β 能由 $\alpha_1,\alpha_2,\cdots,\alpha_m$ 线性表出,即存在数 $k_1,k_2,\cdots,k_m$,使

$$\beta = k_1\alpha_1 + k_2\alpha_2 + \cdots + k_m\alpha_m. \tag{1}$$

又由题设 β 不能由 $\alpha_1, \alpha_2, \cdots, \alpha_{m-1}$ 线性表出，故 $k_m \neq 0$，于是由(1)式，整理可得

$$\alpha_m = \frac{1}{k_m}\beta - \frac{k_1}{k_m}\alpha_1 - \cdots - \frac{k_{m-1}}{k_m}\alpha_{m-1}.$$

说明 α_m 能由 $\beta, \alpha_1, \cdots, \alpha_{m-1}$ 线性表出.

用反证法证明 α_m 不能由 $\alpha_1, \alpha_2, \cdots, \alpha_{m-1}$ 线性表出. 假设

$$\alpha_m = l_1\alpha_1 + l_2\alpha_2 + \cdots + l_{m-1}\alpha_{m-1}.$$

代入(1)式，并整理得

$$\beta = (k_1 + k_m l_1)\alpha_1 + (k_2 + k_m l_2)\alpha_2 + \cdots + (k_{m-1} + k_m l_{m-1})\alpha_{m-1}.$$

这说明 β 能由 $\alpha_1, \alpha_2, \cdots, \alpha_{m-1}$ 线性表出，与已知矛盾. 所以，α_m 不能由 $\alpha_1, \alpha_2, \cdots, \alpha_{m-1}$ 线性表出.

3.3.4、向量组的线性相关性的判定

如果向量组 $\alpha_1, \alpha_2, \cdots, \alpha_m$ 的每个向量的分量都已具体给出，则一般可由向量组的秩，即矩阵 $\boldsymbol{A} = (\alpha_1, \alpha_2, \cdots, \alpha_m)$ 的秩来判别该向量组的线性相关性. 特别地，对于 n 个 n 维向量 $\alpha_1, \alpha_2, \cdots, \alpha_n$，也可由 n 阶方阵 $\boldsymbol{A} = (\alpha_1, \alpha_2, \cdots, \alpha_n)$ 的行列式是否为零来判别它的线性相关性. 如果 $\alpha_1, \alpha_2, \cdots, \alpha_m$ 是抽象的向量，即每个向量的分量没有具体给出，则一般可由线性相关性的定义或有关结论来判别其线性相关性.

例 3.17 试判断下列命题是否正确，并说明理由：

若 n 维向量组 $\alpha_1, \alpha_2, \cdots, \alpha_m$ 线性相关，那么

(1) 存在**全不为零**的常数 $k_1, k_2, \cdots, k_m$，使

$$k_1\alpha_1 + k_2\alpha_2 + \cdots + k_m\alpha_m = \mathbf{0}.$$

(2) **任意一组不全为零**的常数 $k_1, k_2, \cdots, k_m$，使

$$k_1\alpha_1 + k_2\alpha_2 + \cdots + k_m\alpha_m = \mathbf{0}.$$

(3) **惟一一组不全为零**的常数 $k_1, k_2, \cdots, k_m$，使

$$k_1\alpha_1 + k_2\alpha_2 + \cdots + k_m\alpha_m = \mathbf{0}.$$

(4) 向量组中**任意一个**向量都可以由其余向量线性表出.

解 以上命题都是错误的，可以举例说明.

(1) 向量组 $\alpha_1=(1,0,0)^{\mathrm{T}}$, $\alpha_2=(0,0,0)^{\mathrm{T}}$ 是线性相关的,但对任意**全不为零**的常数 k_1,k_2,有 $k_1\alpha_1+k_2\alpha_2\neq\mathbf{0}$.

(2) 向量组 $\alpha_1=(1,0,0)^{\mathrm{T}}$, $\alpha_2=(0,0,0)^{\mathrm{T}}$ 是线性相关的,取 $k_1=1$, $k_2=0$ 时,有 $k_1\alpha_1+k_2\alpha_2\neq\mathbf{0}$.

实际上,当向量组 $\alpha_1,\alpha_2,\cdots,\alpha_m$ 线性相关时,把该向量组线性组合成零向量的组合系数必须是齐次线性方程组

$$x_1\alpha_1+x_2\alpha_2+\cdots+x_m\alpha_m=\mathbf{0}$$

的非零解,不能是任意的.

(3) 由于齐次线性方程组的非零解不是惟一的,命题(3)是错误的.

(4) 向量组 $\alpha_1=(1,0,0)^{\mathrm{T}}$, $\alpha_2=(0,1,0)^{\mathrm{T}}$, $\alpha_3=(0,0,0)^{\mathrm{T}}$ 是线性相关的,但显然 α_1 不能由 α_2,α_3 线性表出.

例 3.18 试判断下列命题是否正确,并说明理由:

(1) 若向量组 $\alpha_1,\alpha_2,\cdots,\alpha_m$ 中任意 $m-1$ 个向量都线性无关,则 $\alpha_1,\alpha_2,\cdots,\alpha_m$ 线性无关.

(2) 若存在不全为零的 $k_1,k_2,\cdots,k_m$,使

$$k_1\alpha_1+k_2\alpha_2+\cdots+k_m\alpha_m\neq\mathbf{0},$$

则 $\alpha_1,\alpha_2,\cdots,\alpha_m$ 线性无关.

解 以上命题都是错误的,可以举例说明.

(1) 向量组

$$\alpha_1=(1,2,3)^{\mathrm{T}},\quad \alpha_2=(2,3,4)^{\mathrm{T}},\quad \alpha_3=(3,5,7)^{\mathrm{T}},$$

其中任意两个向量都线性无关,但由于 $\alpha_3=\alpha_1+\alpha_2$,所以 $\alpha_1,\alpha_2,\alpha_3$ 线性相关.

(2) 向量组 $\alpha_1=(1,2)^{\mathrm{T}}$, $\alpha_2=(2,4)^{\mathrm{T}}$,取 $k_1=2$, $k_2=3$ 时,有 $2\alpha_1+3\alpha_2=(8,16)^{\mathrm{T}}\neq\mathbf{0}$,但 α_1,α_2 是线性相关的.

注释 本题中命题(2)是错误的,下述命题是正确的:

如果对任意一组不全为零的常数 $k_1,k_2,\cdots,k_m$,都有

$$k_1\alpha_1+k_2\alpha_2+\cdots+k_m\alpha_m\neq\mathbf{0},$$

则 $\alpha_1,\alpha_2,\cdots,\alpha_m$ 线性无关.

例 3.19 举例说明"若 α_1,α_2 线性相关, β_1,β_2 线性相关, 则

$\alpha_1+\beta_1,\alpha_2+\beta_2$ 也线性相关”是错误的.

解 例如，$\alpha_1=(1,0)^T$，$\alpha_2=(2,0)^T$ 线性相关，又 $\beta_1=(0,1)^T$，$\beta_2=(0,3)^T$ 线性相关. 但 $\alpha_1+\beta_1=(1,1)^T$，$\alpha_2+\beta_2=(2,3)^T$ 线性无关.

例 3.20(选择题) (1) n 维向量组 $\alpha_1,\alpha_2,\cdots,\alpha_m$ $(3\leqslant m\leqslant n)$线性无关的充分必要条件是(   ).

(A) 存在一组不全为零的数 $k_1,k_2,\cdots,k_m$，使

$$k_1\alpha_1+k_2\alpha_2+\cdots+k_m\alpha_m\neq\mathbf{0};$$

(B) $\alpha_1,\alpha_2,\cdots,\alpha_m$ 中任意两个向量都线性无关；

(C) $\alpha_1,\alpha_2,\cdots,\alpha_m$ 中存在一个向量，它不能由其余向量线性表出；

(D) $\alpha_1,\alpha_2,\cdots,\alpha_m$ 中任意一个向量都不能由其余向量线性表出.

(2) 设 $\boldsymbol{A}$ 是 n 阶矩阵，且 $\boldsymbol{A}$ 的行列式 $|\boldsymbol{A}|=0$，则 $\boldsymbol{A}$ 中(   ).

(A) 必有一列元素为零；

(B) 必有两列元素对应成比例；

(C) 必有一列向量是其余列向量的线性组合；

(D) 任一列向量是其余列向量的线性组合.

(3) 设向量组 $\alpha_1,\alpha_2,\alpha_3$ 线性无关，向量 β_1 可由 $\alpha_1,\alpha_2,\alpha_3$ 线性表出，而向量 β_2 不能由 $\alpha_1,\alpha_2,\alpha_3$ 线性表出，则对于任意常数 k，必有(   ).

(A) $\alpha_1,\alpha_2,\alpha_3$, $k\beta_1+\beta_2$ 线性无关；

(B) $\alpha_1,\alpha_2,\alpha_3$, $k\beta_1+\beta_2$ 线性相关；

(C) $\alpha_1,\alpha_2,\alpha_3$, $\beta_1+k\beta_2$ 线性相关；

(D) $\alpha_1,\alpha_2,\alpha_3$, $\beta_1+k\beta_2$ 线性无关.

(4) 设向量组 $\alpha_1,\alpha_2,\alpha_3$ 线性无关，$\alpha_1,\alpha_2,\alpha_4$ 线性相关，则(   ).

(A) α_1 必可由 $\alpha_2,\alpha_3,\alpha_4$ 线性表出；

(B) α_2 必不可由 $\alpha_1,\alpha_3,\alpha_4$ 线性表出；

(C) α_4 必可由 $\alpha_1,\alpha_2,\alpha_3$ 线性表出；

(D) α_4 必不可由 $\alpha_1,\alpha_2,\alpha_3$ 线性表出.

解 (1) 对于(A),在例 3.18 (2)中已说明是错误的.

对于(B),(C),它们都是向量组线性无关的必要条件而不是充分的.只有(D)是正确的.所以应选(D).

(2) 由于 $|\boldsymbol{A}|=0 \Longleftrightarrow \boldsymbol{A}$ 的列向量组线性相关.而(A),(B),(D)都是矩阵 $\boldsymbol{A}$ 的列向量组线性相关的充分条件,因而也是 $|\boldsymbol{A}|=0$ 的充分条件.只有(C)是正确的,所以应选(C).

(3) 由于 $\boldsymbol{\beta}_2$ 不能由 $\boldsymbol{\alpha}_1,\boldsymbol{\alpha}_2,\boldsymbol{\alpha}_3$ 线性表出,故对任意常数 k,$k\boldsymbol{\beta}_1+\boldsymbol{\beta}_2$ 也不能由 $\boldsymbol{\alpha}_1,\boldsymbol{\alpha}_2,\boldsymbol{\alpha}_3$ 线性表出.由已知 $\boldsymbol{\alpha}_1,\boldsymbol{\alpha}_2,\boldsymbol{\alpha}_3$ 线性无关,所以 $\boldsymbol{\alpha}_1,\boldsymbol{\alpha}_2,\boldsymbol{\alpha}_3,k\boldsymbol{\beta}_1+\boldsymbol{\beta}_2$ 必线性无关.

又由于 $\boldsymbol{\beta}_1$ 能由 $\boldsymbol{\alpha}_1,\boldsymbol{\alpha}_2,\boldsymbol{\alpha}_3$ 线性表出,则当 $k=0$ 时, $\boldsymbol{\beta}_1+k\boldsymbol{\beta}_2$ 能由 $\boldsymbol{\alpha}_1,\boldsymbol{\alpha}_2,\boldsymbol{\alpha}_3$ 线性表出;当 $k\neq 0$ 时, $\boldsymbol{\beta}_1+k\boldsymbol{\beta}_2$ 不能由 $\boldsymbol{\alpha}_1,\boldsymbol{\alpha}_2,\boldsymbol{\alpha}_3$ 线性表出,故向量组 $\boldsymbol{\alpha}_1,\boldsymbol{\alpha}_2,\boldsymbol{\alpha}_3,\boldsymbol{\beta}_1+k\boldsymbol{\beta}_2$ 的线性相关性与常数 k 有关.说明只有(A)正确,所以应选(A).

(4) 由于 $\boldsymbol{\alpha}_1,\boldsymbol{\alpha}_2,\boldsymbol{\alpha}_3$ 线性无关,故 $\boldsymbol{\alpha}_1,\boldsymbol{\alpha}_2$ 线性无关.又由 $\boldsymbol{\alpha}_1,\boldsymbol{\alpha}_2,\boldsymbol{\alpha}_4$ 线性相关,则 $\boldsymbol{\alpha}_4$ 能由 $\boldsymbol{\alpha}_1,\boldsymbol{\alpha}_2$ 线性表出,从而 $\boldsymbol{\alpha}_4$ 也能由 $\boldsymbol{\alpha}_1,\boldsymbol{\alpha}_2,\boldsymbol{\alpha}_3$ 线性表出.说明(C)是正确的.

对于(A),(B),我们举反例说明它们是错误的.

例如,向量组 $\boldsymbol{\alpha}_1=(1,0,0)^{\mathrm{T}}$, $\boldsymbol{\alpha}_2=(0,1,0)^{\mathrm{T}}$, $\boldsymbol{\alpha}_3=(0,0,1)^{\mathrm{T}}$, $\boldsymbol{\alpha}_4=(0,0,0)^{\mathrm{T}}$,显然 $\boldsymbol{\alpha}_1,\boldsymbol{\alpha}_2,\boldsymbol{\alpha}_3$ 线性无关, $\boldsymbol{\alpha}_1,\boldsymbol{\alpha}_2,\boldsymbol{\alpha}_4$ 线性相关,但 $\boldsymbol{\alpha}_1$ 不能由 $\boldsymbol{\alpha}_2,\boldsymbol{\alpha}_3,\boldsymbol{\alpha}_4$ 线性表出.

又例如,向量组 $\boldsymbol{\alpha}_1=(1,0,0)^{\mathrm{T}}$, $\boldsymbol{\alpha}_2=(0,1,0)^{\mathrm{T}}$, $\boldsymbol{\alpha}_3=(0,0,1)^{\mathrm{T}}$, $\boldsymbol{\alpha}_4=(0,1,0)^{\mathrm{T}}$,显然, $\boldsymbol{\alpha}_1,\boldsymbol{\alpha}_2,\boldsymbol{\alpha}_3$ 线性无关, $\boldsymbol{\alpha}_1,\boldsymbol{\alpha}_2,\boldsymbol{\alpha}_4$ 线性相关,而 $\boldsymbol{\alpha}_2$ 能由 $\boldsymbol{\alpha}_1,\boldsymbol{\alpha}_3,\boldsymbol{\alpha}_4$ 线性表出,因 $\boldsymbol{\alpha}_2=0\boldsymbol{\alpha}_1+0\boldsymbol{\alpha}_3+\boldsymbol{\alpha}_4$.所以应选(C).

例 3.21(填空题) (1) 设向量组 $\boldsymbol{\alpha}_1=(a,0,c)$, $\boldsymbol{\alpha}_2=(b,c,0)$, $\boldsymbol{\alpha}_3=(0,a,b)$线性无关,则 a,b,c 必满足关系式__________.

(2) 设 3 阶矩阵

$$\boldsymbol{A}=\begin{bmatrix}1 & 2 & -2\\ 2 & 1 & 2\\ 3 & 0 & 4\end{bmatrix},$$

3 维列向量 $\boldsymbol{\alpha}=(a,1,1)^{\mathrm{T}}$,已知 $\boldsymbol{A\alpha}$ 与 $\boldsymbol{\alpha}$ 线性相关,则 $a=$

__________.

解 (1) 由于

$$\alpha_1,\alpha_2,\alpha_3 \text{ 线性相关} \Longleftrightarrow \text{行列式}\begin{vmatrix} a & b & 0 \\ 0 & c & a \\ c & 0 & b \end{vmatrix} = 2abc = 0,$$

所以,应填 $abc\neq 0$.

(2) 由于

$$\boldsymbol{A}\alpha = \begin{bmatrix} 1 & 2 & -2 \\ 2 & 1 & 2 \\ 3 & 0 & 4 \end{bmatrix}\begin{bmatrix} a \\ 1 \\ 1 \end{bmatrix} = \begin{bmatrix} a \\ 2a+3 \\ 3a+4 \end{bmatrix}.$$

又 α 与 $\boldsymbol{A}\alpha$ 线性相关 $\Longleftrightarrow$ $\boldsymbol{A}\alpha$ 与 α 的分量对应成比例,即

$$\frac{a}{a} = \frac{2a+3}{1} = \frac{3a+4}{1},$$

所以应填 $a=-1$.

例 3.22 判断下列向量组是否线性相关?若线性相关,试找出其中一个向量,使得这个向量可由其余向量线性表出,并且写出一种表出方式.

(1) $\alpha_1=(3,1,2,-4)^{\mathrm{T}}$, $\alpha_2=(1,0,5,2)^{\mathrm{T}}$, $\alpha_3=(-1,2,0,3)^{\mathrm{T}}$;

(2) $\alpha_1=(-2,1,0,3)^{\mathrm{T}}$, $\alpha_2=(1,-3,2,4)^{\mathrm{T}}$, $\alpha_3=(3,0,2,-1)^{\mathrm{T}}$, $\alpha_4=(2,-2,4,6)^{\mathrm{T}}$.

解 (1) 以 $\alpha_1,\alpha_2,\alpha_3$ 为列向量组构造矩阵 $\boldsymbol{A}$,并对 $\boldsymbol{A}$ 作初等行变换,得

$$\boldsymbol{A} = \begin{bmatrix} 3 & 1 & -1 \\ 1 & 0 & 2 \\ 2 & 5 & 0 \\ -4 & 2 & 3 \end{bmatrix} \to \begin{bmatrix} 1 & 0 & 2 \\ 0 & 1 & -7 \\ 0 & 0 & 31 \\ 0 & 0 & 0 \end{bmatrix},$$

所以 $\mathrm{r}(\boldsymbol{A})=3$,即向量组 $\alpha_1,\alpha_2,\alpha_3$ 的秩为 3,则向量组 $\alpha_1,\alpha_2,\alpha_3$ 线性无关.

(2) 以 $\alpha_1,\alpha_2,\alpha_3,\alpha_4$ 为列向量组构造矩阵 $\boldsymbol{A}$,并对 $\boldsymbol{A}$ 作初等行变换,得

$$A=\begin{bmatrix}-2 & 1 & 3 & 2\\ 1 & -3 & 0 & -2\\ 0 & 2 & 2 & 4\\ 3 & 4 & -1 & 6\end{bmatrix}\to\begin{bmatrix}1 & -3 & 0 & -2\\ 0 & 1 & 1 & 2\\ 0 & 0 & 1 & 1\\ 0 & 0 & 0 & 0\end{bmatrix}$$

$$\to\begin{bmatrix}1 & 0 & 0 & 1\\ 0 & 1 & 0 & 1\\ 0 & 0 & 1 & 1\\ 0 & 0 & 0 & 0\end{bmatrix}.$$

所以 $r(A)=3$,即向量组 $\alpha_1,\alpha_2,\alpha_3,\alpha_4$ 的秩为 3,故向量组 $\alpha_1,\alpha_2,\alpha_3,\alpha_4$ 线性相关.

考虑齐次线性方程组

$$x_1\alpha_1+x_2\alpha_2+x_3\alpha_3+x_4\alpha_4=\mathbf{0}.$$

这个方程组的系数矩阵就是矩阵 A,由于对 A 作初等行变换,相当于对方程组消元,可知该方程组有非零解,其一般解为

$$x_1=x_2=x_3=-x_4,\quad x_4\text{ 为自由未知量}.$$

令 $x_4=-1$,则 $x_1=x_2=x_3=1$,则有

$$\alpha_1+\alpha_2+\alpha_3-\alpha_4=\mathbf{0}\quad\text{或}\quad\alpha_4=\alpha_1+\alpha_2+\alpha_3.$$

注释 如果只是为讨论向量组的线性相关性,把向量组作为行向量组还是列向量组构造矩阵,对矩阵作初等行变换还是初等列变换都是可以的.但如果不仅要讨论向量组的线性相关性,而且还要讨论向量之间的线性关系式,这里涉及到求解线性方程组的问题.就必须把所给向量组作为列向量组构造矩阵,而对矩阵施行的也只能是初等行变换.

例 3.23 设向量组 $\alpha_1,\alpha_2,\cdots,\alpha_s$ 线性相关,但其中任意 $s-1$ 个向量都线性无关,证明必存在 s 个全不为零的数 $k_1,k_2,\cdots,k_s$,使

$$k_1\alpha_1+k_2\alpha_2+\cdots+k_s\alpha_s=\mathbf{0}.$$

分析 由于向量组 $\alpha_1,\alpha_2,\cdots,\alpha_s$ 线性相关的充要条件是存在不全为零的 $k_1,k_2,\cdots,k_s$,使

$$k_1\alpha_1+k_2\alpha_2+\cdots+k_s\alpha_s=\mathbf{0}.$$

本题要证存在全不为零的 $k_1,k_2,\cdots,k_s$,使

$$k_1\alpha_1+k_2\alpha_2+\cdots+k_s\alpha_s=\mathbf{0},$$

可用反证法.

证 由已知 $\alpha_1,\alpha_2,\cdots,\alpha_s$ 线性相关,故存在不全为零的 $k_1,k_2,\cdots,k_s$,使

$$k_1\alpha_1+k_2\alpha_2+\cdots+k_s\alpha_s=\mathbf{0}. \tag{1}$$

假设 $k_1,k_2,\cdots,k_s$ 中有一个数为零,不妨设 $k_1=0$,那么 $k_2,k_3,\cdots,k_s$ 不全为零,又(1)式成为

$$k_2\alpha_2+k_3\alpha_3+\cdots+k_s\alpha_s=\mathbf{0}.$$

那么 $\alpha_2,\cdots,\alpha_s$ 线性相关,与题设任意 $s-1$ 个线性无关矛盾,故 $k_1,k_2,\cdots,k_s$ 全不为零.

例 3.24 试证:向量组 $\alpha_1,\alpha_2,\cdots,\alpha_s$(其中 $\alpha_1\neq\mathbf{0}$, $s\geqslant2$)线性相关的充分必要条件是至少有一个向量 α_i $(1<i\leqslant s)$可以被 $\alpha_1,\alpha_2,\cdots,\alpha_{i-1}$线性表出.

证 充分性 设有向量 α_i 可以由 $\alpha_1,\alpha_2,\cdots,\alpha_{i-1}$线性表出,则 $\alpha_1,\alpha_2,\cdots,\alpha_i$ 线性相关. 由于 $\alpha_1,\alpha_2,\cdots,\alpha_i$ 是 $\alpha_1,\alpha_2,\cdots,\alpha_s$ 的一个部分组,所以 $\alpha_1,\alpha_2,\cdots,\alpha_s$ 线性相关.

必要性 用反证法. 假设每个 α_i $(1<i\leqslant s)$都不能由 $\alpha_1,\alpha_2,\cdots,\alpha_{i-1}$线性表出. 我们来证明 $\alpha_1,\alpha_2,\cdots,\alpha_s$ 线性无关,设有一组数 $k_1,k_2,\cdots,k_s$,使得

$$k_1\alpha_1+k_2\alpha_2+\cdots+k_s\alpha_s=\mathbf{0}, \tag{1}$$

则必有 $k_s=0$,否则 $k_s\neq0$ 时, α_s 可由 $\alpha_1,\alpha_2,\cdots,\alpha_{s-1}$线性表出,与假设不符. 这样(1)式成为

$$k_1\alpha_1+k_2\alpha_2+\cdots+k_{s-1}\alpha_{s-1}=\mathbf{0}.$$

同理可推出 $k_{s-1}=0,\cdots,k_2=0$,因此(1)式成为

$$k_1\alpha_1=\mathbf{0}.$$

又已知 $\alpha_1\neq0$,故得 $k_1=0$. 所以向量组 $\alpha_1,\alpha_2,\cdots,\alpha_s$ 线性无关,与必要性的题设条件矛盾,假设不成立,即至少有一个 α_i 可以由 $\alpha_1,\alpha_2,\cdots,\alpha_{i-1}$线性表出.

注释 在做有关向量组的线性相关性的证明题时,反证法是一个重要的方法. 由于向量组线性相关是指在向量间存在线性关系式,因而在讨论某些线性无关问题时,利用反证法往往是比较方便的.

例 3.25 设 $\boldsymbol{A}$ 是 n 阶矩阵,若存在正整数 m,使线性方程组 $\boldsymbol{A}^m\boldsymbol{x}=\boldsymbol{0}$ 有解向量 α,且 $\boldsymbol{A}^{m-1}\alpha\neq\boldsymbol{0}$. 证明向量组 $\alpha,\boldsymbol{A}\alpha,\cdots,\boldsymbol{A}^{m-1}\alpha$ 是线性无关的.

证 设有一组数 $k_1,k_2,\cdots,k_m$,使得

$$k_1\alpha+k_2\boldsymbol{A}\alpha+\cdots+k_m\boldsymbol{A}^{m-1}\alpha=\boldsymbol{0}. \tag{1}$$

用 $\boldsymbol{A}^{m-1}$左乘上式,利用题设条件 $\boldsymbol{A}^m\alpha=\boldsymbol{0}$, $\boldsymbol{A}^{m+1}\alpha=\boldsymbol{0}$, $\cdots$, 可得到

$$k_1\boldsymbol{A}^{m-1}\alpha=\boldsymbol{0}.$$

由于 $\boldsymbol{A}^{m-1}\alpha\neq\boldsymbol{0}$,故必有 $k_1=0$. (1)式成为

$$k_2\boldsymbol{A}\alpha+\cdots+k_m\boldsymbol{A}^{m-1}\alpha=\boldsymbol{0}. \tag{2}$$

用 $\boldsymbol{A}^{m-2}$左乘(2)式两端,可得 $k_2\boldsymbol{A}^{m-1}\alpha=\boldsymbol{0}$,故必有 $k_2=0$. 归纳地,可得 $k_3=\cdots=k_m=0$. 所以,向量组 $\alpha,\boldsymbol{A}\alpha,\cdots,\boldsymbol{A}^{m-1}\alpha$ 线性无关.

例 3.26 设 $m\times n$ 矩阵 $\boldsymbol{A}$ 的秩为 n,又已知 n 维列向量组 $\alpha_1,\alpha_2,\cdots,\alpha_s$ $(s\leqslant n)$线性无关. 证明:向量组 $\boldsymbol{A}\alpha_1,\boldsymbol{A}\alpha_2,\cdots,\boldsymbol{A}\alpha_s$ 线性无关.

证 设有一组数 $k_1,k_2,\cdots,k_s$,使得

$$k_1\boldsymbol{A}\alpha_1+k_2\boldsymbol{A}\alpha_2+\cdots+k_s\boldsymbol{A}\alpha_s=\boldsymbol{0},$$

即

$$\boldsymbol{A}(k_1\alpha_1+k_2\alpha_2+\cdots+k_s\alpha_s)=\boldsymbol{0}. \tag{1}$$

由于 $\mathrm{r}(\boldsymbol{A})=n$,故齐次线性方程组 $\boldsymbol{A}\boldsymbol{x}=\boldsymbol{0}$ 只有零解.

而(1)式说明 $k_1\alpha_1+k_2\alpha_2+\cdots+k_s\alpha_s$ 是方程组 $\boldsymbol{A}\boldsymbol{x}=\boldsymbol{0}$ 的解. 所以,必有

$$k_1\alpha_1+k_2\alpha_2+\cdots+k_s\alpha_s=\boldsymbol{0}.$$

因为 $\alpha_1,\alpha_2,\cdots,\alpha_s$ 线性无关,故得 $k_1=k_2=\cdots=k_s=0$,所以,向量组 $\boldsymbol{A}\alpha_1,\boldsymbol{A}\alpha_2,\cdots,\boldsymbol{A}\alpha_s$ 线性无关.

注释 对本题,再考虑两个矩阵:

$$\boldsymbol{B}=(\alpha_1,\alpha_2,\cdots,\alpha_s),\quad \boldsymbol{C}=(\boldsymbol{A}\alpha_1,\boldsymbol{A}\alpha_2,\cdots,\boldsymbol{A}\alpha_s).$$

由题设 $\boldsymbol{A}$ 为 $m\times n$ 矩阵,且 $\mathrm{r}(\boldsymbol{A})=n$,我们称 $\boldsymbol{A}$ 为列满秩矩阵,则由题设可知 $\boldsymbol{B}$ 也是列满秩矩阵. 而

$$\boldsymbol{C}=(\boldsymbol{A}\alpha_1,\boldsymbol{A}\alpha_2,\cdots,\boldsymbol{A}\alpha_s)=\boldsymbol{A}(\alpha_1,\alpha_2,\cdots,\alpha_s)=\boldsymbol{A}\boldsymbol{B}.$$

由证明可知 $\boldsymbol{C}$ 也是列满秩矩阵,因而本题的结论即说明:两个列满秩矩阵的乘积仍然是列满秩的.

例 3.27 试证：实 n 维列向量组 $\alpha_1,\alpha_2,\cdots,\alpha_m$ $(m\leqslant n)$ 线性无关的充分必要条件是 m 阶行列式

$$D=\begin{vmatrix}\alpha_1^T\alpha_1 & \alpha_1^T\alpha_2 & \cdots & \alpha_1^T\alpha_m\\ \alpha_2^T\alpha_1 & \alpha_2^T\alpha_2 & \cdots & \alpha_2^T\alpha_m\\ \vdots & \vdots & & \vdots\\ \alpha_m^T\alpha_1 & \alpha_m^T\alpha_2 & \cdots & \alpha_m^T\alpha_m\end{vmatrix}\neq 0.$$

证法 1 设矩阵 $A=(\alpha_1,\alpha_2,\cdots,\alpha_m)$，则

$$A^TA=\begin{bmatrix}\alpha_1^T\\ \alpha_2^T\\ \vdots\\ \alpha_m^T\end{bmatrix}(\alpha_1,\alpha_2,\cdots,\alpha_m)$$

$$=\begin{bmatrix}\alpha_1^T\alpha_1 & \alpha_1^T\alpha_2 & \cdots & \alpha_1^T\alpha_m\\ \alpha_2^T\alpha_1 & \alpha_2^T\alpha_2 & \cdots & \alpha_2^T\alpha_m\\ \vdots & \vdots & & \vdots\\ \alpha_m^T\alpha_1 & \alpha_m^T\alpha_2 & \cdots & \alpha_m^T\alpha_m\end{bmatrix},$$

显然 A^TA 为 m 阶方阵.

由例 3.6 注释可知，必有 $r(A)=r(A^TA)$，所以

$$\begin{aligned}\alpha_1,\alpha_2,\cdots,\alpha_m \text{ 线性无关} &\Longleftrightarrow r(A)=m\\ &\Longleftrightarrow r(A^TA)=m\\ &\Longleftrightarrow |A^TA|=D\neq 0.\end{aligned}$$

证法 2 设齐次线性方程组

$$\begin{cases}(\alpha_1^T\alpha_1)x_1+(\alpha_1^T\alpha_2)x_2+\cdots+(\alpha_1^T\alpha_m)x_m=0,\\ (\alpha_2^T\alpha_1)x_1+(\alpha_2^T\alpha_2)x_2+\cdots+(\alpha_2^T\alpha_m)x_m=0,\\ \cdots\cdots\cdots\cdots\cdots\cdots\cdots\cdots\cdots\cdots\\ (\alpha_m^T\alpha_1)x_1+(\alpha_m^T\alpha_2)x_2+\cdots+(\alpha_m^T\alpha_m)x_m=0,\end{cases}\tag{1}$$

那么，线性方程组(1)仅有零解 $\Longleftrightarrow D\neq 0$.

必要性　已知 $\alpha_1,\alpha_2,\cdots,\alpha_m$ 线性无关，来证 $D\neq0$. 用反证法. 假设 $D=0$，则方程组(1)有非零解 $(c_1,c_2,\cdots,c_m)$. 将解代入第 i 个方程

$$(\alpha_i^T\alpha_1)c_1+(\alpha_i^T\alpha_2)c_2+\cdots+(\alpha_i^T\alpha_m)c_m=0,$$

即 $\alpha_i^{\mathrm{T}}(c_1\alpha_1 + c_2\alpha_2 + \cdots + c_m\alpha_m) = 0 \quad (i = 1,2,\cdots,m)$，

于是得

$$(c_1\alpha_1^{\mathrm{T}} + c_2\alpha_2^{\mathrm{T}} + \cdots + c_m\alpha_m^{\mathrm{T}})(c_1\alpha_1 + c_2\alpha_2 + \cdots + c_m\alpha_m) = 0,$$

即 $(c_1\alpha_1 + c_2\alpha_2 + \cdots + c_m\alpha_m)^{\mathrm{T}}(c_1\alpha_1 + c_2\alpha_2 + \cdots + c_m\alpha_m) = 0$，

所以

$$c_1\alpha_1 + c_2\alpha_2 + \cdots + c_m\alpha_m = \mathbf{0}.$$

因 $c_1,c_2,\cdots,c_m$ 不全为零，于是 $\alpha_1,\alpha_2,\cdots,\alpha_m$ 线性相关，这与已知条件矛盾，于是必有 $D\neq0$.

充分性 已知 $D\neq0$，来证 $\alpha_1,\alpha_2,\cdots,\alpha_m$ 线性无关. 设有一组数 $k_1,k_2,\cdots,k_m$，使得

$$k_1\alpha_1 + k_2\alpha_2 + \cdots + k_m\alpha_m = \mathbf{0},$$

两边左乘 $\alpha_i^{\mathrm{T}}\ (i=1,2,\cdots,m)$，得

$$\alpha_i^{\mathrm{T}}(k_1\alpha_1 + k_2\alpha_2 + \cdots + k_m\alpha_m) = 0,$$

即

$$(\alpha_i^{\mathrm{T}}\alpha_1)k_1 + (\alpha_i^{\mathrm{T}}\alpha_2)k_2 + \cdots + (\alpha_i^{\mathrm{T}}\alpha_m)k_m = 0.$$

由已知 $D\neq0$，方程组(1)仅有零解，即 $k_1=k_2=\cdots=k_m=0$，所以，$\alpha_1,\alpha_2,\cdots,\alpha_m$ 线性无关.

例 3.28 设 $\boldsymbol{A}$ 是 $n\times m$ 矩阵，$\boldsymbol{B}$ 是 $m\times n$ 矩阵，其中 $n<m$. $\boldsymbol{E}$ 是 n 阶单位矩阵，若 $\boldsymbol{AB}=\boldsymbol{E}$，证明 $\boldsymbol{B}$ 的列向量组线性无关.

证法 1 用线性相关性定义证明. 把 $\boldsymbol{B}$ 按列分块，得

$$\boldsymbol{B} = (\beta_1,\beta_2,\cdots,\beta_n),$$

即 $\beta_1,\beta_2,\cdots,\beta_n$ 为矩阵 $\boldsymbol{B}$ 的列向量组.

设有一组数 $x_1,x_2,\cdots,x_n$，使得

$$x_1\beta_1 + x_2\beta_2 + \cdots + x_n\beta_n = 0,$$

即

$$(\beta_1,\beta_2,\cdots,\beta_n)\begin{bmatrix} x_1 \\ x_2 \\ \vdots \\ x_n \end{bmatrix} = \boldsymbol{Bx} = \mathbf{0}.$$

上式两边左乘矩阵 $\boldsymbol{A}$ 得

$$\boldsymbol{ABx} = \boldsymbol{Ex} = \boldsymbol{x} = \mathbf{0},$$

即 $x_1=x_2=\cdots=x_n=0$，所以 $\beta_1,\beta_2,\cdots,\beta_n$ 线性无关.

证法 2 用矩阵的秩证明.

首先，$r(\boldsymbol{B})\leqslant n$. 又

$$r(\boldsymbol{B}) \geqslant r(\boldsymbol{AB}) = r(\boldsymbol{E}) = n,$$

故 $r(\boldsymbol{B})=n$. 说明 $\boldsymbol{B}$ 是列满秩矩阵，所以 $\boldsymbol{B}$ 的列向量组线性无关.

例 3.29 设向量组 $\alpha_1,\alpha_2,\alpha_3$ 线性相关，向量组 $\alpha_2,\alpha_3,\alpha_4$ 线性无关，问 α_1 能否由 α_2,α_3 线性表出？α_4 能否由 $\alpha_1,\alpha_2,\alpha_3$ 线性表出？并说明理由.

解 由向量组 $\alpha_2,\alpha_3,\alpha_4$ 线性无关，所以其部分组 α_2,α_3 线性无关. 又向量组 $\alpha_1,\alpha_2,\alpha_3$ 线性相关，则 α_1 必能由 α_2,α_3 线性表出.

假设 α_4 能由 $\alpha_1,\alpha_2,\alpha_3$ 线性表出，即可设

$$\alpha_4 = k_1\alpha_1 + k_2\alpha_2 + k_3\alpha_3. \tag{1}$$

由上面已证 α_1 可由 α_2,α_3 线性表出，即可设

$$\alpha_1 = l_1\alpha_2 + l_2\alpha_3. \tag{2}$$

把(2)式代入(1)式，整理后得到

$$\alpha_4 = (k_1l_1 + k_2)\alpha_2 + (k_1l_2 + k_3)\alpha_3,$$

则 α_4 能由 α_2,α_3 线性表出，与已知 $\alpha_2,\alpha_3,\alpha_4$ 线性无关矛盾. 所以，α_4 不能由 $\alpha_1,\alpha_2,\alpha_3$ 线性表出.

例 3.30 设向量 β 可由向量组 $\alpha_1,\alpha_2,\cdots,\alpha_m$ 线性表出. 证明：表示式惟一的充分必要条件是向量组 $\alpha_1,\alpha_2,\cdots,\alpha_m$ 线性无关.

证 由题设，存在常数 $k_1,k_2,\cdots,k_m$，使得

$$k_1\alpha_1 + k_2\alpha_2 + \cdots + k_m\alpha_m = \beta. \tag{1}$$

充分性 设向量组 $\alpha_1,\alpha_2,\cdots,\alpha_m$ 线性无关，来证 β 由 $\alpha_1,\alpha_2,\cdots,\alpha_m$ 的线性表示式惟一. 设还有线性表示式为

$$l_1\alpha_1 + l_2\alpha_2 + \cdots + l_m\alpha_m = \beta, \tag{2}$$

(1)式与(2)式相减，得

$$(k_1 - l_1)\alpha_1 + (k_2 - l_2)\alpha_2 + \cdots + (k_m - l_m)\alpha_m = \mathbf{0}.$$

由于 $\alpha_1,\alpha_2,\cdots,\alpha_m$ 线性无关，故得 $k_i-l_i=0$，即

$$k_i = l_i \quad (i = 1,2,\cdots,m).$$

说明表示式(2)与(1)是相同的，即 β 由 $\alpha_1,\alpha_2,\cdots,\alpha_m$ 线性表示的式子是惟一的.

必要性 设线性表示式(1)惟一，来证 $\alpha_1,\alpha_2,\cdots,\alpha_m$ 线性无关. 设有一组数 $\lambda_1,\lambda_2,\cdots,\lambda_m$，使得

$$\lambda_1\alpha_1 + \lambda_2\alpha_2 + \cdots + \lambda_m\alpha_m = \mathbf{0}. \tag{3}$$

(1)式与(3)式相加,得

$$(k_1 + \lambda_1)\alpha_1 + (k_2 + \lambda_2)\alpha_2 + \cdots + (k_m + \lambda_m)\alpha_m = \beta. \tag{4}$$

由于 β 由 $\alpha_1,\alpha_2,\cdots,\alpha_m$ 的线性表示式是惟一的,比较(1)式与(4)式,应有 $k_i+\lambda_i=k_i$,从而

$$\lambda_i = 0 \quad (i = 1,2,\cdots,m),$$

所以 $\alpha_1,\alpha_2,\cdots,\alpha_m$ 线性无关.

例 3.31 设矩阵 $\boldsymbol{A}_{m\times n}$经初等行变换变成矩阵 $\boldsymbol{B}_{m\times n}$,证明:$\boldsymbol{A}$ 的由第 $j_1,j_2,\cdots,j_r$ 列组成的向量组与 $\boldsymbol{B}$ 的第 $j_1,j_2,\cdots,j_r$ 列组成的向量组有相同的线性关系.

证 不妨设 $\boldsymbol{A}$ 的由第 $j_1,j_2,\cdots,j_r$ 列组成的向量组为 $\alpha_{j_1},\alpha_{j_2},\cdots,\alpha_{j_r}$. $\boldsymbol{B}$ 的由第 $j_1,j_2,\cdots,j_r$ 列组成的向量组为 $\beta_{j_1},\beta_{j_2},\cdots,\beta_{j_r}$. 记

$$\boldsymbol{A}_1 = (\alpha_{j_1},\alpha_{j_2},\cdots,\alpha_{j_r}), \quad \boldsymbol{B}_1 = (\beta_{j_1},\beta_{j_2},\cdots,\beta_{j_r}).$$

则由题设,矩阵 $\boldsymbol{A}_1$ 经初等行变换变成矩阵 $\boldsymbol{B}_1$. 由矩阵初等行变换与线性方程组消元法的关系,可知齐次线性方程组 $\boldsymbol{A}_1\boldsymbol{x}=\mathbf{0}$ 与 $\boldsymbol{B}_1\boldsymbol{x}=\mathbf{0}$ 是同解方程组. 用方程组的向量形式,即齐次线性方程组

$$x_1\alpha_{j_1} + x_2\alpha_{j_2} + \cdots + x_r\alpha_{j_r} = \mathbf{0}, \tag{1}$$

$$x_1\beta_{j_1} + x_2\beta_{j_2} + \cdots + x_r\beta_{j_r} = \mathbf{0} \tag{2}$$

是两个同解的齐次线性方程组.

当方程组(1),(2)仅有零解时,向量组 $\alpha_{j_1},\alpha_{j_2},\cdots,\alpha_{j_r}$ 与向量组 $\beta_{j_1},\beta_{j_2},\cdots,\beta_{j_r}$ 都线性无关;当方程组(1),(2)有非零解时,向量组 $\alpha_{j_1},\alpha_{j_2},\cdots,\alpha_{j_r}$ 与向量组 $\beta_{j_1},\beta_{j_2},\cdots,\beta_{j_r}$ 都线性相关.

又如果有常数 $k_1,k_2,\cdots,k_{i-1},k_{i+1},\cdots,k_r$ 使

$$\alpha_{j_i} = k_1\alpha_{j_1} + \cdots + k_{i-1}\alpha_{j_{i-1}} + k_{i+1}\alpha_{j_{i+1}} + \cdots + k_r\alpha_{j_r},$$

则对应地也有

$$\beta_{j_i} = k_1\beta_{j_1} + \cdots + k_{i-1}\beta_{j_{i-1}} + k_{i+1}\beta_{j_{i+1}} + \cdots + k_r\beta_{j_r},$$

所以,向量组 $\alpha_{j_1},\alpha_{j_2},\cdots,\alpha_{j_r}$ 与向量组 $\beta_{j_1},\beta_{j_2},\cdots,\beta_{j_r}$ 有相同的线性关系.

注释 本题证明了:矩阵的初等行变换不改变矩阵的列向量之

间的线性相关性.因而,当需讨论向量组的线性相关性时,我们往往把向量组作为列向量组构造矩阵,然后对矩阵作初等行变换,这样容易从后者矩阵得到有关结论.特别地,当矩阵 $\boldsymbol{A}$ 与 $\boldsymbol{B}$ 行等价时,则 $\boldsymbol{\beta}_{j_1},\boldsymbol{\beta}_{j_2},\cdots,\boldsymbol{\beta}_{j_r}$ 为矩阵 $\boldsymbol{B}$ 的列向量组的极大线性无关组 $\Longleftrightarrow$ $\boldsymbol{\alpha}_{j_1},\boldsymbol{\alpha}_{j_2},\cdots,\boldsymbol{\alpha}_{j_r}$ 为矩阵 $\boldsymbol{A}$ 的列向量组的极大线性无关组.

3.3.5 在线性表出关系下,两个向量组的线性相关性讨论

设有两个向量组,(Ⅰ):$\boldsymbol{\alpha}_1,\boldsymbol{\alpha}_2,\cdots,\boldsymbol{\alpha}_m$;(Ⅱ):$\boldsymbol{\beta}_1,\boldsymbol{\beta}_2,\cdots,\boldsymbol{\beta}_s$.若其中一个向量组可由另一个向量组线性表出,我们来讨论这两个向量组的线性相关性.

例 3.32 设 $\boldsymbol{\alpha}_1,\boldsymbol{\alpha}_2,\boldsymbol{\alpha}_3$ 是线性无关向量组,试判定下列向量组是否线性无关?说明理由.

(1) $\boldsymbol{\beta}_1=\boldsymbol{\alpha}_1-\boldsymbol{\alpha}_2$, $\boldsymbol{\beta}_2=\boldsymbol{\alpha}_2-\boldsymbol{\alpha}_3$, $\boldsymbol{\beta}_3=\boldsymbol{\alpha}_3-\boldsymbol{\alpha}_1$;

(2) $\boldsymbol{\beta}_1=\boldsymbol{\alpha}_1+\boldsymbol{\alpha}_2+\boldsymbol{\alpha}_3$, $\boldsymbol{\beta}_2=\boldsymbol{\alpha}_1+\boldsymbol{\alpha}_2$, $\boldsymbol{\beta}_3=\boldsymbol{\alpha}_2+\boldsymbol{\alpha}_3$, $\boldsymbol{\beta}_4=\boldsymbol{\alpha}_3+\boldsymbol{\alpha}_1$;

(3) $\boldsymbol{\beta}_1=2\boldsymbol{\alpha}_1+3\boldsymbol{\alpha}_2$, $\boldsymbol{\beta}_2=\boldsymbol{\alpha}_2+4\boldsymbol{\alpha}_3$, $\boldsymbol{\beta}_3=5\boldsymbol{\alpha}_3+\boldsymbol{\alpha}_1$.

解 (1) 由于

$$\boldsymbol{\beta}_1+\boldsymbol{\beta}_2+\boldsymbol{\beta}_3=(\boldsymbol{\alpha}_1-\boldsymbol{\alpha}_2)+(\boldsymbol{\alpha}_2-\boldsymbol{\alpha}_3)+(\boldsymbol{\alpha}_3-\boldsymbol{\alpha}_1)=\boldsymbol{0},$$

说明存在不全为零的 $k_1=1$, $k_2=1$, $k_3=1$,使得

$$k_1\boldsymbol{\beta}_1+k_2\boldsymbol{\beta}_2+k_3\boldsymbol{\beta}_3=\boldsymbol{0},$$

所以 $\boldsymbol{\beta}_1,\boldsymbol{\beta}_2,\boldsymbol{\beta}_3$ 线性相关.

(2) 由于

$$\boldsymbol{\beta}_1=\frac{1}{2}(\boldsymbol{\beta}_2+\boldsymbol{\beta}_3+\boldsymbol{\beta}_4),$$

说明 $\boldsymbol{\beta}_1$ 可以由 $\boldsymbol{\beta}_2,\boldsymbol{\beta}_3,\boldsymbol{\beta}_4$ 线性表出,所以 $\boldsymbol{\beta}_1,\boldsymbol{\beta}_2,\boldsymbol{\beta}_3,\boldsymbol{\beta}_4$ 线性相关.

(3) 设 $x_1\boldsymbol{\beta}_1+x_2\boldsymbol{\beta}_2+x_3\boldsymbol{\beta}_3=\boldsymbol{0}$,即

$$\begin{aligned}&x_1(2\boldsymbol{\alpha}_1+3\boldsymbol{\alpha}_2)+x_2(\boldsymbol{\alpha}_2+4\boldsymbol{\alpha}_3)+x_3(5\boldsymbol{\alpha}_3+\boldsymbol{\alpha}_1)\\&\quad=(2x_1+x_3)\boldsymbol{\alpha}_1+(3x_1+x_2)\boldsymbol{\alpha}_2+(4x_2+5x_3)\boldsymbol{\alpha}_3=\boldsymbol{0}.\end{aligned}$$

由已知 $\boldsymbol{\alpha}_1,\boldsymbol{\alpha}_2,\boldsymbol{\alpha}_3$ 线性无关,就有

$$\begin{cases}2x_1 \qquad\quad + x_3=0,\\3x_1+\ x_2 \qquad\ \ =0,\\ \qquad\quad 4x_2+5x_3=0.\end{cases}$$

可求出该齐次线性方程组只有零解，即只有当 $x_1=x_2=x_3=0$ 时，才有

$$x_1\boldsymbol{\beta}_1+x_2\boldsymbol{\beta}_2+x_3\boldsymbol{\beta}_3=\mathbf{0},$$

所以 $\boldsymbol{\beta}_1,\boldsymbol{\beta}_2,\boldsymbol{\beta}_3$ 线性无关.

注释 本例中讨论的向量组都是由另一向量组的线性组合形成的抽象向量组.本题给出了判断这类向量组的线性相关性的方法，或按定义、或利用线性相关性与线性组合的关系、或利用有关线性相关性的结论.而第(3)小题的思路给出了一个更为普遍的结果，具体内容见下例.

例 3.33 设向量组(Ⅰ)：$\boldsymbol{\alpha}_1,\boldsymbol{\alpha}_2,\cdots,\boldsymbol{\alpha}_m$ 线性无关，又向量组(Ⅱ)：$\boldsymbol{\beta}_1,\boldsymbol{\beta}_2,\cdots,\boldsymbol{\beta}_s$ 可由向量组(Ⅰ)线性表示为：

$$\begin{aligned}\boldsymbol{\beta}_1&=a_{11}\boldsymbol{\alpha}_1+a_{21}\boldsymbol{\alpha}_2+\cdots+a_{m1}\boldsymbol{\alpha}_m,\\\boldsymbol{\beta}_2&=a_{12}\boldsymbol{\alpha}_1+a_{22}\boldsymbol{\alpha}_2+\cdots+a_{m2}\boldsymbol{\alpha}_m,\\&\cdots\cdots\cdots\cdots\cdots\cdots\\\boldsymbol{\beta}_s&=a_{1s}\boldsymbol{\alpha}_1+a_{2s}\boldsymbol{\alpha}_2+\cdots+a_{ms}\boldsymbol{\alpha}_m.\end{aligned}$$

证明：向量组(Ⅱ)线性无关的充分必要条件是矩阵 $\boldsymbol{A}=(a_{ij})_{m\times s}$ 的秩为 s.

证 题设中向量组(Ⅰ)与(Ⅱ)之间的关系式可以表示成

$$(\boldsymbol{\beta}_1,\boldsymbol{\beta}_2,\cdots,\boldsymbol{\beta}_s)=(\boldsymbol{\alpha}_1,\boldsymbol{\alpha}_2,\cdots,\boldsymbol{\alpha}_m)\begin{bmatrix}a_{11}&a_{12}&\cdots&a_{1s}\\a_{21}&a_{22}&\cdots&a_{2s}\\\vdots&\vdots&&\vdots\\a_{m1}&a_{m2}&\cdots&a_{ms}\end{bmatrix}.$$

考虑等式

$$x_1\boldsymbol{\beta}_1+x_2\boldsymbol{\beta}_2+\cdots+x_s\boldsymbol{\beta}_s=\mathbf{0},$$

即

$$(\boldsymbol{\beta}_1,\boldsymbol{\beta}_2,\cdots,\boldsymbol{\beta}_s)\begin{bmatrix}x_1\\x_2\\\vdots\\x_s\end{bmatrix}=\mathbf{0}.$$

由向量组(Ⅰ)与(Ⅱ)的关系式，得到

$$(\alpha_1,\alpha_2,\cdots,\alpha_m)\begin{bmatrix}a_{11} & a_{12} & \cdots & a_{1s}\\ a_{21} & a_{22} & \cdots & a_{2s}\\ \vdots & \vdots & & \vdots\\ a_{m1} & a_{m2} & \cdots & a_{ms}\end{bmatrix}\begin{bmatrix}x_1\\ x_2\\ \vdots\\ x_s\end{bmatrix}=\mathbf{0}.$$

由已知 $\alpha_1,\alpha_2,\cdots,\alpha_m$ 线性无关,就有

$$\begin{bmatrix}a_{11} & a_{12} & \cdots & a_{1s}\\ a_{21} & a_{22} & \cdots & a_{2s}\\ \vdots & \vdots & & \vdots\\ a_{m1} & a_{m2} & \cdots & a_{ms}\end{bmatrix}\begin{bmatrix}x_1\\ x_2\\ \vdots\\ x_s\end{bmatrix}=\begin{bmatrix}0\\ 0\\ \vdots\\ 0\end{bmatrix}. \tag{1}$$

于是

$\beta_1,\beta_2,\cdots,\beta_s$ 线性无关

$\Longleftrightarrow$ 齐次线性方程组(1),即 $\boldsymbol{Ax}=\mathbf{0}$ 仅有零解

$\Longleftrightarrow \mathrm{r}(\boldsymbol{A})=s.$

注释 题中必须 $s\leqslant m$,否则当 $s>m$ 时,向量组 $\beta_1,\beta_2,\cdots,\beta_s$ 必线性相关.特别地,当 $s=m$ 时,$\boldsymbol{A}=(a_{ij})$ 为 m 阶方阵.我们可以有以下推论:在本题条件下,

$$\beta_1,\beta_2,\cdots,\beta_m \text{ 线性无关} \Longleftrightarrow m \text{ 阶行列式 } |\boldsymbol{A}|\neq 0.$$

例 3.34 设 n 维向量组(Ⅰ):$\alpha_1,\alpha_2,\cdots,\alpha_m$;(Ⅱ):$\beta_1,\beta_2,\cdots,\beta_m$ 有关系式为

$$\beta_1=a_{11}\alpha_1+a_{21}\alpha_2+\cdots+a_{m1}\alpha_m,$$
$$\beta_2=a_{12}\alpha_1+a_{22}\alpha_2+\cdots+a_{m2}\alpha_m,$$
$$\cdots\cdots\cdots\cdots\cdots\cdots$$
$$\beta_m=a_{1m}\alpha_1+a_{2m}\alpha_2+\cdots+a_{mm}\alpha_m.$$

试证:当 m 阶矩阵 $\boldsymbol{A}=(a_{ij})$ 可逆时,向量组(Ⅰ)与(Ⅱ)有相同的线性相关性.

证 由题设条件,即有

$$(\beta_1,\beta_2,\cdots,\beta_m)=(\alpha_1,\alpha_2,\cdots,\alpha_m)\boldsymbol{A}.$$

因为 $\boldsymbol{A}$ 可逆,故有

$$(\alpha_1,\alpha_2,\cdots,\alpha_m)=(\beta_1,\beta_2,\cdots,\beta_m)\boldsymbol{A}^{-1}.$$

说明向量组(Ⅰ)也可由向量组(Ⅱ)线性表出,所以向量组(Ⅰ)与(Ⅱ)等

价，于是

$$r(\text{I})=r(\text{II}).$$

所以，向量组(I)与(II)有相同的线性相关性.

例 3.35 设向量组 $\alpha_1,\alpha_2,\alpha_3$ 线性无关，问常数 l,k 满足什么关系时，向量组 $l\alpha_2-\alpha_1,k\alpha_3-\alpha_2,\alpha_1-\alpha_3$ 线性无关？

解 令 $\beta_1=l\alpha_2-\alpha_1$，$\beta_2=k\alpha_3-\alpha_2$，$\beta_3=\alpha_1-\alpha_3$，则

$$(\beta_1,\beta_2,\beta_3)=(\alpha_1,\alpha_2,\alpha_3)\begin{bmatrix}-1 & 0 & 1\\ l & -1 & 0\\ 0 & k & -1\end{bmatrix}.$$

由例 3.33 的注释知，

$$\beta_1,\beta_2,\beta_3\text{ 线性无关}\Longleftrightarrow\begin{vmatrix}-1 & 0 & 1\\ l & -1 & 0\\ 0 & k & -1\end{vmatrix}=lk-1\neq 0,$$

即当 $lk\neq 1$ 时，向量组 β_1,β_2,β_3 线性无关.

例 3.36 设向量组 $\alpha_1,\alpha_2,\cdots,\alpha_m$ $(m\geqslant 2)$线性无关，任取 $m-1$ 个数 $k_1,k_2,\cdots,k_{m-1}$，构造向量组 $\beta_1,\beta_2,\cdots,\beta_{m-1}$，其中

$$\beta_i=\alpha_i+k_i\alpha_m\quad(i=1,2,\cdots,m-1).$$

证明：向量组 $\beta_1,\beta_2,\cdots,\beta_{m-1}$线性无关.

证 由题设条件，可得

$$(\beta_1,\beta_2,\cdots,\beta_{m-1})=(\alpha_1,\alpha_2,\cdots,\alpha_m)\begin{bmatrix}1 & 0 & \cdots & 0\\ 0 & 1 & \cdots & 0\\ \vdots & \vdots & & \vdots\\ 0 & 0 & \cdots & 1\\ k_1 & k_2 & \cdots & k_{m-1}\end{bmatrix}.$$

记

$$A=\begin{bmatrix}1 & 0 & \cdots & 0\\ 0 & 1 & \cdots & 0\\ \vdots & \vdots & & \vdots\\ 0 & 0 & \cdots & 1\\ k_1 & k_2 & \cdots & k_{m-1}\end{bmatrix}$$

为一个 $m\times(m-1)$矩阵. 显然有 $r(A)=m-1$，则由例 3.33 可知，向

量组 $\beta_1,\beta_2,\cdots,\beta_{m-1}$线性无关.

例 3.37 设向量组 $\alpha_1,\alpha_2,\cdots,\alpha_m\ (m\geqslant 2)$线性无关,又

$$\beta_1=\alpha_1+\alpha_2,\quad \beta_2=\alpha_2+\alpha_3,\quad \cdots,$$
$$\beta_{m-1}=\alpha_{m-1}+\alpha_m,\quad \beta_m=\alpha_m+\alpha_1.$$

试讨论向量组 $\beta_1,\beta_2,\cdots,\beta_m$ 的线性相关性.

解 由题设条件,可得

$$(\beta_1,\beta_2,\cdots,\beta_m)=(\alpha_1,\alpha_2,\cdots,\alpha_m)\begin{bmatrix}1&0&\cdots&0&1\\1&1&\cdots&0&0\\0&1&\cdots&0&0\\\vdots&\vdots&&\vdots&\vdots\\0&0&\cdots&1&1\end{bmatrix}.$$

记

$$A=\begin{bmatrix}1&0&\cdots&0&1\\1&1&\cdots&0&0\\0&1&\cdots&0&0\\\vdots&\vdots&&\vdots&\vdots\\0&0&\cdots&1&1\end{bmatrix}_{m\times m}.$$

由于 $$|A|=1+(-1)^{m+1}=\begin{cases}2, & \text{当 } m \text{ 为奇数},\\0, & \text{当 } m \text{ 为偶数},\end{cases}$$

于是,当 m 为奇数时,向量组 $\beta_1,\beta_2,\cdots,\beta_m$ 线性无关;当 m 为偶数时,向量组 $\beta_1,\beta_2,\cdots,\beta_m$ 线性相关.

例 3.38(选择题) 设向量组(Ⅰ):$\alpha_1,\alpha_2,\cdots,\alpha_r$ 可由向量组(Ⅱ):$\beta_1,\beta_2,\cdots,\beta_s$ 线性表出,则(   ).

(A) 当 $r<s$ 时,向量组(Ⅰ)必线性相关;

(B) 当 $r>s$ 时,向量组(Ⅰ)必线性相关;

(C) 当 $r<s$ 时,向量组(Ⅱ)必线性相关;

(D) 当 $r>s$ 时,向量组(Ⅱ)必线性相关.

解 根据定理"若向量组 $\alpha_1,\alpha_2,\cdots,\alpha_s$ 可由向量组 $\beta_1,\beta_2,\cdots,\beta_t$ 线性表出,并且 $s>t$,则向量组 $\alpha_1,\alpha_2,\cdots,\alpha_s$ 必线性相关".说明(B)是正确的.对于(A),(C),(D)读者不难举出反例来说明它们是错误的,所以应选(B).

3.3.6 向量组的秩与极大线性无关组

向量组的极大线性无关组与向量组的秩是紧密联系的两个概念. 若已知 $\alpha_1,\alpha_2,\cdots,\alpha_r$ 为向量组(Ⅰ)的一个极大线性无关组,则向量组(Ⅰ)的秩为 r;反之,若已知向量组(Ⅰ)的秩为 r,则向量组中任意 r 个线性无关的向量都可以是一个极大线性无关组.

例 3.39(选择题) (1) 若向量组 $\alpha_1,\alpha_2,\cdots,\alpha_m$ 的秩为 r,则(　　).

(A) 必有 $r<m$;

(B) 向量组中任意小于 r 个向量的部分组都线性无关;

(C) 向量组中任意 r 个向量线性无关;

(D) 向量组中任意 $r+1$ 个向量必线性相关.

(2) 设向量 $\alpha=\alpha_1+\alpha_2+\cdots+\alpha_s$ $(s>1)$,而 $\beta_1=\alpha-\alpha_1$, $\beta_2=\alpha-\alpha_2$, $\cdots$, $\beta_s=\alpha-\alpha_s$,则(　　).

(A) 秩$(\alpha_1,\alpha_2,\cdots,\alpha_s)=$秩$(\beta_1,\beta_2,\cdots,\beta_s)$;

(B) 秩$(\alpha_1,\alpha_2,\cdots,\alpha_s)>$秩$(\beta_1,\beta_2,\cdots,\beta_s)$;

(C) 秩$(\alpha_1,\alpha_2,\cdots,\alpha_s)<$秩$(\beta_1,\beta_2,\cdots,\beta_s)$;

(D) 不能确定这两个向量组的秩的大小关系.

(3) 设 n 维列向量组(Ⅰ): $\alpha_1,\alpha_2,\cdots,\alpha_m$ $(m<n)$线性无关,则 n 维列向量组(Ⅱ): $\beta_1,\beta_2,\cdots,\beta_m$ 线性无关的充分必要条件为(　　).

(A) 向量组(Ⅰ)可由向量组(Ⅱ)线性表示;

(B) 向量组(Ⅱ)可由向量组(Ⅰ)线性表示;

(C) 向量组(Ⅰ)与向量组(Ⅱ)等价;

(D) 矩阵 $\boldsymbol{A}=(\alpha_1,\alpha_2,\cdots,\alpha_m)$与矩阵 $\boldsymbol{B}=(\beta_1,\beta_2,\cdots,\beta_m)$等价.

解 (1) 向量组 $\alpha_1,\alpha_2,\cdots,\alpha_m$ 的秩为 r,说明该向量组的线性无关部分组所包含向量的个数不超过 r,即任意 $r+1$ 个向量必定线性相关,故(D)成立. 若向量组 $\alpha_1,\alpha_2,\cdots,\alpha_m$ 线性无关,则有 $r=m$,说明(A)不成立. 向量组 $\alpha_1,\alpha_2,\cdots,\alpha_m$ 的秩为 r,只要求存在一个由 r 个线性无关向量组成的部分组,并不要求任意 r 个向量线性无关,更不要求任意小于 r 个向量的部分组都线性无关,故(B),(C)不成立. 所以应选(D).

(2) 由题设向量组 $\beta_1,\beta_2,\cdots,\beta_s$ 可以由向量组 $\alpha_1,\alpha_2,\cdots,\alpha_s$ 线性表出. 又

$$\beta_1+\beta_2+\cdots+\beta_s=s\alpha-(\alpha_1+\alpha_2+\cdots+\alpha_s)=(s-1)\alpha,$$

即
$$\alpha=\frac{1}{s-1}(\beta_1+\beta_2+\cdots+\beta_s),$$

从而

$$\alpha_i=\alpha-\beta_i=\frac{1}{s-1}(\beta_1+\beta_2+\cdots+\beta_s)-\beta_i\quad(i=1,2,\cdots,s),$$

即向量组 $\alpha_1,\alpha_2,\cdots,\alpha_s$ 可以由向量组 $\beta_1,\beta_2,\cdots,\beta_s$ 线性表示，于是向量组 $\alpha_1,\alpha_2,\cdots,\alpha_s$ 与 $\beta_1,\beta_2,\cdots,\beta_s$ 等价，故秩$(\alpha_1,\alpha_2,\cdots,\alpha_s)$与秩$(\beta_1,\beta_2,\cdots,\beta_s)$相等. 所以应选(A).

(3) 由于 $\beta_1,\beta_2,\cdots,\beta_m$ 线性无关 $\Longleftrightarrow \mathrm{r}(\beta_1,\beta_2,\cdots,\beta_m)=m$.

对于(A)，首先 $\mathrm{r}(\beta_1,\beta_2\cdots,\beta_m)\leqslant m$. 若 $\alpha_1,\alpha_2,\cdots,\alpha_m$ 可由 $\beta_1,\beta_2,\cdots,\beta_m$ 线性表示，则有

$$\mathrm{r}(\beta_1,\beta_2,\cdots,\beta_m)\geqslant \mathrm{r}(\alpha_1,\alpha_2,\cdots,\alpha_m)=m,$$

故 $\mathrm{r}(\beta_1,\beta_2,\cdots,\beta_m)=m$，即 $\beta_1,\beta_2,\cdots,\beta_m$ 线性无关，可见(A)是充分条件. 而(A)是必要的吗？即向量组(Ⅰ)与(Ⅱ)都线性无关，能否推导出向量组(Ⅰ)必可由向量组(Ⅱ)线性表示呢？例如，

$$\alpha_1=\begin{bmatrix}1\\0\\0\end{bmatrix},\quad \alpha_2=\begin{bmatrix}0\\1\\0\end{bmatrix},\quad \beta_1=\begin{bmatrix}0\\1\\0\end{bmatrix},\quad \beta_2=\begin{bmatrix}0\\0\\1\end{bmatrix},$$

显然 α_1,α_2 与 β_1,β_2 均线性无关，但 α_1,α_2 不能由 β_1,β_2 线性表示，所以(A)只是充分条件而不是必要条件.

对于(B)，若 $\beta_1,\beta_2,\cdots,\beta_m$ 可由 $\alpha_1,\alpha_2,\cdots,\alpha_m$ 线性表示，则

$$\mathrm{r}(\beta_1,\beta_2,\cdots,\beta_m)\leqslant \mathrm{r}(\alpha_1,\alpha_2,\cdots,\alpha_m)=m.$$

因此由(B)不能推导出 $\beta_1,\beta_2,\cdots,\beta_m$ 线性无关，即充分性不成立. 同(A)之后例，知(B)不是必要条件，所以(B)对于 $\beta_1,\beta_2,\cdots,\beta_m$ 线性无关是既不充分又不必要的条件.

对于(C)，向量组(Ⅰ)与(Ⅱ)等价，表示这两个向量组可以互相线性表示，由(A)知它只是一个充分条件，而(B)是一个无关的条件，因而(C)也只是向量组(Ⅱ)线性无关的充分条件而不是必要条件.

对于(D)，由于两个同型矩阵等价的充要条件是两个矩阵有相同的秩. 故

$$\begin{aligned}\boldsymbol{\beta}_1,\boldsymbol{\beta}_2,\cdots,\boldsymbol{\beta}_m \text{ 线性无关} &\iff \mathrm{r}(\boldsymbol{\beta}_1,\boldsymbol{\beta}_2,\cdots,\boldsymbol{\beta}_m)=m\\ &\iff \mathrm{r}(\boldsymbol{\beta}_1,\boldsymbol{\beta}_2,\cdots,\boldsymbol{\beta}_m)=\mathrm{r}(\boldsymbol{\alpha}_1,\boldsymbol{\alpha}_2,\cdots,\boldsymbol{\alpha}_m)\\ &\iff \mathrm{r}(\boldsymbol{A})=\mathrm{r}(\boldsymbol{B})\\ &\iff \boldsymbol{A} \text{ 与 } \boldsymbol{B} \text{ 等价}.\end{aligned}$$

再看上面例子，作为向量组

$$\boldsymbol{\alpha}_1=\begin{bmatrix}1\\0\\0\end{bmatrix},\quad \boldsymbol{\alpha}_2=\begin{bmatrix}0\\1\\0\end{bmatrix}\quad \text{与}\quad \boldsymbol{\beta}_1=\begin{bmatrix}0\\1\\0\end{bmatrix},\quad \boldsymbol{\beta}_2=\begin{bmatrix}0\\0\\1\end{bmatrix},$$

它们均线性无关，但向量组不等价. 而作为矩阵

$$\boldsymbol{A}=\begin{bmatrix}1&0\\0&1\\0&0\end{bmatrix}\quad \text{与}\quad \boldsymbol{B}=\begin{bmatrix}0&0\\1&0\\0&1\end{bmatrix},$$

它们是等价的. 所以应选(D).

注释 由第(3)小题知，向量组的等价与矩阵的等价是两个不同的概念. 前者表明两个向量组可以互相线性表出，而后者表明经过初等变换可由一个矩阵变成另一个矩阵. 当两个向量组的向量个数一样时，由向量组的等价可推出矩阵 $\boldsymbol{A}=(\boldsymbol{\alpha}_1,\boldsymbol{\alpha}_2,\cdots,\boldsymbol{\alpha}_m)$ 与 $\boldsymbol{B}=(\boldsymbol{\beta}_1,\boldsymbol{\beta}_2,\cdots,\boldsymbol{\beta}_m)$ 等价，但矩阵等价得不出向量组的等价.

例 3.40 试证：若向量组 $\boldsymbol{\alpha}_1,\boldsymbol{\alpha}_2,\cdots,\boldsymbol{\alpha}_s$ 的秩为 r，则向量组中任意 r 个线性无关的向量都是该向量组的一个极大线性无关组.

证 设 $\boldsymbol{\alpha}_{j_1},\boldsymbol{\alpha}_{j_2},\cdots,\boldsymbol{\alpha}_{j_r}$ 为向量组 $\boldsymbol{\alpha}_1,\boldsymbol{\alpha}_2,\cdots,\boldsymbol{\alpha}_s$ 中任意 r 个线性无关的向量，那么由极大线性无关组定义，只需证明原向量组中任意一个向量都可以由 $\boldsymbol{\alpha}_{j_1},\boldsymbol{\alpha}_{j_2},\cdots,\boldsymbol{\alpha}_{j_r}$ 线性表出，也就证明了 $\boldsymbol{\alpha}_{j_1},\boldsymbol{\alpha}_{j_2},\cdots,\boldsymbol{\alpha}_{j_r}$ 是一个极大线性无关组.

不妨设 $\boldsymbol{\alpha}$ 为向量组中任一个向量，分两种情形讨论. 若 $\boldsymbol{\alpha}$ 是 $\boldsymbol{\alpha}_{j_1},\boldsymbol{\alpha}_{j_2},\cdots,\boldsymbol{\alpha}_{j_r}$ 中某一个向量，那么 $\boldsymbol{\alpha}$ 可以由 $\boldsymbol{\alpha}_{j_1},\boldsymbol{\alpha}_{j_2},\cdots,\boldsymbol{\alpha}_{j_r}$ 线性表出.

若 $\boldsymbol{\alpha}$ 不是 $\boldsymbol{\alpha}_{j_1},\boldsymbol{\alpha}_{j_2},\cdots,\boldsymbol{\alpha}_{j_r}$ 中某一个，那么 $\boldsymbol{\alpha},\boldsymbol{\alpha}_{j_1},\cdots,\boldsymbol{\alpha}_{j_r}$ 成为原向量组中的 $r+1$ 个向量，由于向量组的秩为 r，这 $r+1$ 个向量是线性相

关的，于是 α 可以由 $\alpha_{j_1},\alpha_{j_2},\cdots,\alpha_{j_r}$ 线性表出.

所以，$\alpha_{j_1},\alpha_{j_2},\cdots,\alpha_{j_r}$ 可以成为原向量组的一个极大线性无关组.

注释 与本题类似，用同样的方法可以证明：如果向量空间 $\boldsymbol{V}$ 的维数为 r，则 $\boldsymbol{V}$ 中任意 r 个线性无关的向量，都可作为向量空间 $\boldsymbol{V}$ 的一个基. 特别地，对于 n 元齐次线性方程组 $\boldsymbol{Ax}=\boldsymbol{0}$，若 $\mathrm{r}(\boldsymbol{A})=r<n$，则方程组的任意 $n-r$ 个线性无关的解向量都可作为方程组 $\boldsymbol{Ax}=\boldsymbol{0}$ 的一个基础解系.

例 3.41 试证：若两个向量组有相同的秩，且其中一个可由另一个线性表出，则这两个向量组等价.

证 不妨设两个向量组分别为

(Ⅰ)：$\alpha_1,\alpha_2,\cdots,\alpha_s$；

(Ⅱ)：$\beta_1,\beta_2,\cdots,\beta_t$，

且向量组(Ⅰ)可由向量组(Ⅱ)线性表出，$\mathrm{r}(\text{Ⅰ})=\mathrm{r}(\text{Ⅱ})=r$.

令向量组(Ⅲ)：$\alpha_1,\alpha_2,\cdots,\alpha_s,\ \beta_1,\cdots,\beta_t$.

首先向量组(Ⅱ)是向量组(Ⅲ)的一个部分组，故向量组(Ⅱ)可以由向量组(Ⅲ)线性表出.

又由已知向量组(Ⅰ)可以由向量组(Ⅱ)线性表出，而向量组(Ⅲ)是由向量组(Ⅰ)与(Ⅱ)合在一起组成，所以向量组(Ⅲ)也可以由向量组(Ⅱ)线性表出. 于是(Ⅱ)$\cong$(Ⅲ).

等价向量组有相同的秩，故 $\mathrm{r}(\text{Ⅲ})=\mathrm{r}(\text{Ⅱ})=r$.

不妨设 $\alpha_{j_1},\alpha_{j_2},\cdots,\alpha_{j_r}$ 为向量组(Ⅰ)中一个极大无关组，从而 $\alpha_{j_1},\alpha_{j_2},\cdots,\alpha_{j_r}$ 也就是向量组(Ⅲ)中 r 个线性无关的向量. 由例 3.40 可知，$\alpha_{j_1},\alpha_{j_2},\cdots,\alpha_{j_r}$ 成为向量组(Ⅲ)中一个极大线性无关组. 于是(Ⅲ)中的向量 $\beta_1,\beta_2,\cdots,\beta_t$ 即向量组(Ⅱ)可以由 $\alpha_{j_1},\alpha_{j_2},\cdots,\alpha_{j_r}$ 线性表出. 因而向量组(Ⅱ)也可以由向量组(Ⅰ)线性表出，所以向量组(Ⅰ)与(Ⅱ)等价.

注释 有相同秩的两个向量组不一定等价. 本题指出，除秩相等外，再加上其中一个向量组可以由另一个向量组线性表出的条件，这两个向量组就是等价的.

例 3.42 设向量组

(Ⅰ)：$\alpha_1,\alpha_2,\cdots,\alpha_s$；

(Ⅱ)：$\beta_1,\beta_2,\cdots,\beta_t$；

(Ⅲ)：$\alpha_1,\alpha_2,\cdots,\alpha_s,\ \beta_1,\beta_2,\cdots,\beta_t$

的秩分别为 r_1,r_2,r_3. 证明：

$$\max(r_1,r_2)\leqslant r_3\leqslant r_1+r_2.$$

证 为方便起见，不妨设 $\alpha_1,\alpha_2,\cdots,\alpha_{r_1}$ 及 $\beta_1,\beta_2,\cdots,\beta_{r_2}$ 分别是向量组(Ⅰ)与(Ⅱ)的极大线性无关组.

令向量组(Ⅳ)：$\alpha_1,\alpha_2,\cdots,\alpha_{r_1},\beta_1,\beta_2,\cdots,\beta_{r_2}$. 则有

$$(\text{Ⅲ})\cong(\text{Ⅳ}),$$

于是
$$\mathrm{r}(\text{Ⅳ})=\mathrm{r}(\text{Ⅲ})=r_3.$$

如果向量组(Ⅳ)线性相关，则 $\mathrm{r}(\text{Ⅳ})=r_3<r_1+r_2$.

如果向量组(Ⅳ)线性无关，则 $\mathrm{r}(\text{Ⅳ})=r_3=r_1+r_2$. 因此，

$$r_3\leqslant r_1+r_2.$$

再者，如果 $\alpha_1,\alpha_2,\cdots,\alpha_{r_1}$ 能由 $\beta_1,\beta_2,\cdots,\beta_{r_2}$ 线性表出，那么 $\beta_1,\beta_2,\cdots,\beta_{r_2}$ 也就成为向量组(Ⅳ)中的极大线性无关组，则

$$\mathrm{r}(\text{Ⅳ})=r_2.$$

如果 $\alpha_1,\alpha_2,\cdots,\alpha_{r_1}$ 中有某些向量不能由 $\beta_1,\beta_2,\cdots,\beta_{r_2}$ 线性表出，那么 $\mathrm{r}(\text{Ⅳ})>r_2$. 因此 $r_3\geqslant r_2$，同理可证 $r_3\geqslant r_1$.

综上所述，$\max\{r_1,r_2\}\leqslant r_3\leqslant r_1+r_2$.

注释 例 3.40、例 3.41、例 3.42 都是关于向量组的秩的证明题，由于向量组的秩与向量组的极大线性无关组是紧密联系的概念，我们往往可以通过极大线性无关组来建立两个向量组之间的联系，然后对有关向量组秩的问题进行讨论，读者要对这种思路仔细体味.

例 3.43 设有向量组

(Ⅰ)：$\alpha_1,\alpha_2,\alpha_3$；

(Ⅱ)：$\alpha_1,\alpha_2,\alpha_3,\alpha_4$；

(Ⅲ)：$\alpha_1,\alpha_2,\alpha_3,\alpha_5$.

已知它们的秩分别为 r(Ⅰ)＝r(Ⅱ)＝3，r(Ⅲ)＝4. 证明：向量组(Ⅳ)：$\alpha_1,\alpha_2,\alpha_3,\alpha_5-\alpha_4$ 的秩为 4.

分析 要证明向量组(Ⅳ)的秩为 4，或者证明向量组(Ⅳ)线性无

关;或者证明向量组(Ⅳ)与(Ⅲ)等价.

证法 1 由题设条件可知向量组(Ⅰ)线性无关,向量组(Ⅱ)线性相关,从而向量 α_4 可以由向量组(Ⅰ)线性表出,即存在常数 k_1,k_2,k_3,使

$$\alpha_4 = k_1\alpha_1 + k_2\alpha_2 + k_3\alpha_3. \tag{1}$$

考虑等式

$$x_1\alpha_1 + x_2\alpha_2 + x_3\alpha_3 + x_4(\alpha_5 - \alpha_4) = \mathbf{0}. \tag{2}$$

将(1)式代入(2)式,并经整理得

$$(x_1 - k_1x_4)\alpha_1 + (x_2 - k_2x_4)\alpha_2 + (x_3 - k_3x_4)\alpha_3 + x_4\alpha_5 = \mathbf{0}.$$

由题设知 $\alpha_1,\alpha_2,\alpha_3,\alpha_5$ 线性无关,故有

$$\begin{cases} x_1 \qquad\quad - k_1x_4 = 0, \\ \quad x_2 \qquad - k_2x_4 = 0, \\ \qquad x_3 - k_3x_4 = 0, \\ \qquad\qquad\quad x_4 = 0. \end{cases}$$

上面齐次线性方程组只有零解 $x_1=x_2=x_3=x_4=0$,故向量组(Ⅳ)线性无关,因此 $\mathrm{r}(\text{Ⅳ})=4$.

证法 2 在证法 1 中已证得存在常数 k_1,k_2,k_3,使

$$\alpha_4 = k_1\alpha_1 + k_2\alpha_2 + k_3\alpha_3,$$

因此有

$$\alpha_5 - \alpha_4 = \alpha_5 - k_1\alpha_1 - k_2\alpha_2 - k_3\alpha_3,$$

即 $\alpha_5-\alpha_4$ 能由向量组(Ⅲ)线性表出. 又 $\alpha_1,\alpha_2,\alpha_3$ 显然也能由向量组(Ⅲ)线性表出,所以向量组(Ⅳ)可以由向量组(Ⅲ)线性表出. 又

$$\alpha_5 = \alpha_4 + (\alpha_5 - \alpha_4) = k_1\alpha_1 + k_2\alpha_2 + k_3\alpha_3 + (\alpha_5 - \alpha_4),$$

即 α_5 能由向量组(Ⅳ)线性表出,又显然 $\alpha_1,\alpha_2,\alpha_3$ 可由向量组(Ⅳ)线性表出,所以向量组(Ⅲ)可由向量组(Ⅳ)线性表出. 于是向量组(Ⅲ)与(Ⅳ)等价,所以

$$\mathrm{r}(\text{Ⅳ}) = \mathrm{r}(\text{Ⅲ}) = 4.$$

例 3.44 证明: n 维向量组 $\alpha_1,\alpha_2,\cdots,\alpha_n$ 线性无关的充分必要条件是任一 n 维向量都可以由该向量组线性表出.

证 *必要性* 设 n 维向量组 $\alpha_1,\alpha_2,\cdots,\alpha_n$ 线性无关,又 α 为任

一个 n 维向量,那么 $\alpha_1,\alpha_2,\cdots,\alpha_n,\alpha$ 是有 $n+1$ 个 n 维向量的向量组,故它是线性相关的.于是 α 可以由 $\alpha_1,\alpha_2,\cdots,\alpha_n$ 线性表出.

充分性　设任一个 n 维向量 α 都可以由 $\alpha_1,\alpha_2,\cdots,\alpha_n$ 线性表出,由 α 的任意性,不妨取 α 为 n 维基本向量 $\boldsymbol{\varepsilon}_i$ $(i=1,2,\cdots,n)$.即 n 维基本向量组 $\boldsymbol{\varepsilon}_1,\boldsymbol{\varepsilon}_2,\cdots,\boldsymbol{\varepsilon}_n$ 可由 $\alpha_1,\alpha_2,\cdots,\alpha_n$ 线性表出.

但由 n 维基本向量组 $\boldsymbol{\varepsilon}_1,\boldsymbol{\varepsilon}_2,\cdots,\boldsymbol{\varepsilon}_n$ 的特点,每个 α_i $(i=1,2,\cdots,n)$都可以由 $\boldsymbol{\varepsilon}_1,\boldsymbol{\varepsilon}_2,\cdots,\boldsymbol{\varepsilon}_n$ 线性表出.于是向量组 $\alpha_1,\alpha_2,\cdots,\alpha_n$ 与 $\boldsymbol{\varepsilon}_1,\boldsymbol{\varepsilon}_2,\cdots,\boldsymbol{\varepsilon}_n$ 是等价的.由于基本向量组 $\boldsymbol{\varepsilon}_1,\boldsymbol{\varepsilon}_2,\cdots,\boldsymbol{\varepsilon}_n$ 的秩为 n,故 $\mathrm{r}(\alpha_1,\alpha_2,\cdots,\alpha_n)=n$,所以向量组 $\alpha_1,\alpha_2,\cdots,\alpha_n$ 线性无关.

例 3.45　已知向量组

$$\alpha_1=(1,2,3,1)^{\mathrm{T}},\quad \alpha_2=(1,1,2,-1)^{\mathrm{T}},$$
$$\alpha_3=(-2,-6,a,-6)^{\mathrm{T}},\quad \alpha_4=(0,-1,-1,b)^{\mathrm{T}}$$

的秩为 2,求常数 a,b 的值.

解法 1　由向量组构造矩阵

$$\boldsymbol{A}=(\alpha_1,\alpha_2,\alpha_3,\alpha_4)=\begin{bmatrix}1&1&-2&0\\2&1&-6&-1\\3&2&a&-1\\1&-1&-6&b\end{bmatrix},$$

用初等行变换将矩阵 $\boldsymbol{A}$ 化成阶梯形:

$$\boldsymbol{A}\rightarrow\begin{bmatrix}1&1&-2&0\\0&-1&-2&-1\\0&0&a+8&0\\0&0&0&b+2\end{bmatrix},$$

由已知向量组的秩为 2,则也有 $\mathrm{r}(\boldsymbol{A})=2$,所以 $a+8=0$ 且 $b+2=0$,即 $a=-8,b=-2$.

解法 2　由已知向量组不难看出 α_1,α_2 是线性无关的,又由于向量组的秩为 2,故 α_1,α_2 成为向量组的一个极大线性无关组.

那么 α_3 可以由 α_1,α_2 线性表出,即方程组

$$x_1\alpha_1+x_2\alpha_2=\alpha_3$$

有解.对此方程组的增广矩阵作初等行变换,得

$$\overline{A}=\begin{bmatrix}1 & 1 & -2\\ 2 & 1 & -6\\ 3 & 2 & a\\ 1 & -1 & -6\end{bmatrix}\to\begin{bmatrix}1 & 1 & -2\\ 0 & -1 & -2\\ 0 & 0 & a+8\\ 0 & 0 & 0\end{bmatrix},$$

由方程组有解可知应有 $a=-8$.

同理,由 α_4 可以由 α_1,α_2 线性表出,可以推出 $b=-2$.

例 3.46 设向量组

$$\alpha_1=(1,-3,2,-1)^{\mathrm{T}},\quad \alpha_2=(-2,1,5,3)^{\mathrm{T}},\quad \alpha_3=(4,-3,7,1)^{\mathrm{T}},$$

$$\alpha_4=(-1,-11,8,-3)^{\mathrm{T}},\quad \alpha_5=(2,-12,30,6)^{\mathrm{T}}.$$

求该向量组的秩与一个极大线性无关组,并将其余向量表为该极大线性无关组的线性组合.

解 由所给向量组作为列向量组构造矩阵 $\boldsymbol{A}$,即

$$\boldsymbol{A}=\begin{bmatrix}1 & -2 & 4 & -1 & 2\\ -3 & 1 & -3 & -11 & -12\\ 2 & 5 & 7 & 8 & 30\\ -1 & 3 & 1 & -3 & 6\end{bmatrix}.$$

用矩阵初等行变换将矩阵 $\boldsymbol{A}$ 化成阶梯形:

$$\boldsymbol{A}\to\begin{bmatrix}1 & -2 & 4 & -1 & 2\\ 0 & 1 & 5 & -4 & 8\\ 0 & 0 & 1 & -1 & 1\\ 0 & 0 & 0 & 0 & 0\end{bmatrix}=\boldsymbol{B}$$

可知 $\mathrm{r}(\boldsymbol{A})=3$,从而也有 $\mathrm{r}(\alpha_1,\alpha_2,\alpha_3,\alpha_4,\alpha_5)=3$. 又由于在阶梯形矩阵 $\boldsymbol{B}$ 中,非零行的首非零元位于第 1,2,3 列,那么与此对应的 α_1, α_2,α_3 就是向量组的一个极大线性无关组.

对矩阵 $\boldsymbol{B}$ 继续作初等行变换化为简化阶梯形,即

$$\boldsymbol{A}\to\boldsymbol{B}\to\begin{bmatrix}1 & 0 & 0 & 5 & 4\\ 0 & 1 & 0 & 1 & 3\\ 0 & 0 & 1 & -1 & 1\\ 0 & 0 & 0 & 0 & 0\end{bmatrix}.$$

由简化阶梯形矩阵的第 4 列、第 5 列可得

$$\alpha_4=5\alpha_1+\alpha_2-\alpha_3;$$

$$\alpha_5 = 4\alpha_1 + 3\alpha_2 + \alpha_3.$$

注释 本题极大线性无关组的答案不是惟一的，例如由矩阵 $\boldsymbol{B}$ 可以看出，$\alpha_1,\alpha_2,\alpha_4$ 或 $\alpha_1,\alpha_2,\alpha_5$ 也是向量组的极大线性无关组，还可以有其他的答案.

例 3.47 设有向量组

(Ⅰ)：$\alpha_1=(1,0,2)^{\mathrm{T}}$，$\alpha_2=(1,1,3)^{\mathrm{T}}$，$\alpha_3=(1,-1,a+2)^{\mathrm{T}}$；

(Ⅱ)：$\beta_1=(1,2,a+3)^{\mathrm{T}}$，$\beta_2=(2,1,a+6)^{\mathrm{T}}$，$\beta_3=(2,1,a+4)^{\mathrm{T}}$.

试问当 a 为何值时，向量组(Ⅰ)与(Ⅱ)等价？当 a 为何值时，向量组(Ⅰ)与(Ⅱ)不等价？

分析 (Ⅰ)与(Ⅱ)均是由三个 3 维向量组成的向量组，由于秩不相等的向量组必不等价，所以我们从这两个向量组的秩入手.

解 由向量组(Ⅰ)构造矩阵 $\boldsymbol{A}$，并用初等行变换将 $\boldsymbol{A}$ 化为阶梯形，可得

$$\boldsymbol{A} = \begin{bmatrix} 1 & 1 & 1 \\ 0 & 1 & -1 \\ 2 & 3 & a+2 \end{bmatrix} \to \begin{bmatrix} 1 & 1 & 1 \\ 0 & 1 & -1 \\ 0 & 0 & a+1 \end{bmatrix}$$

可知，当 $a\neq-1$ 时，$\mathrm{r}(\boldsymbol{A})=3$，即向量组(Ⅰ)线性无关.

由向量组(Ⅱ)构造矩阵 $\boldsymbol{B}$，并用初等行变换将 $\boldsymbol{B}$ 化为阶梯形，可得

$$\boldsymbol{B} = \begin{bmatrix} 1 & 2 & 2 \\ 2 & 1 & 1 \\ a+3 & a+6 & a+4 \end{bmatrix} \to \begin{bmatrix} 1 & 2 & 2 \\ 0 & 1 & 1 \\ 0 & 0 & 1 \end{bmatrix}.$$

可知不论 a 为何值，$\mathrm{r}(\boldsymbol{B})=3$，即向量组(Ⅱ)必线性无关.

当 $a\neq-1$ 时，向量组(Ⅰ)与(Ⅱ)均是线性无关的，它们可以互相线性表出，即(Ⅰ)与(Ⅱ)等价.

当 $a=-1$ 时，$\mathrm{r}(\mathrm{I})=2$，$\mathrm{r}(\mathrm{II})=3$，则向量组(Ⅰ)与(Ⅱ)不等价.

3.3.7 关于矩阵的秩的证明题

矩阵的秩与向量组的秩有密切关系，在前面我们已经看到，对于给定的向量组，通过构造矩阵来讨论向量组的有关问题. 当然我们也可以反过来，通过向量组来讨论矩阵的有关问题.

例 3.48 设 A 为 $m\times n$ 矩阵,证明:对任意 m 维列向量 b,非齐次线性方程组 $Ax=b$ 恒有解的充分必要条件是 $r(A)=m$.

证 充分性 设 $r(A)=m$,那么对任意 m 维列向量 b,方程组 $Ax=b$ 的增广矩阵为 $\bar{A}=(A,b)$.

由于 A 的 m 个行向量线性无关,则 $\bar{A}$ 的 m 个行向量也线性无关,故 $r(\bar{A})=m$,也就有 $r(\bar{A})=r(A)$,所以对任意 m 维列向量 b,方程组 $Ax=b$ 恒有解.

必要性 设对于任意 m 维列向量 b,非齐次线性方程组 $Ax=b$ 恒有解.由于向量 b 的任意性,对于 m 个 m 维基本向量 $\varepsilon_1,\varepsilon_2,\cdots,\varepsilon_m$,方程组 $Ax=\varepsilon_i\ (i=1,2,\cdots,m)$有解为 ξ_i,即 $A\xi_i=\varepsilon_i\ (i=1,2,\cdots,n)$.

因而有

$$A(\xi_1,\xi_2,\cdots,\xi_m)=(\varepsilon_1,\varepsilon_2,\cdots,\varepsilon_n),\tag{1}$$

记矩阵

$$C=(\xi_1,\xi_2,\cdots,\xi_m).$$

则(1)式成为

$$AC=E_m,$$

从而

$$m=r(E_m)=r(AC)\leqslant r(A)\leqslant m,$$

所以

$$r(A)=m.$$

例 3.49 设 A 为 n 阶矩阵,若任意 n 维列向量都是齐次线性方程组 $Ax=0$ 的解,证明 $A=O$.

证法 1 设 $A=(a_{ij})_{n\times n}$,由于任意 n 维列向量都是方程组 $Ax=0$ 的解,那么 n 维基本单位向量

$$\varepsilon_i=(0,\cdots,1,\cdots,0)^{\mathrm{T}}\quad(i=1,2,\cdots,n)$$

也是 $Ax=0$ 的解,即

$$A\varepsilon_i=\begin{bmatrix}a_{1i}\\a_{2i}\\\vdots\\a_{ni}\end{bmatrix}=\begin{bmatrix}0\\0\\\vdots\\0\end{bmatrix},$$

所以

$$a_{1i}=a_{2i}=\cdots=a_{ni}=0\quad(i=1,2,\cdots,n),$$

即 $A=O$.

证法 2 设 n 维列向量组 $\alpha_1,\alpha_2,\cdots,\alpha_n$ 是线性无关向量组.由题

设可知

$$A\alpha_i = \mathbf{0} \quad (i = 1, 2, \cdots, n),$$

于是有

$$A(\alpha_1, \alpha_2, \cdots, \alpha_n) = \mathbf{0}. \tag{1}$$

令矩阵 $B=(\alpha_1,\alpha_2,\cdots,\alpha_n)$，显然 $\mathrm{r}(B)=n$，即 B 是 n 阶可逆矩阵. 由(1)式为

$$AB = O.$$

上式两边右乘 B^{-1}，得 $A=O$.

证法 3 由于任意 n 维列向量都是齐次线性方程组 $Ax=\mathbf{0}$ 的解，故 n 个 n 维基本单位向量 $\varepsilon_1,\varepsilon_2,\cdots,\varepsilon_n$ 也是 $Ax=\mathbf{0}$ 的解，且成为解集合的一个极大无关组(即基础解系). 由线性方程组解的理论可知，若 $\mathrm{r}(A)=r$，则方程组 $Ax=\mathbf{0}$ 的基础解系中含有 $n-r$ 个解向量. 现在

$$n - \mathrm{r}(A) = n,$$

所以 $\mathrm{r}(A)=0$，即 $A=O$.

注释 本题给出了证明 n 阶矩阵 A 是零矩阵的几个常用的方法，或证明 A 中元素全是 0，或由矩阵运算证明 A 是零矩阵，或证明 A 的秩为 0.

例 3.50 设 A 为 $m\times n$ 矩阵. 证明：$\mathrm{r}(A)=1$ 的充分必要条件是 A 可以表示为一个 m 维非零列向量 α 与一个 n 维非零行向量 β 的乘积，即 $A=\alpha\beta$.

证 充分性 设有非零向量

$$\alpha = \begin{bmatrix} a_1 \\ a_2 \\ \vdots \\ a_m \end{bmatrix}, \quad \beta = (b_1, b_2, \cdots, b_n)$$

使得

$$A = \alpha\beta = \begin{bmatrix} a_1b_1 & a_1b_2 & \cdots & a_1b_n \\ a_2b_1 & a_2b_2 & \cdots & a_2b_n \\ \vdots & \vdots & & \vdots \\ a_mb_1 & a_mb_2 & \cdots & a_mb_n \end{bmatrix}.$$

由于 α,β 为非零向量，即它们的分量不全为零，不妨设 $a_1\neq 0, b_1\neq 0$，

则矩阵 $\boldsymbol{A}$ 中第 1 列非零，且其他列都可以由第 1 列线性表出，从而矩阵 $\boldsymbol{A}$ 的第 1 列是 $\boldsymbol{A}$ 的列向量组的一个极大线性无关组，可知 $\boldsymbol{A}$ 的列秩为 1，即 $\mathrm{r}(\boldsymbol{A})=1$.

必要性 设 $\mathrm{r}(\boldsymbol{A})=1$，则 $\boldsymbol{A}$ 的列向量组的秩为 1，即 $\boldsymbol{A}$ 的列向量组的极大线性无关组只含有一个向量，不妨设 $\boldsymbol{A}$ 的第 1 列 $\boldsymbol{\alpha}_1=(a_1, a_2, \cdots, a_m)^{\mathrm{T}}$ 为列向量组的极大线性无关组，则 $\boldsymbol{\alpha}_1\neq 0$，且 $\boldsymbol{A}$ 的第 j 列 $\boldsymbol{\alpha}_j$ 可以由 $\boldsymbol{\alpha}_1$ 线性表出，即可设 $\boldsymbol{\alpha}_j=k_j\boldsymbol{\alpha}_1$ $(j=2,3,\cdots,n)$，则有

$$\boldsymbol{A}=(\boldsymbol{\alpha}_1, k_2\boldsymbol{\alpha}_1, \cdots, k_n\boldsymbol{\alpha}_n)$$

$$=\begin{bmatrix} a_1 & k_2a_1 & \cdots & k_na_1 \\ a_2 & k_2a_2 & \cdots & k_na_2 \\ \vdots & \vdots & & \vdots \\ a_m & k_2a_m & \cdots & k_na_m \end{bmatrix}$$

$$=\begin{bmatrix} a_1 \\ a_2 \\ \vdots \\ a_m \end{bmatrix}(1, k_2, \cdots, k_n).$$

所以，$\boldsymbol{A}$ 可以表示成一个 m 维非零列向量$(a_1, a_2, \cdots, a_m)^{\mathrm{T}}$ 与一个 n 维非零行向量$(1, k_2, \cdots, k_n)$的乘积.

例 3.51 设 $m\times n$ 矩阵 $\boldsymbol{A}$ 的秩为 n(即 $\boldsymbol{A}$ 为列满秩矩阵)，$\boldsymbol{B}$ 为 n 阶矩阵. 证明：

(1) 若 $\boldsymbol{AB}=\boldsymbol{O}$，则 $\boldsymbol{B}=\boldsymbol{O}$；

(2) 若 $\boldsymbol{AB}=\boldsymbol{A}$，则 $\boldsymbol{B}=\boldsymbol{E}$.

证 (1) 证法 1 把矩阵 $\boldsymbol{A}$ 按列分块为

$$\boldsymbol{A}=(\boldsymbol{\alpha}_1, \boldsymbol{\alpha}_2, \cdots, \boldsymbol{\alpha}_n).$$

由 $\mathrm{r}(\boldsymbol{A})=n$，故向量组 $\boldsymbol{\alpha}_1, \boldsymbol{\alpha}_2, \cdots, \boldsymbol{\alpha}_n$ 线性无关.

设 $\boldsymbol{B}=(b_{ij})_{n\times n}$，则

$$\boldsymbol{AB}=(\boldsymbol{\alpha}_1, \boldsymbol{\alpha}_2, \cdots, \boldsymbol{\alpha}_n)\begin{bmatrix} b_{11} & b_{12} & \cdots & b_{1n} \\ b_{21} & b_{22} & \cdots & b_{2n} \\ \vdots & \vdots & & \vdots \\ b_{n1} & b_{n2} & \cdots & b_{nn} \end{bmatrix},$$

于是 $\boldsymbol{AB}$ 中第 j 列为

$$(\boldsymbol{\alpha}_1,\boldsymbol{\alpha}_2,\cdots,\boldsymbol{\alpha}_n)\begin{bmatrix}b_{1j}\\b_{2j}\\\vdots\\b_{nj}\end{bmatrix}=b_{1j}\boldsymbol{\alpha}_1+b_{2j}\boldsymbol{\alpha}_2+\cdots+b_{nj}\boldsymbol{\alpha}_n.$$

由 $\boldsymbol{AB}=\boldsymbol{O}$，有 $b_{1j}\boldsymbol{\alpha}_1+b_{2j}\boldsymbol{\alpha}_2+\cdots+b_{nj}\boldsymbol{\alpha}_n=\boldsymbol{0}\ (j=1,2,\cdots,n)$. 由于 $\boldsymbol{\alpha}_1,\boldsymbol{\alpha}_2,\cdots,\boldsymbol{\alpha}_n$ 线性无关，则

$$b_{ij}=0\quad(i,j=1,2,\cdots,n),$$

所以 $\boldsymbol{B}=\boldsymbol{O}$.

证法 2　由题设 $\boldsymbol{A}$ 为 $m\times n$ 矩阵，$\boldsymbol{B}$ 为 n 阶矩阵，由 $\boldsymbol{AB}=\boldsymbol{O}$，则有

$$\mathrm{r}(\boldsymbol{A})+\mathrm{r}(\boldsymbol{B})\leqslant n.$$

而 $\mathrm{r}(\boldsymbol{A})=n$，则 $\mathrm{r}(\boldsymbol{B})\leqslant 0$，即只能有 $\mathrm{r}(\boldsymbol{B})=0$，所以 $\boldsymbol{B}=\boldsymbol{O}$.

证法 3　把 $\boldsymbol{B}$ 按列分块为 $\boldsymbol{B}=(\boldsymbol{\beta}_1,\boldsymbol{\beta}_2,\cdots,\boldsymbol{\beta}_n)$. 由 $\boldsymbol{AB}=\boldsymbol{O}$，则 $\boldsymbol{\beta}_j\ (j=1,2,\cdots,n)$ 为 n 元齐次线性方程组 $\boldsymbol{Ax}=\boldsymbol{0}$ 的解.

由 $\mathrm{r}(\boldsymbol{A})=n$，故方程组 $\boldsymbol{Ax}=\boldsymbol{0}$ 只有零解，于是 $\boldsymbol{\beta}_j=\boldsymbol{0}\ (j=1,2,\cdots,n)$，所以 $\boldsymbol{B}=\boldsymbol{O}$.

证法 4　把矩阵 $\boldsymbol{A}$ 按行分块为

$$\boldsymbol{A}=\begin{bmatrix}\boldsymbol{\gamma}_1\\\boldsymbol{\gamma}_2\\\vdots\\\boldsymbol{\gamma}_m\end{bmatrix},$$

则
$$\boldsymbol{AB}=\begin{bmatrix}\boldsymbol{\gamma}_1\\\boldsymbol{\gamma}_2\\\vdots\\\boldsymbol{\gamma}_m\end{bmatrix}\boldsymbol{B}=\begin{bmatrix}\boldsymbol{\gamma}_1\boldsymbol{B}\\\boldsymbol{\gamma}_2\boldsymbol{B}\\\vdots\\\boldsymbol{\gamma}_m\boldsymbol{B}\end{bmatrix}.$$

由 $\boldsymbol{AB}=\boldsymbol{O}$，得 $\boldsymbol{\gamma}_i\boldsymbol{B}=\boldsymbol{0}\ (i=1,2,\cdots,m)$.

由 $\mathrm{r}(\boldsymbol{A})=n$，则 $\boldsymbol{A}$ 的行秩为 n，设 $\boldsymbol{\gamma}_{i_1},\boldsymbol{\gamma}_{i_2},\cdots,\boldsymbol{\gamma}_{i_n}$ 为 $\boldsymbol{A}$ 的行向量组 $\boldsymbol{\gamma}_1,\boldsymbol{\gamma}_2,\cdots,\boldsymbol{\gamma}_m$ 中一个极大线性无关组，记矩阵 $\boldsymbol{C}$ 为

$$C=\begin{bmatrix}\gamma_{i_1}\\ \gamma_{i_2}\\ \vdots\\ \gamma_{i_n}\end{bmatrix},$$

则 C 为 n 阶可逆矩阵，且由 $\gamma_{i_j}B=O\ (j=1,2,\cdots,n)$ 可知

$$CB=O.$$

上式两边左乘 C^{-1}，得 $B=O$.

证法 5　不妨设 A 为 $m\times n$ 阶实矩阵，则由例 3.6 知 $\mathrm{r}(A^{\mathrm{T}}A)=\mathrm{r}(A)$. 由题设 $\mathrm{r}(A)=n$，故 $A^{\mathrm{T}}A$ 为 n 阶满秩矩阵. 又由 $AB=O$ 有 $A^{\mathrm{T}}(AB)=(A^{\mathrm{T}}A)B=O$. 上式两边左乘 $(A^{\mathrm{T}}A)^{-1}$，得 $B=O$.

证法 6　由已知 $\mathrm{r}(A)=n$，故存在可逆矩阵 $P_{m\times m}, Q_{n\times n}$，使

$$PAQ=\begin{bmatrix}E_n\\ O\end{bmatrix},\quad 即\quad A=P^{-1}\begin{bmatrix}E_n\\ O\end{bmatrix}Q^{-1}.$$

由 $AB=P^{-1}\begin{bmatrix}E_n\\ O\end{bmatrix}Q^{-1}B=O$，两边左乘 P，得

$$\begin{bmatrix}E_n\\ O\end{bmatrix}Q^{-1}B=\begin{bmatrix}Q^{-1}B\\ O\end{bmatrix}=O,$$

即 $Q^{-1}B=O$，两边左乘 Q，得 $B=O$.

(2) 由 $AB=A$，得 $AB-A=A(B-E)=O$，利用(1)的结果知 $B-E=O$，所以 $B=E$.

注释　由矩阵乘法的特点，我们知道，若 $AB=O$，且 $A\neq O$ 时，一般地不能推出 $B=O$. 本题说明，若 $AB=O$，且 A 为列满秩矩阵时，必有 $B=O$. 请读者思考，若 $AB=O$ 时，矩阵 B 满足什么条件必有 $A=O$?

例 3.52　设 A,B 都是 $m\times n$ 矩阵，证明：

$$\mathrm{r}(A+B)\leqslant \mathrm{r}(A)+\mathrm{r}(B).$$

分析　由于矩阵的秩就是它的列秩，可以通过讨论矩阵 $A+B$ 的列向量组与矩阵 A,B 的列向量组的关系来得到证明.

证　不妨设矩阵 A,B 的列向量组分别为 $\alpha_1,\alpha_2,\cdots,\alpha_n$ 与 $\beta_1,\beta_2,\cdots,\beta_n$，那么 $A+B$ 的列向量组为 $\alpha_1+\beta_1,\alpha_2+\beta_2,\cdots,\alpha_n+\beta_n$.

又设 $\mathrm{r}(\boldsymbol{A})=r_1$，即向量组 $\alpha_1,\alpha_2,\cdots,\alpha_n$ 的秩为 r_1，且不妨设 $\alpha_1,\alpha_2,\cdots,\alpha_{r_1}$ 为其一个极大线性无关组.

设 $\mathrm{r}(\boldsymbol{B})=r_2$，即向量组 $\beta_1,\beta_2,\cdots,\beta_n$ 的秩为 r_2，且不妨设 $\beta_1,\beta_2,\cdots,\beta_{r_2}$ 为其一个极大线性无关组.

于是，向量组 $\alpha_1+\beta_1,\alpha_2+\beta_2,\cdots,\alpha_n+\beta_n$ 可以由向量组 $\alpha_1,\alpha_2,\cdots,\alpha_{r_1},\beta_1,\beta_2,\cdots,\beta_{r_2}$ 线性表出，则

$$\begin{aligned}&\mathrm{r}(\alpha_1+\beta_1,\alpha_2+\beta_2,\cdots,\alpha_n+\beta_n)\\&\leqslant \mathrm{r}(\alpha_1,\cdots,\alpha_{r_1},\beta_1,\cdots,\beta_{r_2})\\&\leqslant r_1+r_2,\end{aligned}$$

即

$$\mathrm{r}(\boldsymbol{A}+\boldsymbol{B})\leqslant \mathrm{r}(\boldsymbol{A})+\mathrm{r}(\boldsymbol{B}).$$

例 3.53 试证：若 $\boldsymbol{A}$ 是 n 阶矩阵，满足 $\boldsymbol{A}^2=\boldsymbol{E}$，则

$$\mathrm{r}(\boldsymbol{A}+\boldsymbol{E})+\mathrm{r}(\boldsymbol{A}-\boldsymbol{E})=n.$$

证 由 $\boldsymbol{A}^2=\boldsymbol{E}$，故 $(\boldsymbol{A}+\boldsymbol{E})(\boldsymbol{A}-\boldsymbol{E})=\boldsymbol{O}$，则

$$\mathrm{r}(\boldsymbol{A}+\boldsymbol{E})+\mathrm{r}(\boldsymbol{A}-\boldsymbol{E})\leqslant n.$$

又

$$(\boldsymbol{A}+\boldsymbol{E})-(\boldsymbol{A}-\boldsymbol{E})=2\boldsymbol{E},$$

利用例 3.52 的结论，得

$$\mathrm{r}(\boldsymbol{A}+\boldsymbol{E})+\mathrm{r}(\boldsymbol{A}-\boldsymbol{E})\geqslant \mathrm{r}(2\boldsymbol{E})=n,$$

所以

$$\mathrm{r}(\boldsymbol{A}+\boldsymbol{E})+\mathrm{r}(\boldsymbol{A}-\boldsymbol{E})=n.$$

3.3.8 求线性方程组的全部解

在讨论线性方程组的解的结构时，理解齐次线性方程组 $\boldsymbol{Ax}=\boldsymbol{0}$ 的基础解系的概念，掌握其求法是最关键的.

例 3.54 设 $\boldsymbol{Ax}=\boldsymbol{0}$ 为 n 元齐次线性方程组，且 $\mathrm{r}(\boldsymbol{A})=r<n$，试证：方程组 $\boldsymbol{Ax}=\boldsymbol{0}$ 的任意 $n-r$ 个线性无关的解都是方程组的基础解系.

证 由 $\mathrm{r}(\boldsymbol{A})=r<n$，可知齐次线性方程组 $\boldsymbol{Ax}=\boldsymbol{0}$ 存在基础解系，且基础解系中含有 $n-r$ 个解向量.

设 $\boldsymbol{\xi}_1,\boldsymbol{\xi}_2,\cdots,\boldsymbol{\xi}_{n-r}$ 为方程组 $\boldsymbol{Ax}=\boldsymbol{0}$ 的任意 $n-r$ 个线性无关的解向量. 由基础解系定义，要证明它为方程组的一个基础解系，只需证明方程组的任一个解向量 $\boldsymbol{\xi}$ 必可以由 $\boldsymbol{\xi}_1,\boldsymbol{\xi}_2,\cdots,\boldsymbol{\xi}_{n-r}$ 线性表出.

由于 $\boldsymbol{\xi}_1,\boldsymbol{\xi}_2,\cdots,\boldsymbol{\xi}_{n-r},\boldsymbol{\xi}$ 是 $n-r+1$ 个向量，而方程组 $\boldsymbol{Ax}=\boldsymbol{0}$ 的解集合中，线性无关的解向量组中向量个数最多是 $n-r$ 个，所以 $\boldsymbol{\xi}_1,\boldsymbol{\xi}_2,\cdots,\boldsymbol{\xi}_{n-r},\boldsymbol{\xi}$ 是线性相关的，从而 $\boldsymbol{\xi}$ 可以由 $\boldsymbol{\xi}_1,\boldsymbol{\xi}_2,\cdots,\boldsymbol{\xi}_{n-r}$ 线性表出. 所以，$\boldsymbol{\xi}_1,\boldsymbol{\xi}_2,\cdots,\boldsymbol{\xi}_{n-r}$ 是方程组 $\boldsymbol{Ax}=\boldsymbol{0}$ 的一个基础解系.

注释 本例结论说明，对于 n 元齐次线性方程组 $\boldsymbol{Ax}=\boldsymbol{0}$，当 $\mathrm{r}(\boldsymbol{A})=r<n$ 时，存在基础解系，而基础解系不是惟一的. 只要一个 n 维列向量组同时满足以下三条：① 它们都是方程组 $\boldsymbol{Ax}=\boldsymbol{0}$ 的解向量；② 它们共有 $n-r$ 个向量；③ 它们是线性无关的. 则这个向量组就可成为方程组 $\boldsymbol{Ax}=\boldsymbol{0}$ 的基础解系.

例 3.55 设 $\boldsymbol{A}=(a_{ij})$ 为一个 n 阶方阵，$|\boldsymbol{A}|=0$，且 $\boldsymbol{A}$ 中元素 a_{kl} 的代数余子式 $A_{kl}\neq 0\ (l=1,2,\cdots,n)$，试证：$(A_{k1},A_{k2},\cdots,A_{kn})^{\mathrm{T}}$ 是齐次线性方程组 $\boldsymbol{Ax}=\boldsymbol{0}$ 的一个基础解系.

分析 由上例的注释，只需证明向量 $(A_{k1},A_{k2},\cdots,A_{kn})^{\mathrm{T}}$ 是方程组 $\boldsymbol{Ax}=\boldsymbol{0}$ 的线性无关的解向量，及 $\boldsymbol{A}$ 的秩为 $n-1$.

证 由题设 $A_{kl}\neq 0$，说明 $(A_{k1},A_{k2},\cdots,A_{kn})^{\mathrm{T}}$ 是一个 n 维非零列向量，因而它线性无关. 又因 A_{kl} 是 $\boldsymbol{A}$ 中元素 a_{kl} 的代数余子式，也由 $A_{kl}\neq 0$，说明矩阵 $\boldsymbol{A}$ 中有一个 $n-1$ 阶子式非零，而 $|\boldsymbol{A}|=0$，所以 $\mathrm{r}(\boldsymbol{A})=n-1$. 于是方程组 $\boldsymbol{Ax}=\boldsymbol{0}$ 的基础解系中含有 $n-(n-1)=1$ 个向量.

由行列式展开定理可知

$$\begin{cases} \sum\limits_{i=1}^{n} a_{ki}A_{ki} = |\boldsymbol{A}| = 0, \\ \sum\limits_{i=1}^{n} a_{ji}A_{ki} = 0\ (j\neq k). \end{cases}$$

说明 $(A_{k1},A_{k2},\cdots,A_{kn})^{\mathrm{T}}$ 确为方程组 $\boldsymbol{Ax}=\boldsymbol{0}$ 的解向量，所以，向量 $(A_{k1},A_{k2},\cdots,A_{kn})^{\mathrm{T}}$ 是方程组 $\boldsymbol{Ax}=\boldsymbol{0}$ 的一个基础解系.

例 3.56 已知 4 阶行列式 $D=|a_{ij}|\neq 0$，A_{ij} 是 D 中元素 a_{ij} 的代数余子式. 试证：$(A_{11},A_{12},A_{13},A_{14})^{\mathrm{T}}$ 是齐次线性方程组

$$\begin{cases} a_{21}x_1+a_{22}x_2+a_{23}x_3+a_{24}x_4=0, \\ a_{31}x_1+a_{32}x_2+a_{33}x_3+a_{34}x_4=0, \\ a_{41}x_1+a_{42}x_2+a_{43}x_3+a_{44}x_4=0 \end{cases}$$

的一个基础解系.

证 由行列式展开定理可知

$$\sum_{j=1}^{4} a_{ij}A_{1j} = 0 \quad (i=2,3,4),$$

说明$(A_{11},A_{12},A_{13},A_{14})^{\mathrm{T}}$确为方程组的一个解向量. 由$D\neq 0$,说明$(A_{11},A_{12},A_{13},A_{14})^{\mathrm{T}}$为一个非零向量,即是线性无关的.

又方程组的系数矩阵为

$$\boldsymbol{A}=\begin{bmatrix} a_{21} & a_{22} & a_{23} & a_{24} \\ a_{31} & a_{32} & a_{33} & a_{34} \\ a_{41} & a_{42} & a_{43} & a_{44} \end{bmatrix},$$

也由于$D\neq 0$,说明D中四个行向量线性无关,则矩阵$\boldsymbol{A}$中三个行向量也线性无关,说明$\mathrm{r}(\boldsymbol{A})=3$.

所以,$(A_{11},A_{12},A_{13},A_{14})^{\mathrm{T}}$是方程组$\boldsymbol{Ax}=\boldsymbol{0}$的一个基础解系.

例 3.57 设$\alpha_1,\alpha_2,\cdots,\alpha_s$为齐次线性方程组$\boldsymbol{Ax}=\boldsymbol{0}$的一个基础解系,又$\beta_1=t_1\alpha_1+t_2\alpha_2$, $\beta_2=t_1\alpha_2+t_2\alpha_3$, $\cdots$, $\beta_s=t_1\alpha_s+t_2\alpha_1$,其中$t_1$,$t_2$为实常数. 试问:$t_1,t_2$满足什么关系时,$\beta_1,\beta_2,\cdots,\beta_s$也是方程组$\boldsymbol{Ax}=\boldsymbol{0}$的一个基础解系?

分析 由已知$\alpha_1,\alpha_2,\cdots,\alpha_s$为方程组$\boldsymbol{Ax}=\boldsymbol{0}$的一个基础解系,说明基础解系由$s$个向量组成. 所以要使$s$个向量$\beta_1,\beta_2,\cdots,\beta_s$成为$\boldsymbol{Ax}=\boldsymbol{0}$的一个基础解系,只要保证$\beta_1,\beta_2,\cdots,\beta_s$是方程组$\boldsymbol{Ax}=\boldsymbol{0}$的解向量组,并且线性无关.

解 由题设$\beta_1,\beta_2,\cdots,\beta_s$均是基础解系$\alpha_1,\alpha_2,\cdots,\alpha_s$的线性组合,所以$\beta_1,\beta_2,\cdots,\beta_s$是方程组$\boldsymbol{Ax}=\boldsymbol{0}$的解向量组.

又由已知条件,可得

$$(\beta_1,\beta_2,\cdots,\beta_s)=(\alpha_1,\alpha_2,\cdots,\alpha_s)\begin{bmatrix} t_1 & 0 & 0 & \cdots & 0 & t_2 \\ t_2 & t_1 & 0 & \cdots & 0 & 0 \\ 0 & t_2 & t_1 & \cdots & 0 & 0 \\ \vdots & \vdots & \vdots & & \vdots & \vdots \\ 0 & 0 & 0 & \cdots & t_2 & t_1 \end{bmatrix},$$

所以,向量组$\beta_1,\beta_2,\cdots,\beta_s$线性无关,当且仅当$s$阶行列式

$$\begin{vmatrix} t_1 & 0 & 0 & \cdots & 0 & t_2 \\ t_2 & t_1 & 0 & \cdots & 0 & 0 \\ 0 & t_2 & t_1 & \cdots & 0 & 0 \\ \vdots & \vdots & \vdots & & \vdots & \vdots \\ 0 & 0 & 0 & \cdots & t_2 & t_1 \end{vmatrix} = t_1^s + (-1)^{s+1} t_2^s \neq 0.$$

即当 s 为奇数时，$t_1 \neq -t_2$；当 s 为偶数时，$t_1 \neq \pm t_2$，则 $\boldsymbol{\beta}_1, \boldsymbol{\beta}_2, \cdots, \boldsymbol{\beta}_s$ 可成为方程组 $\boldsymbol{A}\boldsymbol{x}=\boldsymbol{0}$ 的一个基础解系.

例 3.58 求齐次线性方程组的全部解：

$$\begin{cases} x_1 + x_2 - x_3 + x_4 = 0, \\ x_1 - x_2 + 2x_3 - x_4 = 0, \\ 3x_1 + x_2 + x_4 = 0. \end{cases}$$

解 对方程组的系数矩阵 $\boldsymbol{A}$ 作初等行变换，得

$$\boldsymbol{A} = \begin{bmatrix} 1 & 1 & -1 & 1 \\ 1 & -1 & 2 & -1 \\ 3 & 1 & 0 & 1 \end{bmatrix} \rightarrow \begin{bmatrix} 1 & 0 & \frac{1}{2} & 0 \\ 0 & 1 & -\frac{3}{2} & 1 \\ 0 & 0 & 0 & 0 \end{bmatrix} = \boldsymbol{B}.$$

于是 $\mathrm{r}(\boldsymbol{A})=2<n=4$，所以方程组有非零解，而且基础解系中含 $n-r=4-2=2$ 个线性无关的解向量.

由简化阶梯形矩阵 $\boldsymbol{B}$，可直接得出方程组的一般解为

$$\begin{cases} x_1 = -\frac{1}{2}x_3, \\ x_2 = \frac{3}{2}x_3 - x_4, \end{cases}$$

其中 x_3, x_4 为自由未知量.

令 $\begin{bmatrix} x_3 \\ x_4 \end{bmatrix}$ 分别取 $\begin{bmatrix} 1 \\ 0 \end{bmatrix}$，$\begin{bmatrix} 0 \\ 1 \end{bmatrix}$，得到方程组的一个基础解系：

$$\boldsymbol{\xi}_1 = \left(-\frac{1}{2}, \frac{3}{2}, 1, 0\right)^{\mathrm{T}}, \quad \boldsymbol{\xi}_2 = (0, -1, 0, 1)^{\mathrm{T}},$$

则方程组的全部解为

$$\boldsymbol{x} = c_1 \boldsymbol{\xi}_1 + c_2 \boldsymbol{\xi}_2,$$

其中 c_1, c_2 为任意常数.

注释 在求基础解系时,要通过一般解,对 $n-r$ 个自由未知量取 $n-r$ 组数,不一定非取 $n-r$ 维基本单位向量,只要保证 $n-r$ 个 $n-r$ 维向量线性无关就可以了. 例如在本题中,如果令 $\begin{bmatrix} x_3 \\ x_4 \end{bmatrix}$ 分别取 $\begin{bmatrix} 2 \\ 0 \end{bmatrix}$, $\begin{bmatrix} 0 \\ 1 \end{bmatrix}$,得到方程组的一个基础解系为

$$\boldsymbol{\xi}_1 = (-1,3,2,0)^{\mathrm{T}}, \quad \boldsymbol{\xi}_2 = (0,-1,0,1)^{\mathrm{T}}.$$

例 3.59 已知齐次线性方程组

$$\begin{cases} (a_1+b)x_1 + a_2x_2 + \cdots + a_nx_n = 0, \\ a_1x_1 + (a_2+b)x_2 + \cdots + a_nx_n = 0, \\ \cdots\cdots\cdots\cdots\cdots\cdots\cdots\cdots\cdots\cdots \\ a_1x_1 + a_2x_2 + \cdots + (a_n+b)x_n = 0, \end{cases}$$

其中 $\sum\limits_{i=1}^{n} a_i \neq 0$,试讨论 $a_1,a_2,\cdots,a_n,b$ 满足何种关系时,

(1) 方程组仅有零解;

(2) 方程组有非零解,在有非零解时,求此方程组的一个基础解系.

解 (1) 方程组的系数矩阵为

$$\boldsymbol{A} = \begin{bmatrix} a_1+b & a_2 & \cdots & a_n \\ a_1 & a_2+b & \cdots & a_n \\ \vdots & \vdots & & \vdots \\ a_1 & a_2 & \cdots & a_n+b \end{bmatrix},$$

$\boldsymbol{A}$ 为一个 n 阶矩阵,故由

$$\boldsymbol{Ax} = \boldsymbol{0} \text{ 仅有零解} \iff |\boldsymbol{A}| \neq 0,$$

由第一章例 1.20,已求出

$$|\boldsymbol{A}| = b^{n-1}\left(\sum_{i=1}^{n} a_i + b\right),$$

所以,当 $b \neq -\sum\limits_{i=1}^{n} a_i$ 及 $b \neq 0$ 时,方程组仅有零解.

(2) 当 $b=0$ 或 $b=-\sum\limits_{i=1}^{n} a_i$ 时,方程组有非零解.

① 当 $b=0$ 时,

$$A \rightarrow \begin{bmatrix} a_1 & a_2 & \cdots & a_n \\ 0 & 0 & \cdots & 0 \\ \vdots & \vdots & & \vdots \\ 0 & 0 & \cdots & 0 \end{bmatrix},$$

由于 $\sum_{i=1}^{n} a_i \neq 0$,所以 $a_1, a_2, \cdots, a_n$ 不全为零,故 $r(A)=1$. 不妨设 $a_1 \neq 0$,可得

$$A \rightarrow \begin{bmatrix} 1 & \frac{a_2}{a_1} & \cdots & \frac{a_n}{a_1} \\ 0 & 0 & \cdots & 0 \\ \vdots & \vdots & & \vdots \\ 0 & 0 & \cdots & 0 \end{bmatrix},$$

于是方程组的一般解为

$$x_1 = -\frac{a_2}{a_1}x_2 - \frac{a_3}{a_1}x_3 - \cdots - \frac{a_n}{a_1}x_n,$$

其中 $x_2, x_3, \cdots, x_n$ 为自由未知量. 由此可得方程组的一个基础解系为

$$\boldsymbol{\xi}_1 = \begin{bmatrix} -a_2 \\ a_1 \\ 0 \\ \vdots \\ 0 \end{bmatrix}, \quad \boldsymbol{\xi}_2 = \begin{bmatrix} -a_3 \\ 0 \\ a_1 \\ \vdots \\ 0 \end{bmatrix}, \quad \cdots, \quad \boldsymbol{\xi}_{n-1} = \begin{bmatrix} -a_n \\ 0 \\ 0 \\ \vdots \\ a_1 \end{bmatrix}.$$

② 当 $b = -\sum_{i=1}^{n} a_i$ 时, $b \neq 0$,可有

$$A \rightarrow \begin{bmatrix} 1 & 0 & \cdots & 0 & -1 \\ 0 & 1 & \cdots & 0 & -1 \\ \vdots & \vdots & & \vdots & \vdots \\ 0 & 0 & \cdots & 1 & -1 \\ 0 & 0 & \cdots & 0 & 0 \end{bmatrix},$$

所以, $r(A)=n-1$,且方程组的一般解为

$$x_1 = x_2 = \cdots = x_n \quad (x_n \text{ 为自由未知量}),$$

于是方程组的一个基础解系为

$$\boldsymbol{\xi}=(1,1,\cdots,1)^{\mathrm{T}}.$$

例 3.60 设 n 阶矩阵 $\boldsymbol{A}$ 各行元素之和均为零，且 $\mathrm{r}(\boldsymbol{A})=n-1$，求齐次线性方程组 $\boldsymbol{Ax}=\boldsymbol{0}$ 的全部解.

解 设 $\boldsymbol{A}=(a_{ij})_{n\times n}$，则由题设条件

$$a_{i1}+a_{i2}+\cdots+a_{in}=0\quad(i=1,2,\cdots,n)$$

可知

$$\begin{bmatrix}a_{11}&a_{12}&\cdots&a_{1n}\\a_{21}&a_{22}&\cdots&a_{2n}\\\vdots&\vdots&&\vdots\\a_{n1}&a_{n2}&\cdots&a_{nn}\end{bmatrix}\begin{bmatrix}1\\1\\\vdots\\1\end{bmatrix}=\begin{bmatrix}0\\0\\\vdots\\0\end{bmatrix},$$

因而，$\boldsymbol{\xi}=(1,1,\cdots,1)^{\mathrm{T}}$ 为方程组 $\boldsymbol{Ax}=\boldsymbol{0}$ 的一个非零解. 由于 $\mathrm{r}(\boldsymbol{A})=n-1$，则 $\boldsymbol{\xi}$ 也就成为方程组 $\boldsymbol{Ax}=\boldsymbol{0}$ 的一个基础解系，于是方程组的全部解为

$$\boldsymbol{x}=c\boldsymbol{\xi}\quad(c\text{ 为任意常数}).$$

例 3.61 解下列线性方程组，若有无穷多解，用导出组的基础解系表示全部解：

$$\begin{cases}2x_1-x_2+4x_3-3x_4=-4,\\x_1+x_3-x_4=-3,\\3x_1+x_2+x_3=1,\\7x_1+7x_3-3x_4=3.\end{cases}$$

解 对方程组的增广矩阵 $\overline{\boldsymbol{A}}$ 作初等行变换化为阶梯形：

$$\overline{\boldsymbol{A}}=\begin{bmatrix}2&-1&4&-3&-4\\1&0&1&-1&-3\\3&1&1&0&1\\7&0&7&-3&3\end{bmatrix}\to\begin{bmatrix}1&0&1&0&3\\0&1&-2&0&-8\\0&0&0&1&6\\0&0&0&0&0\end{bmatrix},$$

所以，$\mathrm{r}(\overline{\boldsymbol{A}})=\mathrm{r}(\boldsymbol{A})=3<n=4$，方程组有无穷多解，且方程组的一般解为

$$\begin{cases}x_1=3-x_3,\\x_2=-8+2x_3,\\x_4=6,\end{cases}$$

其中 x_3 为自由未知量.

令 $x_3=0$,得方程组一个特解 $\boldsymbol{\eta}_0=(3,-8,0,6)^{\mathrm{T}}$.

又导出组的一般解为

$$\begin{cases}x_1=-x_3,\\x_2=2x_3,\\x_4=0\end{cases}\quad(x_3\text{ 为自由未知量}).$$

令 $x_3=1$,得导出组一个基础解系为 $\boldsymbol{\xi}=(-1,2,1,0)^{\mathrm{T}}$. 于是方程组的全部解为

$$\boldsymbol{x}=\boldsymbol{\eta}_0+c\boldsymbol{\xi}\quad(c\text{ 为任意常数}).$$

注释 本题还可以把方程组的一般解写成向量形式,这样可直接求出方程组全部解. 把一般解写成

$$\begin{cases}x_1=3-x_3,\\x_2=-8+2x_3,\\x_3=\qquad\quad x_3,\\x_4=6,\end{cases}\quad\text{即}\quad\begin{bmatrix}x_1\\x_2\\x_3\\x_4\end{bmatrix}=\begin{bmatrix}3\\-8\\0\\6\end{bmatrix}+x_3\begin{bmatrix}-1\\2\\1\\0\end{bmatrix}.$$

由于 x_3为自由未知量,也就可以把 x_3当作任意常数,那么上式就是所求方程组的全部解. 并且反过来可以看出 $\boldsymbol{\eta}_0=(3,-8,0,6)^{\mathrm{T}}$ 为一个特解, $\boldsymbol{\xi}=(-1,2,1,0)^{\mathrm{T}}$ 为导出组的一个基础解系.

例 3.62(选择题) (1) 设有齐次线性方程组 $\boldsymbol{Ax}=\boldsymbol{0}$ 和 $\boldsymbol{Bx}=\boldsymbol{0}$,其中 $\boldsymbol{A},\boldsymbol{B}$ 均为 $m\times n$ 矩阵,现有 4 个命题:

① 若 $\boldsymbol{Ax}=\boldsymbol{0}$ 的解均是 $\boldsymbol{Bx}=\boldsymbol{0}$ 的解,则秩$(\boldsymbol{A})\geqslant$秩$(\boldsymbol{B})$;

② 若秩$(\boldsymbol{A})\geqslant$秩$(\boldsymbol{B})$,则 $\boldsymbol{Ax}=\boldsymbol{0}$ 的解均是 $\boldsymbol{Bx}=\boldsymbol{0}$ 的解;

③ 若 $\boldsymbol{Ax}=\boldsymbol{0}$ 与 $\boldsymbol{Bx}=\boldsymbol{0}$ 同解,则秩$(\boldsymbol{A})=$秩$(\boldsymbol{B})$;

④ 若秩$(\boldsymbol{A})=$秩$(\boldsymbol{B})$,则 $\boldsymbol{Ax}=\boldsymbol{0}$ 与 $\boldsymbol{Bx}=\boldsymbol{0}$ 同解.

以上命题中正确的是(　　).

(A) ①②;　　(B) ①③;　　(C) ②④;　　(D) ③④.

(2) 已知 $\boldsymbol{\beta}_1,\boldsymbol{\beta}_2$ 是非齐次线性方程组 $\boldsymbol{Ax}=\boldsymbol{b}$ 的两个不同的解, $\boldsymbol{\alpha}_1,\boldsymbol{\alpha}_2$ 是对应齐次线性方程组 $\boldsymbol{Ax}=\boldsymbol{0}$ 的基础解系, k_1,k_2 为任意常数,则方程组 $\boldsymbol{Ax}=\boldsymbol{b}$ 的通解是(　　).

(A) $k_1\boldsymbol{\alpha}_1+k_2(\boldsymbol{\alpha}_1+\boldsymbol{\alpha}_2)+\dfrac{\boldsymbol{\beta}_1-\boldsymbol{\beta}_2}{2}$;

(B) $k_1\alpha_1+k_2(\alpha_1-\alpha_2)+\frac{\beta_1+\beta_2}{2}$;

(C) $k_1\alpha_1+k_2(\beta_1+\beta_2)+\frac{\beta_1-\beta_2}{2}$;

(D) $k_1\alpha_1+k_2(\beta_1-\beta_2)+\frac{\beta_1+\beta_2}{2}$.

解 (1) 设 $\boldsymbol{A}=\begin{bmatrix}1&0\\0&0\end{bmatrix}$, $\boldsymbol{B}=\begin{bmatrix}0&0\\0&1\end{bmatrix}$,则秩($\boldsymbol{A}$)=秩($\boldsymbol{B}$),但显然 $\boldsymbol{Ax}=\boldsymbol{0}$ 与 $\boldsymbol{Bx}=\boldsymbol{0}$ 不同解,命题④错误,因此排除(C),(D). 对于(A)与(B)其中必有一个正确,因此命题①必正确,只需看②与③这两个命题中哪一个正确?

若 $\boldsymbol{Ax}=\boldsymbol{0}$ 与 $\boldsymbol{Bx}=\boldsymbol{0}$ 同解,则其基础解所含向量的个数相同,即 $n-\mathrm{r}(\boldsymbol{A})=n-\mathrm{r}(\boldsymbol{B})$,就有 $\mathrm{r}(\boldsymbol{A})=\mathrm{r}(\boldsymbol{B})$,命题③正确,所以应选(B).

(2) 由已知 β_1,β_2 是 $\boldsymbol{Ax}=\boldsymbol{b}$ 的两个不同的解,可知 $\frac{\beta_1+\beta_2}{2}$ 仍是 $\boldsymbol{Ax}=\boldsymbol{b}$ 的解,而 $\frac{\beta_1-\beta_2}{2}$ 是对应 $\boldsymbol{Ax}=\boldsymbol{0}$ 的解,由于 $\boldsymbol{Ax}=\boldsymbol{b}$ 的通解中必有一项是 $\boldsymbol{Ax}=\boldsymbol{b}$ 的一个特解,因此排除(A),(C). 又只有 $\alpha_1,\alpha_1-\alpha_2$ 才是对应 $\boldsymbol{Ax}=\boldsymbol{0}$ 的基础解系,而 $\alpha_1,\beta_1-\beta_2$ 不一定线性无关,所以(D)错误,应选(B).

例 3.63 设 $\boldsymbol{A}$ 为 4×3 矩阵,非齐次线性方程组 $\boldsymbol{Ax}=\boldsymbol{b}$ 满足 $\mathrm{r}(\bar{\boldsymbol{A}})=\mathrm{r}(\boldsymbol{A})=2$,并且已知 $\boldsymbol{\eta}_1,\boldsymbol{\eta}_2,\boldsymbol{\eta}_3$ 为该方程组的三个解,其中 $\boldsymbol{\eta}_1=(-1,1,0)^{\mathrm{T}}$, $\boldsymbol{\eta}_2+\boldsymbol{\eta}_3=(0,2,3)^{\mathrm{T}}$,求该方程组的全部解.

分析 非齐次线性方程组 $\boldsymbol{Ax}=\boldsymbol{b}$ 的全部解由两项相加组成,其中一项是 $\boldsymbol{Ax}=\boldsymbol{b}$ 的一个特解,在本题中取 $\boldsymbol{\eta}_1$ 即可以,另一项是导出组 $\boldsymbol{Ax}=\boldsymbol{0}$ 的通解,欲求出这一项就须求出导出组的一个基础解系.

解 由 $\boldsymbol{A}$ 是 4×3 矩阵,故 $\boldsymbol{Ax}=\boldsymbol{b}$ 是 3 元线性方程组. 而 $\mathrm{r}(\boldsymbol{A})=2$,则导出组 $\boldsymbol{Ax}=\boldsymbol{0}$ 的基础解系中含 1 个解向量. 由解的性质可知

$$(\boldsymbol{\eta}_2-\boldsymbol{\eta}_1)+(\boldsymbol{\eta}_3-\boldsymbol{\eta}_1)=(\boldsymbol{\eta}_2+\boldsymbol{\eta}_3)-2\boldsymbol{\eta}_1=(2,0,3)^{\mathrm{T}}$$

为导出组 $\boldsymbol{Ax}=\boldsymbol{0}$ 的解,且是线性无关的,因而 $\boldsymbol{\xi}=(2,0,3)^{\mathrm{T}}$ 就是导出组 $\boldsymbol{Ax}=\boldsymbol{0}$ 的一个基础解系. 所以,方程组的全部解为

$$\boldsymbol{x}=\boldsymbol{\eta}_1+c\boldsymbol{\xi}\quad(c\text{ 为任意常数}).$$

例 3.64 求一个以 $(1,2,-3,4)^{\mathrm{T}}+c(2,1,-4,3)^{\mathrm{T}}$ 为全部解的

非齐次线性方程组.

分析 本题是一个与求解线性方程组相反的问题.要求出一个线性方程组,就是要求出方程组的系数矩阵与方程右边的常数项.

解 设所求4元线性方程组为$\boldsymbol{Ax}=\boldsymbol{b}$.由题设可知,$\boldsymbol{\xi}=(2,1,-4,3)^{\mathrm{T}}$是其导出组$\boldsymbol{Ax}=\boldsymbol{0}$的一个基础解系,故$\mathrm{r}(\boldsymbol{A})=4-1=3$,于是可设$\boldsymbol{A}=(a_{ij})_{3\times 4}$,即设所求方程组为

$$\begin{cases}a_{11}x_1+a_{12}x_2+a_{13}x_3+a_{14}x_4=b_1,\\ a_{21}x_1+a_{22}x_2+a_{23}x_3+a_{24}x_4=b_2,\\ a_{31}x_1+a_{32}x_2+a_{33}x_3+a_{34}x_4=b_3.\end{cases}$$

因$\boldsymbol{\xi}=(2,1,-4,3)^{\mathrm{T}}$为导出组的解,就有

$$\begin{cases}2a_{11}+a_{12}-4a_{13}+3a_{14}=0,\\ 2a_{21}+a_{22}-4a_{23}+3a_{24}=0,\\ 2a_{31}+a_{32}-4a_{33}+3a_{34}=0,\end{cases}$$

这说明矩阵$\boldsymbol{A}$的每个行向量均是方程

$$2y_1+y_2-4y_3+3y_4=0$$

的解.容易求出该方程的一个基础解系为

$$\boldsymbol{\alpha}_1=(1,-2,0,0),\quad \boldsymbol{\alpha}_2=(0,4,1,0),\quad \boldsymbol{\alpha}_3=(0,-3,0,1).$$

取它们为矩阵$\boldsymbol{A}$的行向量组,则所求方程组为

$$\begin{cases}x_1-2x_2 \qquad\qquad =b_1,\\ \qquad 4x_2+x_3 \qquad =b_2,\\ \quad -3x_2 \qquad +x_4=b_3,\end{cases}$$

再由$\boldsymbol{\eta}_0=(1,2,-3,4)^{\mathrm{T}}$为上面方程组的一个解,把$\boldsymbol{\eta}_0$代入方程组,可得$b_1=-3,b_2=5,b_3=-2$.

于是,所求线性方程组为

$$\begin{cases}x_1-2x_2 \qquad\qquad =-3,\\ \qquad 4x_2+x_3 \qquad =5,\\ \quad -3x_2 \qquad +x_4=-2.\end{cases}$$

注释 由于方程组的同解性,本题答案显然不是惟一的.

例3.65 已知4阶矩阵$\boldsymbol{A}=(\boldsymbol{\alpha}_1,\boldsymbol{\alpha}_2,\boldsymbol{\alpha}_3,\boldsymbol{\alpha}_4)$,且向量$\boldsymbol{\alpha}_1,\boldsymbol{\alpha}_2,\boldsymbol{\alpha}_3,\boldsymbol{\alpha}_4$均为4维列向量,其中$\boldsymbol{\alpha}_2,\boldsymbol{\alpha}_3,\boldsymbol{\alpha}_4$线性无关,$\boldsymbol{\alpha}_1=2\boldsymbol{\alpha}_2-\boldsymbol{\alpha}_3$,如果

$\boldsymbol{\beta}=\boldsymbol{\alpha}_1+\boldsymbol{\alpha}_2+\boldsymbol{\alpha}_3+\boldsymbol{\alpha}_4$，求线性方程组 $\boldsymbol{A}\boldsymbol{x}=\boldsymbol{\beta}$ 的全部解.

解法 1 方程组 $\boldsymbol{A}\boldsymbol{x}=\boldsymbol{\beta}$ 即为

$$(\boldsymbol{\alpha}_1,\boldsymbol{\alpha}_2,\boldsymbol{\alpha}_3,\boldsymbol{\alpha}_4)\begin{bmatrix}x_1\\x_2\\x_3\\x_4\end{bmatrix}=\boldsymbol{\beta},$$

亦即 $$x_1\boldsymbol{\alpha}_1+x_2\boldsymbol{\alpha}_2+x_3\boldsymbol{\alpha}_3+x_4\boldsymbol{\alpha}_4=\boldsymbol{\alpha}_1+\boldsymbol{\alpha}_2+\boldsymbol{\alpha}_3+\boldsymbol{\alpha}_4.$$

将 $\boldsymbol{\alpha}_1=2\boldsymbol{\alpha}_2-\boldsymbol{\alpha}_3$ 代入，并整理可得

$$(2x_1+x_2-3)\boldsymbol{\alpha}_2+(-x_1+x_3)\boldsymbol{\alpha}_3+(x_4-1)\boldsymbol{\alpha}_4=\boldsymbol{0}.$$

由 $\boldsymbol{\alpha}_2,\boldsymbol{\alpha}_3,\boldsymbol{\alpha}_4$ 线性无关，于是

$$\begin{cases}2x_1+x_2=3,\\-x_1+x_3=0,\\x_4=1.\end{cases}$$

容易求出方程组的全部解为

$$\boldsymbol{x}=(0,3,0,1)^{\mathrm{T}}+c(1,-2,1,0)^{\mathrm{T}}\quad(c\ \text{为任意常数}).$$

解法 2 由 $\boldsymbol{\alpha}_2,\boldsymbol{\alpha}_3,\boldsymbol{\alpha}_4$ 线性无关和 $\boldsymbol{\alpha}_1=2\boldsymbol{\alpha}_2-\boldsymbol{\alpha}_3$，可知矩阵 $\boldsymbol{A}$ 的秩为 3，因此导出组 $\boldsymbol{A}\boldsymbol{x}=\boldsymbol{0}$ 的基础解系中含一个向量.

由 $\boldsymbol{\alpha}_1=2\boldsymbol{\alpha}_2-\boldsymbol{\alpha}_3$，即 $\boldsymbol{\alpha}_1-2\boldsymbol{\alpha}_2+\boldsymbol{\alpha}_3=\boldsymbol{0}$，得

$$(\boldsymbol{\alpha}_1,\boldsymbol{\alpha}_2,\boldsymbol{\alpha}_3,\boldsymbol{\alpha}_4)\begin{bmatrix}1\\-2\\1\\0\end{bmatrix}=\boldsymbol{0},$$

所以 $\boldsymbol{\xi}=(1,-2,1,0)^{\mathrm{T}}$ 为导出组 $\boldsymbol{A}\boldsymbol{x}=\boldsymbol{0}$ 的一个解，也即为一个基础解系.

再由 $\boldsymbol{\beta}=\boldsymbol{\alpha}_1+\boldsymbol{\alpha}_2+\boldsymbol{\alpha}_3+\boldsymbol{\alpha}_4$，即

$$(\boldsymbol{\alpha}_1,\boldsymbol{\alpha}_2,\boldsymbol{\alpha}_3,\boldsymbol{\alpha}_4)\begin{bmatrix}1\\1\\1\\1\end{bmatrix}=\boldsymbol{\beta},$$

可知 $\boldsymbol{\eta}=(1,1,1,1)^{\mathrm{T}}$ 为 $\boldsymbol{A}\boldsymbol{x}=\boldsymbol{\beta}$ 的一个特解. 于是方程组 $\boldsymbol{A}\boldsymbol{x}=\boldsymbol{\beta}$ 的全

部解为

$$x=(1,1,1,1)^{\mathrm T}+c(1,-2,1,0)^{\mathrm T},$$

其中 c 为任意常数.

例 3.66 设 4 元齐次线性方程组(Ⅰ)为

$$\begin{cases}x_1+x_2=0,\\x_2-x_4=0.\end{cases}$$

又已知某个齐次线性方程组(Ⅱ)的通解为

$$c_1(0,1,1,0)^{\mathrm T}+c_2(-1,2,2,1)^{\mathrm T}\quad(c_1,c_2\text{ 为任意常数}).$$

(1) 求线性方程组(Ⅰ)的基础解系;

(2) 问线性方程组(Ⅰ)与(Ⅱ)是否有非零的公共解?若有,求出所有非零公共解;若没有,则说明理由.

解 (1) 由方程组(Ⅰ)的系数矩阵 $\boldsymbol{A}$ 经初等行变换化成阶梯形矩阵,得

$$\boldsymbol{A}=\begin{bmatrix}1&1&0&0\\0&1&0&-1\end{bmatrix}\to\begin{bmatrix}1&0&0&1\\0&1&0&-1\end{bmatrix}.$$

容易求出方程组(Ⅰ)的一个基础解系为

$$(0,0,1,0)^{\mathrm T},\quad(-1,1,0,1)^{\mathrm T}.$$

(2) 解法 1 将方程组(Ⅱ)的通解代入方程组(Ⅰ),得到

$$\begin{cases}-c_2+c_1+2c_2=0,\\c_1+2c_2-c_2=0,\end{cases}$$

解得 $c_1=-c_2$. 于是当 $c_1=-c_2\neq0$ 时,向量

$$\begin{aligned}&c_1(0,1,1,0)^{\mathrm T}+c_2(-1,2,2,1)^{\mathrm T}\\&=c_2[(0,-1,-1,0)^{\mathrm T}+(-1,2,2,1)^{\mathrm T}]\\&=c_2(-1,1,1,1)^{\mathrm T},\end{aligned}$$

既满足方程组(Ⅱ),也满足方程组(Ⅰ),说明方程组(Ⅰ)与(Ⅱ)有公共非零解,且所有公共非零解为 $c(-1,1,1,1)^{\mathrm T}$,其中 c 为任意非零数.

解法 2 由于方程组(Ⅰ)的通解为

$$k_1(0,0,1,0)^{\mathrm T}+k_2(-1,1,0,1)^{\mathrm T}=k_1\boldsymbol{\xi}_1+k_2\boldsymbol{\xi}_2.$$

方程组(Ⅱ)的通解为

$$c_1(0,1,1,0)^{\mathrm T}+c_2(-1,2,2,1)^{\mathrm T}=c_1\boldsymbol{\eta}_1+c_2\boldsymbol{\eta}_2.$$

那么若有不全为零的常数 a_1,a_2,b_1,b_2,使

$$a_1\boldsymbol{\xi}_1+a_2\boldsymbol{\xi}_2=b_1\boldsymbol{\eta}_1+b_2\boldsymbol{\eta}_2,$$

则 $a_1\boldsymbol{\xi}_1+a_2\boldsymbol{\xi}_2$ 就是方程组(Ⅰ)与(Ⅱ)的公共非零解. 对于

$$a_1\boldsymbol{\xi}_1+a_2\boldsymbol{\xi}_2-b_1\boldsymbol{\eta}_1-b_2\boldsymbol{\eta}_2=\mathbf{0},$$

即有

$$\begin{bmatrix}0&-1&0&1\\0&1&-1&-2\\1&0&-1&-2\\0&1&0&-1\end{bmatrix}\begin{bmatrix}a_1\\a_2\\b_1\\b_2\end{bmatrix}=\begin{bmatrix}0\\0\\0\\0\end{bmatrix},\tag{1}$$

对上面方程组(1)的系数矩阵作初等行变换,得

$$\begin{bmatrix}0&-1&0&1\\0&1&-1&-2\\1&0&-1&-2\\0&1&0&-1\end{bmatrix}\to\begin{bmatrix}1&0&0&-1\\0&1&0&-1\\0&0&1&1\\0&0&0&0\end{bmatrix},$$

由此得方程组(1)的一般解为

$$\begin{cases}a_1=b_2,\\a_2=b_2,\\b_1=-b_2\end{cases}$$

(b_2 为自由未知量). 取 $b_2=c$ 为任意非零数,则

$$a_1\boldsymbol{\xi}_1+a_2\boldsymbol{\xi}_2=c(\boldsymbol{\xi}_1+\boldsymbol{\xi}_2)=c(-1,1,1,1)^{\mathrm{T}}$$

就是方程组(Ⅰ)与(Ⅱ)的所有非零公共解.

解法 3　由已知方程组(Ⅱ)的通解,与例 3.64 的解法类似,我们可以求出方程组(Ⅱ)为

$$\begin{cases}x_1+x_4=0,\\x_2-x_3=0.\end{cases}$$

把方程组(Ⅰ)与(Ⅱ)联立起来,得到方程组(Ⅲ):

$$\begin{cases}x_1+x_2\qquad\qquad=0,\\\qquad x_2\qquad-x_4=0,\\x_1\qquad\qquad+x_4=0,\\\qquad x_2-x_3\qquad=0.\end{cases}$$

这个方程组(Ⅲ)若有非零解,则说明方程组(Ⅰ)与(Ⅱ)有公共非零解.把方程组(Ⅲ)的系数矩阵作初等行变换,得到

$$\begin{bmatrix}1&1&0&0\\0&1&0&-1\\1&0&0&1\\0&1&-1&0\end{bmatrix}\to\begin{bmatrix}1&0&0&1\\0&1&0&-1\\0&0&1&-1\\0&0&0&0\end{bmatrix},$$

可知方程组(Ⅲ)有非零解,其一个基础解系为$(-1,1,1,1)^{\mathrm{T}}$,于是方程组(Ⅰ)与(Ⅱ)的所有公共非零解为

$$c(-1,1,1,1)^{\mathrm{T}}\quad(c\text{ 为任意非零数}).$$

注释 本题给出了寻求两个方程组(Ⅰ)与(Ⅱ)的公共解的三种解法.解法1的思想是在方程组(Ⅱ)的解集合中寻找那些满足方程组(Ⅰ)的解向量;解法2的思想是寻求两个方程组的解集合的交集中的向量;解法3则是把两个方程组联立起来,直接寻求两个方程组的公共解.

例 3.67 设有下列线性方程组(Ⅰ)和(Ⅱ):

$$(\text{Ⅰ}):\begin{cases}x_1+x_2-2x_4=-6,\\4x_1-x_2-x_3-x_4=1,\\3x_1-x_2-x_3=3.\end{cases}$$

$$(\text{Ⅱ}):\begin{cases}x_1+ax_2-x_3-x_4=-5,\\bx_2-x_3-2x_4=-11,\\x_3-2x_4=t.\end{cases}$$

(1) 求解方程组(Ⅰ),用其导出组的基础解系表示通解;

(2) 当方程组(Ⅱ)中的参数 a,b,t 为何值时,方程组(Ⅰ)与(Ⅱ)同解?

分析 所谓方程组(Ⅰ)与(Ⅱ)同解,是指(Ⅰ)与(Ⅱ)有相同的解集合,即(Ⅰ)的解都是(Ⅱ)的解,同时(Ⅱ)的解也都是(Ⅰ)的解.当(Ⅰ)的解都是(Ⅱ)的解时,(Ⅰ)的每个解都满足(Ⅱ)的每个方程,因此可将(Ⅰ)的通解代入(Ⅱ)的每个方程,从而确定参数 a,b,t 的值,然后再验证(Ⅱ)的解也都是(Ⅰ)的解,这就是本题(2)的解题思路.

解 (1) 设方程组(Ⅰ)的增广矩阵和系数矩阵分别为 $\overline{\boldsymbol{A}}_1,\boldsymbol{A}_1$.则由

$$\overline{A}_1=\begin{bmatrix}1&1&0&-2&-6\\4&-1&-1&-1&1\\3&-1&-1&0&3\end{bmatrix}\to\begin{bmatrix}1&0&0&-1&-2\\0&1&0&-1&-4\\0&0&1&-2&-5\end{bmatrix}$$

得 $\mathrm{r}(\overline{A}_1)=\mathrm{r}(A_1)=3<4$，所以方程组(Ⅰ)有无穷多解，且通解为

$$x=(-2,-4,-5,0)^{\mathrm{T}}+k(1,1,2,1)^{\mathrm{T}}\quad(k\text{ 为任意常数}).$$

(2) 把方程组(Ⅰ)的通解 x 代入到方程组(Ⅱ)中，经整理得到

$$\begin{cases}(a-2)(k-4)=0,\\(b-4)(k-4)=0,\\t=-5.\end{cases}$$

因 k 是任意常数，故 $a=2,b=4,t=-5$. 此时，方程组(Ⅰ)的全部解都是方程组(Ⅱ)的解，且方程组(Ⅱ)为

$$(\mathrm{II}):\begin{cases}x_1+2x_2-x_3-x_4=-5,\\4x_2-x_3-2x_4=-11,\\x_3-2x_4=-5.\end{cases}$$

设方程组(Ⅱ)的增广矩阵和系数矩阵分别为 $\overline{A}_2, A_2$，则由

$$\overline{A}_2=\begin{bmatrix}1&2&-1&-1&-5\\0&4&-1&-2&-11\\0&0&1&-2&-5\end{bmatrix}\to\begin{bmatrix}1&0&0&-1&-2\\0&1&0&-1&-4\\0&0&1&-2&-5\end{bmatrix}$$

可得到(Ⅱ)的通解为

$$x=(-2,-4,-5,0)^{\mathrm{T}}+k(1,1,2,1)^{\mathrm{T}},$$

其中 k 为任意常数.

可见，当 $a=2,b=4,t=-5$ 时，方程组(Ⅰ)与(Ⅱ)的解完全相同，即(Ⅰ)与(Ⅱ)同解.

例 3.68 设 $m\times n$ 矩阵 A 的秩为 $r<n$. 又 η_0 为非齐次线性方程组 $Ax=b$ 的一个解，又 $\xi_1,\xi_2,\cdots,\xi_{n-r}$ 为导出组 $Ax=0$ 的一个基础解系，证明：$\eta_0,\eta_0+\xi_1,\cdots,\eta_0+\xi_{n-r}$ 为方程组 $Ax=b$ 的 $n-r+1$ 个线性无关的解.

证 由非齐次线性方程组解的性质，可知 $\eta_0,\eta_0+\xi_1,\cdots,\eta_0+\xi_{n-r}$ 确为方程组 $Ax=b$ 的解.

设有一组数 $k_0,k_1,\cdots,k_{n-r}$，使得

$$k_0\eta_0+k_1(\eta_0+\xi_1)+\cdots+k_{n-r}(\eta_0+\xi_{n-r})=\mathbf{0},$$

即

$$(k_0+k_1+\cdots+k_{n-r})\boldsymbol{\eta}_0+k_1\boldsymbol{\xi}_1+\cdots+k_{n-r}\boldsymbol{\xi}_{n-r}=\mathbf{0}. \quad (1)$$

将上式两端左乘 $\boldsymbol{A}$，并利用 $\boldsymbol{A\xi}_i=\mathbf{0}\ (i=1,2,\cdots,n-r)$，得

$$(k_0+k_1+\cdots+k_{n-r})\boldsymbol{A\eta}_0=\mathbf{0}.$$

因 $\boldsymbol{\eta}_0$ 是 $\boldsymbol{Ax}=\boldsymbol{b}$ 的解，故 $\boldsymbol{A\eta}_0\neq\mathbf{0}$，于是

$$k_0+k_1+\cdots+k_{n-r}=0. \quad (2)$$

(1)式成为

$$k_1\boldsymbol{\xi}_1+k_2\boldsymbol{\xi}_2+\cdots+k_{n-r}\boldsymbol{\xi}_{n-r}=\mathbf{0}.$$

因 $\boldsymbol{\xi}_1,\boldsymbol{\xi}_2,\cdots,\boldsymbol{\xi}_{n-r}$ 线性无关，故有 $k_1=k_2=\cdots=k_{n-r}=0$，代入(2)式，得 $k_0=0$.

所以 $\boldsymbol{\eta}_0,\boldsymbol{\eta}_0+\boldsymbol{\xi}_1,\cdots,\boldsymbol{\eta}_0+\boldsymbol{\xi}_{n-r}$ 为方程组 $\boldsymbol{Ax}=\boldsymbol{b}$ 的线性无关的解.

§3.4 练 习 题

1. 填空题：

(1) 设

$$\boldsymbol{\alpha}_1=(2,-1,0,5),\quad \boldsymbol{\alpha}_2=(-4,2,3,-1),$$
$$\boldsymbol{\alpha}_3=(-1,0,1,k),\quad \boldsymbol{\alpha}_4=(-1,0,2,1),$$

若 $\boldsymbol{\alpha}_1,\boldsymbol{\alpha}_2,\boldsymbol{\alpha}_3,\boldsymbol{\alpha}_4$ 线性相关，则 $k=$__________.

(2) 已知 $\boldsymbol{\alpha}_1,\boldsymbol{\alpha}_2,\boldsymbol{\alpha}_3$ 线性无关，若 $\boldsymbol{\alpha}_1+a\boldsymbol{\alpha}_2$，$2\boldsymbol{\alpha}_1+\boldsymbol{\alpha}_2+a\boldsymbol{\alpha}_3$，$\boldsymbol{\alpha}_1+2\boldsymbol{\alpha}_2-\boldsymbol{\alpha}_3$ 亦线性无关，则 a 应满足__________.

(3) 已知 $\boldsymbol{\alpha}_1,\boldsymbol{\alpha}_2,\boldsymbol{\alpha}_3$ 线性无关，而 $a\boldsymbol{\alpha}_1-\boldsymbol{\alpha}_2$，$b\boldsymbol{\alpha}_2-\boldsymbol{\alpha}_3$，$c\boldsymbol{\alpha}_3-\boldsymbol{\alpha}_1$ 线性相关，那么 a,b,c 必满足关系式__________.

(4) 设 $\boldsymbol{Ax}=\boldsymbol{b}$ 为 4 元非齐次线性方程组，$\mathrm{r}(\boldsymbol{A})=3$，已知 $\boldsymbol{\alpha}_1,\boldsymbol{\alpha}_2,\boldsymbol{\alpha}_3$ 是方程组的三个解向量，且 $\boldsymbol{\alpha}_1+\boldsymbol{\alpha}_2=(1,2,0,4)^{\mathrm{T}}$，$\boldsymbol{\alpha}_3-\boldsymbol{\alpha}_2=(1,0,0,1)^{\mathrm{T}}$，则 $\boldsymbol{Ax}=\boldsymbol{b}$ 的通解为__________.

(5) 若方程组

$$\begin{cases}x_1+x_2=-a_1,\\ x_2+x_3=a_2,\\ x_3+x_4=-a_3,\\ x_4+x_1=a_4\end{cases}$$

有解，则常数 a_1,a_2,a_3,a_4 应满足的条件是__________.

2. 选择题：

(1) 设 $m\times n$ 矩阵 $\boldsymbol{A}$ 的秩为 $\mathrm{r}(\boldsymbol{A})=m<n$，$\boldsymbol{E}_m$ 为 m 阶单位矩阵，则(　　).

(A) $\boldsymbol{A}$ 的任意 m 个列向量必线性无关；

(B) $\boldsymbol{A}$ 的任意一个 m 阶子式都不为零；

(C) 若 $\boldsymbol{BA}=\boldsymbol{O}$，则 $\boldsymbol{B}=\boldsymbol{O}$；

(D) 经初等行变换，可将 $\boldsymbol{A}$ 化为 $(\boldsymbol{E}_m,\boldsymbol{O})$.

(2) 已知向量组 $\boldsymbol{\alpha}_1,\boldsymbol{\alpha}_2,\boldsymbol{\alpha}_2,\boldsymbol{\alpha}_4$ 线性无关，则向量组(　　).

(A) $\boldsymbol{\alpha}_1+\boldsymbol{\alpha}_2$，$\boldsymbol{\alpha}_2+\boldsymbol{\alpha}_3$，$\boldsymbol{\alpha}_3+\boldsymbol{\alpha}_4$，$\boldsymbol{\alpha}_4+\boldsymbol{\alpha}_1$ 线性无关；

(B) $\boldsymbol{\alpha}_1-\boldsymbol{\alpha}_2$，$\boldsymbol{\alpha}_2-\boldsymbol{\alpha}_3$，$\boldsymbol{\alpha}_3-\boldsymbol{\alpha}_4$，$\boldsymbol{\alpha}_4-\boldsymbol{\alpha}_1$ 线性无关；

(C) $\boldsymbol{\alpha}_1+\boldsymbol{\alpha}_2$，$\boldsymbol{\alpha}_2+\boldsymbol{\alpha}_3$，$\boldsymbol{\alpha}_3+\boldsymbol{\alpha}_4$，$\boldsymbol{\alpha}_4-\boldsymbol{\alpha}_1$ 线性无关；

(D) $\boldsymbol{\alpha}_1+\boldsymbol{\alpha}_2$，$\boldsymbol{\alpha}_2+\boldsymbol{\alpha}_3$，$\boldsymbol{\alpha}_3-\boldsymbol{\alpha}_4$，$\boldsymbol{\alpha}_4-\boldsymbol{\alpha}_1$ 线性无关.

(3) 设 $\boldsymbol{A}$ 为 n 阶实矩阵，则对于线性方程组(Ⅰ)：$\boldsymbol{Ax}=\boldsymbol{0}$，(Ⅱ)：$\boldsymbol{A}^{\mathrm{T}}\boldsymbol{Ax}=\boldsymbol{0}$，必有(　　).

(A) (Ⅰ)与(Ⅱ)同解；

(B) (Ⅱ)的解是(Ⅰ)的解，但(Ⅰ)的解不是(Ⅱ)的解；

(C) (Ⅰ)的解是(Ⅱ)的解，但(Ⅱ)的解不是(Ⅰ)的解；

(D) (Ⅰ)的解不是(Ⅱ)的解，(Ⅱ)的解也不是(Ⅰ)的解.

(4) 设矩阵

$$\boldsymbol{A}=\begin{bmatrix} a_1 & b_1 & c_1 \\ a_2 & b_2 & c_2 \\ a_3 & b_3 & c_3 \end{bmatrix}$$

是满秩的，则直线 L_1：

$$\frac{x-a_3}{a_1-a_2}=\frac{y-b_3}{b_1-b_2}=\frac{z-c_3}{c_1-c_2}$$

与直线 L_2：

$$\frac{x-a_1}{a_2-a_3}=\frac{y-b_1}{b_2-b_3}=\frac{z-c_1}{c_2-c_3}(\qquad).$$

(A) 相交于一点；　　　　　　(B) 重合；

(C) 平行但不重合；　　　　　(D) 异面.

(5) 设齐次线性方程组

$$\begin{cases}\lambda x_1 + x_2 + \lambda^2 x_3 = 0,\\ x_1 + \lambda x_2 + x_3 = 0,\\ x_1 + x_2 + \lambda x_3 = 0\end{cases}$$

的系数矩阵为 $\boldsymbol{A}$,且存在 3 阶非零矩阵 $\boldsymbol{B}$,使 $\boldsymbol{AB}=\boldsymbol{O}$,则(　　).

(A) $\lambda=-2$,且 $|\boldsymbol{B}|=0$;　　(B) $\lambda=-2$,且 $|\boldsymbol{B}|\neq 0$;

(C) $\lambda=1$,且 $|\boldsymbol{B}|=0$;　　(D) $\lambda=1$,且 $|\boldsymbol{B}|\neq 0$.

(6) 设 $\boldsymbol{\xi}_1,\boldsymbol{\xi}_2,\boldsymbol{\xi}_3$ 是 $\boldsymbol{Ax}=\boldsymbol{0}$ 的一个基础解系,则该方程组的基础解系还可以表示成(　　).

(A) $\boldsymbol{\xi}_1,\boldsymbol{\xi}_2,\boldsymbol{\xi}_3$ 的一个等价向量组;

(B) $\boldsymbol{\xi}_1,\boldsymbol{\xi}_2,\boldsymbol{\xi}_3$ 的一个等秩向量组;

(C) $\boldsymbol{\xi}_1,\boldsymbol{\xi}_1+\boldsymbol{\xi}_2,\boldsymbol{\xi}_1+\boldsymbol{\xi}_2+\boldsymbol{\xi}_3$;

(D) $\boldsymbol{\xi}_1-\boldsymbol{\xi}_2,\boldsymbol{\xi}_2-\boldsymbol{\xi}_3,\boldsymbol{\xi}_3-\boldsymbol{\xi}_1$.

(7) n 元线性方程组 $\boldsymbol{Ax}=\boldsymbol{b}$ 有惟一解的充要条件是(　　).

(A) $\mathrm{r}(\boldsymbol{A})=n$;

(B) $\boldsymbol{A}$ 为方阵,且 $|\boldsymbol{A}|\neq 0$;

(C) $\mathrm{r}(\bar{\boldsymbol{A}})=\mathrm{r}(\boldsymbol{A},\boldsymbol{b})=n$;

(D) $\mathrm{r}(\boldsymbol{A})=n$,且 $\boldsymbol{b}$ 可以由 $\boldsymbol{A}$ 的列向量组线性表出.

(8) 要使 $\boldsymbol{\xi}_1=(1,0,2)^{\mathrm{T}}$, $\boldsymbol{\xi}_2=(0,1,-1)^{\mathrm{T}}$ 都是方程组 $\boldsymbol{Ax}=\boldsymbol{0}$ 的解,只要其系数矩阵 $\boldsymbol{A}$ 为(　　).

(A) $(-2,1,1)$;　　(B) $\begin{bmatrix}2 & 0 & -1\\ 0 & 1 & 1\end{bmatrix}$;

(C) $\begin{bmatrix}-1 & 0 & 2\\ 0 & 1 & -1\end{bmatrix}$;　　(D) $\begin{bmatrix}0 & 1 & -1\\ 4 & -2 & -2\\ 0 & 1 & 1\end{bmatrix}$.

3. 已知向量组(Ⅰ): $\boldsymbol{\alpha}_1=(1,2,-3)^{\mathrm{T}}$, $\boldsymbol{\alpha}_2=(3,0,1)^{\mathrm{T}}$, $\boldsymbol{\alpha}_3=(9,6,-7)^{\mathrm{T}}$ 与向量组(Ⅱ): $\boldsymbol{\beta}_1=(0,1,-1)^{\mathrm{T}}$, $\boldsymbol{\beta}_2=(a,2,1)^{\mathrm{T}}$, $\boldsymbol{\beta}_3=(b,1,0)^{\mathrm{T}}$ 有相同的秩,且 $\boldsymbol{\beta}_3$ 可以由 $\boldsymbol{\alpha}_1,\boldsymbol{\alpha}_2,\boldsymbol{\alpha}_3$ 线性表出,求常数 a,b 的值.

4. 已知向量组 $\boldsymbol{\alpha}_1=(1,-a,1,1)$, $\boldsymbol{\alpha}_2=(1,1,-a,1)$, $\boldsymbol{\alpha}_3=$

$(1,1,1,-a)$的秩为3，求参数 a 的取值范围.

5. 设

$$A=\begin{bmatrix}1&1&2\\-1&1&0\\1&0&1\end{bmatrix},\quad B=\begin{bmatrix}1&4&0\\-1&0&-2\\a&b&c\end{bmatrix},\quad X=(x_{ij})_{3\times3}.$$

问 a,b,c 取何值时，矩阵方程 $AX=B$ 有解？在有解时，求出一个矩阵 X.

6. 设

$$A=\begin{bmatrix}1&2&1&2\\0&1&a&a\\1&a&0&1\end{bmatrix},$$

已知方程组 $Ax=0$ 的基础解系中含两个线性无关解向量，求 a 的值，并求出方程组的通解.

7. 设 $\alpha_1,\alpha_2,\alpha_3,\alpha_4$ 为方程组 $Ax=0$ 的基础解系. 若 $\beta_1=\alpha_2+\alpha_3+\alpha_4$，$\beta_2=\alpha_1+\alpha_3+\alpha_4$，$\beta_3=\alpha_1+\alpha_2+\alpha_4$，$\beta_4=\alpha_1+\alpha_2+\alpha_3$. 问：$\beta_1,\beta_2,\beta_3,\beta_4$ 是否可作为 $Ax=0$ 的基础解系？

8. 已知 $\alpha_1=(a,2,10)^T$，$\alpha_2=(-2,1,5)^T$，$\alpha_3=(-1,1,4)^T$，$\beta=(a,b,c)^T$. 试问：a,b,c 满足什么条件时，

(1) β 可由 $\alpha_1,\alpha_2,\alpha_3$ 线性表示，且表示法惟一？

(2) β 不能由 $\alpha_1,\alpha_2,\alpha_3$ 线性表示？

(3) β 可由 $\alpha_1,\alpha_2,\alpha_3$ 线性表出，但不惟一？求出一般表示式.

9. 求解线性方程组

$$\begin{cases}x_1+2x_2+3x_3+4x_4=2b,\\ax_1+x_2+x_3+ax_4=b,\\4x_1+3x_2+2x_3+x_4=3b,\end{cases}$$

其中 a,b 为参数.

10. 设方程组

$$\begin{cases}x_1-5x_2+2x_3-3x_4=11,\\-3x_1+x_2-4x_3+2x_4=-5,\\-x_1-9x_2\qquad\quad-4x_4=17.\end{cases}$$

(1) 求方程组的通解；

(2) 求方程组的满足条件 $2x_3 - x_4 = 0$ 的全部解.

11. 设 $\boldsymbol{A}$ 为 $m\times n$ 矩阵. 若方程组 $\boldsymbol{Ax}=\boldsymbol{0}$ 的解全是方程

$$b_1x_1 + b_2x_2 + \cdots + b_nx_n = 0$$

的解，证明：$\boldsymbol{b}=(b_1, b_2, \cdots, b_n)$可以由矩阵 $\boldsymbol{A}$ 的行向量组线性表出.

12. 设 $\boldsymbol{\alpha}=(1,2,1)^{\mathrm{T}}$，$\boldsymbol{\beta}=\left(1,\dfrac{1}{2},0\right)^{\mathrm{T}}$，$\boldsymbol{\gamma}=(0,0,8)^{\mathrm{T}}$，$\boldsymbol{A}=\boldsymbol{\alpha}\boldsymbol{\beta}^{\mathrm{T}}$，$\boldsymbol{B}=\boldsymbol{\beta}^{\mathrm{T}}\boldsymbol{\alpha}$，其中 $\boldsymbol{\beta}^{\mathrm{T}}$ 是 $\boldsymbol{\beta}$ 的转置，求解方程

$$2\boldsymbol{B}^2\boldsymbol{A}^2\boldsymbol{x} = \boldsymbol{A}^4\boldsymbol{x} + \boldsymbol{B}^4\boldsymbol{x} + \boldsymbol{\gamma}.$$

第四章 向量空间

§4.1 内容提要

4.1.1 向量空间

一、n 维向量空间及其子空间的概念

1. n 维向量空间

实数域 $\boldsymbol{R}$ 上所有 n 维向量组成的集合，考虑到它的加法运算与数乘运算，称为实数域上的 n **维向量空间**，记作 $\boldsymbol{R}^n$.

当 $n=2$ 时，$\boldsymbol{R}^2$ 就是 2 维几何空间，即平面空间；当 $n=3$ 时，$\boldsymbol{R}^3$ 就是 3 维几何空间.

2. n 维向量空间的子空间

设 $\boldsymbol{V}$ 是 $\boldsymbol{R}^n$ 的一个非空子集合，如果 $\boldsymbol{V}$ 对于向量的线性运算是封闭的，则称 $\boldsymbol{V}$ 是 $\boldsymbol{R}^n$ 的一个**子空间**.

例如，在实数域 $\boldsymbol{R}$ 上，n 元齐次线性方程组 $\boldsymbol{Ax}=\boldsymbol{0}$ 的解集合就是 $\boldsymbol{R}^n$ 的一个子空间，称为该方程组的**解空间**.

二、n 维向量空间 $\boldsymbol{R}^n$ 的基与坐标

1. n 维向量空间 $\boldsymbol{R}^n$ 的基

把 $\boldsymbol{R}^n$ 中任意 n 个线性无关的向量所组成的向量组称为 $\boldsymbol{R}^n$ 的一个基. 显然，它就是 $\boldsymbol{R}^n$ 中一个极大线性无关组.

例如，向量组 $\boldsymbol{\varepsilon}_1=(1,0,\cdots,0)^{\mathrm{T}}$, $\boldsymbol{\varepsilon}_2=(0,1,\cdots,0)^{\mathrm{T}}$, $\cdots$, $\boldsymbol{\varepsilon}_n=(0,0,\cdots,1)^{\mathrm{T}}$，即 n 维基本向量组就是 $\boldsymbol{R}^n$ 的一个基，称为**标准基**.

2. n 维向量空间向量的坐标

设向量组 $\boldsymbol{\alpha}_1,\boldsymbol{\alpha}_2,\cdots,\boldsymbol{\alpha}_n$ 为 $\boldsymbol{R}^n$ 的一个基，那么对任意向量 $\boldsymbol{\alpha}\in\boldsymbol{R}^n$，$\boldsymbol{\alpha}$ 可以惟一地由 $\boldsymbol{\alpha}_1,\boldsymbol{\alpha}_2,\cdots,\boldsymbol{\alpha}_n$ 线性表出，设为

$$\boldsymbol{\alpha}=a_1\boldsymbol{\alpha}_1+a_2\boldsymbol{\alpha}_2+\cdots+a_n\boldsymbol{\alpha}_n,$$

则称有序数组 $(a_1,a_2,\cdots,a_n)^{\mathrm{T}}$ 为向量 $\boldsymbol{\alpha}$ 在基 $\boldsymbol{\alpha}_1,\boldsymbol{\alpha}_2,\cdots,\boldsymbol{\alpha}_n$ 下的坐标.

三、基变换公式和坐标变换公式

1. 基变换公式

设 $\alpha_1,\alpha_2,\cdots,\alpha_n$ 和 $\beta_1,\beta_2,\cdots,\beta_n$ 是 $\boldsymbol{R}^n$ 的两个基，它们之间的关系式

$$(\beta_1,\beta_2,\cdots,\beta_n)=(\alpha_1,\alpha_2,\cdots,\alpha_n)\begin{bmatrix} a_{11} & a_{12} & \cdots & a_{1n} \\ a_{21} & a_{22} & \cdots & a_{2n} \\ \vdots & \vdots & & \vdots \\ a_{n1} & a_{n2} & \cdots & a_{nn} \end{bmatrix}$$

称为由基 $\alpha_1,\alpha_2,\cdots,\alpha_n$ 到基 $\beta_1,\beta_2,\cdots,\beta_n$ 的**基变换公式**，称 n 阶可逆矩阵 $\boldsymbol{A}=(a_{ij})$ 为由基 $\alpha_1,\alpha_2,\cdots,\alpha_n$ 到基 $\beta_1,\beta_2,\cdots,\beta_n$ 的**过渡矩阵**. 显然 $\boldsymbol{A}^{-1}$ 为由基 $\beta_1,\beta_2,\cdots,\beta_n$ 到基 $\alpha_1,\alpha_2,\cdots,\alpha_n$ 的过渡矩阵.

2. 坐标变换公式

设 $\alpha_1,\alpha_2,\cdots,\alpha_n$ 和 $\beta_1,\beta_2,\cdots,\beta_n$ 是 $\boldsymbol{R}^n$ 的两个基，由 $\alpha_1,\alpha_2,\cdots,\alpha_n$ 到 $\beta_1,\beta_2,\cdots,\beta_n$ 的过渡矩阵为 $\boldsymbol{A}$.

设 $\alpha\in\boldsymbol{R}^n$，它在基 $\alpha_1,\alpha_2,\cdots,\alpha_n$ 与基 $\beta_1,\beta_2,\cdots,\beta_n$ 下的坐标分别为 $(x_1,x_2,\cdots,x_n)^{\mathrm{T}}$ 和 $(y_1,y_2,\cdots,y_n)^{\mathrm{T}}$，则

$$\begin{bmatrix} x_1 \\ x_2 \\ \vdots \\ x_n \end{bmatrix}=\boldsymbol{A}\begin{bmatrix} y_1 \\ y_2 \\ \vdots \\ y_n \end{bmatrix} \quad 或 \quad \begin{bmatrix} y_1 \\ y_2 \\ \vdots \\ y_n \end{bmatrix}=\boldsymbol{A}^{-1}\begin{bmatrix} x_1 \\ x_2 \\ \vdots \\ x_n \end{bmatrix}.$$

上式称为**坐标变换公式**.

四、子空间的维数和基

(1) 设 $\boldsymbol{V}$ 为 $\boldsymbol{R}^n$ 的一个子空间，视 $\boldsymbol{V}$ 为一个向量组，称该向量组的秩为子空间 $\boldsymbol{V}$ 的**维数**，其一个极大线性无关组称为子空间 $\boldsymbol{V}$ 的一个基.

特别，若 $\boldsymbol{V}$ 为仅含零向量的集合，称 $\boldsymbol{V}$ 为**零子空间**，其维数为**零**.

例如，n 元齐次线性方程组 $\boldsymbol{Ax}=\boldsymbol{O}$ 的解空间是 $n-r$ 维，其中 $r=\mathrm{r}(\boldsymbol{A})$. 当 $r<n$ 时，$\boldsymbol{Ax}=\boldsymbol{O}$ 的一个基础解系就是解空间的一个基.

(2) 对于由 $\boldsymbol{R}^n$ 中的向量组 $\alpha_1,\alpha_2,\cdots,\alpha_m$ 所生成的子空间 $L(\alpha_1,\alpha_2,\cdots,\alpha_m)$，则向量组 $\alpha_1,\alpha_2,\cdots,\alpha_m$ 的秩即为该子空间的维数，

向量组 $\alpha_1,\alpha_2,\cdots,\alpha_m$ 的一个极大线性无关组就是该子空间的一个基.

4.1.2 实向量空间中向量的度量性

一、向量的内积

1. 向量的内积定义

对于 $\boldsymbol{R}^n$ 中任意两个向量

$$\boldsymbol{\alpha}=(a_1,a_2,\cdots,a_n)^{\mathrm{T}},\quad \boldsymbol{\beta}=(b_1,b_2,\cdots,b_n)^{\mathrm{T}},$$

称实数

$$\boldsymbol{\alpha}^{\mathrm{T}}\boldsymbol{\beta}=a_1b_1+a_2b_2+\cdots+a_nb_n$$

为向量 $\boldsymbol{\alpha}$ 与 $\boldsymbol{\beta}$ 的**内积**,记作 $(\boldsymbol{\alpha},\boldsymbol{\beta})$,即 $(\boldsymbol{\alpha},\boldsymbol{\beta})=\boldsymbol{\alpha}^{\mathrm{T}}\boldsymbol{\beta}$.

2. 内积的性质

设 $\boldsymbol{\alpha},\boldsymbol{\beta},\boldsymbol{\gamma}\in\boldsymbol{R}^n,k\in\boldsymbol{R}$,则有

(1) $(\boldsymbol{\alpha},\boldsymbol{\beta})=(\boldsymbol{\beta},\boldsymbol{\alpha})$;

(2) $(k\boldsymbol{\alpha},\boldsymbol{\beta})=(\boldsymbol{\alpha},k\boldsymbol{\beta})=k(\boldsymbol{\alpha},\boldsymbol{\beta})$;

(3) $(\boldsymbol{\alpha}+\boldsymbol{\beta},\boldsymbol{\gamma})=(\boldsymbol{\alpha},\boldsymbol{\gamma})+(\boldsymbol{\beta},\boldsymbol{\gamma})$;

(4) $(\boldsymbol{\alpha},\boldsymbol{\alpha})\geqslant 0$,且 $(\boldsymbol{\alpha},\boldsymbol{\alpha})=0\Longleftrightarrow\boldsymbol{\alpha}=\boldsymbol{0}$.

二、向量的长度

1. 向量的长度定义

设 $\boldsymbol{\alpha}=(a_1,a_2,\cdots,a_n)^{\mathrm{T}}\in\boldsymbol{R}^n$,称非负实数 $\sqrt{(\boldsymbol{\alpha},\boldsymbol{\alpha})}$ 为向量 $\boldsymbol{\alpha}$ 的**长度**,记作 $\|\boldsymbol{\alpha}\|$,即

$$\|\boldsymbol{\alpha}\|=\sqrt{(\boldsymbol{\alpha},\boldsymbol{\alpha})}=\sqrt{a_1^2+a_2^2+\cdots+a_n^2}.$$

2. 单位向量

如果 $\|\boldsymbol{\alpha}\|=1$,则称 $\boldsymbol{\alpha}$ 为**单位向量**. 显然,对任意非零向量 $\boldsymbol{\beta}$, $\dfrac{1}{\|\boldsymbol{\beta}\|}\boldsymbol{\beta}$ 为单位向量,称为把向量 $\boldsymbol{\beta}$ **单位化**.

3. 向量长度的性质

(1) $\|\boldsymbol{\alpha}\|\geqslant 0$,且 $\|\boldsymbol{\alpha}\|=0\Longleftrightarrow\boldsymbol{\alpha}=\boldsymbol{0}$;

(2) $\|k\boldsymbol{\alpha}\|=|k|\,\|\boldsymbol{\alpha}\|$;

(3) $\|\boldsymbol{\alpha}+\boldsymbol{\beta}\|\leqslant\|\boldsymbol{\alpha}\|+\|\boldsymbol{\beta}\|$;

(4) $|\boldsymbol{\alpha}^{\mathrm{T}}\boldsymbol{\beta}|\leqslant\|\boldsymbol{\alpha}\|\,\|\boldsymbol{\beta}\|$,

其中等号当且仅当 α 与 β 线性相关时才成立.

三、向量的正交

(1) 设 $\alpha,\beta\in \boldsymbol{R}^n$,如果 $(\alpha,\beta)=0$,称向量 α 与 β **正交**. 显然,零向量与任意向量都正交.

(2) 如果一个非零向量组 $\alpha_1,\alpha_2,\cdots,\alpha_m$ 中的向量两两正交,称 $\alpha_1,\alpha_2,\cdots,\alpha_m$ 为**正交向量组**.

正交向量组必是线性无关向量组.

(3) 如果向量空间 $\boldsymbol{V}$ 的一个基 $\alpha_1,\alpha_2,\cdots,\alpha_r$ 是一个正交向量组,且每个 α_i 都是单位向量,则称 $\alpha_1,\alpha_2,\cdots,\alpha_r$ 是向量空间 $\boldsymbol{V}$ 的一个**标准正交基**.

四、施密特(Schimidt)正交化

设 $\alpha_1,\alpha_2,\cdots,\alpha_m$ 是 $\boldsymbol{R}^n$ 中一个线性无关向量组,令

$$\beta_1=\alpha_1,$$

$$\beta_2=\alpha_2-\frac{(\alpha_2,\beta_1)}{(\beta_1,\beta_1)}\beta_1,$$

$$\cdots\cdots$$

$$\beta_m=\alpha_m-\frac{(\alpha_m,\beta_1)}{(\beta_1,\beta_1)}\beta_1-\cdots-\frac{(\alpha_m,\beta_{m-1})}{(\beta_{m-1},\beta_{m-1})}\beta_{m-1},$$

则 $\beta_1,\beta_2,\cdots,\beta_m$ 是一个与 $\alpha_1,\alpha_2,\cdots,\alpha_m$ 等价的正交向量组.

进一步,再将 $\beta_1,\beta_2,\cdots,\beta_m$ 单位化,即令

$$\gamma_i=\frac{1}{\|\beta_i\|}\beta_i\quad(i=1,2,\cdots,m),$$

则 $\gamma_1,\gamma_2,\cdots,\gamma_m$ 为一个标准正交向量组.

4.1.3 正交矩阵

1. 正交矩阵的定义

如果 n 阶实方阵 $\boldsymbol{A}$ 满足 $\boldsymbol{A}\boldsymbol{A}^{\mathrm{T}}=\boldsymbol{E}$,称 $\boldsymbol{A}$ 为正交矩阵.

2. 正交矩阵的性质

(1) 设 $\boldsymbol{A}$ 为正交矩阵,则 $\boldsymbol{A}$ 为可逆矩阵.

(2) 设 $\boldsymbol{A}$ 为正交矩阵,则 $\boldsymbol{A}^{\mathrm{T}}$ 和 $\boldsymbol{A}^{-1}$ 都是正交矩阵.

(3) 设 $\boldsymbol{A},\boldsymbol{B}$ 均为 n 阶正交矩阵,则 $\boldsymbol{AB}$ 也是正交矩阵.

(4) 设 $\boldsymbol{A}$ 为正交矩阵,则 $|\boldsymbol{A}|=1$ 或 $|\boldsymbol{A}|=-1$.

(5) $\boldsymbol{A}$ 为正交矩阵 $\Longleftrightarrow \boldsymbol{A}^{\mathrm{T}}=\boldsymbol{A}^{-1}$.

(6) $\boldsymbol{A}$ 为正交矩阵 $\Longleftrightarrow \boldsymbol{A}^{\mathrm{T}}\boldsymbol{A}=\boldsymbol{E}$.

(7) $\boldsymbol{A}$ 为正交矩阵 $\Longleftrightarrow$ $\boldsymbol{A}$ 的列(行)向量组是一个标准正交向量组.

在矩阵前冠以"正交"二字就缘于第(7)条,这也是构造正交矩阵的依据.

§4.2 基本要求与重点、难点分析

4.2.1 基本要求

(1) 了解 n 维向量空间与子空间的概念,知道 $\boldsymbol{R}^n$ 的基、子空间的基与维数的概念,掌握基变换公式和坐标变换公式.

(2) 了解向量内积的概念和性质,向量长度的概念和性质.

(3) 理解两向量正交和正交向量组的概念,掌握把线性无关向量组正交化的方法.

(4) 理解正交矩阵的定义,知道其主要性质.

4.2.2 重点、难点分析

本章重点是向量空间及其基的概念,实向量的内积与施密特正交化方法,正交矩阵的概念与性质.难点是线性无关向量组的施密特正交化方法.

(1) n 维向量空间 $\boldsymbol{R}^n$ 是 3 维几何空间的推广,而子空间则是向量组概念的推广,只要该向量集合 $\boldsymbol{V}$ 非空且对向量的线性运算封闭,向量空间的维数与基就是向量组的秩与极大线性无关组的推广,因而向量空间的维数与基的概念是紧密联系在一起的.

(2) 3 维几何空间中的向量具有明显的几何度量方面的性质,如长度、夹角及垂直等,这些概念都可以由内积(即数量积)确定,并且在几何空间中引进直角坐标系为处理问题带来了极大的方便.同样在 $\boldsymbol{R}^n$ 中定义内积后,也就引进了 n 维向量的长度及向量正交的

概念,而 $\boldsymbol{R}^n$ 中的标准正交基就相当于 3 维几何空间中的直角坐标系.

(3) 正交矩阵是一类特殊的实矩阵,它在后面实对称矩阵的相似对角化与实二次型化为标准形等问题中有重要应用,而在 3 维几何空间中的旋转变换或反射变换就是正交变换的例子.

§4.3 典型例题解析

4.3.1 向量空间的验证与求向量空间的维数和基

要说明一个向量的集合是向量空间时,首先要指出该集合非空,然后验证该集合对向量的线性运算封闭.

由于一般向量空间 $\boldsymbol{V}$ 中的向量有无穷多个,就不能采用求向量组极大线性无关组的方法来求 $\boldsymbol{V}$ 的一个基. 确定向量空间 $\boldsymbol{V}$ 的一个基的一般方法是:先设法(或由运算或由观察)找出 $\boldsymbol{V}$ 中一组向量,并证明它线性无关,再验证 $\boldsymbol{V}$ 中任一向量都可由该向量组线性表出,这组向量即为 $\boldsymbol{V}$ 的一个基.

例 4.1 检验以下集合是不是 $\boldsymbol{R}^3$ 的子空间?若是子空间,求出它的维数和一个基.

(1) $\boldsymbol{V}=\{\boldsymbol{\alpha}=(a,0,0)\mid a\in\boldsymbol{R}\}$;

(2) $\boldsymbol{V}=\{\boldsymbol{\alpha}=(a,-a,0)\mid a\in\boldsymbol{R}\}$;

(3) $\boldsymbol{V}=\{\boldsymbol{\alpha}=(1,a,0)\mid a\in\boldsymbol{R}\}$;

(4) $\boldsymbol{V}=\{\boldsymbol{\alpha}=(a_1,a_2,a_3)\mid a_i\in\boldsymbol{R},\ i=1,2,3,\ a_1a_2=0\}$;

(5) $\boldsymbol{V}=\{\boldsymbol{\alpha}=(a_1,a_2,a_3)\mid a_i\in\boldsymbol{R},\ a_1+a_2=2a_3\}$.

解 (1) 因为 $(0,0,0)\in\boldsymbol{V}$,$\boldsymbol{V}$ 是非空集合. 设 $\boldsymbol{\alpha}=(x_1,0,0)\in\boldsymbol{V}$, $\boldsymbol{\beta}=(y_1,0,0)\in\boldsymbol{V}$,显然

$$\boldsymbol{\alpha}+\boldsymbol{\beta}=(x_1+y_1,0,0)\in\boldsymbol{V},\quad k\boldsymbol{\alpha}=(kx_1,0,0)\in\boldsymbol{V},$$

所以,$\boldsymbol{V}$ 是 $\boldsymbol{R}^3$ 的子空间. 由于 $\boldsymbol{V}$ 中任一向量 $\boldsymbol{\alpha}=(a,0,0)=a(1,0,0)$,即 $\boldsymbol{V}$ 中任一向量都可以由 $\boldsymbol{\varepsilon}=(1,0,0)$线性表出,而 $\boldsymbol{\varepsilon}$ 是线性无关的. 所以,$\boldsymbol{V}$ 是 1 维向量空间,$\boldsymbol{\varepsilon}$ 为它的一个基.

(2) 因为 $(0,0,0)\in\boldsymbol{V}$,$\boldsymbol{V}$ 是非空集合. 设 $\boldsymbol{\alpha}=(x_1,-x_1,0)\in\boldsymbol{V}$,

$\beta=(y_1,-y_1,0)\in V$,显然

$$\alpha+\beta=(x_1+y_1,-x_1-y_1,0)\in V,$$
$$k\alpha=(kx_1,-kx_1,0)\in V,$$

所以,V 是 R^3 的子空间.

由于 V 中任一向量 $\alpha=(a,-a,0)=a(1,-1,0)$,说明 V 中任一向量都可以由向量 $\alpha_1=(1,-1,0)$ 线性表出,所以,V 是 1 维向量空间,α_1 为它的一个基.

(3) 设 $\alpha=(1,x,0)\in V$, $\beta=(1,y,0)\in V$,则

$$\alpha+\beta=(2,x+y,0)\notin V.$$

说明集合 V 对加法运算不封闭,所以,V 不是 R^3 的子空间.

(4) 设 $\alpha=(x_1,x_2,x_3)\in V,x_1x_2=0$, $\beta=(y_1,y_2,y_3)\in V,y_1y_2=0$.则

$$\alpha+\beta=(x_1+y_1,x_2+y_2,x_3+y_3).$$

但 $(x_1+y_1)(x_2+y_2)\neq 0$, 故 $\alpha+\beta\notin V$. 说明集合 V 对加法运算不封闭,所以 V 不是 R^3 的子空间.

(5) 因为 $(1,1,1)\in V$,V 是非空集合. 设 $\alpha=(x_1,x_2,x_3)\in V$,有 $x_1+x_2=2x_3$, $\beta=(y_1,y_2,y_3)\in V$,有 $y_1+y_2=2y_3$,则

$$\alpha+\beta=(x_1+y_1,x_2+y_2,x_3+y_3),$$
$$k\alpha=(kx_1,kx_2,kx_3).$$

由于 $(x_1+y_1)+(x_2+y_2)=2(x_3+y_3)$, $kx_1+kx_2=2kx_3$,故

$$\alpha+\beta\in V,\quad k\alpha\in V,$$

所以,V 是 R^3 的子空间.

由于 V 中任一向量

$$\alpha=(a_1,a_2,a_3)=\left(a_1,a_2,\frac{1}{2}(a_1+a_2)\right)$$
$$=a_1\left(1,0,\frac{1}{2}\right)+a_2\left(0,1,\frac{1}{2}\right),$$

说明 V 中任一向量都可以由 $\alpha_1=\left(1,0,\frac{1}{2}\right)$ 与 $\alpha_2=\left(0,1,\frac{1}{2}\right)$ 线性表出,又 α_1,α_2 线性无关. 故 α_1,α_2 为 V 的一个基,V 是 2 维向量空间.

例 4.2 求向量空间

$$V=\{\alpha=(x_1,x_2,\cdots,x_n)^{\mathrm{T}}\mid x_1+x_2+\cdots+x_n=0\}$$

的维数和一个基.

解 显然向量空间 $\boldsymbol{V}$ 是齐次线性方程组

$$x_1 + x_2 + \cdots + x_n = 0$$

的解空间.

容易求得方程组的一个基础解系为

$\boldsymbol{\xi}_1 = (-1,1,0,\cdots,0)^{\mathrm{T}}$, $\boldsymbol{\xi}_2 = (-1,0,1,\cdots,0)^{\mathrm{T}}$, $\cdots$,

$\boldsymbol{\xi}_{n-1} = (-1,0,\cdots,1)^{\mathrm{T}}$.

所以,$\boldsymbol{\xi}_1,\boldsymbol{\xi}_2,\cdots,\boldsymbol{\xi}_{n-1}$为向量空间 $\boldsymbol{V}$ 的一个基,$\boldsymbol{V}$ 是 $n-1$ 维向量空间.

例 4.3 设有向量组 $\boldsymbol{\alpha}_1=(2,1,1)^{\mathrm{T}}$, $\boldsymbol{\alpha}_2=(-3,2,0)^{\mathrm{T}}$, $\boldsymbol{\alpha}_3=(1,4,2)^{\mathrm{T}}$, $\boldsymbol{V}$ 是由 $\boldsymbol{\alpha}_1,\boldsymbol{\alpha}_2,\boldsymbol{\alpha}_3$ 生成的空间.

(1) 求 $\boldsymbol{V}$ 的维数和一个基;

(2) 向量 $\boldsymbol{\beta}=(1,2,3)^{\mathrm{T}}$ 是否在 $\boldsymbol{V}$ 中?

解 (1) 容易求出向量组 $\boldsymbol{\alpha}_1,\boldsymbol{\alpha}_2,\boldsymbol{\alpha}_3$ 的秩为 2,部分组 $\boldsymbol{\alpha}_1,\boldsymbol{\alpha}_2$ 为一个极大线性无关组.所以 $\boldsymbol{V}$ 的维数为 2, $\boldsymbol{\alpha}_1,\boldsymbol{\alpha}_2$ 为其一个基.

(2) 由于 $\boldsymbol{V}$ 是由 $\boldsymbol{\alpha}_1,\boldsymbol{\alpha}_2,\boldsymbol{\alpha}_3$ 生成的空间,是指由 $\boldsymbol{\alpha}_1,\boldsymbol{\alpha}_2,\boldsymbol{\alpha}_3$ 任意的线性组合形成的集合,因此向量 $\boldsymbol{\beta}$ 是否在 $\boldsymbol{V}$ 中就是看 $\boldsymbol{\beta}$ 能否由 $\boldsymbol{\alpha}_1,\boldsymbol{\alpha}_2,\boldsymbol{\alpha}_3$ 线性表出?也就看 $\boldsymbol{\beta}$ 能否由 $\boldsymbol{\alpha}_1,\boldsymbol{\alpha}_2$ 线性表出?

设 $x_1\boldsymbol{\alpha}_1+x_2\boldsymbol{\alpha}_2=\boldsymbol{\beta}$,由于

$$\bar{\boldsymbol{A}} = \begin{bmatrix} 2 & -3 & 1 \\ 1 & 2 & 2 \\ 1 & 0 & 3 \end{bmatrix} \to \begin{bmatrix} 1 & 0 & 3 \\ 0 & 2 & -1 \\ 0 & 0 & 1 \end{bmatrix},$$

说明方程组无解,所以 $\boldsymbol{\beta}\notin\boldsymbol{V}$.

例 4.4 设由向量 $\boldsymbol{\alpha}_1=(0,1,2)$, $\boldsymbol{\alpha}_2=(1,3,5)$, $\boldsymbol{\alpha}_3=(2,1,0)$生成的向量空间为 $\boldsymbol{V}_1$;由向量 $\boldsymbol{\beta}_1=(1,2,3)$, $\boldsymbol{\beta}_2=(-1,0,1)$生成的向量空间为 $\boldsymbol{V}_2$,试证: $\boldsymbol{V}_1=\boldsymbol{V}_2$.

分析 由 $\boldsymbol{V}_1=L(\boldsymbol{\alpha}_1,\boldsymbol{\alpha}_2,\boldsymbol{\alpha}_3)$, $\boldsymbol{V}_2=L(\boldsymbol{\beta}_1,\boldsymbol{\beta}_2)$. 故

$$\boldsymbol{V}_1 = \boldsymbol{V}_2 \Longleftrightarrow \text{向量组 } \boldsymbol{\alpha}_1,\boldsymbol{\alpha}_2,\boldsymbol{\alpha}_3 \text{ 与向量组 } \boldsymbol{\beta}_1,\boldsymbol{\beta}_2 \text{ 等价.}$$

我们利用矩阵初等行变换前后的行向量组必等价,来证明 $\boldsymbol{\alpha}_1,\boldsymbol{\alpha}_2,\boldsymbol{\alpha}_3$ 与 $\boldsymbol{\beta}_1,\boldsymbol{\beta}_2$ 等价.

证 令矩阵

$$\boldsymbol{A}=\begin{bmatrix}\alpha_1\\ \alpha_2\\ \alpha_3\end{bmatrix},\quad \boldsymbol{B}=\begin{bmatrix}\beta_1\\ \beta_2\end{bmatrix},$$

对矩阵 $\boldsymbol{A},\boldsymbol{B}$ 作初等行变换：

$$\boldsymbol{A}=\begin{bmatrix}0&1&2\\1&3&5\\2&1&0\end{bmatrix}\to\begin{bmatrix}1&3&5\\0&1&2\\0&0&0\end{bmatrix}=\boldsymbol{A}_1,$$

$$\boldsymbol{B}=\begin{bmatrix}1&2&3\\-1&0&1\end{bmatrix}\to\begin{bmatrix}1&2&3\\0&1&2\end{bmatrix}\to\begin{bmatrix}1&3&5\\0&1&2\end{bmatrix}=\boldsymbol{B}_1,$$

显然 $\boldsymbol{A}_1$ 的行向量组与 $\boldsymbol{B}_1$ 的行向量组等价，故 $\boldsymbol{A}$ 的行向量组与 $\boldsymbol{B}$ 的行向量组等价，即向量组 $\alpha_1,\alpha_2,\alpha_3$ 与向量组 β_1,β_2 等价，从而有

$$\boldsymbol{V}_1=\boldsymbol{V}_2.$$

例 4.5 设 $\alpha\in\boldsymbol{R}^n$ 为一非零向量. 试证：与 α 正交的向量的全体构成 $\boldsymbol{R}^n$ 中 $n-1$ 维子空间.

证 记 $\boldsymbol{V}$ 为所有与 α 正交的向量所组成的集合，因为零向量在 $\boldsymbol{V}$ 中，故 $\boldsymbol{V}$ 是非空集合.

如果 $\beta,\gamma\in\boldsymbol{R}^n$ 都与 α 正交，即

$$\alpha^{\mathrm{T}}\beta=0,\quad \alpha^{\mathrm{T}}\gamma=0.$$

则

$$\alpha^{\mathrm{T}}(\beta+\gamma)=\alpha^{\mathrm{T}}\beta+\alpha^{\mathrm{T}}\gamma=0,$$
$$\alpha^{\mathrm{T}}(k\beta)=k(\alpha^{\mathrm{T}}\beta)=0.$$

可见 $\beta+\gamma$ 与 $k\beta$ 都与 α 正交，即 $\beta+\gamma\in\boldsymbol{V}$，$k\beta\in\boldsymbol{V}$，所以集合 $\boldsymbol{V}$ 是 $\boldsymbol{R}^n$ 的一个子空间.

设 $\alpha=(a_1,a_2,\cdots,a_n)^{\mathrm{T}}$，则 $\boldsymbol{x}=(x_1,x_2,\cdots,x_n)^{\mathrm{T}}\in\boldsymbol{V}$ 的充分必要条件是

$$\alpha^{\mathrm{T}}\boldsymbol{x}=a_1x_1+a_2x_2+\cdots+a_nx_n=0.$$

可见 $\boldsymbol{V}$ 即为上述齐次线性方程组的解空间，显然该解空间的维数为

$$n-\mathrm{r}(\boldsymbol{A})=n-1.$$

4.3.2 求基过渡矩阵与向量的坐标

例 4.6 已知 $\boldsymbol{R}^3$ 的两个基为

(Ⅰ)：$\boldsymbol{\alpha}_1=(1,1,1)^{\mathrm{T}}$, $\boldsymbol{\alpha}_2=(0,1,1)^{\mathrm{T}}$, $\boldsymbol{\alpha}_3=(0,0,1)^{\mathrm{T}}$；

(Ⅱ)：$\boldsymbol{\beta}_1=(1,0,-1)^{\mathrm{T}}$, $\boldsymbol{\beta}_2=(1,1,0)^{\mathrm{T}}$, $\boldsymbol{\beta}_3=(0,-1,1)^{\mathrm{T}}$.

求由基 $\boldsymbol{\alpha}_1,\boldsymbol{\alpha}_2,\boldsymbol{\alpha}_3$ 到 $\boldsymbol{\beta}_1,\boldsymbol{\beta}_2,\boldsymbol{\beta}_3$ 的过渡矩阵.

解 设由 $\boldsymbol{\alpha}_1,\boldsymbol{\alpha}_2,\boldsymbol{\alpha}_3$ 到 $\boldsymbol{\beta}_1,\boldsymbol{\beta}_2,\boldsymbol{\beta}_3$ 的基变换公式为

$$(\boldsymbol{\beta}_1,\boldsymbol{\beta}_2,\boldsymbol{\beta}_3)=(\boldsymbol{\alpha}_1,\boldsymbol{\alpha}_2,\boldsymbol{\alpha}_3)\boldsymbol{A},$$

则过渡矩阵

$$\boldsymbol{A}=(\boldsymbol{\alpha}_1,\boldsymbol{\alpha}_2,\boldsymbol{\alpha}_3)^{-1}(\boldsymbol{\beta}_1,\boldsymbol{\beta}_2,\boldsymbol{\beta}_3)$$

$$=\begin{bmatrix}1&0&0\\1&1&0\\1&1&1\end{bmatrix}^{-1}\begin{bmatrix}1&1&0\\0&1&-1\\-1&0&1\end{bmatrix}=\begin{bmatrix}1&1&0\\-1&0&-1\\-1&-1&2\end{bmatrix}.$$

例 4.7 已知 $\boldsymbol{\alpha}_1,\boldsymbol{\alpha}_2,\boldsymbol{\alpha}_3$ 是 $\boldsymbol{R}^3$ 的一个基,又

$$\boldsymbol{\beta}_1=\boldsymbol{\alpha}_1-\boldsymbol{\alpha}_2+2\boldsymbol{\alpha}_3,\quad \boldsymbol{\beta}_2=2\boldsymbol{\alpha}_1-\boldsymbol{\alpha}_2+2\boldsymbol{\alpha}_3,$$
$$\boldsymbol{\beta}_3=\boldsymbol{\alpha}_1+3\boldsymbol{\alpha}_2-5\boldsymbol{\alpha}_3.$$

证明 $\boldsymbol{\beta}_1,\boldsymbol{\beta}_2,\boldsymbol{\beta}_3$ 也是 $\boldsymbol{R}^3$ 的一个基.若 $\boldsymbol{\gamma}=\boldsymbol{\alpha}_1-3\boldsymbol{\alpha}_2+5\boldsymbol{\alpha}_3$,求 $\boldsymbol{\gamma}$ 分别在基 $\boldsymbol{\alpha}_1,\boldsymbol{\alpha}_2,\boldsymbol{\alpha}_3$ 与基 $\boldsymbol{\beta}_1,\boldsymbol{\beta}_2,\boldsymbol{\beta}_3$ 下的坐标.

解 由于

$$(\boldsymbol{\beta}_1,\boldsymbol{\beta}_2,\boldsymbol{\beta}_3)=(\boldsymbol{\alpha}_1,\boldsymbol{\alpha}_2,\boldsymbol{\alpha}_3)\begin{bmatrix}1&2&1\\-1&-1&3\\2&2&-5\end{bmatrix},$$

而

$$|\boldsymbol{A}|=\begin{vmatrix}1&2&1\\-1&-1&3\\2&2&-5\end{vmatrix}=1\neq 0$$

知 $\boldsymbol{A}$ 可逆,故 $\boldsymbol{\beta}_1,\boldsymbol{\beta}_2,\boldsymbol{\beta}_3$ 线性无关,它是 $\boldsymbol{R}^3$ 的一个基,且 $\boldsymbol{A}$ 为由基 $\boldsymbol{\alpha}_1$, $\boldsymbol{\alpha}_2,\boldsymbol{\alpha}_3$ 到 $\boldsymbol{\beta}_1,\boldsymbol{\beta}_2,\boldsymbol{\beta}_3$ 的过渡矩阵.

由 $\boldsymbol{\gamma}=\boldsymbol{\alpha}_1-3\boldsymbol{\alpha}_2+5\boldsymbol{\alpha}_3$,显然可知,$\boldsymbol{\gamma}$ 在基 $\boldsymbol{\alpha}_1,\boldsymbol{\alpha}_2,\boldsymbol{\alpha}_3$ 下的坐标为 $(x_1,x_2,x_3)^{\mathrm{T}}=(1,-3,5)^{\mathrm{T}}$.

设 $\boldsymbol{\gamma}$ 在基 $\boldsymbol{\beta}_1,\boldsymbol{\beta}_2,\boldsymbol{\beta}_3$ 下的坐标为 $(y_1,y_2,y_3)^{\mathrm{T}}$,则由坐标变换公式可得到

$$\begin{bmatrix}y_1\\y_2\\y_3\end{bmatrix}=\boldsymbol{A}^{-1}\begin{bmatrix}x_1\\x_2\\x_3\end{bmatrix}=\begin{bmatrix}1&2&1\\-1&-1&3\\2&2&5\end{bmatrix}^{-1}\begin{bmatrix}1\\-3\\5\end{bmatrix}=\begin{bmatrix}-2\\2\\-1\end{bmatrix}.$$

例 4.8 证明向量组 $\alpha_1=(1,1,0)^T$, $\alpha_2=(1,0,1)^T$, $\alpha_3=(0,1,1)^T$ 是 $\boldsymbol{R}^3$ 的一个基,并求向量 $\alpha=(2,0,0)^T$ 在这个基下的坐标.

解 由基的定义,只需证明 $\alpha_1,\alpha_2,\alpha_3$ 线性无关.

考虑线性方程组

$$x_1\alpha_1+x_2\alpha_2+x_3\alpha_3=\alpha,$$

对方程组的增广矩阵作初等行变换得到

$$\bar{A}=(\alpha_1,\alpha_2,\alpha_3,\alpha)=\begin{bmatrix}1&1&0&2\\1&0&1&0\\0&1&1&0\end{bmatrix}\to\begin{bmatrix}1&0&0&1\\0&1&0&1\\0&0&1&-1\end{bmatrix},$$

可知 $A=(\alpha_1,\alpha_2,\alpha_3)$的秩为 3,故 $\alpha_1,\alpha_2,\alpha_3$ 线性无关,所以,$\alpha_1,\alpha_2,\alpha_3$ 是 $\boldsymbol{R}^3$ 的一个基.

又从 $\bar{A}$ 所化成的简化阶梯形矩阵中,可得到方程组的惟一解为

$$x_1=1,\quad x_2=1,\quad x_3=-1.$$

所以,α 在基 $\alpha_1,\alpha_2,\alpha_3$ 下的坐标为$(1,1,-1)^T$.

例 4.9 已知 $\alpha_1=(1,2,1)^T$, $\alpha_2=(2,3,3)^T$, $\alpha_3=(3,7,1)^T$ 与 $\beta_1=(1,1,3)^T$, $\beta_2=(3,2,4)^T$, $\beta_3=(1,3,11)^T$ 是 $\boldsymbol{R}^3$ 的两个基,求在这两个基下有相同坐标的所有向量.

解 设 γ 在这两个基下有相同的坐标$(x_1,x_2,x_3)^T$,即

$$\gamma=x_1\alpha_1+x_2\alpha_2+x_3\alpha_3=x_1\beta_1+x_2\beta_2+x_3\beta_3,$$

即

$$\begin{cases}-x_2+2x_3=0,\\x_1+x_2+4x_3=0,\\-2x_1-x_2-10x_3=0.\end{cases}$$

解出 $x_1=-6t$, $x_2=2t$, $x_3=t$ (t 为任意常数),所以

$$\gamma=-6t\alpha_1+2t\alpha_2+t\alpha_3=(t,t,t)^T$$

为所求向量.

4.3.3 关于向量的度量性问题

例 4.10 设 $\alpha=(2,3,1,1)^T$, $\beta=\left(\frac{1}{2},2,-1,0\right)^T$.

(1) 求 α 与 β 的内积;

(2) 将 $\boldsymbol{\alpha}$ 与 $\boldsymbol{\beta}$ 单位化.

解 (1) $\boldsymbol{\alpha}$ 与 $\boldsymbol{\beta}$ 的内积

$$(\boldsymbol{\alpha},\boldsymbol{\beta}) = \boldsymbol{\alpha}^{\mathrm{T}}\boldsymbol{\beta} = 2 \times \frac{1}{2} + 3 \times 2 + 1 \times (-1) + 1 \times 0 = 6.$$

(2) 由于

$$\|\boldsymbol{\alpha}\| = \sqrt{4+9+1+1} = \sqrt{15},$$

$$\|\boldsymbol{\beta}\| = \sqrt{\frac{1}{4}+4+1+0} = \frac{1}{2}\sqrt{21},$$

于是

$$\frac{1}{\|\boldsymbol{\alpha}\|}\boldsymbol{\alpha} = \frac{1}{\sqrt{15}}(2,3,1,1)^{\mathrm{T}} = \left(\frac{2}{\sqrt{15}},\frac{3}{\sqrt{15}},\frac{1}{\sqrt{15}},\frac{1}{\sqrt{15}}\right)^{\mathrm{T}},$$

$$\frac{1}{\|\boldsymbol{\beta}\|}\boldsymbol{\beta} = \frac{2}{\sqrt{21}}\left(\frac{1}{2},2,-1,0\right)^{\mathrm{T}} = \left(\frac{1}{\sqrt{21}},\frac{4}{\sqrt{21}},-\frac{2}{\sqrt{21}},0\right)^{\mathrm{T}}$$

都是单位向量.

注释 本题中,向量 $\boldsymbol{\beta}$ 的分量中出现分数,因而做单位化时,计算较为麻烦.但由于 $\boldsymbol{\beta}=\frac{1}{2}(1,4,-2,0)^{\mathrm{T}}$,只需对 $2\boldsymbol{\beta}=(1,4,-2,0)^{\mathrm{T}}$ 单位化,这样可避免分数运算,而答案显然是一样的.

例 4.11 求与向量 $\boldsymbol{\alpha}_1=(1,1,-1,1)^{\mathrm{T}}$, $\boldsymbol{\alpha}_2=(1,-1,-1,1)^{\mathrm{T}}$, $\boldsymbol{\alpha}_3=(2,1,1,3)^{\mathrm{T}}$ 都正交的单位向量.

解 设 $\boldsymbol{\beta}=(x_1,x_2,x_3,x_4)^{\mathrm{T}}$ 与 $\boldsymbol{\alpha}_1,\boldsymbol{\alpha}_2,\boldsymbol{\alpha}_3$ 都正交,则

$$(\boldsymbol{\alpha}_1,\boldsymbol{\beta}) = (\boldsymbol{\alpha}_2,\boldsymbol{\beta}) = (\boldsymbol{\alpha}_3,\boldsymbol{\beta}) = 0,$$

即

$$\begin{cases} x_1+x_2-x_3+x_4=0, \\ x_1-x_2-x_3+x_4=0, \\ 2x_1+x_2+x_3+3x_4=0. \end{cases}$$

解此方程组得到基础解系为 $\boldsymbol{\xi}=(4,0,1,-3)^{\mathrm{T}}$. 将 $\boldsymbol{\xi}$ 单位化,则 $\pm\frac{1}{\sqrt{26}}(4,0,1,-3)^{\mathrm{T}}$ 为所求.

例 4.12 用施密特正交化方法把向量组正交化、单位化:

$$\boldsymbol{\alpha}_1 = (1,1,1,1)^{\mathrm{T}}, \quad \boldsymbol{\alpha}_2 = (1,-2,-3,-4)^{\mathrm{T}},$$

$$\alpha_3=(1,2,2,3)^T.$$

解 先正交化,令

$$\beta_1=\alpha_1=(1,1,1,1)^T;$$

$$\beta_2=\alpha_2-\frac{(\alpha_2,\beta_1)}{(\beta_1,\beta_1)}\beta_1$$

$$=(1,-2,-3,-4)^T-\frac{-8}{4}(1,1,1,1)^T$$

$$=(3,0,-1,-2)^T;$$

$$\beta_3=\alpha_3-\frac{(\alpha_3,\beta_1)}{(\beta_1,\beta_1)}\beta_1-\frac{(\alpha_3,\beta_2)}{(\beta_2,\beta_2)}\beta_2$$

$$=(1,2,2,3)^T-\frac{8}{4}(1,1,1,1)^T-\frac{-5}{14}(3,0,-1,-2)^T$$

$$=\frac{1}{14}(1,0,-5,4)^T,$$

再单位化,得

$$\eta_1=\frac{1}{\|\beta_1\|}\beta_1=\frac{1}{2}(1,1,1,1)^T,$$

$$\eta_2=\frac{1}{\|\beta_2\|}\beta_2=\frac{1}{\sqrt{14}}(3,0,-1,-2)^T,$$

$$\eta_3=\frac{1}{\|\beta_3\|}\beta_3=\frac{1}{\sqrt{42}}(1,0,-5,4)^T,$$

则 η_1,η_2,η_3 为标准正交向量组.

例 4.13 求齐次线性方程组

$$\begin{cases}x_1+x_2-3x_4=0,\\x_1-x_2+2x_3-x_4=0,\\x_1+x_3-2x_4=0\end{cases}$$

解空间的一个标准正交基.

解法 1 对系数矩阵作初等行变换,有

$$A=\begin{bmatrix}1&1&0&-3\\1&-1&2&-1\\1&0&1&-2\end{bmatrix}\to\begin{bmatrix}1&0&1&-2\\0&1&-1&-1\\0&0&0&0\end{bmatrix},$$

由此可容易求出方程一个基础解系是

$$\alpha_1=(-1,1,1,0)^{\mathrm{T}},\quad \alpha_2=(2,1,0,1)^{\mathrm{T}}.$$

将其正交化，有

$$\beta_1=\alpha_1=(-1,1,1,0)^{\mathrm{T}},$$

$$\beta_2=\alpha_2-\frac{(\alpha_2,\beta_1)}{(\beta_1,\beta_1)}=\frac{1}{3}(5,4,1,3)^{\mathrm{T}},$$

再单位化，得

$$\gamma_1=\frac{1}{\sqrt{3}}(-1,1,1,0)^{\mathrm{T}},$$

$$\gamma_2=\frac{1}{\sqrt{51}}(5,4,1,3)^{\mathrm{T}}.$$

那么 γ_1,γ_2 是解空间的一个标准正交基.

解法 2 由解法 1，已求得与原方程组同解的方程组为

$$\begin{cases}x_1\quad+x_3-2x_4=0,\\ x_2-x_3-\ x_4=0.\end{cases}$$

任取方程组的一个非零解，例如 $\alpha_1=(1,2,1,1)^{\mathrm{T}}$.

设另一个非零解为 $\alpha_2=(x_1,x_2,x_3,x_4)^{\mathrm{T}}$，要求 α_2 与 α_1 正交，则 α_2 应满足

$$\begin{cases}x_1\qquad\ +x_3-2x_4=0,\\ \qquad x_2-x_3-\ x_4=0,\\ x_1+2x_2+x_3+\ x_4=0.\end{cases}$$

可以求得 $\alpha_2=(9,-3,-5,2)^{\mathrm{T}}$. 那么 α_1,α_2 已成为方程组的解空间的正交基，只需再把 α_1,α_2 单位化，得

$$\gamma_1=\frac{1}{\|\alpha_1\|}\alpha_1=\frac{1}{\sqrt{7}}(1,2,1,1)^{\mathrm{T}},$$

$$\gamma_2=\frac{1}{\|\alpha_2\|}\alpha_2=\frac{1}{\sqrt{119}}(9,-3,-5,2)^{\mathrm{T}},$$

那么 γ_1,γ_2 是方程组的解空间的标准正交基.

注释 解法 2 指出，若需求齐次线性方程组的标准正交的基础解系，我们可以先设法寻求一个正交基础解系，后面就只需做单位化的工作，而不需正交化.

例 4.14 设 $\boldsymbol{A}$ 为 n 阶实反对称矩阵，即 $\boldsymbol{A}=-\boldsymbol{A}^{\mathrm{T}}$，且存在列向

量 $\boldsymbol{\alpha},\boldsymbol{\beta}\in\boldsymbol{R}^n$，使 $\boldsymbol{A}\boldsymbol{\alpha}=\boldsymbol{\beta}$. 证明：$\boldsymbol{\alpha}$ 与 $\boldsymbol{\beta}$ 正交.

证 $\boldsymbol{\alpha}$ 与 $\boldsymbol{\beta}$ 的内积是

$$(\boldsymbol{\alpha},\boldsymbol{\beta})=\boldsymbol{\alpha}^{\mathrm{T}}\boldsymbol{\beta}=\boldsymbol{\alpha}^{\mathrm{T}}(\boldsymbol{A}\boldsymbol{\alpha})=\boldsymbol{\alpha}^{\mathrm{T}}(-\boldsymbol{A}^{\mathrm{T}}\boldsymbol{\alpha})=-(\boldsymbol{\alpha}^{\mathrm{T}}\boldsymbol{A}^{\mathrm{T}})\boldsymbol{\alpha}$$
$$=-(\boldsymbol{A}\boldsymbol{\alpha})^{\mathrm{T}}\boldsymbol{\alpha}=-\boldsymbol{\beta}^{\mathrm{T}}\boldsymbol{\alpha}=-(\boldsymbol{\alpha},\boldsymbol{\beta}).$$

故 $(\boldsymbol{\alpha},\boldsymbol{\beta})=0$，所以 $\boldsymbol{\alpha}$ 与 $\boldsymbol{\beta}$ 正交.

例 4.15 设 $\boldsymbol{\alpha}_i=(a_{i1},a_{i2},\cdots,a_{in})^{\mathrm{T}}(i=1,2,\cdots,r;r<n)$ 是 n 维实向量，且 $\boldsymbol{\alpha}_1,\boldsymbol{\alpha}_2,\cdots,\boldsymbol{\alpha}_r$ 线性无关. 已知 $\boldsymbol{\beta}=(b_1,b_2,\cdots,b_n)^{\mathrm{T}}$ 是齐次线性方程组

$$\begin{cases}a_{11}x_1+a_{12}x_2+\cdots+a_{1n}x_n=0,\\ a_{21}x_1+a_{22}x_2+\cdots+a_{2n}x_n=0,\\ \cdots\cdots\cdots\cdots\cdots\cdots\\ a_{r1}x_1+a_{r2}x_2+\cdots+a_{rn}x_n=0\end{cases}$$

的非零解向量，试判断向量组 $\boldsymbol{\alpha}_1,\boldsymbol{\alpha}_2,\cdots,\boldsymbol{\alpha}_r,\boldsymbol{\beta}$ 的线性相关性，并证明之.

分析 当 $\boldsymbol{\beta}$ 是齐次线性方程组的解向量时，由于方程组中每个方程的左边显然是 $\boldsymbol{\beta}$ 与 $\boldsymbol{\alpha}_i(i=1,2,\cdots,r)$ 的内积，故内积都为零，即 $\boldsymbol{\beta}$ 与每个 $\boldsymbol{\alpha}_i$ 都正交，又已知 $\boldsymbol{\alpha}_1,\boldsymbol{\alpha}_2,\cdots,\boldsymbol{\alpha}_r$ 线性无关，可判断 $\boldsymbol{\alpha}_1,\boldsymbol{\alpha}_2,\cdots,\boldsymbol{\alpha}_r,\boldsymbol{\beta}$ 应是线性无关的.

解 由题设 $\boldsymbol{\beta}$ 是线性方程组的解向量，即

$$(\boldsymbol{\beta},\boldsymbol{\alpha}_i)=\boldsymbol{\beta}^{\mathrm{T}}\boldsymbol{\alpha}_i=0\quad(i=1,2,\cdots,r).$$

设有一组数 $k_1,k_2,\cdots,k_r,k_0$，使得

$$k_1\boldsymbol{\alpha}_1+k_2\boldsymbol{\alpha}_2+\cdots+k_r\boldsymbol{\alpha}_r+k_0\boldsymbol{\beta}=\boldsymbol{0}.\tag{1}$$

将(1)式两边与向量 $\boldsymbol{\beta}$ 作内积，由于 $\boldsymbol{\beta}^{\mathrm{T}}\boldsymbol{\alpha}_i=0$，得到

$$k_0(\boldsymbol{\beta},\boldsymbol{\beta})=0.$$

因 $\boldsymbol{\beta}\neq\boldsymbol{0}$，就有 $(\boldsymbol{\beta},\boldsymbol{\beta})\neq0$，故 $k_0=0$，则(1)式成为

$$k_1\boldsymbol{\alpha}_1+k_2\boldsymbol{\alpha}_2+\cdots+k_r\boldsymbol{\alpha}_r=\boldsymbol{0}.$$

由已知 $\boldsymbol{\alpha}_1,\boldsymbol{\alpha}_2,\cdots,\boldsymbol{\alpha}_r$ 线性无关，则有

$$k_1=k_2=\cdots=k_r=0,$$

于是当(1)式成立时，必有

$$k_1=k_2=\cdots=k_r=k_0=0,$$

所以，向量组 $\alpha_1,\alpha_2,\cdots,\alpha_r,\beta$ 线性无关.

4.3.4 与正交矩阵有关的问题

例 4.16 设

$$A=\begin{bmatrix} a & -3/7 & 2/7 \\ b & c & d \\ -3/7 & 2/7 & e \end{bmatrix}$$

是正交矩阵，求 a,b,c,d,e 的值.

分析 从"A 为正交矩阵的充要条件是 A 的行向量组为正交单位向量组"入手.

解 设 A 的行向量组为 $\alpha_1,\alpha_2,\alpha_3$. 由 A 为正交矩阵，故 $\alpha_1,\alpha_2,\alpha_3$ 为正交单位向量组，即

$$\|\alpha_1\|^2=a^2+\left(-\frac{3}{7}\right)^2+\left(\frac{2}{7}\right)^2=1,$$

$$\|\alpha_3\|^2=\left(-\frac{3}{7}\right)^2+\left(\frac{2}{7}\right)^2+e^2=1,$$

则可得出 $a^2=e^2=\left(\frac{6}{7}\right)^2$. 由 $(\alpha_1,\alpha_3)=-\frac{3}{7}a-\frac{6}{49}+\frac{2}{7}e=0$，只能有 $a=e=-\frac{6}{7}$. 再由

$$\begin{cases} \|\alpha_2\|^2=b^2+c^2+d^2=1, \\ (\alpha_1,\alpha_2)=-\frac{6}{7}b-\frac{3}{7}c+\frac{2}{7}d=0, \\ (\alpha_2,\alpha_3)=-\frac{3}{7}b+\frac{2}{7}c-\frac{6}{7}d=0. \end{cases}$$

可求出 $b=\frac{2}{7}$, $c=-\frac{6}{7}$, $d=-\frac{3}{7}$ 或 $b=-\frac{2}{7}$, $c=\frac{6}{7}$, $d=\frac{3}{7}$，所以，由 A 是正交矩阵，有

$$a=-\frac{6}{7},\ b=\frac{2}{7},\ c=-\frac{6}{7},\ d=-\frac{3}{7},\ e=-\frac{6}{7},$$

或

$$a=-\frac{6}{7},\ b=-\frac{2}{7},\ c=\frac{6}{7},\ d=\frac{3}{7},\ e=-\frac{6}{7}.$$

例 4.17 设 α 为非零 n 维实列向量，证明：

$$A = E - \frac{2}{\alpha^T\alpha}\alpha\alpha^T$$

是对称的正交矩阵.

证 因

$$A^T = \left(E - \frac{2}{\alpha^T\alpha}\alpha\alpha^T\right)^T = E^T - \frac{2}{\alpha^T\alpha}(\alpha\alpha^T)^T$$
$$= E - \frac{2}{\alpha^T\alpha}\alpha\alpha^T = A.$$

所以 A 为对称矩阵. 又因

$$AA^T = \left(E - \frac{2}{\alpha^T\alpha}\alpha\alpha^T\right)\left(E - \frac{2}{\alpha^T\alpha}\alpha\alpha^T\right)$$
$$= E - \frac{4}{\alpha^T\alpha}\alpha\alpha^T + \frac{4}{(\alpha^T\alpha)^2}(\alpha\alpha^T)(\alpha\alpha^T)$$
$$= E - \frac{4}{\alpha^T\alpha}\alpha\alpha^T + \frac{4}{\alpha^T\alpha}\alpha\alpha^T = E,$$

所以 A 是正交矩阵.

注释 这里要注意到 $\alpha^T\alpha$ 为一个实数.

例 4.18 设 A 为正交矩阵,证明 A 的伴随矩阵 A^* 也是正交矩阵.

证 由于 A 为正交矩阵,故 $A^{-1}=A^T$, $|A|^2=1$. 又由于 $A^*=|A|A^{-1}$,于是

$$A^*(A^*)^T = A^*(|A|A^{-1})^T = |A|A^*(A^T)^{-1}$$
$$= |A|A^*(A^{-1})^{-1} = |A|A^*A$$
$$= |A|^2E = E.$$

所以 A^* 是正交矩阵.

例 4.19 设 $\alpha_1,\alpha_2,\cdots,\alpha_n$ 为 R^n 的一个标准正交基,且存在 n 阶实矩阵 A,使得

$$(\beta_1,\beta_2,\cdots,\beta_n) = (\alpha_1,\alpha_2,\cdots,\alpha_n)A.$$

试证:$\beta_1,\beta_2,\cdots,\beta_n$ 也是 R^n 的一个标准正交基的充分必要条件是 A 为正交矩阵.

证 *必要性* 设 $\beta_1,\beta_2,\cdots,\beta_n$ 是 R^n 的标准正交基,又由已知 $\alpha_1,\alpha_2,\cdots,\alpha_n$ 是 R^n 的标准正交基,故有

$$\alpha_i^{\mathrm{T}}\alpha_i = 1,\quad \beta_i^{\mathrm{T}}\beta_i = 1\quad (i = 1,2,\cdots,n),$$
$$\alpha_i^{\mathrm{T}}\alpha_j = 0,\quad \beta_i^{\mathrm{T}}\beta_j = 0\quad (i \neq j).$$
于是
$$\begin{bmatrix}\alpha_1^{\mathrm{T}}\\ \alpha_2^{\mathrm{T}}\\ \vdots\\ \alpha_n^{\mathrm{T}}\end{bmatrix}(\alpha_1,\alpha_2,\cdots,\alpha_n) = \boldsymbol{E},\quad \begin{bmatrix}\beta_1^{\mathrm{T}}\\ \beta_2^{\mathrm{T}}\\ \vdots\\ \beta_n^{\mathrm{T}}\end{bmatrix}(\beta_1,\beta_2,\cdots,\beta_n) = \boldsymbol{E}.$$
再由$(\beta_1,\beta_2,\cdots,\beta_n)=(\alpha_1,\alpha_2,\cdots,\alpha_n)\boldsymbol{A}$,故
$$\begin{aligned}\boldsymbol{E} &= \begin{bmatrix}\beta_1^{\mathrm{T}}\\ \beta_2^{\mathrm{T}}\\ \vdots\\ \beta_n^{\mathrm{T}}\end{bmatrix}(\beta_1,\beta_2,\cdots,\beta_n)\\ &= \boldsymbol{A}^{\mathrm{T}}\begin{bmatrix}\alpha_1^{\mathrm{T}}\\ \alpha_2^{\mathrm{T}}\\ \vdots\\ \alpha_n^{\mathrm{T}}\end{bmatrix}(\alpha_1,\alpha_2,\cdots,\alpha_n)\boldsymbol{A}\\ &= \boldsymbol{A}^{\mathrm{T}}\boldsymbol{E}\boldsymbol{A} = \boldsymbol{A}^{\mathrm{T}}\boldsymbol{A},\end{aligned}$$
所以 $\boldsymbol{A}$ 为正交矩阵.

充分性 设 $\boldsymbol{A}$ 为正交矩阵,且已知 $\alpha_1,\alpha_2,\cdots,\alpha_n$ 为 $\boldsymbol{R}^n$ 的一个标准正交基.由
$$(\beta_1,\beta_2,\cdots,\beta_n) = (\alpha_1,\alpha_2,\cdots,\alpha_n)\boldsymbol{A},$$
故
$$\begin{bmatrix}\beta_1^{\mathrm{T}}\\ \beta_2^{\mathrm{T}}\\ \vdots\\ \beta_n^{\mathrm{T}}\end{bmatrix}(\beta_1,\beta_2,\cdots,\beta_n) = \boldsymbol{A}^{\mathrm{T}}\begin{bmatrix}\alpha_1^{\mathrm{T}}\\ \alpha_2^{\mathrm{T}}\\ \vdots\\ \alpha_n^{\mathrm{T}}\end{bmatrix}(\alpha_1,\alpha_2,\cdots,\alpha_n)\boldsymbol{A} = \boldsymbol{E},$$
于是向量组 $\beta_1,\beta_2,\cdots,\beta_n$ 满足
$$\beta_i^{\mathrm{T}}\beta_i = 1\ (i = 1,2,\cdots,n),\quad \beta_i^{\mathrm{T}}\beta_j = 0\ (i \neq j),$$
即说明 $\beta_1,\beta_2,\cdots,\beta_n$ 是 $\boldsymbol{R}^n$ 的一个标准正交基.

注释 本题说明，由标准正交基到标准正交基的过渡矩阵必是正交矩阵，反过来，如果两个基中有一个是标准正交基，同时基过渡矩阵又是正交矩阵，那么另一个基也必是标准正交基.

例 4.20 设 $\boldsymbol{A}$ 为 n 阶正交矩阵. 证明：

(1) 对任意 $\alpha_1,\alpha_2\in\boldsymbol{R}^n$，令 $\beta_1=\boldsymbol{A}\alpha_1$，$\beta_2=\boldsymbol{A}\alpha_2$，则

$$(\beta_1,\beta_2)=(\alpha_1,\alpha_2).$$

(2) 对任意 $\alpha\in\boldsymbol{R}^n$，令 $\beta=\boldsymbol{A}\alpha$，则 $\|\beta\|=\|\alpha\|$.

证 (1)
$$\begin{aligned}(\beta_1,\beta_2)&=\beta_1^{\mathrm{T}}\beta_2=(\boldsymbol{A}\alpha_1)^{\mathrm{T}}(\boldsymbol{A}\alpha_2)\\&=\alpha_1^{\mathrm{T}}(\boldsymbol{A}^{\mathrm{T}}\boldsymbol{A})\alpha_2=\alpha_1^{\mathrm{T}}\alpha_2=(\alpha_1,\alpha_2).\end{aligned}$$

(2)
$$\begin{aligned}\|\beta\|^2&=(\beta,\beta)=(\boldsymbol{A}\alpha,\boldsymbol{A}\alpha)\\&=(\boldsymbol{A}\alpha)^{\mathrm{T}}(\boldsymbol{A}\alpha)=\alpha^{\mathrm{T}}(\boldsymbol{A}^{\mathrm{T}}\boldsymbol{A})\alpha\\&=\alpha^{\mathrm{T}}\alpha=\|\alpha\|^2.\end{aligned}$$

由于向量长度都是非负数，所以也有 $\|\alpha\|=\|\beta\|$.

注释 当 $\boldsymbol{A}$ 为正交矩阵，$\alpha,\beta\in\boldsymbol{R}^n$，把 $\beta=\boldsymbol{A}\alpha$ 称为 $\boldsymbol{R}^n$ 内的**正交变换**，本题(1)说明正交变换保持内积不变；(2)说明正交变换保持向量长度不变.

§4.4 练 习 题

1. 填空题：

(1) 设 $\alpha_1,\alpha_2,\alpha_3$ 和 β_1,β_2,β_3 是 $\boldsymbol{R}^3$ 的两个基，其中 $\beta_1=\alpha_1$，$\beta_2=\alpha_1+\alpha_2$，$\beta_3=\alpha_1+\alpha_2+\alpha_3$，则由基 β_1,β_2,β_3 到基 $\alpha_1,\alpha_2,\alpha_3$ 的过渡矩阵是__________.

(2) 设 $\alpha_1,\alpha_2,\alpha_3$ 是 $\boldsymbol{R}^3$ 的一个基，$\alpha\in\boldsymbol{R}^3$ 在这个基下的坐标是 $(a_1,a_2,a_3)^{\mathrm{T}}$，那么 α 在基 $\alpha_1,-\alpha_2,2\alpha_3$ 下的坐标是__________.

(3) 已知 $\boldsymbol{R}^3$ 的一个基为 $\alpha_1=(1,1,1)^{\mathrm{T}}$，$\alpha_2=(1,1,0)^{\mathrm{T}}$，$\alpha_3=(1,0,0)^{\mathrm{T}}$，那么向量 $\alpha=(3,2,1)^{\mathrm{T}}$ 在这个基下的坐标是__________.

(4) 与向量 $\alpha_1=(1,1,1)^{\mathrm{T}}$，$\alpha_2=(1,0,-1)^{\mathrm{T}}$ 都正交的全部向量为__________.

2. 选择题：

(1) 从 $\boldsymbol{R}^2$ 的基 $\alpha_1=(1,0)^{\mathrm{T}}$，$\alpha_2=(1,-1)^{\mathrm{T}}$ 到基 $\beta_1=(1,1)^{\mathrm{T}}$，

$\boldsymbol{\beta}_2=(1,2)^{\mathrm{T}}$ 的过渡矩阵为(　　).

(A) $\begin{bmatrix}1 & 1\\0 & -1\end{bmatrix}$;　　(B) $\begin{bmatrix}1 & 1\\1 & 2\end{bmatrix}$;

(C) $\begin{bmatrix}2 & 3\\-1 & -2\end{bmatrix}$;　　(D) $\begin{bmatrix}-2 & -3\\1 & 2\end{bmatrix}$.

(2) 下列集合中能成为 $\boldsymbol{R}^4$ 的一个子空间的是(　　).

(A) $\boldsymbol{V}=\{(x_1,x_2,x_3,x_4)^{\mathrm{T}}\mid x_1+x_2+x_3+x_4=1\}$;

(B) $\boldsymbol{V}=\{(x_1,x_2,x_3,x_4)^{\mathrm{T}}\mid x_1+x_2+x_3+x_4=0\}$;

(C) $\boldsymbol{V}=\{(x_1,x_2,x_3,x_4)^{\mathrm{T}}\mid x_1+x_2+x_3+x_4=0,x_2+x_4=2\}$;

(D) $\boldsymbol{V}=\{(x_1,x_2,x_3,x_4)^{\mathrm{T}}\mid x_1+2x_2+3x_3+4x_4=2\}$.

(3) 设 $\boldsymbol{\alpha}_1,\boldsymbol{\alpha}_2,\boldsymbol{\alpha}_3$ 是 $\boldsymbol{R}^3$ 的一个基,则下列不成为 $\boldsymbol{R}^3$ 中一个基的是(　　).

(A) $\boldsymbol{\alpha}_1+\boldsymbol{\alpha}_2,\boldsymbol{\alpha}_2+\boldsymbol{\alpha}_3,\boldsymbol{\alpha}_3+\boldsymbol{\alpha}_1$;

(B) $\boldsymbol{\alpha}_1+2\boldsymbol{\alpha}_2,\boldsymbol{\alpha}_2+2\boldsymbol{\alpha}_3,\boldsymbol{\alpha}_3+2\boldsymbol{\alpha}_1$;

(C) $\boldsymbol{\alpha}_1-\boldsymbol{\alpha}_2,\boldsymbol{\alpha}_2-\boldsymbol{\alpha}_3,\boldsymbol{\alpha}_3-\boldsymbol{\alpha}_1$;

(D) $\boldsymbol{\alpha}_1,\boldsymbol{\alpha}_1+\boldsymbol{\alpha}_2,\boldsymbol{\alpha}_1+\boldsymbol{\alpha}_2+\boldsymbol{\alpha}_3$.

3. 设 $\boldsymbol{\alpha}_1,\boldsymbol{\alpha}_2,\boldsymbol{\alpha}_3$ 与 $\boldsymbol{\beta}_1,\boldsymbol{\beta}_2,\boldsymbol{\beta}_3$ 是 $\boldsymbol{R}^3$ 的两个基,已知 $\boldsymbol{\alpha}_1=(1,0,1)^{\mathrm{T}}$, $\boldsymbol{\alpha}_2=(0,1,0)^{\mathrm{T}}$, $\boldsymbol{\alpha}_3=(1,2,2)^{\mathrm{T}}$,且从基 $\boldsymbol{\alpha}_1,\boldsymbol{\alpha}_2,\boldsymbol{\alpha}_3$ 到基 $\boldsymbol{\beta}_1,\boldsymbol{\beta}_2,\boldsymbol{\beta}_3$ 的过渡矩阵为

$$\boldsymbol{A}=\begin{bmatrix}2 & 2 & 1\\2 & 3 & 1\\-1 & -1 & 0\end{bmatrix},$$

求基 $\boldsymbol{\beta}_1,\boldsymbol{\beta}_2,\boldsymbol{\beta}_3$.

4. 求齐次线性方程组

$$\begin{cases}x_1 - x_3 + x_4 = 0,\\ x_2 + x_4 = 0\end{cases}$$

的解空间的一个标准正交基.

5. 设 $\boldsymbol{\alpha}_1,\boldsymbol{\alpha}_2,\boldsymbol{\alpha}_3$ 为 $\boldsymbol{R}^3$ 的一个基,向量 $\boldsymbol{\alpha}$ 在此基下的坐标为 $(x_1,x_2,x_3)^{\mathrm{T}}$,试求另一个基 $\boldsymbol{\beta}_1,\boldsymbol{\beta}_2,\boldsymbol{\beta}_3$,使 $\boldsymbol{\alpha}$ 在此新基下的坐标为 $(1,0,0)^{\mathrm{T}}$.

6. 已知 $\boldsymbol{\alpha}_1,\boldsymbol{\alpha}_2,\boldsymbol{\alpha}_3$ 是 $\boldsymbol{R}^3$ 的标准正交基,证明

$$\boldsymbol{\beta}_1=\frac{1}{3}(\boldsymbol{\alpha}_1-2\boldsymbol{\alpha}_2-2\boldsymbol{\alpha}_3),$$

$$\boldsymbol{\beta}_2=\frac{1}{3}(2\boldsymbol{\alpha}_1+2\boldsymbol{\alpha}_2-\boldsymbol{\alpha}_3),$$

$$\boldsymbol{\beta}_3=\frac{1}{3}(2\boldsymbol{\alpha}_1-\boldsymbol{\alpha}_2+2\boldsymbol{\alpha}_3)$$

也是一个标准正交基.

7. 已知 $\boldsymbol{A}$ 是实对称矩阵，且 $\boldsymbol{A}^2+4\boldsymbol{A}+3\boldsymbol{E}=\boldsymbol{O}$，证明 $\boldsymbol{A}+2\boldsymbol{E}$ 是正交矩阵.

8. 已知 $\boldsymbol{\alpha}$ 是单位列向量，证明 $\boldsymbol{A}=\boldsymbol{E}-2\boldsymbol{\alpha}\boldsymbol{\alpha}^{\mathrm{T}}$ 是正交矩阵. 当 $\boldsymbol{\alpha}=\frac{1}{\sqrt{3}}(1,1,1)^{\mathrm{T}}$ 时，求 $\boldsymbol{A}$.

9. 已知 $\boldsymbol{A},\boldsymbol{B},\boldsymbol{C}$ 是 n 阶矩阵，若分块矩阵

$$\boldsymbol{Q}=\begin{bmatrix}\boldsymbol{A} & \boldsymbol{C}\\ \boldsymbol{O} & \boldsymbol{B}\end{bmatrix}$$

是正交矩阵，证明 $\boldsymbol{A},\boldsymbol{B}$ 均是正交矩阵，且 $\boldsymbol{C}=\boldsymbol{O}$.

10. 已知 $\boldsymbol{A},\boldsymbol{B}$ 都是 n 阶正交矩阵，且 $|\boldsymbol{A}|+|\boldsymbol{B}|=0$，证明：$\boldsymbol{A}+\boldsymbol{B}$ 是不可逆矩阵.

11. 设 $\boldsymbol{\alpha}_1,\boldsymbol{\alpha}_2,\boldsymbol{\alpha}_3$ 是 $\boldsymbol{R}^3$ 的一个基，证明：

(1) 若 $\boldsymbol{\alpha}\in\boldsymbol{R}^3$，均有 $(\boldsymbol{\alpha},\boldsymbol{\alpha}_i)=0\ (i=1,2,3)$，则 $\boldsymbol{\alpha}=\boldsymbol{0}$.

(2) 若 $\boldsymbol{\alpha},\boldsymbol{\beta}\in\boldsymbol{R}^3$，均有 $(\boldsymbol{\alpha},\boldsymbol{\alpha}_i)=(\boldsymbol{\beta},\boldsymbol{\alpha}_i)\ (i=1,2,3)$，则 $\boldsymbol{\alpha}=\boldsymbol{\beta}$.

第五章 矩阵的特征值与特征向量

§5.1 内 容 提 要

5.1.1 矩阵的特征值与特征向量

一、特征值和特征向量的概念及计算

1. 矩阵的特征值与特征向量的概念

设 $\boldsymbol{A}$ 是 n 阶矩阵，如果对于数 λ_0，存在 n 维非零列向量 $\boldsymbol{\alpha}$，使得

$$\boldsymbol{A\alpha} = \lambda_0\boldsymbol{\alpha},$$

则称 λ_0 为矩阵 $\boldsymbol{A}$ 的一个**特征值**，$\boldsymbol{\alpha}$ 为 $\boldsymbol{A}$ 的属于 λ_0 的**特征向量**.

可见，矩阵的特征值与矩阵的特征向量这两个概念是紧密联系在一起的，特别要强调特征向量必须是非零向量. 每一个特征向量只能属于某一个特征值，而属于某个特征值的特征向量有无穷多个.

2. 特征值和特征向量的求法

由于 $\boldsymbol{A\alpha}=\lambda_0\boldsymbol{\alpha}$ 与 $(\lambda_0\boldsymbol{E}-\boldsymbol{A})\boldsymbol{\alpha}=\boldsymbol{0}$ 是等价的，又 $\boldsymbol{\alpha}$ 非零，这说明 λ_0 必是特征方程 $|\lambda\boldsymbol{E}-\boldsymbol{A}|=0$ 的根，特征向量 $\boldsymbol{\alpha}$ 必是齐次线性方程组 $(\lambda_0\boldsymbol{E}-\boldsymbol{A})\boldsymbol{x}=\boldsymbol{0}$ 的非零解，反之亦然. 由此得到求矩阵的特征值和特征向量的方法.

二、特征值和特征向量的性质

(1) 设 n 阶矩阵 $\boldsymbol{A}=(a_{ij})$ 的全部特征值为 $\lambda_1,\lambda_2,\cdots,\lambda_n$，则有

$$\lambda_1+\lambda_2+\cdots+\lambda_n = a_{11}+a_{22}+\cdots+a_{nn} = \mathrm{tr}(\boldsymbol{A}),$$

$$\lambda_1\lambda_2\cdots\lambda_n = |\boldsymbol{A}|.$$

(2) 设 $\boldsymbol{A\alpha}=\lambda_0\boldsymbol{\alpha}$，则

$$(k\boldsymbol{A})\boldsymbol{\alpha} = (k\lambda_0)\boldsymbol{\alpha}, \quad \boldsymbol{A}^m\boldsymbol{\alpha} = \lambda_0^m\boldsymbol{\alpha}.$$

更一般地，对于任一个 x 的多项式

$$f(x) = a_mx^m + a_{m-1}x^{m-1} + \cdots + a_1x + a_0,$$

则
$$f(\boldsymbol{A})\boldsymbol{\alpha} = f(\lambda_0)\boldsymbol{\alpha}.$$

说明当 λ_0 是 $\boldsymbol{A}$ 的特征值，$\boldsymbol{\alpha}$ 是属于 λ_0 的特征向量时，$k\lambda_0$ 为矩阵 $k\boldsymbol{A}$ 的特征值，λ_0^m 为矩阵 $\boldsymbol{A}^m$ 的特征值，$f(\lambda_0)$必为 $\boldsymbol{A}$ 的多项式矩阵 $f(\boldsymbol{A})$的特征值,且 $\boldsymbol{\alpha}$ 为对应的特征向量.

(3) 设 $\boldsymbol{A\alpha}=\lambda_0\boldsymbol{\alpha}$,且 $\boldsymbol{A}$ 为可逆矩阵,则

$$\lambda_0 \neq 0,\quad \boldsymbol{A}^{-1}\boldsymbol{\alpha} = \frac{1}{\lambda_0}\boldsymbol{\alpha},\quad \boldsymbol{A}^*\boldsymbol{\alpha} = \frac{|\boldsymbol{A}|}{\lambda_0}\boldsymbol{\alpha}.$$

说明当 λ_0 是可逆矩阵 $\boldsymbol{A}$ 的特征值时，$\frac{1}{\lambda_0}$为 $\boldsymbol{A}$ 的逆矩阵 $\boldsymbol{A}^{-1}$的特征值，$\frac{|\boldsymbol{A}|}{\lambda_0}$是 $\boldsymbol{A}$ 的伴随矩阵 $\boldsymbol{A}^*$ 的特征值.

(4) 属于不同特征值的特征向量是线性无关的.

(5) 当 λ_0 是矩阵 $\boldsymbol{A}$ 的 k 重特征值时,属于 λ_0 的线性无关的特征向量的个数至多为 k 个.

5.1.2 相似矩阵与矩阵的可对角化

一、相似矩阵的概念与性质

1. 相似矩阵的概念

设 $\boldsymbol{A},\boldsymbol{B}$ 为两个 n 阶矩阵,如果存在 n 阶可逆矩阵 $\boldsymbol{P}$,使得

$$\boldsymbol{P}^{-1}\boldsymbol{AP} = \boldsymbol{B},$$

则称矩阵 $\boldsymbol{A}$ 与 $\boldsymbol{B}$ **相似**,记作 $\boldsymbol{A}\sim\boldsymbol{B}$.

可见,矩阵的相似是同阶方阵之间的一种特殊的等价关系.容易证明,矩阵的相似关系是可以传递的.

2. 相似矩阵的性质

设 $\boldsymbol{A},\boldsymbol{B}$ 为 n 阶矩阵,且 $\boldsymbol{A}\sim\boldsymbol{B}$,则

(1) $|\boldsymbol{A}|=|\boldsymbol{B}|$,从而 $\boldsymbol{A}$ 与 $\boldsymbol{B}$ 有相同的可逆性.

(2) $\mathrm{r}(\boldsymbol{A})=\mathrm{r}(\boldsymbol{B})$.

(3) $\boldsymbol{A}^{\mathrm{T}}\sim\boldsymbol{B}^{\mathrm{T}}$.

(4) 当 $\boldsymbol{A},\boldsymbol{B}$ 可逆时，$\boldsymbol{A}^{-1}\sim\boldsymbol{B}^{-1}$.

(5) $\boldsymbol{A}^m\sim\boldsymbol{B}^m$ (m 为正整数).

(6) 对任意多项式 $f(x)$,$f(\boldsymbol{A})\sim f(\boldsymbol{B})$.

(7) $\boldsymbol{A}$ 与 $\boldsymbol{B}$ 有相同的特征多项式,即

$$|\lambda\boldsymbol{E} - \boldsymbol{A}| = |\lambda\boldsymbol{E} - \boldsymbol{B}|.$$

(8) $\boldsymbol{A}$ 与 $\boldsymbol{B}$ 有相同的特征值.

(9) $\boldsymbol{A}$ 与 $\boldsymbol{B}$ 有相同的迹,即 $\mathrm{tr}(\boldsymbol{A})=\mathrm{tr}(\boldsymbol{B})$.

二、矩阵可对角化的条件

(1) 对角矩阵的形式简单且有很多优点.例如对角矩阵的行列式就等于主对角线上元素的乘积;它的秩就是主对角线上非零元素的个数;它的全部特征值就全是主对角线上的元素;它的乘幂运算也很方便,只要把主对角线上元素取乘幂即可以.因此对任一个 n 阶矩阵 $\boldsymbol{A}$,我们来考虑:它能否与一个对角矩阵相似?若能,我们称矩阵 $\boldsymbol{A}$ 是**可以相似对角化的**.

(2) n 阶矩阵 $\boldsymbol{A}$ 可以相似对角化的充分必要条件是 $\boldsymbol{A}$ 有 n 个线性无关的特征向量.

(3) n 阶矩阵 $\boldsymbol{A}$ 可以相似对角化的充分必要条件是对于 $\boldsymbol{A}$ 的每一个 n_i 重的特征值 λ_i,特征矩阵 $\lambda_i\boldsymbol{E}-\boldsymbol{A}$ 的秩为 $n-n_i$.

(4) 如果 n 阶矩阵 $\boldsymbol{A}$ 有 n 个互不相同的特征值,则 $\boldsymbol{A}$ 可以相似对角化.

(5) 在可以相似对角化时,相似变换矩阵 $\boldsymbol{P}$ 与对角矩阵 $\boldsymbol{\Lambda}$ 的求法:

设 n 阶矩阵 $\boldsymbol{A}$ 可以相似对角化,即 $\boldsymbol{A}$ 有 n 个线性无关的特征向量,设为 $\boldsymbol{\alpha}_1,\boldsymbol{\alpha}_2,\cdots,\boldsymbol{\alpha}_n$,它们对应的特征值依次为 $\lambda_1,\lambda_2,\cdots,\lambda_n$,那么令

$$\boldsymbol{P}=(\boldsymbol{\alpha}_1,\boldsymbol{\alpha}_2,\cdots,\boldsymbol{\alpha}_n),$$

$$\boldsymbol{\Lambda}=\mathrm{diag}(\lambda_1,\lambda_2,\cdots,\lambda_n),$$

则必有

$$\boldsymbol{P}^{-1}\boldsymbol{A}\boldsymbol{P}=\boldsymbol{\Lambda},\quad \text{即}\quad \boldsymbol{A}\sim\boldsymbol{\Lambda}.$$

5.1.3 实对称矩阵的对角化

1. 实对称矩阵的特征值和特征向量的性质

(1) 实对称矩阵的特征值都是实数.

(2) 实对称矩阵的属于不同特征值的特征向量必相互正交.

(3) 实对称矩阵的每个 n_i 重特征值 λ_i,恰好有 n_i 个属于 λ_i 的线性无关的实特征向量.

(4) 对实对称矩阵 $\boldsymbol{A}$,必存在正交矩阵 $\boldsymbol{Q}$,使得 $\boldsymbol{Q}^{-1}\boldsymbol{A}\boldsymbol{Q}$ 为对角矩

阵，即实对称矩阵必可正交对角化.

2. 求正交矩阵 $\boldsymbol{Q}$，使 $\boldsymbol{Q}^{-1}\boldsymbol{A}\boldsymbol{Q}$ 为对角矩阵的步骤

(1) 由特征方程 $|\lambda\boldsymbol{E}-\boldsymbol{A}|=0$，求出 $\boldsymbol{A}$ 的全部特征值.

(2) 对每一个 n_i 重的特征值 λ_i，解齐次线性方程组 $(\lambda_i\boldsymbol{E}-\boldsymbol{A})\boldsymbol{x}=\boldsymbol{0}$，得到 n_i 个线性无关的特征向量.

(3) 利用施密特正交化方法，把属于 λ_i 的 n_i 个线性无关的特征向量正交化，再单位化.

(4) 将总共求得的 n 个单位正交特征向量作为矩阵 $\boldsymbol{Q}$ 的列向量，则 $\boldsymbol{Q}$ 为正交矩阵.

(5) $\boldsymbol{Q}^{-1}\boldsymbol{A}\boldsymbol{Q}$ 为对角矩阵，其主对角线上元素为 $\boldsymbol{A}$ 的全部特征值，它们的排列顺序与 $\boldsymbol{Q}$ 中正交单位特征向量的排列顺序相对应.

§5.2 基本要求与重点、难点分析

5.2.1 基本要求

(1) 理解矩阵的特征值、特征向量的概念及性质，掌握求矩阵特征值和特征向量的方法.

(2) 了解矩阵相似的概念，知道相似矩阵的性质.

(3) 理解矩阵可对角化的条件，掌握将矩阵化为相似对角矩阵的方法.

(4) 了解实对称矩阵的特征值和特征向量的性质，掌握用正交矩阵将实对称矩阵化为相似对角矩阵的方法.

5.2.2 重点、难点分析

本章的重点是特征值、特征向量的概念及计算，矩阵相似对角化的条件与方法，难点是实对称矩阵的正交相似对角化.

(1) 矩阵的特征值和特征向量是线性代数的重要内容之一，它与线性变换有密切关系. 从几何上来看，特征向量的方向经过线性变换后，保持在同一条直线上，因而特征值和特征向量在实际问题中有

着广泛的应用.深刻理解特征值和特征向量的概念,熟练掌握特征值和特征向量的计算,是建立特征值和特征向量的一般理论并且应用其解决有关问题的基础.

求矩阵 $\boldsymbol{A}$ 的特征值的关键是计算行列式 $|\lambda \boldsymbol{E}-\boldsymbol{A}|$,求 $\boldsymbol{A}$ 的属于特征值 λ_0 的特征向量的关键是求齐次线性方程组 $(\lambda_0\boldsymbol{E}-\boldsymbol{A})\boldsymbol{x}=\boldsymbol{0}$ 的基础解系,而研究属于特征值 λ_0 的线性无关特征向量个数(这是讨论矩阵能否对角化的关键)就是研究齐次线性方程组 $(\lambda_0\boldsymbol{E}-\boldsymbol{A})\boldsymbol{x}=\boldsymbol{0}$ 的基础解系所含向量的个数,这与特征矩阵 $\lambda_0\boldsymbol{E}-\boldsymbol{A}$ 的秩直接有关.所以,无论是从计算还是从理论的角度看,本章内容都是前几章内容的发展和应用.

关于特征值与特征向量必须注意以下几点:

① n 阶方阵 $\boldsymbol{A}$ 的特征值共有 n 个(k 重特征值算作 k 个特征值),它们就是一元 n 次代数方程 $|\lambda \boldsymbol{E}-\boldsymbol{A}|=0$ 在复数域内的全部根.

② 特征向量必须是非零列向量.

③ 方阵 $\boldsymbol{A}$ 的属于特征值 λ_0 的特征向量有无穷多个,它们就是齐次线性方程组 $(\lambda_0\boldsymbol{E}-\boldsymbol{A})\boldsymbol{x}=\boldsymbol{0}$ 的所有非零解向量.由此可知,如果 $\alpha_1,\alpha_2,\cdots,\alpha_m$ 都是属于 λ_0 的特征向量,则当 $k_1\alpha_1+k_2\alpha_2+\cdots+k_m\alpha_m\neq\boldsymbol{0}$(其中 k_i 为任意常数,$i=1,2,\cdots,m$)时,$k_1\alpha_1+k_2\alpha_2+\cdots+k_m\alpha_m$ 仍是属于 λ_0 的特征向量.特别地,当 α 为属于 λ_0 的特征向量,则把 α 单位化后所得的向量 $\dfrac{1}{\|\alpha\|}\alpha$ 仍是属于 λ_0 的特征向量.

(2) 矩阵相似是反映两个同阶矩阵之间的一种重要关系.相似的矩阵具有许多共同的性质,当我们研究矩阵的这些性质以及与之相关的性质时,往往在一类相似矩阵中,寻找一个形式简单的有代表性的矩阵,通过研究这个矩阵就能得到这类矩阵的共同性质.这种化繁为简的思想是线性代数中常用的思想方法.矩阵的相似对角化就是这种思想的体现.

研究方阵相似对角化的主要问题是:

① 对于给定矩阵 $\boldsymbol{A}$,讨论 $\boldsymbol{A}$ 是否相似于对角矩阵?

② 若 $\boldsymbol{A}$ 可相似对角化,如何求可逆矩阵 $\boldsymbol{P}$ 及对角矩阵 $\boldsymbol{\Lambda}$,使得

$P^{-1}AP=\Lambda$?

(3) 并非任何方阵都相似于对角矩阵，但实对称矩阵却是肯定能相似于对角矩阵的一类矩阵. 由于实对称矩阵的特征值和特征向量具有一些特殊的性质，其中“实对称矩阵的属于不同特征值的特征向量必正交”是最重要的一条性质，正因为如此，保证了实对称矩阵的相似对角化，而且还是正交相似对角化. 在有关实对称矩阵的证明题中，往往要用到这个结论.

实对称矩阵的正交相似对角化在下一章的二次型化为标准形的问题中有重要应用.

§5.3 典型例题解析

5.3.1 特征值和特征向量的概念题

例 5.1 判断下述结论是否正确，并简述理由.

(1) 实数域上的 n 阶矩阵 $\boldsymbol{A}$ 一定有 n 个实特征值.

(2) $\boldsymbol{A}$ 与 $\boldsymbol{A}^{\mathrm{T}}$ 有相同的特征值和特征向量.

(3) 若 λ_0 是 $\boldsymbol{A}$ 的一个特征值，则齐次线性方程组 $(\lambda_0\boldsymbol{E}-\boldsymbol{A})x=\boldsymbol{0}$ 的解就是 $\boldsymbol{A}$ 的属于 λ_0 的特征向量.

(4) $\boldsymbol{A}$ 的一个特征向量可以属于不同的特征值.

(5) 若 λ_0 不是 $\boldsymbol{A}$ 的特征值，则矩阵 $\lambda_0\boldsymbol{E}-\boldsymbol{A}$ 可逆.

解 (1) 错误. 实数域上的 n 阶矩阵不一定有 n 个实特征值. 例如，设 2 阶矩阵

$$\boldsymbol{A}=\begin{bmatrix}0 & -1\\ 1 & 0\end{bmatrix},$$

可知特征方程 $|\lambda\boldsymbol{E}-\boldsymbol{A}|=\lambda^2+1=0$，在实数域上没有根.

(2) 错误. $\boldsymbol{A}$ 与 $\boldsymbol{A}^{\mathrm{T}}$ 必有相同的特征值，但不一定有相同的特征向量. 由

$$|\lambda\boldsymbol{E}-\boldsymbol{A}|=|(\lambda\boldsymbol{E}-\boldsymbol{A})^{\mathrm{T}}|=|\lambda\boldsymbol{E}-\boldsymbol{A}^{\mathrm{T}}|,$$

说明 $\boldsymbol{A}$ 与 $\boldsymbol{A}^{\mathrm{T}}$ 有相同的特征多项式，所以 $\boldsymbol{A}$ 与 $\boldsymbol{A}^{\mathrm{T}}$ 必有相同的特征

值.

而 $\boldsymbol{A}$ 与 $\boldsymbol{A}^{\mathrm{T}}$ 属于同一特征值 λ_0 的特征向量分别是齐次线性方程组 $(\lambda_0\boldsymbol{E}-\boldsymbol{A})\boldsymbol{x}=\boldsymbol{0}$ 与 $(\lambda_0\boldsymbol{E}-\boldsymbol{A}^{\mathrm{T}})\boldsymbol{x}=\boldsymbol{0}$ 的非零解,而这两个线性方程组是不相同的. 读者不难举例说明.

(3) 错误. 线性方程组 $(\lambda_0\boldsymbol{E}-\boldsymbol{A})\boldsymbol{x}=\boldsymbol{0}$ 的解包括零解,而零解就不是 $\boldsymbol{A}$ 的特征向量,只有线性方程组 $(\lambda_0\boldsymbol{E}-\boldsymbol{A})\boldsymbol{x}=\boldsymbol{0}$ 的每一个非零解才必是 $\boldsymbol{A}$ 的属于 λ_0 的特征向量.

(4) 错误. 矩阵 $\boldsymbol{A}$ 的每一个特征值只可以属于 $\boldsymbol{A}$ 的某一个特征值. 否则,若 $\lambda_1\neq\lambda_2$,且

$$\boldsymbol{A}\alpha=\lambda_1\alpha,\quad \boldsymbol{A}\alpha=\lambda_2\alpha.$$

那么 $\lambda_1\alpha=\lambda_2\alpha \Longrightarrow (\lambda_1-\lambda_2)\alpha=0 \Longrightarrow$ 由 $\lambda_1\neq\lambda_2$, $\alpha=0$. 这与 α 必是非零向量矛盾.

(5) 正确. 用反证法,即设 $\lambda_0\boldsymbol{E}-\boldsymbol{A}$ 不可逆,则行列式 $|\lambda_0\boldsymbol{E}-\boldsymbol{A}|=0$,说明 λ_0 是特征方程 $|\lambda\boldsymbol{E}-\boldsymbol{A}|=0$ 的根,也即说明 λ_0 是 $\boldsymbol{A}$ 的一个特征值,与已知矛盾.

例 5.2 设 $\boldsymbol{A}$ 为 n 阶矩阵,证明:

(1) 若 $\boldsymbol{A}^2=\boldsymbol{A}$,$\boldsymbol{A}$ 的特征值只可能是 0,1.

(2) 若 $\boldsymbol{A}^2=\boldsymbol{E}$,$\boldsymbol{A}$ 的特征值只可能是 ±1.

(3) 若 $\boldsymbol{A}^m=\boldsymbol{O}$($m$ 为正整数),则 $\boldsymbol{A}$ 的特征值全为零.

(4) 若 $\boldsymbol{A}$ 为正交矩阵,且有实特征值,则 $\boldsymbol{A}$ 的特征值只可能是 ±1.

证 (1) 设 λ 是矩阵 $\boldsymbol{A}$ 的一个特征值,属于 λ 的特征向量是 α,即有 $\boldsymbol{A}\alpha=\lambda\alpha$. 由已知 $\boldsymbol{A}^2=\boldsymbol{A}$,得到

$$\boldsymbol{A}\alpha=\lambda\alpha=\boldsymbol{A}^2\alpha=\lambda^2\alpha,$$

于是 $(\lambda^2-\lambda)\alpha=\boldsymbol{0}$,由 α 是非零向量,则有 $\lambda^2-\lambda=0$,所以或 $\lambda=0$ 或 $\lambda=1$,即 $\boldsymbol{A}$ 的特征值只可能是 0,1.

(2) 设 $\boldsymbol{A}\alpha=\lambda\alpha$,由已知 $\boldsymbol{A}^2=\boldsymbol{E}$,得到

$$\alpha=\boldsymbol{E}\alpha=\boldsymbol{A}^2\alpha=\lambda^2\alpha,$$

于是 $(\lambda^2-1)\alpha=\boldsymbol{0}$,由 α 是非零向量,则有 $\lambda^2-1=0$,即 $\lambda=1$ 或 $\lambda=-1$,所以 $\boldsymbol{A}$ 的特征值只可能是 ±1.

(3) 设 $\boldsymbol{A}\alpha=\lambda\alpha$. 则由已知 $\boldsymbol{A}^m=\boldsymbol{0}$,得到

$$A^m\alpha = \lambda^m\alpha = \mathbf{0}.$$

于是 $\lambda^m=0$，所以 $\lambda=0$，即 A 的特征值为零.

(4) 设 $A\alpha=\lambda\alpha$，由 A 为正交矩阵，则有

$$(A\alpha)^{\mathrm{T}}(A\alpha) = \alpha^{\mathrm{T}}(A^{\mathrm{T}}A)\alpha = \alpha^{\mathrm{T}}\alpha,$$

$$(A\alpha)^{\mathrm{T}}(A\alpha) = (\lambda\alpha)^{\mathrm{T}}(\lambda\alpha) = \lambda^2\alpha^{\mathrm{T}}\alpha,$$

于是 $\lambda^2\alpha^{\mathrm{T}}\alpha=\alpha^{\mathrm{T}}\alpha$，即 $(\lambda^2-1)\alpha^{\mathrm{T}}\alpha=0$.

由于 α 是非零列向量，故实数 $\alpha^{\mathrm{T}}\alpha>0$，于是 $\lambda^2-1=0$，即 $\lambda=\pm1$，所以正交矩阵 A，若有实特征值，只可能是 ±1.

注释 正交矩阵可能没有实特征值. 例如，正交矩阵

$$A=\begin{bmatrix} \frac{\sqrt{2}}{2} & \frac{\sqrt{2}}{2} \\ -\frac{\sqrt{2}}{2} & \frac{\sqrt{2}}{2} \end{bmatrix}.$$

A 的特征方程为

$$|\lambda E - A| = \begin{vmatrix} \lambda-\frac{\sqrt{2}}{2} & -\frac{\sqrt{2}}{2} \\ \frac{\sqrt{2}}{2} & \lambda-\frac{\sqrt{2}}{2} \end{vmatrix} = \lambda^2-\sqrt{2}\lambda+1=0.$$

它没有实根，故 A 没有实特征值.

例 5.3 证明：

(1) 如果 A 是奇数阶正交矩阵，且 $|A|=1$，则 1 是 A 的一个特征值.

(2) 如果 A 是 n 阶正交矩阵，且 $|A|=-1$，则 -1 是 A 的一个特征值.

分析 对于抽象方阵 A，要证数 λ_0 是 A 的一个特征值，方法之一是证明行列式 $|\lambda_0 E-A|=0$.

证 (1) 由题设 A 为 n 阶正交矩阵，即 $AA^{\mathrm{T}}=E$，n 为奇数，则

$$\begin{aligned}|E-A| &= |AA^{\mathrm{T}}-A| = |A(A^{\mathrm{T}}-E)| = |A||A^{\mathrm{T}}-E| \\ &= |(A-E)^{\mathrm{T}}| = |A-E| = (-1)^n|E-A| \\ &= -|E-A|.\end{aligned}$$

于是 $|E-A|=0$，所以 1 是 A 的一个特征值.

(2) 由题设 $AA^{\mathrm{T}}=E$,则

$$\begin{aligned}|-E-A| &= |-A-E| = |-A-AA^{\mathrm{T}}| \\ &= |A(-E-A^{\mathrm{T}})| = |A||-E-A^{\mathrm{T}}| \\ &= -|(-E-A)^{\mathrm{T}}| = -|-E-A|.\end{aligned}$$

于是 $|-E-A|=0$,所以 -1 是 A 的一个特征值.

例 5.4 设 A,B 为 n 阶矩阵,且 A 为可逆矩阵,证明: AB 与 BA 有相同的特征值.

分析 由于矩阵的特征值就是矩阵的特征方程的根,要证明两个矩阵有相同的特征值,就只需证明这两个矩阵有相同的特征多项式.

证法 1 由于已知 A 是可逆矩阵,则有

$$\begin{aligned}|\lambda E-AB| &= |\lambda AA^{-1}-AB| = |A(\lambda A^{-1}-B)| \\ &= |A||\lambda A^{-1}-B| = |\lambda A^{-1}-B||A| \\ &= |(\lambda A^{-1}-B)A| = |\lambda E-BA|,\end{aligned}$$

即 AB 与 BA 的特征多项式相等,所以 AB 与 BA 的特征值也就相同.

证法 2 由于 A 可逆,则有

$$A^{-1}(AB)A = BA,$$

说明 AB 与 BA 是相似矩阵,因此 AB 与 BA 有相同的特征值.

注释 矩阵的乘法不满足交换律,但行列式是数,而数的乘法是可以交换的,在证法 1 中关键的一步是

$$|A||\lambda A^{-1}-B| = |\lambda A^{-1}-B||A|.$$

例 5.5 设 α_1,α_2 是方阵 A 的属于不同特征值的特征向量,证明 $\alpha_1+\alpha_2$ 不是 A 的特征向量.

分析 涉及抽象矩阵的特征值、特征向量的问题,往往直接从定义入手,而要证明某个向量不是特征向量往往用反证法.

证 反证法. 设 $\alpha_1+\alpha_2$ 是 A 的特征向量,且属于的特征值为 λ,即设

$$A(\alpha_1+\alpha_2) = \lambda(\alpha_1+\alpha_2) = \lambda\alpha_1+\lambda\alpha_2.$$

又由题设条件,不妨设

$$A\alpha_1 = \lambda_1\alpha_1, \quad A\alpha_2 = \lambda_2\alpha_2, \quad \lambda_1 \neq \lambda_2,$$

于是 $$A(\alpha_1+\alpha_2) = A\alpha_1+A\alpha_2 = \lambda_1\alpha_1+\lambda_2\alpha_2,$$

则有 $$\lambda\alpha_1+\lambda\alpha_2=\lambda_1\alpha_1+\lambda_2\alpha_2,$$

即 $$(\lambda-\lambda_1)\alpha_1+(\lambda-\lambda_2)\alpha_2=0.$$

因 α_1,α_2 是属于不同特征值的特征向量，故 α_1,α_2 线性无关，则 $\lambda-\lambda_1=\lambda-\lambda_2=0$，也即有 $\lambda_1=\lambda_2$，与题设 $\lambda_1\neq\lambda_2$ 矛盾，所以 $\alpha_1+\alpha_2$ 不是 $\boldsymbol{A}$ 的特征向量.

例 5.6 试证：当 α 是方阵 $\boldsymbol{A}$ 的属于特征值 λ_0 的特征向量时，对任一个 x 的多项式 $f(x)$，α 是方阵 $f(\boldsymbol{A})$ 的属于 $f(\lambda_0)$ 的特征向量.

分析 本题即要证明，若 $\boldsymbol{A}\alpha=\lambda_0\alpha$，应有 $f(\boldsymbol{A})\alpha=f(\lambda_0)\alpha$.

证 由题设 $\boldsymbol{A}\alpha=\lambda_0\alpha$，即有对任意正整数 k，有

$$\boldsymbol{A}^k\alpha=\lambda_0^k\alpha.$$

又设 x 的任意多项式为

$$f(x)=a_0x^m+a_1x^{m-1}+\cdots+a_{m-1}x+a_m,$$

于是

$$\begin{aligned}f(\boldsymbol{A})\alpha&=(a_0\boldsymbol{A}^m+a_1\boldsymbol{A}^{m-1}+\cdots+a_{m-1}\boldsymbol{A}+a_m\boldsymbol{E})\alpha\\&=a_0\boldsymbol{A}^m\alpha+a_1\boldsymbol{A}^{m-1}\alpha+\cdots+a_{m-1}\boldsymbol{A}\alpha+a_m\alpha\\&=a_0\lambda_0^m\alpha+a_1\lambda_0^{m-1}\alpha+\cdots+a_{m-1}\lambda_0\alpha+a_m\alpha\\&=(a_0\lambda_0^m+a_1\lambda_0^{m-1}+\cdots+a_{m-1}\lambda_0+a_m)\alpha\\&=f(\lambda_0)\alpha,\end{aligned}$$

所以，根据定义，α 是方阵 $f(\boldsymbol{A})$ 的属于 $f(\lambda_0)$ 的特征向量.

例 5.7 设 n 阶方阵 $\boldsymbol{A}$ 可逆，讨论 $\boldsymbol{A},\boldsymbol{A}^*,\boldsymbol{A}^{-1}$ 三个矩阵的特征值与特征向量之间的关系.

解 设 λ 是 $\boldsymbol{A}$ 的一个特征值，α 是 $\boldsymbol{A}$ 的属于 λ 的特征向量，即设 $\boldsymbol{A}\alpha=\lambda\alpha$. 由 $\boldsymbol{A}$ 可逆，可知 $\lambda\neq0$.

在 $\boldsymbol{A}\alpha=\lambda\alpha$ 两边左乘 $\boldsymbol{A}^{-1}$，得

$$\boldsymbol{A}^{-1}\boldsymbol{A}\alpha=\boldsymbol{A}^{-1}(\lambda\alpha),$$

即有 $$\lambda(\boldsymbol{A}^{-1}\alpha)=\alpha.$$

因 $\lambda\neq0$，所以

$$\boldsymbol{A}^{-1}\alpha=\frac{1}{\lambda}\alpha. \tag{1}$$

说明$\frac{1}{\lambda}$是A^{-1}的一个特征值，且A^{-1}的属于$\frac{1}{\lambda}$的特征向量是α. 又由$A^{-1}=\frac{1}{|A|}A^*$，代入(1)式，得

$$\frac{1}{|A|}A^*\alpha=\frac{1}{\lambda}\alpha \Longrightarrow A^*\alpha=\frac{|A|}{\lambda}\alpha.$$

说明$\frac{|A|}{\lambda}$是A^*的一个特征值，且A^*的属于$\frac{|A|}{\lambda}$的特征向量是α.

总之，当A可逆时，

$$A\alpha=\lambda\alpha \Longleftrightarrow A^{-1}\alpha=\frac{1}{\lambda}\alpha \Longleftrightarrow A^*\alpha=\frac{|A|}{\lambda}\alpha.$$

5.3.2 抽象矩阵的特征值、特征向量的计算

对于抽象矩阵，即元素没有具体给出的矩阵，在讨论其有关特征值、特征向量的问题时，往往是或者利用定义，或者利用计算方法，或者利用性质.

例 5.8(填空题) (1) 设A为n阶矩阵，$|A|\neq 0$，A^*为A的伴随矩阵，E为n阶单位矩阵. 若A有特征值λ，则$(A^*)^2+E$必有特征值是__________.

(2) 设$\lambda=2$是n阶可逆矩阵A的一个特征值，则矩阵$\left(\frac{1}{3}A^2\right)^{-1}$必有特征值是__________.

(3) 设 3 阶矩阵A的特征值为$\frac{1}{2},\frac{1}{2},\frac{1}{3}$，则行列式$\left|\left(\frac{1}{2}A^2\right)^{-1}+12A^*-E\right|=$__________.

解 (1) A有特征值$\lambda \Longrightarrow A^*$有特征值$\frac{|A|}{\lambda}$，

$$\Longrightarrow (A^*)^2\text{ 有特征值}\left(\frac{|A|}{\lambda}\right)^2,$$

$$\Longrightarrow (A^*)^2+E\text{ 有特征值}\left(\frac{|A|}{\lambda}\right)^2+1.$$

所以，应填$\left(\frac{|A|}{\lambda}\right)^2+1$.

(2) A有特征值$\lambda=2 \Longrightarrow A^2$有特征值$2^2=4$，

$$\Longrightarrow \frac{1}{3}\boldsymbol{A}^2 \text{ 有特征值} \frac{4}{3},$$

$$\Longrightarrow \left(\frac{1}{3}\boldsymbol{A}^2\right)^{-1} \text{有特征值} \frac{3}{4}.$$

所以,应填 3/4.

(3) 由题设可知,$|\boldsymbol{A}|=\frac{1}{2}\times\frac{1}{2}\times\frac{1}{3}=\frac{1}{12}$,$\boldsymbol{A}^*=\frac{1}{12}\boldsymbol{A}^{-1}$,于是 $\left(\frac{1}{2}\boldsymbol{A}^2\right)^{-1}+12\boldsymbol{A}^*-\boldsymbol{E}=2(\boldsymbol{A}^{-1})^2+\boldsymbol{A}^{-1}-\boldsymbol{E}=f(\boldsymbol{A}^{-1})$,其中 $f(x)=2x^2+x-1$.

再由 $\boldsymbol{A}^{-1}$的特征值为 2,2,3. 故 $f(\boldsymbol{A}^{-1})$的特征值为

$$f(2)=9,\quad f(2)=9,\quad f(3)=20,$$

故$|f(\boldsymbol{A}^{-1})|=9\times9\times20=1620$. 所以,应填 1620.

注释 本题(3)的讨论说明,欲求某个方阵的行列式,如果这个方阵是另一个方阵的多项式,利用例 5.6 的结论,只要能知道另一个方阵的全部特征值,就能知道所给某个方阵的全部特征值,它们的乘积即为某个方阵的行列式.

例 5.9 已知 3 阶矩阵 $\boldsymbol{A}$ 的特征值为$-1,1,2$,矩阵 $\boldsymbol{B}=\boldsymbol{A}-3\boldsymbol{A}^2$. 试求 $\boldsymbol{B}$ 的特征值和$|\boldsymbol{B}|$.

解 由于 $\boldsymbol{B}=\boldsymbol{A}-3\boldsymbol{A}^2=f(\boldsymbol{A})$为矩阵 $\boldsymbol{A}$ 的多项式,其中 $f(x)=x-3x^2$. 则由 $\boldsymbol{A}$ 的特征值为$-1,1,2$,可知 $\boldsymbol{B}$ 的特征值为

$$f(-1)=-4,\quad f(1)=-2,\quad f(2)=-10,$$

于是

$$|\boldsymbol{B}|=(-4)\times(-2)\times(-10)=-80.$$

例 5.10 设 4 阶方阵 $\boldsymbol{A}$ 满足$|\sqrt{2}\boldsymbol{E}+\boldsymbol{A}|=0$,$|\boldsymbol{A}|<0$ 及 $\boldsymbol{A}\boldsymbol{A}^{\mathrm{T}}=2\boldsymbol{E}$,求 $\boldsymbol{A}$ 的伴随矩阵 $\boldsymbol{A}^*$ 的一个特征值.

分析 当 λ_0 是可逆矩阵 $\boldsymbol{A}$ 的一个特征值时,伴随矩阵 $\boldsymbol{A}^*$ 的一个特征值为$\frac{|\boldsymbol{A}|}{\lambda_0}$. 可见本题关键是要求出$|\boldsymbol{A}|$及 $\boldsymbol{A}$ 的一个特征值.

解 由题设$|\sqrt{2}\boldsymbol{E}+\boldsymbol{A}|=0$,即有$|-\sqrt{2}\boldsymbol{E}-\boldsymbol{A}|=0$,所以,$-\sqrt{2}$为 $\boldsymbol{A}$ 的一个特征值. 由 $\boldsymbol{A}\boldsymbol{A}^{\mathrm{T}}=2\boldsymbol{E}$,两边取行列式,得

$$|\boldsymbol{A}|^2=2^4.$$

因$|\boldsymbol{A}|<0$,所以$|\boldsymbol{A}|=-4$. 这样,$\boldsymbol{A}^*$的一个特征值为

$$\frac{-4}{-\sqrt{2}}=2\sqrt{2}.$$

例 5.11 设 $\boldsymbol{A}$ 为 n 阶矩阵，若 $\boldsymbol{A}$ 中各行元素之和都是 a，求 $\boldsymbol{A}$ 的一个特征值及对应的特征向量.

解 设 $\boldsymbol{A}=(a_{ij})_{n\times n}$，则题设条件为

$$a_{i1}+a_{i2}+\cdots+a_{in}=(a_{i1},a_{i2},\cdots,a_{in})\begin{bmatrix}1\\1\\\vdots\\1\end{bmatrix}=a\quad(i=1,2,\cdots,n),$$

从而有

$$\boldsymbol{A}\begin{bmatrix}1\\1\\\vdots\\1\end{bmatrix}=\begin{bmatrix}a\\a\\\vdots\\a\end{bmatrix}=a\begin{bmatrix}1\\1\\\vdots\\1\end{bmatrix}. \tag{1}$$

记 n 维列向量 $\boldsymbol{\alpha}=(1,1,\cdots,1)^{\mathrm{T}}$，(1)式即为 $\boldsymbol{A\alpha}=a\boldsymbol{\alpha}$，所以 $\lambda=a$ 为 $\boldsymbol{A}$ 的一个特征值，$\boldsymbol{\alpha}$ 为 $\boldsymbol{A}$ 的属于 $\lambda=a$ 的特征向量.

例 5.12 设 n 阶矩阵 $\boldsymbol{A}$ 和 $\boldsymbol{B}$ 满足 $\boldsymbol{AB}+\boldsymbol{B}=\boldsymbol{O}$，且 $\mathrm{r}(\boldsymbol{B})=k$ $(1\leqslant k\leqslant n-1)$. 试证：$-1$ 是 $\boldsymbol{A}$ 的一个特征值，且其重数不小于 k.

分析 要证明 -1 是 $\boldsymbol{A}$ 的一个特征值，由定义，即要证明存在非零列向量 $\boldsymbol{\alpha}$，使 $\boldsymbol{A\alpha}=-\boldsymbol{\alpha}$ 成立.

证 由题设 $\boldsymbol{AB}+\boldsymbol{B}=\boldsymbol{O}$，得到 $\boldsymbol{AB}=-\boldsymbol{B}$. 把矩阵 $\boldsymbol{B}$ 按列分块为 $\boldsymbol{B}=(\boldsymbol{\alpha}_1,\boldsymbol{\alpha}_2,\cdots,\boldsymbol{\alpha}_n)$，则有

$$\boldsymbol{A}(\boldsymbol{\alpha}_1,\boldsymbol{\alpha}_2,\cdots,\boldsymbol{\alpha}_n)=-(\boldsymbol{\alpha}_1,\boldsymbol{\alpha}_2,\cdots,\boldsymbol{\alpha}_n),$$

即

$$\boldsymbol{A\alpha}_i=-\boldsymbol{\alpha}_i\quad(i=1,2,\cdots,n). \tag{1}$$

由于 $\mathrm{r}(\boldsymbol{B})=k\geqslant 1$，$\boldsymbol{B}$ 为非零矩阵，肯定有某个 $\boldsymbol{\alpha}_i$ 是非零向量，使 $\boldsymbol{A\alpha}_i=-\boldsymbol{\alpha}_i$，所以 -1 是 $\boldsymbol{A}$ 的一个特征值.

又因 $\mathrm{r}(\boldsymbol{B})=k$，所以 $\boldsymbol{B}$ 中有 k 个线性无关的列向量满足(1)式，从而属于特征值 -1 的线性无关的特征向量至少有 k 个，那么由特征值性质 5，特征值 -1 的重数不小于 k.

例 5.13 设向量 $\boldsymbol{\alpha}=(a_1,a_2,\cdots,a_n)^{\mathrm{T}}$，$\boldsymbol{\beta}=(b_1,b_2,\cdots,b_n)^{\mathrm{T}}$ 都是

非零向量，且满足条件 $\alpha^{\mathrm{T}}\boldsymbol{\beta}=0$，记 n 阶矩阵 $\boldsymbol{A}=\alpha\boldsymbol{\beta}^{\mathrm{T}}$. 求

(1) $\boldsymbol{A}^2$ 和 $\boldsymbol{A}^2$ 的特征值；

(2) 利用(1)的结果，求 $\boldsymbol{A}$ 的特征值和特征向量.

解 (1) 由于 $\boldsymbol{\alpha}^{\mathrm{T}}\boldsymbol{\beta}=\boldsymbol{\beta}^{\mathrm{T}}\boldsymbol{\alpha}=0$，可知

$$\boldsymbol{A}^2=(\boldsymbol{\alpha\beta}^{\mathrm{T}})(\boldsymbol{\alpha\beta}^{\mathrm{T}})=\boldsymbol{\alpha}(\boldsymbol{\beta}^{\mathrm{T}}\boldsymbol{\alpha})\boldsymbol{\beta}^{\mathrm{T}}=\boldsymbol{O}.$$

故由 $\boldsymbol{A}^2$ 为零矩阵，则 $\boldsymbol{A}^2$ 的特征值为 0(n 重).

(2) 设 λ 为 $\boldsymbol{A}$ 的任一个特征值，则由 λ^2 为 $\boldsymbol{A}^2$ 的特征值知，$\lambda^2=0$，故 $\lambda=0$(n 重).

对 $\lambda=0$，解齐次线性方程组 $(0\boldsymbol{E}-\boldsymbol{A})\boldsymbol{x}=\boldsymbol{0}$，由于系数矩阵为 $-\boldsymbol{A}=-\boldsymbol{\alpha\beta}^{\mathrm{T}}$，可知 $\mathrm{r}(-\boldsymbol{A})=1$.

由题设 $\boldsymbol{\alpha},\boldsymbol{\beta}$ 均为非零向量，不妨设 $a_1\neq 0$，$b_1\neq 0$，那么在初等行变换下，有

$$-\boldsymbol{A}\to\begin{bmatrix}1 & \dfrac{b_2}{b_1} & \dfrac{b_3}{b_1} & \cdots & \dfrac{b_n}{b_1}\\ 0 & 0 & 0 & \cdots & 0\\ \vdots & \vdots & \vdots & & \vdots\\ 0 & 0 & 0 & \cdots & 0\end{bmatrix}.$$

由此可得方程组 $(-\boldsymbol{A})\boldsymbol{x}=\boldsymbol{0}$ 的一个基础解系为

$$\boldsymbol{\xi}_1=(-b_2,b_1,0,\cdots,0)^{\mathrm{T}},\quad \boldsymbol{\xi}_2=(-b_3,0,b_1,\cdots,0)^{\mathrm{T}},\ \cdots,$$
$$\boldsymbol{\xi}_{n-1}=(-b_n,0,\cdots,b_1)^{\mathrm{T}}.$$

那么，$\boldsymbol{A}$ 的属于 $\lambda=0$ 的线性无关的特征向量为 $\boldsymbol{\xi}_1,\boldsymbol{\xi}_2,\cdots,\boldsymbol{\xi}_{n-1}$，于是 $\boldsymbol{A}$ 的属于 $\lambda=0$ 的全部特征向量为

$$k_1\boldsymbol{\xi}_1+k_2\boldsymbol{\xi}_2+\cdots+k_{n-1}\boldsymbol{\xi}_{n-1},$$

其中 $k_1,k_2,\cdots,k_{n-1}$ 是不全为零的任意常数.

例 5.14 设方阵 $\boldsymbol{A}$ 满足 $\boldsymbol{A}^2+2\boldsymbol{A}-3\boldsymbol{E}=\boldsymbol{O}$，其中 $\boldsymbol{E}$ 为单位方阵，试求 $\boldsymbol{A}$ 的特征值.

解 设 λ 是 $\boldsymbol{A}$ 的特征值，对应特征向量为 $\boldsymbol{\alpha}\neq\boldsymbol{0}$，即设

$$\boldsymbol{A\alpha}=\lambda\boldsymbol{\alpha},$$

那么 $(\boldsymbol{A}^2+2\boldsymbol{A}-3\boldsymbol{E})\boldsymbol{\alpha}=(\lambda^2+2\lambda-3)\boldsymbol{\alpha}=\boldsymbol{0}$. 因 $\boldsymbol{\alpha}\neq 0$，故

$$\lambda^2+2\lambda-3=(\lambda-1)(\lambda+3)=0,$$

即有 $\lambda=1$ 或 $\lambda=-3$.

注释 由此例,更一般地有结论:

若对于某个多项式 $f(x)$,方阵 $\boldsymbol{A}$ 满足 $f(\boldsymbol{A})=\boldsymbol{O}$,那么 $\boldsymbol{A}$ 的特征值 λ 必满足 $f(\lambda)=0$.

5.3.3 具体矩阵的特征值与特征向量的计算

对于具体给定方阵 $\boldsymbol{A}=(a_{ij})$,以 3 阶方阵为例,欲求 $\boldsymbol{A}$ 的特征值,可由特征方程

$$|\lambda\boldsymbol{E}-\boldsymbol{A}|=\begin{vmatrix}\lambda-a_{11} & -a_{12} & -a_{13}\\ -a_{21} & \lambda-a_{22} & -a_{23}\\ -a_{31} & -a_{32} & \lambda-a_{33}\end{vmatrix}=0$$

解出特征根 $\lambda_i(i=1,2,3)$. 这里的难点是行列式的计算. 要利用在第一章中讲到的行列式的计算方法,例如是否为行(列)和相同的行列式,或利用行列式性质尽可能把某些元素化成零再展开,而且最好要因式分解出来,以便于计算.

例 5.15 求下列矩阵 $\boldsymbol{A}$ 的特征值和特征向量:

(1) $\begin{bmatrix}2 & 3 & 2\\ 1 & 8 & 2\\ -2 & -14 & -3\end{bmatrix}$; (2) $\begin{bmatrix}-1 & 2 & 2\\ 3 & -1 & 1\\ 2 & 2 & -1\end{bmatrix}$.

解 (1) 矩阵 $\boldsymbol{A}$ 的特征方程

$$|\lambda\boldsymbol{E}-\boldsymbol{A}|=\begin{vmatrix}\lambda-2 & -3 & -2\\ -1 & \lambda-8 & -2\\ 2 & 14 & \lambda+3\end{vmatrix}$$

$$\xlongequal{2r_2+r_3}\begin{vmatrix}\lambda-2 & -3 & -2\\ -1 & \lambda-8 & -2\\ 0 & 2\lambda-2 & \lambda-1\end{vmatrix}$$

$$\xlongequal{-2c_3+c_2}\begin{vmatrix}\lambda-2 & 1 & -2\\ -1 & \lambda-4 & -2\\ 0 & 0 & \lambda-1\end{vmatrix}$$

$$=(\lambda-1)(\lambda-3)^2=0.$$

解特征方程得 $\boldsymbol{A}$ 的特征值为 $\lambda_1=1,\ \lambda_2=\lambda_3=3$.

对 $\lambda_1=1$,求解齐次线性方程组 $(\boldsymbol{E}-\boldsymbol{A})\boldsymbol{x}=\boldsymbol{0}$. 由

$$E-A=\begin{bmatrix}-1 & -3 & -2\\ -1 & -7 & -2\\ 2 & 14 & 4\end{bmatrix}\to\begin{bmatrix}1 & 0 & 2\\ 0 & 1 & 0\\ 0 & 0 & 0\end{bmatrix}$$

得方程组一个基础解系为$\boldsymbol{\alpha}_1=(2,0,-1)^{\mathrm{T}}$,则$\boldsymbol{A}$的属于特征值$\lambda=1$的全部特征向量为$k_1\boldsymbol{\alpha}_1$($k_1$为任意非零常数).

对$\lambda_2=\lambda_3=3$,求解齐次线性方程组$(3\boldsymbol{E}-\boldsymbol{A})\boldsymbol{x}=\boldsymbol{0}$. 由

$$3E-A=\begin{bmatrix}1 & -3 & -2\\ -1 & -5 & -2\\ 2 & 14 & 6\end{bmatrix}\to\begin{bmatrix}1 & 1 & 0\\ 0 & 2 & 1\\ 0 & 0 & 0\end{bmatrix}$$

得方程组一个基础解系为$\boldsymbol{\alpha}_2=(1,-1,2)^{\mathrm{T}}$,则$\boldsymbol{A}$的属于特征值$\lambda=3$的全部特征向量为$k_2\boldsymbol{\alpha}_2$($k_2$为任意非零常数).

(2) 矩阵$\boldsymbol{A}$的特征方程

$$|\lambda E-A|=\begin{vmatrix}\lambda+1 & -2 & -2\\ -3 & \lambda+1 & -1\\ -2 & -2 & \lambda+1\end{vmatrix}$$

$$\xlongequal{c_3+c_2+c_1}\begin{vmatrix}\lambda-3 & -2 & -2\\ \lambda-3 & \lambda+1 & -1\\ \lambda-3 & -2 & \lambda+1\end{vmatrix}$$

$$\xlongequal[-r_1+r_3]{-r_1+r_2}\begin{vmatrix}\lambda-3 & -2 & -2\\ 0 & \lambda+3 & 1\\ 0 & 0 & \lambda+3\end{vmatrix}$$

$$=(\lambda-3)(\lambda+3)^2=0.$$

解特征方程得$\boldsymbol{A}$的特征值为$\lambda_1=3$, $\lambda_2=\lambda_3=-3$.

对$\lambda_1=3$,求解齐次线性方程组$(3\boldsymbol{E}-\boldsymbol{A})\boldsymbol{x}=\boldsymbol{0}$. 由

$$3E-A=\begin{bmatrix}4 & -2 & -2\\ -3 & 4 & -1\\ -2 & -2 & 4\end{bmatrix}\to\begin{bmatrix}1 & 0 & -1\\ 0 & 1 & -1\\ 0 & 0 & 0\end{bmatrix}$$

得方程组一个基础解系为$\boldsymbol{\alpha}_1=(1,1,1)^{\mathrm{T}}$,则$\boldsymbol{A}$的属于特征值$\lambda=3$的全部特征向量为$k_1\boldsymbol{\alpha}_1$($k_1$为任意非零常数).

对$\lambda_2=\lambda_3=-3$,求解齐次线性方程组$(-3\boldsymbol{E}-\boldsymbol{A})\boldsymbol{x}=\boldsymbol{0}$. 由

$$-3\boldsymbol{E}-\boldsymbol{A}=\begin{bmatrix}-2 & -2 & -2\\ -3 & -2 & -1\\ -2 & -2 & -2\end{bmatrix}\to\begin{bmatrix}1 & 0 & -1\\ 0 & 1 & 2\\ 0 & 0 & 0\end{bmatrix}$$

得方程组一个基础解系为 $\alpha_2=(1,-2,1)^{\mathrm{T}}$,则 $\boldsymbol{A}$ 的属于特征值 $\lambda=-3$ 的全部特征向量为 $k_2\alpha_2$(k_2 为任意非零常数).

例 5.16 设矩阵

$$\boldsymbol{A}=\begin{bmatrix}2 & -1 & 2\\ 5 & -3 & 3\\ -1 & 0 & -2\end{bmatrix}.$$

(1) 求 $\boldsymbol{A}$ 的特征值； (2) 求 $\boldsymbol{E}+\boldsymbol{A}^{-1}$的特征值.

解 (1) $\boldsymbol{A}$ 的特征方程：

$$|\lambda\boldsymbol{E}-\boldsymbol{A}|=\begin{vmatrix}\lambda-2 & 1 & -2\\ -5 & \lambda+3 & -3\\ 1 & 0 & \lambda+2\end{vmatrix}$$

$$\xlongequal{-c_3+c_2+c_1}\begin{vmatrix}\lambda+1 & 1 & -2\\ \lambda+1 & \lambda+3 & -3\\ -\lambda-1 & 0 & \lambda+2\end{vmatrix}$$

$$\xlongequal[r_1+r_3]{-r_1+r_2}\begin{vmatrix}\lambda+1 & 1 & -2\\ 0 & \lambda+2 & -1\\ 0 & 1 & \lambda\end{vmatrix}$$

$$=(\lambda+1)^3=0.$$

解此方程得 $\boldsymbol{A}$ 的特征值为 $\lambda_1=\lambda_2=\lambda_3=-1$.

(2) 由(1)可知 $|\boldsymbol{A}|=(-1)^3=-1$,故 $\boldsymbol{A}$ 为可逆矩阵,且 $\boldsymbol{A}^{-1}$的特征值是 -1 的倒数,仍为 -1(三重),因而 $\boldsymbol{E}+\boldsymbol{A}^{-1}$的特征值为 $1+(-1)=0$(三重).

5.3.4 矩阵特征值、特征向量的逆问题

所谓矩阵特征值、特征向量的逆问题是指：已知矩阵的特征值或特征向量,反求矩阵中某些未知参数,或已知矩阵的某些特征值及特征向量,求其他的特征值与特征向量,或已知矩阵的特征值及特征向量,反过来求矩阵等.

例 5.17 已知矩阵

$$A=\begin{bmatrix}7&4&-1\\4&7&-1\\-4&-4&a\end{bmatrix}$$

的特征值为 3(二重),12. 求参数 a 的值及对应的特征向量.

解 由矩阵的特征值的性质,矩阵 A 的迹等于其特征值之和,故有

$$7+7+a=3+3+12,$$

得到 $a=4$. 于是

$$A=\begin{bmatrix}7&4&-1\\4&7&-1\\-4&-4&4\end{bmatrix}.$$

对 $\lambda=3$(二重),求解齐次线性方程组 $(3E-A)x=0$,可求出方程组的一个基础解系为 $\alpha_1=(1,0,4)^T$, $\alpha_2=(0,1,4)^T$,则 A 的属于特征值 $\lambda=3$ 的全部特征向量为 $k_1\alpha_1+k_2\alpha_2$(k_1,k_2 为任意不全为零的常数).

对 $\lambda=12$(一重),求解齐次线性方程组 $(12E-A)x=0$,可求出方程组的一个基础解系为 $\alpha_3=(1,1,-1)^T$,则 A 的属于特征值 $\lambda=12$ 的全部特征向量为 $k\alpha_3$(k 是不为零的任意常数).

例 5.18 设矩阵

$$A=\begin{bmatrix}1&-3&3\\3&a&3\\6&-6&b\end{bmatrix},$$

有特征值 $-2,4$,试求参数 a,b 的值.

分析 本题与上题不同,对 3 阶矩阵 A 只已知两个特征值,只能利用特征值是特征方程的根,来求出参数 a,b.

解 由 $-2,4$ 是矩阵 A 的特征值,于是

$$|-2E-A|=\begin{vmatrix}-3&3&-3\\-3&-2-a&-3\\-6&6&-2-b\end{vmatrix}$$

$$=3(5+a)(4-b)=0. \quad (1)$$

$$|4\boldsymbol{E}-\boldsymbol{A}|=\begin{vmatrix}3 & 3 & -3\\ -3 & 4-a & -3\\ -6 & 6 & 4-b\end{vmatrix}$$

$$=3[-(7-a)(2+b)+72]=0. \qquad (2)$$

由(1),(2)两式,得 $a=-5$, $b=4$.

例 5.19 已知矩阵

$$\boldsymbol{A}=\begin{bmatrix}2 & x & 2\\ 5 & y & 3\\ -1 & 0 & -2\end{bmatrix}$$

的特征值为-1(三重),试求 x,y 的值及 $\boldsymbol{A}$ 的特征向量.

解 由特征值的性质

$$\operatorname{tr}(\boldsymbol{A})=2+y+(-2)=-1-1-1=-3,$$

故 $y=-3$. 由

$$|\boldsymbol{A}|=\begin{vmatrix}2 & x & 2\\ 5 & -3 & 3\\ -1 & 0 & -2\end{vmatrix}=7x+6=(-1)^3$$

得 $x=-1$.

对 $\lambda=-1$,求解齐次线性方程组$(-\boldsymbol{E}-\boldsymbol{A})\boldsymbol{x}=\boldsymbol{0}$,可求出方程组的一个基础解系为 $\boldsymbol{\alpha}=(1,1,-1)^{\mathrm{T}}$,则 $\boldsymbol{A}$ 的属于特征值 $\lambda=-1$ 的全部特征向量为 $k\boldsymbol{\alpha}$(k 为非零任意常数).

例 5.20 设矩阵

$$\boldsymbol{A}=\begin{bmatrix}1 & 1 & 1\\ a & b & c\\ d & e & f\end{bmatrix}.$$

已知 $\boldsymbol{\alpha}_1=(1,1,1)^{\mathrm{T}}$, $\boldsymbol{\alpha}_2=(1,0,-1)^{\mathrm{T}}$, $\boldsymbol{\alpha}_3=(1,-1,0)^{\mathrm{T}}$ 是 $\boldsymbol{A}$ 的特征向量,求参数 a,b,c,d,e,f 的值.

解 由题设条件, $\boldsymbol{\alpha}_1,\boldsymbol{\alpha}_2,\boldsymbol{\alpha}_3$ 是 $\boldsymbol{A}$ 的特征向量,不妨设与它们对应的特征值分别依次为 $\lambda_1,\lambda_2,\lambda_3$. 由 $\boldsymbol{A}\boldsymbol{\alpha}_1=\lambda_1\boldsymbol{\alpha}_1$,即

$$\begin{bmatrix}1 & 1 & 1\\ a & b & c\\ d & e & f\end{bmatrix}\begin{bmatrix}1\\ 1\\ 1\end{bmatrix}=\begin{bmatrix}3\\ a+b+c\\ d+e+f\end{bmatrix}=\lambda_1\begin{bmatrix}1\\ 1\\ 1\end{bmatrix},$$

可得到

$$\lambda_1 = 3, \quad 且 \quad a+b+c=d+e+f=3. \tag{1}$$

由 $A\alpha_2=\lambda_2\alpha_2$，即

$$\begin{bmatrix}1 & 1 & 1\\ a & b & c\\ d & e & f\end{bmatrix}\begin{bmatrix}1\\ 0\\ -1\end{bmatrix}=\begin{bmatrix}0\\ a-c\\ d-f\end{bmatrix}=\lambda_2\begin{bmatrix}1\\ 0\\ -1\end{bmatrix},$$

可得到

$$\lambda_2 = 0, \quad 且 \quad a-c=d-f=0. \tag{2}$$

由 $A\alpha_3=\lambda_3\alpha_3$，即

$$\begin{bmatrix}1 & 1 & 1\\ a & b & c\\ d & e & f\end{bmatrix}\begin{bmatrix}1\\ -1\\ 0\end{bmatrix}=\begin{bmatrix}0\\ a-b\\ d-e\end{bmatrix}=\lambda_3\begin{bmatrix}1\\ -1\\ 0\end{bmatrix},$$

可得到

$$\lambda_3 = 0, \quad 且 \quad a-b=d-e=0. \tag{3}$$

由(1)，(2)，(3)式，可得 $a=b=c=d=e=f=1$.

例 5.21 已知向量 $\alpha=(1,k)^{\mathrm{T}}$ 是矩阵 $A=\begin{bmatrix}3 & 1\\ 5 & -1\end{bmatrix}$的逆矩阵 A^{-1}的特征向量，求常数 k 的值及与 α 对应的特征值 λ.

解法 1 由题设 $A^{-1}\alpha=\lambda\alpha$，有 $A\alpha=\dfrac{1}{\lambda}\alpha$，即

$$\begin{bmatrix}3 & 1\\ 5 & -1\end{bmatrix}\begin{bmatrix}1\\ k\end{bmatrix}=\frac{1}{\lambda}\begin{bmatrix}1\\ k\end{bmatrix},$$

即

$$\begin{cases}3+k=\dfrac{1}{\lambda},\\ 5-k=\dfrac{k}{\lambda}.\end{cases}$$

由此得到 $k^2+4k-5=(k-1)(k+5)=0$，则 $k=1$ 或 $k=-5$.

当 $k=1$ 时，$\lambda=\dfrac{1}{4}$；当 $k=-5$ 时，$\lambda=-\dfrac{1}{2}$.

解法 2 由 $A=\begin{bmatrix}3 & 1\\ 5 & -1\end{bmatrix}$，可求得 A 的特征值为 4，-2，于是 A^{-1}的特征值为$\dfrac{1}{4}$，$-\dfrac{1}{2}$.

当 $\lambda=\frac{1}{4}$时，由 $A^{-1}\alpha=\frac{1}{4}\alpha$，即 $A\alpha=4\alpha$，即

$$\begin{bmatrix}3 & 1\\5 & -1\end{bmatrix}\begin{bmatrix}1\\k\end{bmatrix}=4\begin{bmatrix}1\\k\end{bmatrix},$$

解得 $k=1$.

当 $\lambda=-\frac{1}{2}$时，由 $A^{-1}\alpha=-\frac{1}{2}\alpha$，即 $A\alpha=-2\alpha$，即

$$\begin{bmatrix}3 & 1\\5 & -1\end{bmatrix}\begin{bmatrix}1\\k\end{bmatrix}=-2\begin{bmatrix}1\\k\end{bmatrix},$$

解得 $k=-5$.

例 5.22 设矩阵

$$A=\begin{bmatrix}a & -1 & c\\5 & b & 3\\1-c & 0 & -a\end{bmatrix},$$

其行列式 $|A|=-1$，又 A 的伴随矩阵 A^* 有一个特征值 λ_0，属于 λ_0 的一个特征向量为 $\alpha=(-1,-1,1)^T$，求 a,b,c 和 λ_0 的值.

解 由题设 $A^*\alpha=\lambda_0\alpha$，因 $|A|=-1$，故 A 可逆. 从而也有 $A\alpha=\frac{|A|}{\lambda_0}\alpha$，即 $\lambda_0 A\alpha=-\alpha$，即

$$\lambda_0\begin{bmatrix}a & -1 & c\\5 & b & 3\\1-c & 0 & -a\end{bmatrix}\begin{bmatrix}-1\\-1\\1\end{bmatrix}=-\begin{bmatrix}-1\\-1\\1\end{bmatrix},$$

即

$$\begin{cases}\lambda_0(-a+1+c)=1,\\\lambda_0(-5-b+3)=1,\\\lambda_0(c-1-a)=-1.\end{cases}$$

将上面第一式减去第三式可得 $2\lambda_0=2$，所以 $\lambda_0=1$，于是得 $a=c$，$b=-3$. 再由

$$|A|=\begin{vmatrix}a & -1 & a\\5 & -3 & 3\\1-a & 0 & -a\end{vmatrix}=a-3=-1,$$

于是得 $a=c=2$.

综上所述，解得 $a=c=2$，$b=-3$，$\lambda_0=1$.

例 5.23 已知向量 $\alpha=(1,1,-1)^T$ 是矩阵

$$A=\begin{bmatrix}2&-1&2\\5&a&3\\-1&b&-2\end{bmatrix}$$

的一个特征向量.

(1) 试确定参数 a,b 及 α 对应的特征值；

(2) 问 A 能否相似于对角矩阵？说明理由.

解 (1) 设 λ 是特征向量 α 对应的特征值，则有 $A\alpha=\lambda\alpha$，即

$$\begin{bmatrix}2&-1&2\\5&a&3\\-1&b&-2\end{bmatrix}\begin{bmatrix}1\\1\\-1\end{bmatrix}=\lambda\begin{bmatrix}1\\1\\-1\end{bmatrix},$$

即

$$\begin{cases}2-1-2=\lambda,\\5+a-3=\lambda,\\-1+b+2=-\lambda,\end{cases}$$

解得 $\lambda=-1$，$a=-3$，$b=0$. 于是

$$A=\begin{bmatrix}2&-1&2\\5&-3&3\\-1&0&-2\end{bmatrix}.$$

(2) 3 阶方阵 A 能否相似对角化取决于 A 是否有三个线性无关的特征向量，因而还要从特征值入手.

A 的特征方程为

$$|\lambda E-A|=\begin{vmatrix}\lambda-2&1&-2\\-5&\lambda+3&-3\\1&0&\lambda+2\end{vmatrix}=(\lambda+1)^3=0,$$

所以，$\lambda=-1$ 是 A 的三重特征值，但

$$-E-A=\begin{bmatrix}-3&1&-2\\-5&2&-3\\1&0&1\end{bmatrix}\to\begin{bmatrix}1&0&1\\0&1&1\\0&0&0\end{bmatrix},$$

得到 $r(-E-A)=2$，于是矩阵 A 只有 $3-2=1$ 个线性无关的特征向

量，所以 A 不能相似对角化.

5.3.5 关于矩阵相似与对角化问题

例 5.24 判断下述结论是否正确？并简述理由.

(1) 如果 $A \sim B$，则 A 与 B 有相同的特征值和特征向量.

(2) 如果 $A \sim B$，则存在对角矩阵 Λ，使 A, B 都相似于 Λ.

(3) 如果 $A \sim B$，则对任意常数 λ，有 $\lambda E - A \sim \lambda E - B$.

(4) 如果 A 与 B 有相同的特征值，则 $A \sim B$.

(5) 如果 A 与 B 的特征向量相同，则 $A \sim B$.

解 (1) 错误. 相似的矩阵必有相同的特征值，但不一定有相同的特征向量. 例如，设

$$A = \begin{bmatrix} 2 & -4 \\ -3 & 3 \end{bmatrix}, \quad B = \begin{bmatrix} -1 & 0 \\ 0 & 6 \end{bmatrix},$$

那么 A 与 B 是相似的，而且有相同的特征值为 $-1, 6$.

但 A 的属于 -1 的特征向量为 $\alpha = (4,3)^{\mathrm{T}}$，$B$ 的属于 -1 的特征向量为 $\beta = (1,0)^{\mathrm{T}}$，$\alpha$ 与 β 线性无关.

(2) 错误. 虽然 A 与 B 相似，但它们不一定可以相似对角化.

(3) 正确. 因为由

$$P^{-1}AP = B \Longrightarrow P^{-1}(\lambda E - A)P = \lambda E - B.$$

(4) 错误. 例如，设

$$A = \begin{bmatrix} 1 & 0 \\ 0 & 1 \end{bmatrix}, \quad B = \begin{bmatrix} 1 & 3 \\ 0 & 1 \end{bmatrix}.$$

显然 $|\lambda E - A| = |\lambda E - B| = (\lambda - 1)^2$，即 A 与 B 有相同的特征值 $\lambda = 1$（二重），但 A 作为单位方阵，只能与自身相似，即 A 与 B 是不相似的.

(5) 错误. 当 A 与 B 的特征向量相同，它们所对应的特征值可以不一样，因此，A 与 B 不一定相似.

例如，设 $\alpha_1 = (1,0)^{\mathrm{T}}$，$\alpha_2 = (1,1)^{\mathrm{T}}$ 分别是矩阵 A 的属于特征值 $\lambda_1 = 1$，$\lambda_2 = 2$ 的特征向量，可知

$$A = \begin{bmatrix} 1 & -1 \\ 0 & 2 \end{bmatrix}.$$

再设 α_1,α_2 分别是矩阵 $\boldsymbol{B}$ 的属于特征值 $\lambda_1=2$, $\lambda_2=3$ 的特征向量，可知

$$\boldsymbol{B}=\begin{bmatrix}2 & -1\\ 0 & 3\end{bmatrix},$$

那么 $\boldsymbol{A}$ 与 $\boldsymbol{B}$ 虽然有相同的特征向量 α_1,α_2，但 $\boldsymbol{A}$ 与 $\boldsymbol{B}$ 不相似.

例 5.25 设 n 阶矩阵 $\boldsymbol{A},\boldsymbol{B}$ 满足 $\boldsymbol{B}=\boldsymbol{P}^{-1}\boldsymbol{A}\boldsymbol{P}$，且向量 α 是 $\boldsymbol{A}$ 的属于特征值 λ_0 的特征向量. 证明：$\boldsymbol{P}^{-1}\alpha$ 是 $\boldsymbol{B}$ 的属于 λ_0 的特征向量.

证 由题设条件有 $\boldsymbol{A}\alpha=\lambda_0\alpha$, $\boldsymbol{A}=\boldsymbol{P}\boldsymbol{B}\boldsymbol{P}^{-1}$，故有

$$(\boldsymbol{P}\boldsymbol{B}\boldsymbol{P}^{-1})\alpha=\lambda_0\alpha.$$

两边左乘 $\boldsymbol{P}^{-1}$，得

$$\boldsymbol{B}(\boldsymbol{P}^{-1}\alpha)=\lambda_0(\boldsymbol{P}^{-1}\alpha).$$

显然 $\boldsymbol{P}^{-1}\alpha$ 为非零向量，所以由特征值、特征向量定义，$\boldsymbol{P}^{-1}\alpha$ 为 $\boldsymbol{B}$ 的属于 λ_0 的特征向量.

注释 本题是对例 5.24 中(1)的补充. 两个相似的矩阵有相同的特征值，但属于同一特征值的特征向量不一定相同，本题给出了它们的特征向量之间的关系.

例 5.26 证明：若 $\boldsymbol{A}$ 可逆，且 $\boldsymbol{A}\sim\boldsymbol{B}$，则 $\boldsymbol{A}^*\sim\boldsymbol{B}^*$.

证 因 $\boldsymbol{A}$ 可逆，且 $\boldsymbol{A}\sim\boldsymbol{B}$，则 $|\boldsymbol{A}|=|\boldsymbol{B}|$，说明 $\boldsymbol{B}$ 也可逆，于是

$$\boldsymbol{A}^*=|\boldsymbol{A}|\boldsymbol{A}^{-1},\quad \boldsymbol{B}^*=|\boldsymbol{B}|\boldsymbol{B}^{-1}.$$

由题设 $\boldsymbol{A}\sim\boldsymbol{B}$，可设 $\boldsymbol{B}=\boldsymbol{P}^{-1}\boldsymbol{A}\boldsymbol{P}$，即有 $\boldsymbol{B}^{-1}=\boldsymbol{P}^{-1}\boldsymbol{A}^{-1}\boldsymbol{P}$. 上式两边同乘 $|\boldsymbol{A}|=|\boldsymbol{B}|$，得

$$|\boldsymbol{B}|\boldsymbol{B}^{-1}=\boldsymbol{P}^{-1}(|\boldsymbol{A}|\boldsymbol{A}^{-1})\boldsymbol{P},\quad \text{即}\quad \boldsymbol{B}^*=\boldsymbol{P}^{-1}\boldsymbol{A}^*\boldsymbol{P},$$

所以

$$\boldsymbol{A}^*\sim\boldsymbol{B}^*.$$

例 5.27 试判断下列矩阵 $\boldsymbol{A},\boldsymbol{B}$ 是否相似？若相似，求出可逆矩阵 $\boldsymbol{P}$，使 $\boldsymbol{B}=\boldsymbol{P}^{-1}\boldsymbol{A}\boldsymbol{P}$.

(1) $\boldsymbol{A}=\begin{bmatrix}2 & 0 & 0\\ 0 & 3 & 5\\ 0 & 1 & 2\end{bmatrix}$, $\boldsymbol{B}=\begin{bmatrix}3 & 1 & 0\\ 7 & 3 & 0\\ 0 & 0 & 1\end{bmatrix}$;

(2) $\boldsymbol{A}=\begin{bmatrix}2 & 0 & 0\\ 0 & 0 & 1\\ 0 & 1 & 0\end{bmatrix}$, $\boldsymbol{B}=\begin{bmatrix}1 & 0 & 0\\ 0 & -1 & 0\\ 0 & -6 & 2\end{bmatrix}$.

分析 先考虑 A,B 是否满足两个矩阵相似的必要条件，即 $|\lambda E-A|=|\lambda E-B|$. 若不成立，则 A 与 B 肯定不相似；若成立，说明 A,B 有相同的特征值. 这时若 A,B 均可相似对角化，说明 A,B 相似于同一个对角矩阵，从而 A 与 B 相似.

解 (1) 由

$$|\lambda E-A|=\begin{vmatrix}\lambda-2 & 0 & 0\\ 0 & \lambda-3 & -5\\ 0 & -1 & \lambda-2\end{vmatrix}$$

$$=(\lambda-2)(\lambda^2-5\lambda+1)=\lambda^3-7\lambda^2+11\lambda-2,$$

$$|\lambda E-B|=\begin{vmatrix}\lambda-3 & -1 & 0\\ -7 & \lambda-3 & 0\\ 0 & 0 & \lambda-1\end{vmatrix}$$

$$=(\lambda-1)(\lambda^2-6\lambda+2)=\lambda^3-7\lambda^2+8\lambda-2.$$

故 $|\lambda E-A|\neq|\lambda E-B|$，所以 A 与 B 不相似.

(2) $$|\lambda E-A|=\begin{vmatrix}\lambda-2 & 0 & 0\\ 0 & \lambda & -1\\ 0 & -1 & \lambda\end{vmatrix}=(\lambda-2)(\lambda-1)(\lambda+1),$$

$$|\lambda E-B|=\begin{vmatrix}\lambda-1 & 0 & 0\\ 0 & \lambda+1 & 0\\ 0 & 6 & \lambda-2\end{vmatrix}=(\lambda-1)(\lambda-2)(\lambda+1).$$

故 A 与 B 有相同的特征值 $-1,1,2$. 它们互不相同，于是 A 与 B 均可相似对角化，且 A 与 B 都与对角矩阵

$$\Lambda=\begin{bmatrix}-1 & 0 & 0\\ 0 & 1 & 0\\ 0 & 0 & 2\end{bmatrix}$$

相似. 由相似关系的传递性，知 $A\sim B$.

不难求出，矩阵 A 与特征值 $-1,1,2$ 对应的特征向量分别为

$$\alpha_1=\begin{bmatrix}0\\1\\-1\end{bmatrix},\quad \alpha_2=\begin{bmatrix}0\\1\\1\end{bmatrix},\quad \alpha_3=\begin{bmatrix}1\\0\\0\end{bmatrix}.$$

矩阵 B 与特征值 $-1,1,2$ 对应的特征向量分别为

$$\boldsymbol{\beta}_1=\begin{bmatrix}0\\-1\\0\end{bmatrix},\quad \boldsymbol{\beta}_2=\begin{bmatrix}1\\0\\0\end{bmatrix},\quad \boldsymbol{\beta}_3=\begin{bmatrix}0\\2\\1\end{bmatrix}.$$

令

$$\boldsymbol{P}_1=(\boldsymbol{\alpha}_1,\boldsymbol{\alpha}_2,\boldsymbol{\alpha}_3)=\begin{bmatrix}0&0&1\\1&1&0\\-1&1&0\end{bmatrix},$$

$$\boldsymbol{P}_2=(\boldsymbol{\beta}_1,\boldsymbol{\beta}_2,\boldsymbol{\beta}_3)=\begin{bmatrix}0&1&0\\-1&0&2\\0&0&1\end{bmatrix},$$

则有
$$\boldsymbol{P}_1^{-1}\boldsymbol{A}\boldsymbol{P}_1=\boldsymbol{P}_2^{-1}\boldsymbol{B}\boldsymbol{P}_2=\boldsymbol{\Lambda}=\begin{bmatrix}-1&0&0\\0&1&0\\0&0&2\end{bmatrix}.$$

于是
$$\boldsymbol{B}=\boldsymbol{P}_2\boldsymbol{P}_1^{-1}\boldsymbol{A}\boldsymbol{P}_1\boldsymbol{P}_2^{-1}=(\boldsymbol{P}_1\boldsymbol{P}_2^{-1})^{-1}\boldsymbol{A}(\boldsymbol{P}_1\boldsymbol{P}_2^{-1}).$$

令

$$\boldsymbol{P}=\boldsymbol{P}_1\boldsymbol{P}_2^{-1}=\begin{bmatrix}0&0&1\\1&1&0\\-1&1&0\end{bmatrix}\begin{bmatrix}0&1&0\\-1&0&2\\0&0&1\end{bmatrix}^{-1}=\begin{bmatrix}0&0&1\\1&-1&2\\1&1&-2\end{bmatrix},$$

则有
$$\boldsymbol{B}=\boldsymbol{P}^{-1}\boldsymbol{A}\boldsymbol{P}.$$

例 5.28(填空题) (1) 设 4 阶矩阵 $\boldsymbol{A}$ 与 $\boldsymbol{B}$ 相似,矩阵 $\boldsymbol{A}$ 的特征值为$\frac{1}{2},\frac{1}{3},\frac{1}{4},\frac{1}{5}$,则行列式$|\boldsymbol{B}^{-1}-\boldsymbol{E}|=$________.

(2) 设矩阵 $\boldsymbol{B}=\begin{bmatrix}0&0&1\\0&1&0\\1&0&0\end{bmatrix}$,已知矩阵 $\boldsymbol{A}$ 相似于 $\boldsymbol{B}$,则 $\mathrm{r}(\boldsymbol{A}-2\boldsymbol{E})+\mathrm{r}(\boldsymbol{A}-\boldsymbol{E})=$________.

解 (1) 由题设 $\boldsymbol{A}\sim\boldsymbol{B}$,而相似矩阵有相同的特征值. 故由

$$\boldsymbol{A}\text{ 的特征值为}\frac{1}{2},\frac{1}{3},\frac{1}{4},\frac{1}{5}$$
$$\Longrightarrow \boldsymbol{B}\text{ 的特征值为}\frac{1}{2},\frac{1}{3},\frac{1}{4},\frac{1}{5}$$
$$\Longrightarrow \boldsymbol{B}^{-1}\text{ 的特征值为 }2,3,4,5$$

$$\Longrightarrow \boldsymbol{B}^{-1}-\boldsymbol{E} \text{ 的特征值为 } 1,2,3,4.$$

所以，$|\boldsymbol{B}^{-1}-\boldsymbol{E}|=1\times2\times3\times4=24$,应填 24.

(2) 由题设 $\boldsymbol{A}\sim\boldsymbol{B}$,可知

$$\boldsymbol{A}-2\boldsymbol{E}\sim\boldsymbol{B}-2\boldsymbol{E},\quad \boldsymbol{A}-\boldsymbol{E}\sim\boldsymbol{B}-\boldsymbol{E},$$

由于相似矩阵有相同的秩,于是

$$\mathrm{r}(\boldsymbol{A}-2\boldsymbol{E})=\mathrm{r}(\boldsymbol{B}-2\boldsymbol{E})=\mathrm{r}\begin{bmatrix}-2 & 0 & 1\\ 0 & -1 & 0\\ 1 & 0 & -2\end{bmatrix}=3,$$

$$\mathrm{r}(\boldsymbol{A}-\boldsymbol{E})=\mathrm{r}(\boldsymbol{B}-\boldsymbol{E})=\mathrm{r}\begin{bmatrix}-1 & 0 & 1\\ 0 & 0 & 0\\ 1 & 0 & -1\end{bmatrix}=1,$$

则 $\mathrm{r}(\boldsymbol{A}-2\boldsymbol{E})+\mathrm{r}(\boldsymbol{A}-\boldsymbol{E})=3+1=4$,所以应填 4.

例 5.29 设矩阵 $\boldsymbol{A}$ 与 $\boldsymbol{B}$ 相似,其中

$$\boldsymbol{A}=\begin{bmatrix}1 & -1 & 1\\ 2 & 4 & -2\\ -3 & -3 & a\end{bmatrix},\quad \boldsymbol{B}=\begin{bmatrix}2 & 0 & 0\\ 0 & 2 & 0\\ 0 & 0 & b\end{bmatrix}.$$

(1) 求 a,b 的值;

(2) 求可逆矩阵 $\boldsymbol{P}$,使 $\boldsymbol{P}^{-1}\boldsymbol{A}\boldsymbol{P}=\boldsymbol{B}$.

解 (1) 由相似矩阵有相同的迹,可知

$$1+4+a=2+2+b,\quad \text{即}\quad a+1=b. \tag{1}$$

由相似矩阵有相同的行列式,可知

$$|\boldsymbol{A}|=6(a-1)=|\boldsymbol{B}|=4b,\quad \text{即}\quad a-1=\frac{2}{3}b. \tag{2}$$

从(1),(2)两式可求出 $a=5$, $b=6$.

(2) 因 $\boldsymbol{B}$ 是对角矩阵,可知 $\lambda_1=\lambda_2=2$, $\lambda_3=6$ 为矩阵 $\boldsymbol{B}$ 的特征值. 由 $\boldsymbol{A}\sim\boldsymbol{B}$,所以 $\lambda_1=\lambda_2=2$, $\lambda_3=6$ 也是矩阵 $\boldsymbol{A}$ 的特征值.

对 $\lambda_1=\lambda_2=2$,求解齐次线性方程组 $(2\boldsymbol{E}-\boldsymbol{A})\boldsymbol{x}=\boldsymbol{0}$,可求出其一个基础解系为 $\boldsymbol{\alpha}_1=(1,-1,0)^{\mathrm{T}}$, $\boldsymbol{\alpha}_2=(1,0,1)^{\mathrm{T}}$. 那么，$\boldsymbol{\alpha}_1,\boldsymbol{\alpha}_2$ 是矩阵 $\boldsymbol{A}$ 的属于特征值 $\lambda=2$ 的线性无关的特征向量.

对 $\lambda_3=6$,求解齐次线性方程组 $(6\boldsymbol{E}-\boldsymbol{A})\boldsymbol{x}=\boldsymbol{0}$,可求出其一个基础解系为 $\boldsymbol{\alpha}_3=(1,-2,3)^{\mathrm{T}}$. 那么，$\boldsymbol{\alpha}_3$ 是矩阵 $\boldsymbol{A}$ 的属于特征值 $\lambda=6$ 的

线性无关的特征向量.

令可逆矩阵

$$P = (\alpha_1, \alpha_2, \alpha_3) = \begin{bmatrix} 1 & 1 & 1 \\ -1 & 0 & -2 \\ 0 & 1 & 3 \end{bmatrix},$$

则能使 $P^{-1}AP = B$.

例 5.30 设 n 阶矩阵

$$A = \begin{bmatrix} a & a & \cdots & a \\ a & a & \cdots & a \\ \vdots & \vdots & & \vdots \\ a & a & \cdots & a \end{bmatrix} \quad (a \neq 0).$$

(1) 求 A 的特征值和特征向量;

(2) A 是否可以相似对角化?若可以,试求可逆矩阵 P,使 $P^{-1}AP$ 为对角矩阵.

解 (1) 矩阵 A 的特征多项式为

$$|\lambda E - A| = \begin{vmatrix} \lambda - a & -a & \cdots & -a \\ -a & \lambda - a & \cdots & -a \\ \vdots & \vdots & & \vdots \\ -a & -a & \cdots & \lambda - a \end{vmatrix} = \lambda^{n-1}(\lambda - na),$$

所以, A 的特征值为 $0(n-1$ 重), na(一重).

对 $\lambda=0$,解相应齐次线性方程组 $(0E-A)x=\mathbf{0}$,可求出方程组的一个基础解系为

$$\alpha_1 = (-1,1,0,\cdots,0)^{\mathrm{T}},\ \alpha_2 = (-1,0,1,\cdots,0)^{\mathrm{T}},\ \cdots,$$
$$\alpha_{n-1} = (-1,0,\cdots,1)^{\mathrm{T}}.$$

于是 A 的属于 $\lambda=0$ 的全部特征向量为

$$c_1\alpha_1 + c_2\alpha_2 + \cdots + c_{n-1}\alpha_{n-1},$$

其中 $c_1, c_2, \cdots, c_{n-1}$ 是不全为零的任意常数.

对 $\lambda=na$,解相应齐次线性方程组 $(naE-A)x=\mathbf{0}$,可求出方程组的一个基础解系为

$$\alpha_n = (1,1,\cdots,1)^{\mathrm{T}},$$

于是 A 的属于 $\lambda=na$ 的全部特征向量为 $c_n\alpha_n(c_n \neq 0)$.

(2) 由(1)已求出矩阵 $\boldsymbol{A}$ 的 n 个线性无关的特征向量，所以，$\boldsymbol{A}$ 可以相似对角化. 令可逆矩阵

$$\boldsymbol{P}=(\alpha_1,\alpha_2,\cdots,\alpha_n)=\begin{bmatrix}-1&-1&\cdots&-1&1\\1&0&\cdots&0&1\\0&1&\cdots&0&1\\\vdots&\vdots&&\vdots&\vdots\\0&0&\cdots&1&1\end{bmatrix},$$

则有 $\boldsymbol{P}^{-1}\boldsymbol{A}\boldsymbol{P}-\boldsymbol{\Lambda}$. 这里 $\boldsymbol{\Lambda}=\mathrm{diag}(0,0,\cdots,0,na)$.

例 5.31 设矩阵

$$\boldsymbol{A}=\begin{bmatrix}3&2&-2\\-k&-1&k\\4&2&-3\end{bmatrix},$$

问 k 为何值时，存在可逆矩阵 $\boldsymbol{P}$，使 $\boldsymbol{P}^{-1}\boldsymbol{A}\boldsymbol{P}$ 为对角矩阵？并求出矩阵 $\boldsymbol{P}$ 和相应的对角矩阵.

分析 本题就是讨论矩阵 $\boldsymbol{A}$ 中的参数 k 取何值时，能使 $\boldsymbol{A}$ 可以相似对角化. 而矩阵 $\boldsymbol{A}$ 的对角化问题与特征值、特征向量有密切关系，特别是当 $\boldsymbol{A}$ 的特征值中有重根. 讨论矩阵的对角化问题时，最常用的结论是"n 阶矩阵 $\boldsymbol{A}$ 可对角化的充分必要条件是，对于每一个 n_i 重的特征值 λ_i，相应特征矩阵 $\lambda_i\boldsymbol{E}-\boldsymbol{A}$ 的秩为 $n-n_i$".

解 $\boldsymbol{A}$ 的特征多项式为

$$|\lambda\boldsymbol{E}-\boldsymbol{A}|=\begin{vmatrix}\lambda-3&-2&2\\k&\lambda+1&-k\\-4&-2&\lambda+3\end{vmatrix}$$

$$\xlongequal{c_3+c_1}\begin{vmatrix}\lambda-1&-2&2\\0&\lambda+1&-k\\\lambda-1&-2&\lambda+3\end{vmatrix}$$

$$\xlongequal{-r_1+r_3}\begin{vmatrix}\lambda-1&-2&2\\0&\lambda+1&-k\\0&0&\lambda+1\end{vmatrix}$$

$$=(\lambda-1)(\lambda+1)^2,$$

故 $\boldsymbol{A}$ 的特征值为 $\lambda_1=1,\ \lambda_2=\lambda_3=-1$.

由于矩阵 $\boldsymbol{A}$ 能相似对角化，对于 $\boldsymbol{A}$ 的二重特征值 -1，应该有 $\mathrm{r}(-\boldsymbol{E}-\boldsymbol{A})=1$. 由

$$-\boldsymbol{E}-\boldsymbol{A}=\begin{bmatrix}-4 & -2 & 2\\ k & 0 & -k\\ -4 & -2 & 2\end{bmatrix}\to\begin{bmatrix}-4 & -2 & 2\\ k & 0 & -k\\ 0 & 0 & 0\end{bmatrix},$$

可知 $k=0$.

对 $\lambda_1=1$，由解齐次线性方程组 $(\boldsymbol{E}-\boldsymbol{A})\boldsymbol{x}=\boldsymbol{0}$，可求出 $\boldsymbol{A}$ 的属于特征值 $\lambda=1$ 的线性无关特征向量 $\boldsymbol{\alpha}_1=(1,0,1)^{\mathrm{T}}$.

对 $\lambda_2=\lambda_3=-1$，由解齐次线性方程组 $(-\boldsymbol{E}-\boldsymbol{A})\boldsymbol{x}=\boldsymbol{0}$，可求出 $\boldsymbol{A}$ 的属于特征值 $\lambda=-1$ 的线性无关特征向量为

$$\boldsymbol{\alpha}_2=(-1,2,0)^{\mathrm{T}},\quad \boldsymbol{\alpha}_3=(0,1,1)^{\mathrm{T}}.$$

那么，令可逆矩阵

$$\boldsymbol{P}=(\boldsymbol{\alpha}_1,\boldsymbol{\alpha}_2,\boldsymbol{\alpha}_3)=\begin{bmatrix}1 & -1 & 0\\ 0 & 2 & 1\\ 1 & 0 & 1\end{bmatrix},$$

有

$$\boldsymbol{P}^{-1}\boldsymbol{A}\boldsymbol{P}=\boldsymbol{\Lambda}=\begin{bmatrix}1 & 0 & 0\\ 0 & -1 & 0\\ 0 & 0 & -1\end{bmatrix}.$$

例 5.32 设矩阵

$$\boldsymbol{A}=\begin{bmatrix}1 & -1 & 1\\ a & 4 & b\\ -3 & c & d\end{bmatrix},$$

已知 $\boldsymbol{A}$ 有 3 个线性无关的特征向量，$\lambda=2$ 是 $\boldsymbol{A}$ 的二重特征值，试求可逆矩阵 $\boldsymbol{P}$，使得 $\boldsymbol{P}^{-1}\boldsymbol{A}\boldsymbol{P}$ 为对角矩阵.

解 由已知 3 阶矩阵 $\boldsymbol{A}$ 有 3 个线性无关的特征向量，故矩阵 $\boldsymbol{A}$ 可相似对角化，那么对于 $\boldsymbol{A}$ 的二重特征值 $\lambda_1=\lambda_2=2$，应有 $\mathrm{r}(2\boldsymbol{E}-\boldsymbol{A})=1$，即可从

$$2\boldsymbol{E}-\boldsymbol{A}=\begin{bmatrix}1 & 1 & -1\\ -a & -2 & -b\\ 3 & -c & 2-d\end{bmatrix}\to\begin{bmatrix}1 & 1 & -1\\ 0 & a-2 & -a-b\\ 0 & -c-3 & 5-d\end{bmatrix}$$

得到

$$a-2=-a-b=-c-3=5-d=0,$$

于是得

$$a=2,\quad b=-2,\quad c=-3,\quad d=5.$$

这时,从 $2\boldsymbol{E}-\boldsymbol{A}$ 所化成的简化阶梯形,同时也能得到 $\boldsymbol{A}$ 的属于特征值 $\lambda=2$ 的两个线性无关的特征向量为

$$\boldsymbol{\alpha}_1=(-1,1,0)^{\mathrm{T}},\quad \boldsymbol{\alpha}_2=(1,0,1)^{\mathrm{T}}.$$

设 $\boldsymbol{A}$ 的第三个特征值为 λ_3,则由

$$\lambda_1+\lambda_2+\lambda_3=\mathrm{tr}\boldsymbol{A}=1+4+5,$$

可知 $\lambda_3=6$.

对 $\lambda=6$,可由解齐次线性方程组 $(6\boldsymbol{E}-\boldsymbol{A})\boldsymbol{x}=\boldsymbol{0}$,得到 $\boldsymbol{A}$ 的属于 $\lambda=6$ 的线性无关特征向量为 $\boldsymbol{\alpha}_3=(1,-2,3)^{\mathrm{T}}$.

令可逆矩阵

$$\boldsymbol{P}=(\boldsymbol{\alpha}_1,\boldsymbol{\alpha}_2,\boldsymbol{\alpha}_3)=\begin{bmatrix}-1&1&1\\1&0&-2\\0&1&3\end{bmatrix},$$

则有

$$\boldsymbol{P}^{-1}\boldsymbol{A}\boldsymbol{P}=\boldsymbol{\Lambda}=\begin{bmatrix}2&&\\&2&\\&&6\end{bmatrix}.$$

例 5.33 设 3 阶矩阵 $\boldsymbol{A}$ 的特征值为 $1,0,-1$,对应的特征向量分别为 $\boldsymbol{\alpha}_1=(1,2,2)^{\mathrm{T}}$, $\boldsymbol{\alpha}_2=(0,-1,1)^{\mathrm{T}}$, $\boldsymbol{\alpha}_3=(0,0,1)^{\mathrm{T}}$,求矩阵 $\boldsymbol{A}$ 和 $\boldsymbol{A}^m(m=2,3,\cdots)$.

解 由题设 3 阶方阵 $\boldsymbol{A}$ 有三个互不相同的特征值,故 $\boldsymbol{A}$ 可相似对角化,且令

$$\boldsymbol{P}=\begin{bmatrix}1&0&0\\2&-1&0\\2&1&1\end{bmatrix},\quad \boldsymbol{\Lambda}=\begin{bmatrix}1&0&0\\0&0&0\\0&0&-1\end{bmatrix},$$

则有

$$\boldsymbol{P}^{-1}\boldsymbol{A}\boldsymbol{P}=\boldsymbol{\Lambda},$$

于是

$$A=P\Lambda P^{-1}=\begin{bmatrix}1&0&0\\2&-1&0\\2&1&1\end{bmatrix}\begin{bmatrix}1&0&0\\0&0&0\\0&0&-1\end{bmatrix}\begin{bmatrix}1&0&0\\2&-1&0\\2&1&1\end{bmatrix}^{-1}$$

$$=\begin{bmatrix}1&0&0\\2&-1&0\\2&1&1\end{bmatrix}\begin{bmatrix}1&0&0\\0&0&0\\0&0&-1\end{bmatrix}\begin{bmatrix}1&0&0\\2&-1&0\\-4&1&1\end{bmatrix}$$

$$=\begin{bmatrix}1&0&0\\2&0&0\\6&-1&-1\end{bmatrix},$$

$$A^m=(P\Lambda P^{-1})(P\Lambda P^{-1})\cdots(P\Lambda P^{-1})=P\Lambda^m P^{-1}$$

$$=\begin{bmatrix}1&0&0\\2&-1&0\\2&1&1\end{bmatrix}\begin{bmatrix}1&0&0\\0&0&0\\0&0&(-1)^m\end{bmatrix}\begin{bmatrix}1&0&0\\2&-1&0\\-4&1&1\end{bmatrix}$$

$$=\begin{bmatrix}1&0&0\\2&0&0\\2+4(-1)^{m+1}&(-1)^m&(-1)^m\end{bmatrix}.$$

注释 在矩阵 A 可相似对角化时，本题给出了由已知特征值、特征向量反过来求矩阵 A 与 A^m 的方法.

例 5.34 设

$$A=\begin{bmatrix}3&2&2\\2&3&2\\2&2&3\end{bmatrix},\quad P=\begin{bmatrix}0&1&0\\1&0&1\\0&0&1\end{bmatrix},$$

$B=P^{-1}A^*P$，其中 A^* 为 A 的伴随矩阵，求 $B+2E$ 的特征值和特征向量.

解法 1 由已知矩阵 A，可求出 A 的伴随矩阵为

$$A^*=\begin{bmatrix}5&-2&-2\\-2&5&-2\\-2&-2&5\end{bmatrix},$$

于是

$$B=P^{-1}A^*P$$

$$=\begin{bmatrix}0&1&0\\1&0&1\\0&0&1\end{bmatrix}^{-1}\begin{bmatrix}5&-2&-2\\-2&5&-2\\-2&-2&5\end{bmatrix}\begin{bmatrix}0&1&0\\1&0&1\\0&0&1\end{bmatrix}$$

$$=\begin{bmatrix}7&0&0\\-2&5&-4\\-2&-2&3\end{bmatrix},$$

则 $$\boldsymbol{B}+2\boldsymbol{E}=\begin{bmatrix}9&0&0\\-2&7&-4\\-2&-2&5\end{bmatrix}.$$

$\boldsymbol{B}+2\boldsymbol{E}$ 的特征多项式为

$$|\lambda\boldsymbol{E}-(\boldsymbol{B}+2\boldsymbol{E})|=\begin{vmatrix}\lambda-9&0&0\\2&\lambda-7&4\\2&2&\lambda-5\end{vmatrix}$$
$$=(\lambda-9)^2(\lambda-3),$$

所以，$\boldsymbol{B}+2\boldsymbol{E}$ 的特征值为 $\lambda_1=3$，$\lambda_2=\lambda_3=9$.

对于 $\lambda_1=3$，由解齐次线性方程组 $(3\boldsymbol{E}-\boldsymbol{B}-2\boldsymbol{E})\boldsymbol{x}=\boldsymbol{0}$，可求出矩阵 $\boldsymbol{B}+2\boldsymbol{E}$ 的属于 $\lambda=3$ 的线性无关特征向量为

$$\boldsymbol{\alpha}_1=(0,1,1)^{\mathrm{T}}.$$

对于 $\lambda_2=\lambda_3=9$，由解齐次线性方程组 $(9\boldsymbol{E}-\boldsymbol{B}-2\boldsymbol{E})\boldsymbol{x}=\boldsymbol{0}$，可求出矩阵 $\boldsymbol{B}+2\boldsymbol{E}$ 的属于 $\lambda=9$ 的线性无关特征向量为

$$\boldsymbol{\alpha}_2=(-1,1,0)^{\mathrm{T}},\quad \boldsymbol{\alpha}_3=(-2,0,1)^{\mathrm{T}}.$$

解法 2 首先容易得到 $|\boldsymbol{A}|=7$. $\boldsymbol{A}$ 的特征多项式为

$$|\lambda\boldsymbol{E}-\boldsymbol{A}|=\begin{vmatrix}\lambda-3&-2&-2\\-2&\lambda-3&-2\\-2&-2&\lambda-3\end{vmatrix}=(\lambda-7)(\lambda-1)^2,$$

于是 $\boldsymbol{A}$ 的特征值为 7,1,1.

对于 $\lambda=7$，可求出 $\boldsymbol{A}$ 的属于 $\lambda=7$ 的线性无关特征向量为 $\boldsymbol{\alpha}_1=(1,1,1)^{\mathrm{T}}$.

对于 $\lambda=1$，可求出 $\boldsymbol{A}$ 的属于 $\lambda=1$ 的线性无关特征向量为 $\boldsymbol{\alpha}_2=(-1,1,0)^{\mathrm{T}}$, $\boldsymbol{\alpha}_3=(-1,0,1)^{\mathrm{T}}$.

下面我们来推导 $\boldsymbol{B}+2\boldsymbol{E}$ 的特征值、特征向量与 $\boldsymbol{A}$ 的特征值、特

征向量的关系.

首先,由 $\boldsymbol{B}=\boldsymbol{P}^{-1}\boldsymbol{A}^{*}\boldsymbol{P}$,可知 $\boldsymbol{A}^{*}=\boldsymbol{PBP}^{-1}$,那么由

$$\begin{aligned}\boldsymbol{A}\boldsymbol{\alpha}=\lambda\boldsymbol{\alpha} &\Longrightarrow \boldsymbol{A}^{*}\boldsymbol{\alpha}=\frac{|\boldsymbol{A}|}{\lambda}\boldsymbol{\alpha}\\ &\Longrightarrow (\boldsymbol{PBP}^{-1})\boldsymbol{\alpha}=\frac{|\boldsymbol{A}|}{\lambda}\boldsymbol{\alpha}\\ &\Longrightarrow \boldsymbol{B}(\boldsymbol{P}^{-1}\boldsymbol{\alpha})=\frac{|\boldsymbol{A}|}{\lambda}(\boldsymbol{P}^{-1}\boldsymbol{\alpha})\\ &\Longrightarrow (\boldsymbol{B}+2\boldsymbol{E})(\boldsymbol{P}^{-1}\boldsymbol{\alpha})=\left(\frac{|\boldsymbol{A}|}{\lambda}+2\right)(\boldsymbol{P}^{-1}\boldsymbol{\alpha})\end{aligned}$$

说明,当 λ 是 $\boldsymbol{A}$ 的特征值,$\boldsymbol{\alpha}$ 为对应的特征向量时,$\frac{|\boldsymbol{A}|}{\lambda}+2$ 是 $\boldsymbol{B}+2\boldsymbol{E}$ 的特征值,$\boldsymbol{P}^{-1}\boldsymbol{\alpha}$ 为对应的特征向量,所以,由 $\boldsymbol{A}$ 的特征值为 7,1,1,则 $\boldsymbol{B}+2\boldsymbol{E}$ 的特征值为 3,9,9.

$\boldsymbol{B}+2\boldsymbol{E}$ 的属于 $\lambda=3$ 的线性无关特征向量为

$$\boldsymbol{P}^{-1}\boldsymbol{\alpha}_1=(0,1,1)^{\mathrm{T}}.$$

$\boldsymbol{B}+2\boldsymbol{E}$ 的属于 $\lambda=9$ 的线性无关特征向量为

$$\boldsymbol{P}^{-1}\boldsymbol{\alpha}_2=(1,-1,0)^{\mathrm{T}},\quad \boldsymbol{P}^{-1}\boldsymbol{\alpha}_3=(-1,-1,1)^{\mathrm{T}}.$$

例 5.35 设 n 阶矩阵 $\boldsymbol{A}$ 满足 $\boldsymbol{A}^2=\boldsymbol{A}$(称 $\boldsymbol{A}$ 为幂等矩阵),且 $\mathrm{r}(\boldsymbol{A})=r(0<r<n)$. 证明:

$$\boldsymbol{A}\sim\begin{bmatrix}\boldsymbol{E}_r & \\ & \boldsymbol{O}\end{bmatrix},$$

其中 $\boldsymbol{E}_r$ 为 r 阶单位方阵.

解 由例 5.2 中(2)知,幂等矩阵的特征值为 0 或 1. 因为

$$\boldsymbol{A}-\boldsymbol{A}^2=\boldsymbol{A}(\boldsymbol{E}-\boldsymbol{A})=\boldsymbol{O},$$

故 $$\mathrm{r}(\boldsymbol{A})+\mathrm{r}(\boldsymbol{E}-\boldsymbol{A})\leqslant n.$$

又 $$\mathrm{r}(\boldsymbol{A})+\mathrm{r}(\boldsymbol{E}-\boldsymbol{A})\geqslant \mathrm{r}(\boldsymbol{A}+\boldsymbol{E}-\boldsymbol{A})=\mathrm{r}(\boldsymbol{E})=n,$$

故 $$\mathrm{r}(\boldsymbol{A})+\mathrm{r}(\boldsymbol{E}-\boldsymbol{A})=n,$$

即 $$\mathrm{r}(\boldsymbol{E}-\boldsymbol{A})=n-\mathrm{r}(\boldsymbol{A})=n-r.$$

对 $\lambda=1$,对应的齐次线性方程组为

$$(\boldsymbol{E}-\boldsymbol{A})\boldsymbol{x}=\boldsymbol{0}.$$

因为 $\mathrm{r}(\boldsymbol{E}-\boldsymbol{A})=n-r$,故有 r 个属于特征值 $\lambda=1$ 的线性无关特征向

量 $\boldsymbol{\xi}_1,\boldsymbol{\xi}_2,\cdots,\boldsymbol{\xi}_r$.

对 $\lambda=0$,对应的齐次线性方程组为

$$(0\boldsymbol{E}-\boldsymbol{A})\boldsymbol{x}=\boldsymbol{0}.$$

因为 $\mathrm{r}(\boldsymbol{A})=r$,故有 $n-r$ 个属于特征值 $\lambda=0$ 的线性无关特征向量 $\boldsymbol{\xi}_{r+1},\boldsymbol{\xi}_{r+2},\cdots,\boldsymbol{\xi}_n$.

于是存在可逆矩阵 $\boldsymbol{P}=(\boldsymbol{\xi}_1,\boldsymbol{\xi}_2,\cdots,\boldsymbol{\xi}_n)$,使得

$$\boldsymbol{P}^{-1}\boldsymbol{A}\boldsymbol{P}=\begin{bmatrix}\boldsymbol{E}_r & \\ & \boldsymbol{O}\end{bmatrix}.$$

注释 对幂等矩阵 $\boldsymbol{A}$,若 $\mathrm{r}(\boldsymbol{A})=n$,由上面推导可知,$\mathrm{r}(\boldsymbol{E}-\boldsymbol{A})=0$,有 $\boldsymbol{A}=\boldsymbol{E}$.

例 5.36 已知 4 阶矩阵 $\boldsymbol{A}$ 的特征值为 ±1 和 ±2. 又 $\boldsymbol{B}=(\boldsymbol{A}^{-1})^2+\boldsymbol{A}^*$,其中 $\boldsymbol{A}^*$ 为 $\boldsymbol{A}$ 的伴随矩阵. 证明:$\boldsymbol{B}$ 能相似对角化,并写出与 $\boldsymbol{B}$ 相似的对角矩阵.

分析 由于

$$\boldsymbol{A}\boldsymbol{\alpha}=\lambda\boldsymbol{\alpha}\Longrightarrow\boldsymbol{A}^{-1}\boldsymbol{\alpha}=\frac{1}{\lambda}\boldsymbol{\alpha}\begin{cases}\Longrightarrow(\boldsymbol{A}^{-1})^2\boldsymbol{\alpha}=\dfrac{1}{\lambda^2}\boldsymbol{\alpha}\\[2ex]\Longrightarrow\boldsymbol{A}^*\boldsymbol{\alpha}=\dfrac{|\boldsymbol{A}|}{\lambda}\boldsymbol{\alpha}\end{cases}$$

$$\Longrightarrow[(\boldsymbol{A}^{-1})^2+\boldsymbol{A}^*]\boldsymbol{\alpha}=\left(\frac{1}{\lambda^2}+\frac{|\boldsymbol{A}|}{\lambda}\right)\boldsymbol{\alpha},$$

所以,我们可以通过求出 $\boldsymbol{B}$ 的 4 个特征值来证明本题.

证 首先 $|\boldsymbol{A}|=1\times(-1)\times2\times(-2)=4$. 其次

由 $\boldsymbol{A}$ 的特征值为 $1,-1,2,-2$

$\Longrightarrow\boldsymbol{A}^{-1}$ 的特征值为 $1,-1,\dfrac{1}{2},-\dfrac{1}{2}$

$\Longrightarrow(\boldsymbol{A}^{-1})^2$ 的特征值为 $1,1,\dfrac{1}{4},\dfrac{1}{4}$.

又 $\boldsymbol{A}^*$ 的特征值为 $4,-4,2,-2$,于是 $\boldsymbol{B}=(\boldsymbol{A}^{-1})^2+\boldsymbol{A}^*$ 的特征值为 $5,-3,\dfrac{9}{4},-\dfrac{7}{4}$,即 4 阶矩阵 $\boldsymbol{B}$ 有 4 个不相同的特征值,所以 $\boldsymbol{B}$ 可相似对角化,且

$$\boldsymbol{B}\sim\boldsymbol{\Lambda}=\mathrm{diag}\left(5,-3,\frac{9}{4},-\frac{7}{4}\right).$$

例 5.37 设 n 阶矩阵 $\boldsymbol{A}$ 满足 $\boldsymbol{A}^2-2\boldsymbol{A}-3\boldsymbol{E}=\boldsymbol{O}$,证明 $\boldsymbol{A}$ 能相似对角化.

解 由例 5.14 可知,设 λ 为 $\boldsymbol{A}$ 的任一个特征值时,由题设条件,λ 必满足 $\lambda^2-2\lambda-3=0$,所以 $\lambda=3$ 或 $\lambda=-1$.

下面我们来讨论特征矩阵 $3\boldsymbol{E}-\boldsymbol{A}$ 与 $-\boldsymbol{E}-\boldsymbol{A}$ 的秩.

$$\boldsymbol{A}^2-2\boldsymbol{A}-3\boldsymbol{E}=(3\boldsymbol{E}-\boldsymbol{A})(-\boldsymbol{E}-\boldsymbol{A})=\boldsymbol{O},$$

故有
$$\mathrm{r}(3\boldsymbol{E}-\boldsymbol{A})+\mathrm{r}(-\boldsymbol{E}-\boldsymbol{A})\leqslant n.$$

另一方面

$$\begin{aligned}\mathrm{r}(3\boldsymbol{E}-\boldsymbol{A})+\mathrm{r}(-\boldsymbol{E}-\boldsymbol{A})&=\mathrm{r}(3\boldsymbol{E}-\boldsymbol{A})+\mathrm{r}(\boldsymbol{E}+\boldsymbol{A})\\&\geqslant \mathrm{r}(3\boldsymbol{E}-\boldsymbol{A}+\boldsymbol{E}+\boldsymbol{A})=n,\end{aligned}$$

从而
$$\mathrm{r}(3\boldsymbol{E}-\boldsymbol{A})+\mathrm{r}(-\boldsymbol{E}-\boldsymbol{A})=n.$$

不妨设 $\mathrm{r}(3\boldsymbol{E}-\boldsymbol{A})=r$,则 $\mathrm{r}(-\boldsymbol{E}-\boldsymbol{A})=n-r$,于是由特征向量的计算方法可知,$\boldsymbol{A}$ 的属于特征值 $\lambda=3$ 的线性无关特征向量有 $n-r$ 个,$\boldsymbol{A}$ 的属于特征值 $\lambda=-1$ 的线性无关的特征向量有 $n-(n-r)=r$ 个,于是 n 阶矩阵 $\boldsymbol{A}$ 总共有 n 个线性无关的特征向量,所以 $\boldsymbol{A}$ 可相似对角化.

例 5.38 设 $\boldsymbol{A}$ 为 n 阶非零矩阵,且存在正整数 $m(m\geqslant 2)$,使 $\boldsymbol{A}^m=\boldsymbol{O}$(称 $\boldsymbol{A}$ 为幂零矩阵),证明 $\boldsymbol{A}$ 不能相似对角化.

证法 1 反证法. 假设 $\boldsymbol{A}$ 能相似对角化,即存在可逆矩阵 $\boldsymbol{P}$,使 $\boldsymbol{P}^{-1}\boldsymbol{A}\boldsymbol{P}=\boldsymbol{\Lambda}$,这里 $\boldsymbol{\Lambda}$ 为对角矩阵. 于是

$$(\boldsymbol{P}^{-1}\boldsymbol{A}\boldsymbol{P})^m=\boldsymbol{\Lambda}^m=\boldsymbol{P}^{-1}\boldsymbol{A}^m\boldsymbol{P}=\boldsymbol{O},$$

从而 $\boldsymbol{\Lambda}=\boldsymbol{O}$,则

$$\boldsymbol{A}=\boldsymbol{P}\boldsymbol{\Lambda}\boldsymbol{P}^{-1}=\boldsymbol{O}$$

与 $\boldsymbol{A}$ 是非零矩阵相矛盾,说明假设错误,所以 $\boldsymbol{A}$ 不能相似对角化.

证法 2 从讨论 $\boldsymbol{A}$ 的特征值的重数与对应的特征矩阵的秩的关系入手.

设 λ 为 $\boldsymbol{A}$ 的任一个特征值,那么 λ^m 为 $\boldsymbol{A}^m$ 的特征值. 由 $\boldsymbol{A}^m=\boldsymbol{O}$,于是 $\lambda^m=0$,即 $\lambda=0$,由 λ 的任意性,说明 $\boldsymbol{A}$ 的特征值全是 0,即 $\lambda=0$ 是 $\boldsymbol{A}$ 的 n 重特征值,与 $\lambda=0$ 对应的特征矩阵为 $-\boldsymbol{A}$. 因 $\boldsymbol{A}$ 为非零矩阵,有 $\mathrm{r}(-\boldsymbol{A})\geqslant 1$,即 $n-\mathrm{r}(-\boldsymbol{A})\leqslant n-1<n$. 于是与 n 重特征值 $\lambda=0$ 的线性无关特征向量个数少于 n 个,所以 $\boldsymbol{A}$ 不可相似对角化.

注释 由证法 2 可见，对 n 阶矩阵 $\boldsymbol{A}$，若只有 λ 为其 n 重特征值，当 $\lambda\boldsymbol{E}-\boldsymbol{A}$ 为非零矩阵时，$\boldsymbol{A}$ 不能相似对角化.

例 5.39 设 $\boldsymbol{A}$ 为 2 阶实方阵，且 $|\boldsymbol{A}|<0$. 证明 $\boldsymbol{A}$ 能相似对角化.

证 设 $\boldsymbol{A}=\begin{bmatrix} a & b \\ c & d \end{bmatrix}$，则由题设 $|\boldsymbol{A}|=ad-bc<0$.

$\boldsymbol{A}$ 的特征方程为

$$\begin{aligned}|\lambda\boldsymbol{E}-\boldsymbol{A}| &= \begin{vmatrix} \lambda-a & -b \\ -c & \lambda-d \end{vmatrix} \\ &= \lambda^2-(a+d)\lambda+ad-bc \\ &= \lambda^2-(a+d)\lambda+|\boldsymbol{A}|=0,\end{aligned}$$

其判别式为 $\Delta=(a+d)^2-4|\boldsymbol{A}|>0$. 故特征方程 $|\lambda\boldsymbol{E}-\boldsymbol{A}|=0$ 有两个不相等的实根，即 2 阶方阵 $\boldsymbol{A}$ 有两个不相同的特征值，所以 $\boldsymbol{A}$ 可相似对角化.

5.3.6 实对称矩阵与其正交相似对角化问题

实对称矩阵有许多特殊的性质：其特征值都是实数；对应于不同特征值的特征向量是正交的；它必能对角化，因而对任一 k 重特征值 λ，特征矩阵 $\lambda\boldsymbol{E}-\boldsymbol{A}$ 的秩必为 $n-k$（n 为 $\boldsymbol{A}$ 的阶数）等.

例 5.40 求正交矩阵 $\boldsymbol{T}$，使 $\boldsymbol{T}^{-1}\boldsymbol{A}\boldsymbol{T}$ 为对角矩阵.

(1) $\boldsymbol{A}=\begin{bmatrix} 3 & -2 & 0 \\ -2 & 2 & -2 \\ 0 & -2 & 1 \end{bmatrix}$；　(2) $\boldsymbol{A}=\begin{bmatrix} 1 & 2 & 4 \\ 2 & -2 & 2 \\ 4 & 2 & 1 \end{bmatrix}$.

解 (1) $\boldsymbol{A}$ 的特征多项式为

$$\begin{aligned}|\lambda\boldsymbol{E}-\boldsymbol{A}| &= \begin{vmatrix} \lambda-3 & 2 & 0 \\ 2 & \lambda-2 & 2 \\ 0 & 2 & \lambda-1 \end{vmatrix} \xlongequal{r_1-r_3} \begin{vmatrix} \lambda-3 & 0 & 1-\lambda \\ 2 & \lambda-2 & 2 \\ 0 & 2 & \lambda-1 \end{vmatrix} \\ &= (\lambda-2)\begin{vmatrix} \lambda-3 & 1-\lambda \\ 0 & \lambda-1 \end{vmatrix} - 2\begin{vmatrix} \lambda-3 & 1-\lambda \\ 2 & 2 \end{vmatrix} \\ &= (\lambda-2)(\lambda^2-4\lambda+3)-2(4\lambda-8) \\ &= (\lambda-2)(\lambda+1)(\lambda-5),\end{aligned}$$

故 $\boldsymbol{A}$ 的特征值为 $2,5,-1$.

对于 $\lambda=2$，可求出对应的一个特征向量为 $\boldsymbol{\alpha}_1=(2,1,-2)^{\mathrm{T}}$. 把

α_1 单位化,得 $\beta_1=\left(\frac{2}{3},\frac{1}{3},-\frac{2}{3}\right)^T$.

对于 $\lambda=5$,可求出对应的一个特征向量为 $\alpha_2=(2,-2,1)^T$. 把 α_2 单位化,得 $\beta_2=\left(\frac{2}{3},-\frac{2}{3},\frac{1}{3}\right)^T$.

对于 $\lambda=-1$,可求出对应的一个特征向量为 $\alpha_3=(1,2,2)^T$. 把 α_3 单位化,得 $\beta_3=\left(\frac{1}{3},\frac{2}{3},\frac{2}{3}\right)^T$.

令正交矩阵

$$T=(\beta_1,\beta_2,\beta_3)=\begin{bmatrix}2/3 & 2/3 & 1/3\\ 1/3 & -2/3 & 2/3\\ -2/3 & 1/3 & 2/3\end{bmatrix},$$

则有

$$T^{-1}AT=\Lambda=\begin{bmatrix}2 & 0 & 0\\ 0 & 5 & 0\\ 0 & 0 & -1\end{bmatrix}.$$

(2) A 的特征多项式为

$$|\lambda E-A|=\begin{vmatrix}\lambda-1 & -2 & -4\\ -2 & \lambda+2 & -2\\ -4 & -2 & \lambda-1\end{vmatrix}$$

$$\xlongequal{-2r_2+r_3}\begin{vmatrix}\lambda-1 & -2 & -4\\ -2 & \lambda+2 & -2\\ 0 & -2\lambda-6 & \lambda+3\end{vmatrix}$$

$$\xlongequal{2c_3+c_2}\begin{vmatrix}\lambda-1 & -10 & -4\\ -2 & \lambda-2 & -2\\ 0 & 0 & \lambda+3\end{vmatrix}$$

$$=(\lambda+3)^2(\lambda-6),$$

故 A 的特征值为 $-3,-3,6$.

对 $\lambda=-3$,可求出齐次线性方程组 $(-3E-A)x=0$ 的一个基础解系为 $\alpha_1=(1,-2,0)^T$, $\alpha_2=(0,-2,1)^T$.

把 α_1,α_2 先正交化,再单位化可得

$$\beta_1=\left(\frac{1}{\sqrt{5}},-\frac{2}{\sqrt{5}},0\right)^T,\quad \beta_2=\left(\frac{4}{3\sqrt{5}},\frac{2}{3\sqrt{5}},-\frac{5}{3\sqrt{5}}\right)^T.$$

对 $\lambda=6$，可求出齐次线性方程组 $(6\boldsymbol{E}-\boldsymbol{A})\boldsymbol{x}=\boldsymbol{0}$ 的一个基础解系为 $\boldsymbol{\alpha}_3=(2,1,2)^{\mathrm{T}}$.

把 $\boldsymbol{\alpha}_3$ 单位化得 $\boldsymbol{\beta}_3=\left(\frac{2}{3},\frac{1}{3},\frac{2}{3}\right)^{\mathrm{T}}$. 于是，令正交矩阵

$$\boldsymbol{T}=(\boldsymbol{\beta}_1,\boldsymbol{\beta}_2,\boldsymbol{\beta}_3)=\begin{bmatrix}\frac{1}{\sqrt{5}} & \frac{4}{3\sqrt{5}} & \frac{2}{3}\\ -\frac{2}{\sqrt{5}} & \frac{2}{3\sqrt{5}} & \frac{1}{3}\\ 0 & -\frac{5}{3\sqrt{5}} & \frac{2}{3}\end{bmatrix},$$

则有

$$\boldsymbol{T}^{-1}\boldsymbol{A}\boldsymbol{T}=\boldsymbol{\Lambda}=\begin{bmatrix}-3 & 0 & 0\\ 0 & -3 & 0\\ 0 & 0 & 6\end{bmatrix}.$$

例 5.41 设实对称矩阵

$$\boldsymbol{A}=\begin{bmatrix}1 & 2 & 2\\ 2 & -2 & a\\ 2 & a & -2\end{bmatrix}.$$

已知 $\lambda=-7$ 是 $\boldsymbol{A}$ 的一重特征值，求参数 a 的值.

解 由于 $\boldsymbol{A}$ 是实对称矩阵，$\boldsymbol{A}$ 必能对角化. 因而对于其一重特征值 $\lambda=-7$，相应的特征矩阵 $-7\boldsymbol{E}-\boldsymbol{A}$ 的秩应为 2. 而由

$$-7\boldsymbol{E}-\boldsymbol{A}=\begin{bmatrix}-8 & -2 & -2\\ -2 & -5 & -a\\ -2 & -a & -5\end{bmatrix}\to\begin{bmatrix}4 & 1 & 1\\ 0 & 9 & 2a-1\\ 0 & 2a-1 & 9\end{bmatrix},$$

故 $\mathrm{r}(-7\boldsymbol{E}-\boldsymbol{A})=2\Leftrightarrow\frac{9}{2a-1}=\frac{2a-1}{9}$，所以，$a=5$ 或 $a=-4$.

例 5.42 设实对称矩阵 $\boldsymbol{A}=\begin{bmatrix}a & 1 & 1\\ 1 & a & -1\\ 1 & -1 & a\end{bmatrix}$，求可逆矩阵 $\boldsymbol{P}$，使 $\boldsymbol{P}^{-1}\boldsymbol{A}\boldsymbol{P}$ 为对角矩阵，并求行列式 $|\boldsymbol{A}-\boldsymbol{E}|$ 的值.

解 $\boldsymbol{A}$ 的特征多项式为

$$|\lambda \boldsymbol{E}-\boldsymbol{A}|=\begin{vmatrix}\lambda-a & -1 & -1\\ -1 & \lambda-a & 1\\ -1 & 1 & \lambda-a\end{vmatrix}=\begin{vmatrix}\lambda-a & -1 & -1\\ -1 & \lambda-a & 1\\ 0 & a+1-\lambda & \lambda-a-1\end{vmatrix}$$

$$=\begin{vmatrix}\lambda-a & -2 & -1\\ -1 & \lambda-a+1 & 1\\ 0 & 0 & \lambda-a-1\end{vmatrix}$$

$$=(\lambda-a-1)^2(\lambda-a+2),$$

故 $\boldsymbol{A}$ 的特征值为 $a+1,a+1,a-2$.

对 $\lambda=a+1$(二重),可求出对应的线性无关特征向量为

$$\boldsymbol{\alpha}_1=(1,1,0)^{\mathrm{T}},\quad \boldsymbol{\alpha}_2=(1,0,1)^{\mathrm{T}}.$$

对 $\lambda=a-2$(一重),可求出对应的特征向量为 $\boldsymbol{\alpha}_3=(-1,1,1)^{\mathrm{T}}$.

令可逆矩阵

$$\boldsymbol{P}=\begin{bmatrix}1 & 1 & -1\\ 1 & 0 & 1\\ 0 & 1 & 1\end{bmatrix},$$

则 $$\boldsymbol{P}^{-1}\boldsymbol{A}\boldsymbol{P}=\boldsymbol{\Lambda}=\mathrm{diag}(a+1,a+1,a-2).$$

由 $\boldsymbol{A}$ 的特征值为 $a+1,a+1,a-2$,那么 $\boldsymbol{A}-\boldsymbol{E}$ 的特征值为 $a,a,a-3$. 所以 $|\boldsymbol{A}-\boldsymbol{E}|=a^2(a-3)$.

例 5.43 设 3 阶实对称矩阵 $\boldsymbol{A}$ 的特征值是 $1,2,3$,$\boldsymbol{A}$ 的属于特征值 $1,2$ 的特征向量分别是

$$\boldsymbol{\alpha}_1=(-1,-1,1)^{\mathrm{T}},\quad \boldsymbol{\alpha}_2=(1,-2,-1)^{\mathrm{T}}.$$

(1) 求 $\boldsymbol{A}$ 的属于特征值 3 的特征向量;

(2) 求矩阵 $\boldsymbol{A}$.

解 (1) 设 $\boldsymbol{A}$ 的属于特征值 3 的特征向量为 $\boldsymbol{\alpha}_3=(x_1,x_2,x_3)^{\mathrm{T}}$. 由于实对称矩阵的属于不同特征值的特征向量正交,应有 $\boldsymbol{\alpha}_1$ 与 $\boldsymbol{\alpha}_3$ 正交,$\boldsymbol{\alpha}_2$ 与 $\boldsymbol{\alpha}_3$ 正交,即

$$\begin{cases}\boldsymbol{\alpha}_1^{\mathrm{T}}\boldsymbol{\alpha}_3=-x_1-x_2+x_3=0,\\ \boldsymbol{\alpha}_2^{\mathrm{T}}\boldsymbol{\alpha}_3=x_1-2x_2-x_3=0.\end{cases}$$

那么上述线性方程组的任一个非零解都可作为 $\boldsymbol{\alpha}_3$,例如取

$$\boldsymbol{\alpha}_3=(1,0,1)^{\mathrm{T}},$$

则 $\boldsymbol{A}$ 的属于特征值 3 的特征向量为 $\boldsymbol{\alpha}_3=(1,0,1)^{\mathrm{T}}$.

(2) 令可逆矩阵

$$P = \begin{bmatrix} -1 & 1 & 1 \\ -1 & -2 & 0 \\ 1 & -1 & 1 \end{bmatrix},$$

则有
$$P^{-1}AP = \Lambda = \begin{bmatrix} 1 & 0 & 0 \\ 0 & 2 & 0 \\ 0 & 0 & 3 \end{bmatrix},$$

于是
$$A = P\Lambda P^{-1} = \frac{1}{6}\begin{bmatrix} 13 & -2 & 5 \\ -2 & 10 & 2 \\ 5 & 2 & 13 \end{bmatrix}.$$

例 5.44 设 A,B 都是 n 阶实对称矩阵.证明：A 与 B 相似的充分必要条件是 A 与 B 有相同的特征值.

证 必要性 由题设 A 与 B 相似,所以 A 与 B 有相同的特征值.

充分性 设 A 与 B 有相同的特征值为 $\lambda_1,\lambda_2,\cdots,\lambda_n$.因为 A,B 均为实对称矩阵,故存在正交矩阵 Q_1,Q_2,使得

$$Q_1^{-1}AQ_1 = \mathrm{diag}(\lambda_1,\lambda_2,\cdots,\lambda_n),$$

$$Q_2^{-1}BQ_2 = \mathrm{diag}(\lambda_1,\lambda_2,\cdots,\lambda_n).$$

于是
$$Q_1^{-1}AQ_1 = Q_2^{-1}BQ_2,$$

则有
$$B = (Q_1Q_2^{-1})^{-1}A(Q_1Q_2^{-1}).$$

令 $P=Q_1Q_2^{-1}$ 为正交矩阵,从 $B=P^{-1}AP$ 说明 $A\sim B$.

注释 本题中 A,B 都是实对称矩阵这个条件很重要,对一般的方阵 A,B 而言,有相同的特征值只是 A 与 B 相似的必要条件而非充分的.

例 5.45 设 k 为实常数,矩阵

$$A = \begin{bmatrix} 1 & 0 & 1 \\ 0 & 2 & 0 \\ 1 & 0 & 1 \end{bmatrix}, \quad B = (A + kE)^2,$$

求对角矩阵 Λ,使 B 与 Λ 相似.

解法 1 A 为 3 阶实对称矩阵,其特征多项式为

$$|\lambda E - A| = \begin{vmatrix} \lambda-1 & 0 & -1 \\ 0 & \lambda-2 & 0 \\ -1 & 0 & \lambda-1 \end{vmatrix} = \lambda(\lambda-2)^2,$$

故 A 的特征值为 2,2,0.

由 A 的实对称性,存在可逆矩阵 P,使得

$$P^{-1}AP = \begin{bmatrix} 2 & & \\ & 2 & \\ & & 0 \end{bmatrix},$$

于是

$$\begin{aligned} P^{-1}BP &= P^{-1}(A+kE)^2P \\ &= [P^{-1}(A+kE)P][P^{-1}(A+kE)P] \\ &= (P^{-1}AP+kE)^2 \\ &= \begin{bmatrix} 2+k & & \\ & 2+k & \\ & & k \end{bmatrix}^2 = \begin{bmatrix} (2+k)^2 & & \\ & (2+k)^2 & \\ & & k^2 \end{bmatrix}, \end{aligned}$$

所以所求与 B 相似的对角矩阵为 $\Lambda=\mathrm{diag}[(2+k)^2,(2+k)^2,k^2]$.

解法 2 因 A 为实对称矩阵,故

$$B^{\mathrm{T}} = [(A+kE)^2]^{\mathrm{T}} = [(A+kE)^{\mathrm{T}}]^2 = (A+kE)^2 = B.$$

所以 B 也是实对称矩阵.因此所求与 B 相似的对角矩阵 Λ,其主对角线上元素应是 B 的特征值.

同解法 1,可求出矩阵 A 的三个特征值为 2,2,0.而矩阵 $B=(A+kE)^2$ 作为矩阵 A 的多项式,可知 B 的三个特征值为 $(2+k)^2$,$(2+k)^2$,k^2.所以,与 B 相似的对角矩阵为

$$\Lambda = \mathrm{diag}[(2+k)^2,(2+k)^2,k^2].$$

例 5.46 设 A 为 n 阶实矩阵,它有 n 个正交单位特征向量 α_1,$\alpha_2,\cdots,\alpha_n$,对应的特征值为 n 个实数 $\lambda_1,\lambda_2,\cdots,\lambda_n$.证明:$A$ 为对称矩阵,且

$$A = \lambda_1\alpha_1\alpha_1^{\mathrm{T}} + \lambda_2\alpha_2\alpha_2^{\mathrm{T}} + \cdots + \lambda_n\alpha_n\alpha_n^{\mathrm{T}}.$$

解 由题设条件,有 $A\alpha_i=\lambda_i\alpha_i\,(i=1,2,\cdots,n)$,即

$$A(\alpha_1,\alpha_2,\cdots,\alpha_n)=(\alpha_1,\alpha_2,\cdots,\alpha_n)\begin{bmatrix}\lambda_1 & & & \\ & \lambda_2 & & \\ & & \ddots & \\ & & & \lambda_n\end{bmatrix}.$$

令矩阵 $P=(\alpha_1,\alpha_2,\cdots,\alpha_n)$，则 P 为正交矩阵，用 P^{-1}左乘上式两端，得到

$$P^{-1}AP=\Lambda=\begin{bmatrix}\lambda_1 & & & \\ & \lambda_2 & & \\ & & \ddots & \\ & & & \lambda_n\end{bmatrix},$$

于是

$$\begin{aligned}A&=P\Lambda P^{-1}=P\Lambda P^{\mathrm{T}}\\&=(\alpha_1,\alpha_2,\cdots,\alpha_n)\begin{bmatrix}\lambda_1 & & & \\ & \lambda_2 & & \\ & & \ddots & \\ & & & \lambda_n\end{bmatrix}\begin{bmatrix}\alpha_1^{\mathrm{T}}\\ \alpha_2^{\mathrm{T}}\\ \vdots\\ \alpha_n^{\mathrm{T}}\end{bmatrix}\\&=\lambda_1\alpha_1\alpha_1^{\mathrm{T}}+\lambda_2\alpha_2\alpha_2^{\mathrm{T}}+\cdots+\lambda_n\alpha_n\alpha_n^{\mathrm{T}}.\end{aligned}$$

因而，显然有 $A^{\mathrm{T}}=A$，即 A 是对称矩阵.

注释 由本题说明，n 阶矩阵 A 为实对称矩阵的充分必要条件是 A 有 n 个实特征值与 n 个正交单位的特征向量.

例 5.47 如果实对称矩阵 A 的特征值的绝对值均为 1，证明 A 是正交矩阵.

证 设 n 阶实对称矩阵 A 的 n 个特征值为 $\lambda_1,\lambda_2,\cdots,\lambda_n$，那么 $\lambda_i^2=1\ (i=1,2,\cdots,n)$.

由 A 的实对称性，存在正交矩阵 Q，使得

$$Q^{-1}AQ=\mathrm{diag}(\lambda_1,\lambda_2,\cdots,\lambda_n)=\Lambda,$$

于是 $A=Q\Lambda Q^{-1}$，则

$$\begin{aligned}AA^{\mathrm{T}}&=AA=(Q\Lambda Q^{-1})(Q\Lambda Q^{-1})=Q\Lambda^2Q^{-1}\\&=Q\begin{bmatrix}\lambda_1^2 & & & \\ & \lambda_2^2 & & \\ & & \ddots & \\ & & & \lambda_n^2\end{bmatrix}Q^{\mathrm{T}}\end{aligned}$$

$$= QEQ^{T} = E.$$

所以，A 是正交矩阵.

§5.4 练 习 题

1. 填空题：

(1) 设 4 阶矩阵 A 与 B 相似，矩阵 A 的特征值为 $1,\frac{1}{2},\frac{1}{3},\frac{1}{4}$，则行列式 $|B^{-1}+E|=$__________.

(2) 设 $\alpha=(1,0,-1)^{T}$，$A=\alpha\alpha^{T}$，a 为常数，n 为正整数，则行列式 $|aE-A^{n}|=$__________.

(3) 矩阵 $A=\begin{bmatrix} 0 & -2 & -2 \\ 2 & 2 & -2 \\ -2 & -2 & 2 \end{bmatrix}$ 的非零特征值是__________.

(4) 设 4 阶矩阵 A 中元素全是 1，则 A 的特征值为__________.

(5) 设 A,B 为同阶实矩阵，且 $B=P^{-1}AP$. 已知 α 是矩阵 B 的属于特征值 λ 的一个特征向量，则矩阵 A 的属于 λ 的一个特征向量是__________.

(6) 设 $\alpha_1=(1,2,0)^{T}$ 和 $\alpha_2=(1,0,1)^{T}$ 都是方阵 A 的对应于特征值 2 的特征向量，又 $\beta=(-1,2,-2)^{T}$，则 $A\beta=$__________.

2. 选择题：

(1) 设 A 是 3 阶实矩阵，且 $r(A)=2$，则(　　).

(A) 0 未必是 A 的特征值；　　(B) 0 是 A 的一重特征值；

(C) 0 是 A 的二重特征值；

(D) 0 是 A 的特征值，且其重数至少是 1.

(2) 与矩阵 $A=\begin{bmatrix} 1 & & \\ & 1 & \\ & & 2 \end{bmatrix}$ 相似的矩阵是(　　).

(A) $\begin{bmatrix} 1 & 1 & 0 \\ 0 & 1 & 0 \\ 0 & 0 & 2 \end{bmatrix}$；　　(B) $\begin{bmatrix} 1 & 0 & 1 \\ 0 & 2 & 0 \\ 0 & 0 & 1 \end{bmatrix}$；

(C) $\begin{bmatrix}1&0&0\\0&1&1\\0&0&2\end{bmatrix}$;　　(D) $\begin{bmatrix}1&0&0\\1&2&0\\1&-1&1\end{bmatrix}$.

(3) 设 $\boldsymbol{A}$ 为 n 阶矩阵，λ_0 是 $\boldsymbol{A}$ 的一个特征值，则下列说法正确的是(　　).

(A) 矩阵 $\boldsymbol{A}-\lambda_0\boldsymbol{E}$ 是可逆矩阵；

(B) 方程组 $(\lambda_0\boldsymbol{E}-\boldsymbol{A})\boldsymbol{x}=\boldsymbol{0}$ 的每一个解都是 $\boldsymbol{A}$ 的属于 λ_0 的特征向量；

(C) 若 $\boldsymbol{\alpha}_1,\boldsymbol{\alpha}_2$ 是方程组 $(\lambda_0\boldsymbol{E}-\boldsymbol{A})\boldsymbol{x}=\boldsymbol{0}$ 的一个基础解系，则 $c_1\boldsymbol{\alpha}_1+c_2\boldsymbol{\alpha}_2$($c_1,c_2$ 为非零常数)是 $\boldsymbol{A}$ 的属于 λ_0 的全部特征向量；

(D) 对任何多项式 $f(x)$，$f(\lambda_0)$ 是矩阵 $f(\boldsymbol{A})$ 的一个特征值.

(4) 设 $\boldsymbol{A}$ 是 n 阶矩阵，λ_1,λ_2 是 $\boldsymbol{A}$ 的特征值，$\boldsymbol{\alpha}_1,\boldsymbol{\alpha}_2$ 是 $\boldsymbol{A}$ 的分别对应于 λ_1,λ_2 的特征向量，则(　　).

(A) 当 $\lambda_1=\lambda_2$ 时，$\boldsymbol{\alpha}_1,\boldsymbol{\alpha}_2$ 一定成比例；

(B) 当 $\lambda_1=\lambda_2$ 时，$\boldsymbol{\alpha}_1,\boldsymbol{\alpha}_2$ 一定不成比例；

(C) 当 $\lambda_1\neq\lambda_2$ 时，$\boldsymbol{\alpha}_1,\boldsymbol{\alpha}_2$ 一定成比例；

(D) 当 $\lambda_1\neq\lambda_2$ 时，$\boldsymbol{\alpha}_1,\boldsymbol{\alpha}_2$ 一定不成比例.

(5) 设 $\boldsymbol{A},\boldsymbol{B}$ 为同阶方阵，则 $\boldsymbol{A}$ 与 $\boldsymbol{B}$ 相似的充分条件是(　　).

(A) $\mathrm{r}(\boldsymbol{A})=\mathrm{r}(\boldsymbol{B})$；　　(B) $|\boldsymbol{A}|=|\boldsymbol{B}|$；

(C) $\boldsymbol{A},\boldsymbol{B}$ 有相同的特征多项式；

(D) $\boldsymbol{A},\boldsymbol{B}$ 有相同的特征值 $\lambda_1,\lambda_2,\cdots,\lambda_n$，且 $\lambda_1,\lambda_2,\cdots,\lambda_n$ 两两不同.

3. 设 3 阶矩阵 $\boldsymbol{A}$ 的特征值为 $-1,1,1$，对应的特征向量依次为 $\boldsymbol{\alpha}_1,\boldsymbol{\alpha}_2,\boldsymbol{\alpha}_3$，且 $\boldsymbol{\alpha}_1,\boldsymbol{\alpha}_2,\boldsymbol{\alpha}_3$ 线性无关，求 $\boldsymbol{A}^{100}$.

4. 设 3 阶矩阵 $\boldsymbol{A}$ 的特征值为 $1,2,-3$. 若 $\boldsymbol{B}=\boldsymbol{A}^3-7\boldsymbol{A}+5\boldsymbol{E}$，求矩阵 $\boldsymbol{B}$.

5. 设 $\boldsymbol{A}=\begin{bmatrix}0&0&1\\x&1&y\\1&0&0\end{bmatrix}$ 有 3 个线性无关的特征向量，求 x,y 应满足的条件.

6. 设矩阵

$$A=\begin{bmatrix}-2&0&0\\2&x&2\\3&1&1\end{bmatrix},\quad B=\begin{bmatrix}-1&&\\&2&\\&&y\end{bmatrix}$$

相似.

(1) 求 x 和 y 的值；　　(2) 求可逆矩阵 P,使 $P^{-1}AP=B$.

7. 设 3 阶实对称矩阵 A 的特征值为 6,3,3. 又 A 的属于特征值 6 的特征向量为 $\alpha_1=(1,1,1)^T$.

(1) 求 A 的属于特征值 3 的特征向量；　　(2) 求矩阵 A.

8. 设矩阵 $A=\begin{bmatrix}2&1&1\\1&2&1\\1&1&a\end{bmatrix}$可逆，$\alpha=(1,b,1)^T$ 是 A^* 的一个特征向量，λ 是与 α 对应的特征值,试求 a,b 和 λ 的值.

9. 设矩阵 $A=\begin{bmatrix}2&2&0\\8&2&a\\0&0&6\end{bmatrix}$相似于对角矩阵 Λ,试确定常数 a 的值,并求可逆矩阵 P,使 $P^{-1}AP=\Lambda$.

10. 设 n 阶矩阵 A 与 B 可交换,即 $AB=BA$,且 A 有 n 个互不相同的特征值. 证明：

(1) A 与 B 有相同的特征向量；　　(2) B 相似于对角矩阵.

11. 设矩阵 $A=\begin{bmatrix}a&b\\c&d\end{bmatrix}$为 2 阶实方阵,且 $bc>0$. 证明 A 可与一对角矩阵相似.

12. 设 3 阶矩阵 A 与对角矩阵 $\Lambda=\begin{bmatrix}\lambda_1&&\\&\lambda_2&\\&&\lambda_3\end{bmatrix}$相似. 证明：矩阵

$$B=(A-\lambda_1E)(A-\lambda_2E)(A-\lambda_3E)=O.$$

13. 设 A 为 3 阶矩阵，$\lambda_1,\lambda_2,\lambda_3$ 是 A 的三个不同特征值,对应特征向量为 $\alpha_1,\alpha_2,\alpha_3$. 令 $\beta=\alpha_1+\alpha_2+\alpha_3$.

(1) 证明 $\beta,A\beta,A^2\beta$ 线性无关；

(2) 若 $A^3\beta=A\beta$,求 $\mathrm{r}(A-E)$及行列式$|A+2E|$.

第六章　二　次　型

§6.1　内容提要

6.1.1　二次型的基本概念

一、二次型及其与对称矩阵的关系

1. 二次型的定义

含有 n 个变量 $x_1,x_2,\cdots,x_n$ 的二次齐次多项式

$$f(x_1,x_2,\cdots,x_n)=\sum_{i=1}^{n}\sum_{j=1}^{n}a_{ij}x_ix_j, \tag{1}$$

其中 $a_{ij}=a_{ji}\ (i,j=1,2,\cdots,n)$，称为一个 n **元二次型**.

当 a_{ij} 为实数时，$f(x_1,x_2,\cdots,x_n)$ 称为**实二次型**.

2. 二次型的矩阵与秩

记 $\boldsymbol{A}=(a_{ij})$ 为 n 阶实对称矩阵，$\boldsymbol{X}=(x_1,x_2,\cdots,x_n)^{\mathrm{T}}$，则 n 元实二次型(1)可表示成

$$f(x_1,x_2,\cdots,x_n)=\boldsymbol{X}^{\mathrm{T}}\boldsymbol{A}\boldsymbol{X}.$$

把对称矩阵 $\boldsymbol{A}$ 称为**二次型 f 的矩阵**，矩阵 $\boldsymbol{A}$ 的秩称为**二次型 f 的秩**.

由于矩阵 $\boldsymbol{A}$ 中元素 $a_{ii}\ (i=1,2,\cdots,n)$ 为 f 中 x_i^2 的系数，$a_{ij}\ (i\neq j)$ 为 f 中 x_ix_j 的系数的一半，因而矩阵 $\boldsymbol{A}$ 是由二次型 f 惟一确定的. 换句话说，n 元实二次型与 n 阶实对称矩阵之间存在一一对应关系. 这就为通过矩阵来研究二次型创造了条件.

特别，若二次型为平方和，即

$$f(x_1,x_2,\cdots,x_n)=a_{11}x_1^2+a_{22}x_2^2+\cdots+a_{nn}x_n^2,$$

则该二次型的矩阵

$$\boldsymbol{A}=\begin{bmatrix}a_{11}&&&\\&a_{22}&&\\&&\ddots&\\&&&a_{nn}\end{bmatrix},$$

即 $\boldsymbol{A}$ 是一个对角矩阵. 反过来,与对角矩阵对应的二次型必是平方和形式.

二、可逆线性变换与矩阵的合同

1. 可逆线性变换

设 $\boldsymbol{C}=(c_{ij})$ 为 n 阶可逆矩阵,把两组变量

$$\boldsymbol{X} = (x_1, x_2, \cdots, x_n)^{\mathrm{T}}, \quad \boldsymbol{Y} = (y_1, y_2, \cdots, y_n)^{\mathrm{T}}$$

之间的关系式

$$\boldsymbol{X} = \boldsymbol{CY}$$

称为由变量 $\boldsymbol{X}$ 到变量 $\boldsymbol{Y}$ 的一个**可逆线性变换**.

当 $\boldsymbol{C}$ 是正交矩阵时,称 $\boldsymbol{X}=\boldsymbol{CY}$ 为**正交变换**,正交变换必是可逆线性变换.

2. 矩阵的合同

设 $\boldsymbol{A},\boldsymbol{B}$ 为两个 n 阶矩阵,如果存在 n 阶可逆矩阵 $\boldsymbol{C}$,使得

$$\boldsymbol{B} = \boldsymbol{C}^{\mathrm{T}}\boldsymbol{AC},$$

则称矩阵 $\boldsymbol{A}$ 与 $\boldsymbol{B}$ **合同**,记作 $\boldsymbol{A}\simeq\boldsymbol{B}$.

可见,矩阵的合同是同阶方阵之间的又一种特殊的等价关系. 读者需注意矩阵的合同关系与矩阵的相似关系的区别. 只有当 $\boldsymbol{C}$ 为正交矩阵时,由于 $\boldsymbol{C}^{\mathrm{T}}=\boldsymbol{C}^{-1}$,即有

$$\boldsymbol{B} = \boldsymbol{C}^{\mathrm{T}}\boldsymbol{AC} = \boldsymbol{C}^{-1}\boldsymbol{AC}.$$

这时 $\boldsymbol{A}$ 与 $\boldsymbol{B}$ 合同相当于 $\boldsymbol{A}$ 与 $\boldsymbol{B}$ 相似.

3. 在可逆线性变换下,二次型的矩阵关系

二次型 $f=\boldsymbol{X}^{\mathrm{T}}\boldsymbol{AX}$ 经过任何可逆线性变换 $\boldsymbol{X}=\boldsymbol{CY}$ 后,成为变量 $\boldsymbol{Y}$ 的以 $\boldsymbol{B}$ 为矩阵的二次型,即

$$f = \boldsymbol{X}^{\mathrm{T}}\boldsymbol{AX} \xlongequal{\boldsymbol{X}=\boldsymbol{CY}} \boldsymbol{Y}^{\mathrm{T}}\boldsymbol{BY}.$$

对称矩阵 $\boldsymbol{A}$ 与 $\boldsymbol{B}$ 之间的关系为 $\boldsymbol{B}=\boldsymbol{C}^{\mathrm{T}}\boldsymbol{AC}$,即 $\boldsymbol{A}\simeq\boldsymbol{B}$.

6.1.2 二次型的标准形与规范形

一、二次型的标准形

1. 二次型的标准形的定义

任何一个 n 元二次型都可以通过可逆线性变换化成平方和形式,称该平方和为原二次型的**标准形**.

换言之，任一个 n 阶对称矩阵必与对角矩阵合同.

二次型的标准形不是惟一的，但标准形中系数非零的平方项个数是不变的，它就等于二次型的秩.

2. 寻找可逆线性变换，化二次型为标准形的方法

(1) 配方法：

如果二次型 f 中含有变量 x_i 的平方项，则先把含有 x_i 的项集中，按 x_i 配方. 然后按此法对其他变量逐步配方，直至将 f 配成平方和形式.

如果二次型 f 中没有平方项，只有混合项. 例如有混合项 x_ix_j $(i\neq j)$. 则先作可逆线性变换

$$\begin{cases} x_i = y_i + y_j, \\ x_j = y_i - y_j, \quad (i \neq j, k \neq i, j) \\ x_k = y_k, \end{cases}$$

使 f 中出现平方项，再按上面方法配方.

(2) 正交变换法：

由 n 元实二次型 f 的矩阵 $\boldsymbol{A}$ 是 n 阶实对称矩阵，可有正交矩阵 $\boldsymbol{Q}$，使得

$$\boldsymbol{Q}^{-1}\boldsymbol{A}\boldsymbol{Q} = \boldsymbol{Q}^{\mathrm{T}}\boldsymbol{A}\boldsymbol{Q} = \mathrm{diag}(\lambda_1, \lambda_2, \cdots, \lambda_n),$$

其中 $\lambda_1, \lambda_2, \cdots, \lambda_n$ 为 $\boldsymbol{A}$ 的特征值. 则正交变换 $\boldsymbol{X}=\boldsymbol{Q}\boldsymbol{Y}$，可使 f 化成标准形为

$$f = \lambda_1 y_1^2 + \lambda_2 y_2^2 + \cdots + \lambda_n y_n^2.$$

(3) 初等变换法：

设有 n 元二次型 $f=\boldsymbol{X}^{\mathrm{T}}\boldsymbol{A}\boldsymbol{X}$，则由

$$\begin{bmatrix} \boldsymbol{A} \\ \boldsymbol{E} \end{bmatrix} \xrightarrow{\text{一系列成对的初等行、列变换}} \begin{bmatrix} \boldsymbol{\Lambda} \\ \boldsymbol{C} \end{bmatrix},$$

其中 $\boldsymbol{\Lambda}$ 为对角矩阵，那么经可逆线性变换 $\boldsymbol{X}=\boldsymbol{C}\boldsymbol{Y}$，可把二次型 f 化成标准形.

二、二次型的规范形

1. 二次型的规范形的定义

任何一个 n 元实二次型 $f=\boldsymbol{X}^{\mathrm{T}}\boldsymbol{A}\boldsymbol{X}$ 都可以经过可逆线性变换 $\boldsymbol{X}=\boldsymbol{C}\boldsymbol{Z}$，将 f 化为规范形，即

$$f = X^{\mathrm{T}}AX \xlongequal{X = CZ} z_1^2 + \cdots + z_p^2 - z_{p+1} - \cdots - z_r^2,$$

其中 r 为 f 的秩，p 为 f 的正惯性指数.

二次型的规范形是惟一的,即二次型的规范形由它的秩 r 及正惯性指数 p 惟一确定.

2. 化二次型为规范形的方法

将实二次型 f 经过一个可逆线性变换化成标准形后,通过重新安排变量次序(这也是一个可逆线性变换)可得到下列形式的标准形

$$f = d_1y_1^2 + \cdots + d_py_p^2 - d_{p+1}y_{p+1}^2 - \cdots - d_ry_r^2,$$

其中 $d_i > 0$ $(i=1,2,\cdots,r)$. 再作可逆线性变换

$$\begin{cases} y_i = \dfrac{1}{\sqrt{d_i}}z_i, & i = 1,2,\cdots,r, \\ y_j = z_j, & j = r+1,\cdots,n, \end{cases}$$

则可得到 f 的规范形

$$f = z_1^2 + \cdots + z_p^2 - z_{p+1}^2 - \cdots - z_r^2.$$

6.1.3 实二次型与实对称矩阵的正定性

一、正定性的概念

设 n 元实二次型

$$f(x_1,x_2,\cdots,x_n) = X^{\mathrm{T}}AX,$$

如果对任意 $X=(x_1,x_2,\cdots,x_n)^{\mathrm{T}}\neq \mathbf{0}$,总有

$$f(x_1,x_2,\cdots,x_n) > 0 \quad (\text{或} < 0, \text{或} \geqslant 0, \text{或} \leqslant 0, \text{或不确定}),$$

则称该二次型为**正定二次型**(或**负定**,或**半正定**,或**半负定**,或**不定**),把 A 称为**正定矩阵**(或**负定矩阵**,或**半正定矩阵**,或**半负定矩阵**,或**不定矩阵**).

因而说二次型 $f(x_1,x_2,\cdots,x_n)$是正定二次型,就是指:对任意一组不全为零的数 $c_1,c_2,\cdots,c_n$,二次型的值 $f(c_1,c_2,\cdots,c_n)$一定是正的.

读者还需注意,在讨论矩阵 A 的正定性时,A 必须是实对称矩阵.

二、正定二次型或正定矩阵的判定

设 $f=X^{\mathrm{T}}AX$ 为一个 n 元实二次型,则下列命题是等价的:

(1) f 是正定二次型或 $\boldsymbol{A}$ 是正定矩阵.

(2) f 的正惯性指数 $p=f$ 的秩 $r=n$.

(3) 矩阵 $\boldsymbol{A}$ 的所有特征值均为正数.

(4) 矩阵 $\boldsymbol{A}$ 合同于某个正定矩阵 $\boldsymbol{B}$.

(5) 矩阵 $\boldsymbol{A}$ 合同于单位矩阵 $\boldsymbol{E}$.

(6) 存在可逆矩阵 $\boldsymbol{C}$,使 $\boldsymbol{A}=\boldsymbol{C}^{\mathrm{T}}\boldsymbol{C}$ 或 $\boldsymbol{A}=\boldsymbol{C}\boldsymbol{C}^{\mathrm{T}}$.

(7) 矩阵 $\boldsymbol{A}$ 的所有顺序主子式全大于零.

另外,二次型 $f=\boldsymbol{X}^{\mathrm{T}}\boldsymbol{A}\boldsymbol{X}$ 正定还有下列两个必要条件:

(8) 矩阵 $\boldsymbol{A}$ 的行列式大于零.

(9) f 中各变量平方项系数(即矩阵 $\boldsymbol{A}$ 中主对角线上元素)全大于零.

§6.2 基本要求与重点、难点分析

6.2.1 基本要求

(1) 了解二次型定义,知道二次型与对称矩阵的关系,会用矩阵形式表示二次型.

(2) 了解二次型的标准形、规范形的概念,掌握将二次型化为标准形的方法.

(3) 理解正定二次型、正定矩阵的概念,掌握判别二次型或实对称矩阵的正定性的方法.

6.2.2 重点、难点分析

本章的重点是二次型及其矩阵表示,用正交变换化二次型为标准形,正定二次型与正定矩阵的概念及其性质.难点是用正交变换化二次型为标准形,正定二次型的判定.

(1) 二次型作为 n 个变量的二次齐次多项式,它与 n 阶对称矩阵之间存在一一对应的关系,因而可以把二次型用矩阵形式表示,这样就为我们把二次型的有关问题与对称矩阵的有关问题互相转换打下了基础.例如,有关二次型的一个基本问题是用可逆线性变换

$X=CY$ 化二次型 $f=X^TAX$ 成标准形，它的本质就是用合同变换化对称矩阵 A 为对角矩阵，即寻找可逆矩阵 C，使得 C^TAC 成对角矩阵. 特别地，用正交变换化实二次型为标准形，其本质就是实对称矩阵的正交相似对角化. 在二次型的标准形中系数非零的平方项的个数就是矩阵 A 的秩. 在正交变换下把 f 所化成的标准形中，各变量平方项的系数就是实对称矩阵 A 的全部特征值. 读者要很好地理解这种把线性代数中的许多基本问题转化成矩阵的问题的思想.

(2) 用正交变换化二次型为标准形，其实质就是上一章重点讨论的实对称矩阵的正交相似对角化，这个问题涉及前面几章中很多的概念、理论和计算方法，因而读者要深入理解、熟练掌握这部分内容.

(3) 二次型的正定性的背景是函数的极值问题，它在很多实际问题中有重要的应用. 读者要正确理解正定性的概念及有关结论，针对具体问题中所设定的条件，采用适当方法来判别二次型或对称矩阵的正定性.

§6.3 典型例题解析

6.3.1 二次型的矩阵表示与矩阵的合同问题

例 6.1 设矩阵

$$B=\begin{bmatrix}1&2\\3&4\end{bmatrix},\quad X=(x_1,x_2)^T,$$

问 $f(x_1,x_2)=X^TBX$ 是否为 2 元二次型？B 是否为 f 的矩阵？写出二次型 f 的矩阵表示.

解 $f(x_1,x_2)$ 表达式为

$$\begin{aligned}f(x_1,x_2)=X^TBX&=(x_1,x_2)\begin{bmatrix}1&2\\3&4\end{bmatrix}\begin{bmatrix}x_1\\x_2\end{bmatrix}\\&=x_1^2+5x_1x_2+4x_2^2.\end{aligned}$$

说明 $f(x_1,x_2)$ 确是变量 x_1,x_2 的二次齐次多项式，所以，$f(x_1,x_2)$ 是一个二元二次型.

B 不是对称矩阵,所以 B 不是二次型 f 的矩阵.

令对称矩阵 A 为

$$A=\begin{bmatrix}1 & 5/2\\ 5/2 & 4\end{bmatrix},$$

则 A 为二次型 f 的矩阵,即 f 的矩阵表示为

$$f(x_1,x_2)=X^{\mathrm{T}}AX.$$

注释 二次型 f 的矩阵必须是对称矩阵,这时 f 的矩阵表示是惟一的. 当 B 是非对称矩阵时, $f=X^{\mathrm{T}}BX$ 虽是二次型,但这样的表示式不是惟一的. 例如,对本题

$$\begin{aligned}f(x_1,x_2)&=(x_1,x_2)\begin{bmatrix}1 & 2\\ 3 & 4\end{bmatrix}\begin{bmatrix}x_1\\ x_2\end{bmatrix}\\ &=(x_1,x_2)\begin{bmatrix}1 & 4\\ 1 & 4\end{bmatrix}\begin{bmatrix}x_1\\ x_2\end{bmatrix}.\end{aligned}$$

例 6.2 已知二次型

$$f(x_1,x_2,x_3)=5x_1^2+5x_2^2+ax_3^2-2x_1x_2+6x_1x_3-6x_2x_3$$

的秩为 2,求参数 a 的值.

解 二次型 f 的矩阵为

$$A=\begin{bmatrix}5 & -1 & 3\\ -1 & 5 & -3\\ 3 & -3 & a\end{bmatrix}.$$

由于二次型 f 的秩就是矩阵 A 的秩,显见 A 中有非零的 2 阶子式,要使 A 的秩为 2,必须 $|A|=0$,即

$$|A|=\begin{vmatrix}5 & -1 & 3\\ -1 & 5 & -3\\ 3 & -3 & a\end{vmatrix}=4(6a-18)=0,$$

所以 $a=3$.

例 6.3 设 A 为 n 阶实对称矩阵,如果对任一 n 维非零列向量 $X\in R^n$,都有 $X^{\mathrm{T}}AX=0$,试证 $A=O$.

证 设 $A=(a_{ij})_{n\times n}$是实对称矩阵. 由题设 X 的任意性,我们取 n 维基本单位向量组

$$\boldsymbol{\varepsilon}_1, \boldsymbol{\varepsilon}_2, \cdots, \boldsymbol{\varepsilon}_n,$$

则应有

$$\boldsymbol{\varepsilon}_i^{\mathrm{T}} \boldsymbol{A} \boldsymbol{\varepsilon}_i = a_{ii} = 0 \quad (i = 1,2,\cdots,n),$$

$$(\boldsymbol{\varepsilon}_i + \boldsymbol{\varepsilon}_j)^{\mathrm{T}} \boldsymbol{A} (\boldsymbol{\varepsilon}_i + \boldsymbol{\varepsilon}_j) = a_{ij} + a_{ji} = 0 \quad (i \neq j).$$

由 $\boldsymbol{A}$ 是实对称矩阵,所以有 $a_{ij}=a_{ji}=0$,于是 $\boldsymbol{A}$ 中元素全是 0,所以 $\boldsymbol{A}=\boldsymbol{O}$.

例 6.4 设 $\boldsymbol{A},\boldsymbol{B}$ 均为 n 阶矩阵,且 $\boldsymbol{A}\simeq\boldsymbol{B}$. 证明: $\boldsymbol{A}$ 为对称矩阵的充分必要条件是 $\boldsymbol{B}$ 为对称矩阵.

证 由题设 $\boldsymbol{A}$ 与 $\boldsymbol{B}$ 合同,即存在可逆矩阵 $\boldsymbol{C}$,使得

$$\boldsymbol{B} = \boldsymbol{C}^{\mathrm{T}} \boldsymbol{A} \boldsymbol{C}.$$

于是,当 $\boldsymbol{A}$ 为对称矩阵,即 $\boldsymbol{A}^{\mathrm{T}}=\boldsymbol{A}$ 时,

$$\boldsymbol{B}^{\mathrm{T}} = (\boldsymbol{C}^{\mathrm{T}} \boldsymbol{A} \boldsymbol{C})^{\mathrm{T}} = \boldsymbol{C}^{\mathrm{T}} \boldsymbol{A}^{\mathrm{T}} \boldsymbol{C} = \boldsymbol{C}^{\mathrm{T}} \boldsymbol{A} \boldsymbol{C} = \boldsymbol{B},$$

所以 $\boldsymbol{B}$ 也是对称矩阵.

同理可证,当 $\boldsymbol{B}$ 是对称矩阵时, $\boldsymbol{A}$ 也是对称矩阵.

注释 在定义两个矩阵合同时,我们并不要求它们是对称矩阵. 但在实际中,我们往往针对对称矩阵研究合同关系,例如对二次型的研究. 本题说明,矩阵的对称性在合同关系下保持不变.

例 6.5 设 3 阶实对角矩阵

$$\boldsymbol{A} = \begin{bmatrix} a_1 & & \\ & a_2 & \\ & & -a_3 \end{bmatrix}, \quad \boldsymbol{B} = \begin{bmatrix} 1 & & \\ & 1 & \\ & & -1 \end{bmatrix},$$

其中 a_1,a_2,a_3 全是正数,证明 $\boldsymbol{A}\simeq\boldsymbol{B}$.

证 令矩阵

$$\boldsymbol{C} = \begin{bmatrix} \frac{1}{\sqrt{a_1}} & & \\ & \frac{1}{\sqrt{a_2}} & \\ & & \frac{1}{\sqrt{a_3}} \end{bmatrix},$$

则 $\boldsymbol{C}$ 是可逆矩阵,且

$$C^{T}AC=\begin{bmatrix}\frac{1}{\sqrt{a_1}} & & \\ & \frac{1}{\sqrt{a_2}} & \\ & & \frac{1}{\sqrt{a_3}}\end{bmatrix}\begin{bmatrix}a_1 & & \\ & a_2 & \\ & & -a_3\end{bmatrix}$$

$$\cdot\begin{bmatrix}\frac{1}{\sqrt{a_1}} & & \\ & \frac{1}{\sqrt{a_2}} & \\ & & \frac{1}{\sqrt{a_3}}\end{bmatrix}$$

$$=\begin{bmatrix}1 & & \\ & 1 & \\ & & -1\end{bmatrix}=B.$$

所以 $A\simeq B$.

注释 本题结论可推广为：任一个实对角矩阵必与一个主对角线上元素只含 1，−1，0 的对角矩阵合同，且两对角矩阵中主对角线上的正、负、零元素分别对应. 这个结论也说明由任何一个平方和形式的二次型都可以通过可逆线性变换化为规范形.

例 6.6 设 3 阶对角矩阵

$$A=\begin{bmatrix}a_1 & & \\ & a_2 & \\ & & a_3\end{bmatrix},\quad B=\begin{bmatrix}a_2 & & \\ & a_3 & \\ & & a_1\end{bmatrix},$$

证明：$A\simeq B$.

分析 由矩阵 A 首先互换第 1，3 行，再互换第 1，3 列；其次互换第 1，2 行，再互换第 1，2 列，就可以把 A 化成 B.

证 令矩阵

$$C^{T}=\begin{bmatrix}0 & 1 & 0\\ 0 & 0 & 1\\ 1 & 0 & 0\end{bmatrix},\quad 即\quad C=\begin{bmatrix}0 & 0 & 1\\ 1 & 0 & 0\\ 0 & 1 & 0\end{bmatrix},$$

这里矩阵 C^{T} 是由 3 阶单位矩阵 E 先互换第 1，3 行，再互换第 1，2 行

所得到的矩阵. 可见 C 是可逆矩阵,则

$$\boldsymbol{C}^{\mathrm{T}}\boldsymbol{A}\boldsymbol{C}=\begin{bmatrix}0&1&0\\0&0&1\\1&0&0\end{bmatrix}\begin{bmatrix}a_1&&\\&a_2&\\&&a_3\end{bmatrix}\begin{bmatrix}0&0&1\\1&0&0\\0&1&0\end{bmatrix}$$

$$=\begin{bmatrix}a_2&&\\&a_3&\\&&a_1\end{bmatrix}=\boldsymbol{B},$$

所以 $\boldsymbol{A}\simeq\boldsymbol{B}$.

注释 本题说明,把对角矩阵主对角线上的元素随意重新排列后所得到的矩阵与原对角矩阵是合同的. 这个结论也说明,对二次型的标准形,可以通过适当的可逆线性变换化成具有如下特点的标准形: 系数为正的项在前面,系数为负的项在后面.

例 6.7(选择题) (1) 设 $\boldsymbol{A},\boldsymbol{B}$ 为 n 阶矩阵,则成立的是( ).

(A) $\boldsymbol{A}$ 和 $\boldsymbol{B}$ 等价 $\Longrightarrow$ $\boldsymbol{A}$ 和 $\boldsymbol{B}$ 相似;

(B) $\boldsymbol{A}$ 和 $\boldsymbol{B}$ 相似 $\Longrightarrow$ $\boldsymbol{A}$ 和 $\boldsymbol{B}$ 合同;

(C) $\boldsymbol{A}$ 和 $\boldsymbol{B}$ 合同 $\Longrightarrow$ $\boldsymbol{A}$ 和 $\boldsymbol{B}$ 等价;

(D) $\boldsymbol{A}$ 和 $\boldsymbol{B}$ 等价 $\Longrightarrow$ $\boldsymbol{A}$ 和 $\boldsymbol{B}$ 合同.

(2) 任何一个 n 阶满秩矩阵必定与 n 阶单位矩阵( ).

(A) 合同; (B) 相似; (C) 等价; (D) 以上都不对.

(3) 设

$$\boldsymbol{A}=\begin{bmatrix}1&1&1&1\\1&1&1&1\\1&1&1&1\\1&1&1&1\end{bmatrix},\quad \boldsymbol{B}=\begin{bmatrix}4&&&\\&0&&\\&&0&\\&&&0\end{bmatrix},$$

则 $\boldsymbol{A}$ 与 $\boldsymbol{B}$ ( ).

(A) 合同且相似; (B) 合同但不相似;

(C) 不合同但相似; (D) 不合同且不相似.

解 (1) 由于两同阶矩阵的相似,或合同均为一种特殊的等价关系,故(A),(D)显然错误. 又合同与相似是两个不同概念,故(B)也错误. 只有(C)正确,所以应选(C).

(2) 由于只有单位矩阵才能与自身相似,而与单位矩阵合同的矩阵必是正定矩阵.故(A),(B)都是错误的,而满秩矩阵必与单位矩阵等价,故(C)正确.所以应选(C).

(3) 由 $\boldsymbol{A}$ 是实对称矩阵,且 $\boldsymbol{A}$ 的特征值为 4(一重),0(三重).因而存在正交矩阵 $\boldsymbol{Q}$,使 $\boldsymbol{Q}^{-1}\boldsymbol{A}\boldsymbol{Q}=\boldsymbol{B}$.但 $\boldsymbol{Q}^{-1}=\boldsymbol{Q}^{\mathrm{T}}$,也有 $\boldsymbol{Q}^{\mathrm{T}}\boldsymbol{A}\boldsymbol{Q}=\boldsymbol{B}$,所以 $\boldsymbol{A}$ 与 $\boldsymbol{B}$ 既相似也合同.应选(A).

6.3.2 化实二次型为标准形

例 6.8 设二次型

$$f(x_1,x_2,x_3)=2x_1^2+x_2^2-4x_1x_2-4x_2x_3,$$

分别作下列三个可逆线性变换,求新二次型.

(1) $\begin{cases}x_1=y_1+y_2-2y_3,\\x_2=\qquad y_2-2y_3,\\x_3=\qquad\qquad y_3;\end{cases}$

(2) $\begin{cases}x_1=\dfrac{1}{\sqrt{2}}y_1+y_2-y_3,\\x_2=\qquad y_2-y_3,\\x_3=\qquad\qquad \dfrac{1}{2}y_3;\end{cases}$

(3) $\begin{cases}x_1=y_1-y_2\quad,\\x_2=\qquad y_2-y_3,\\x_3=\qquad\qquad y_3.\end{cases}$

分析 首先二次型 $f=\boldsymbol{X}^{\mathrm{T}}\boldsymbol{A}\boldsymbol{X}$ 经过可逆线性变换 $\boldsymbol{X}=\boldsymbol{C}\boldsymbol{Y}$ 后仍是二次型,而且新二次型的矩阵 $\boldsymbol{B}=\boldsymbol{C}^{\mathrm{T}}\boldsymbol{A}\boldsymbol{C}$,也就由 $\boldsymbol{B}$ 容易写出新二次型.当然把可逆线性变换直接代入原二次型中,也可以得到所求新二次型.

解 (1) 二次型 f 的矩阵 $\boldsymbol{A}$ 与可逆线性变换的矩阵 $\boldsymbol{C}$ 为

$$\boldsymbol{A}=\begin{bmatrix}2&-2&0\\-2&1&-2\\0&-2&0\end{bmatrix},\quad \boldsymbol{C}=\begin{bmatrix}1&1&-2\\0&1&-2\\0&0&1\end{bmatrix},$$

于是

$$B = C^{T}AC$$

$$= \begin{bmatrix} 1 & 0 & 0 \\ 1 & 1 & 0 \\ -2 & -2 & 1 \end{bmatrix} \begin{bmatrix} 2 & -2 & 0 \\ -2 & 1 & -2 \\ 0 & -2 & 0 \end{bmatrix} \begin{bmatrix} 1 & 1 & -2 \\ 0 & 1 & -2 \\ 0 & 0 & 1 \end{bmatrix}$$

$$= \begin{bmatrix} 2 & & \\ & -1 & \\ & & 4 \end{bmatrix},$$

因此新二次型为 $f=2y_1^2-y_2^2+4y_3^2$.

(2) 可逆线性变换的矩阵为

$$C = \begin{bmatrix} \frac{1}{\sqrt{2}} & 1 & -1 \\ 0 & 1 & -1 \\ 0 & 0 & \frac{1}{2} \end{bmatrix},$$

于是

$$B = C^{T}AC$$

$$= \begin{bmatrix} \frac{1}{\sqrt{2}} & 0 & 0 \\ 1 & 1 & 0 \\ -1 & -1 & \frac{1}{2} \end{bmatrix} \begin{bmatrix} 2 & -2 & 0 \\ -2 & 1 & -2 \\ 0 & -2 & 0 \end{bmatrix} \begin{bmatrix} \frac{1}{\sqrt{2}} & 1 & -1 \\ 0 & 1 & -1 \\ 0 & 0 & \frac{1}{2} \end{bmatrix}$$

$$= \begin{bmatrix} 1 & & \\ & -1 & \\ & & 1 \end{bmatrix},$$

因此新二次型为 $f=y_1^2-y_2^2+y_3^2$.

(3) 可逆线性变换的矩阵为

$$C = \begin{bmatrix} 1 & -1 & 0 \\ 0 & 1 & -1 \\ 0 & 0 & 1 \end{bmatrix},$$

于是

$$
\begin{aligned}
\boldsymbol{B} &= \boldsymbol{C}^{\mathrm{T}}\boldsymbol{A}\boldsymbol{C} \\
&= \begin{bmatrix} 1 & 0 & 0 \\ -1 & 1 & 0 \\ 0 & -1 & 1 \end{bmatrix}\begin{bmatrix} 2 & -2 & 0 \\ -2 & 1 & -2 \\ 0 & -2 & 0 \end{bmatrix}\begin{bmatrix} 1 & -1 & 0 \\ 0 & 1 & -1 \\ 0 & 0 & 1 \end{bmatrix} \\
&= \begin{bmatrix} 2 & -4 & 2 \\ -4 & 7 & -5 \\ 2 & -5 & 5 \end{bmatrix},
\end{aligned}
$$

因此新二次型为

$$f = 2y_1^2 + 7y_2^2 + 5y_3^2 - 8y_1y_2 + 4y_1y_3 - 10y_2y_3.$$

注释 从本题(1)与(2)的结果可以看到,它们都是二次型 f 的标准形,说明二次型的标准形不是惟一的.第(3)题说明并不是任意一个可逆线性变换都能把二次型化为标准形.

例 6.9 分别用配方法和初等变换法把下列二次型经可逆线性变换化成标准形,并写出所作的可逆线性变换.

(1) $f(x_1,x_2,x_3)=x_1^2+2x_2^2+2x_1x_2-2x_1x_3$;

(2) $f(x_1,x_2,x_3)=x_1x_2+x_2x_3+x_1x_3$.

解 (1) 配方法:

$$
\begin{aligned}
f &= x_1^2 + 2x_1(x_2 - x_3) + (x_2 - x_3)^2 - (x_2 - x_3)^2 + 2x_2^2 \\
&= (x_1 + x_2 - x_3)^2 + 2x_2^2 - (x_2 - x_3)^2,
\end{aligned}
$$

令

$$
\begin{cases} y_1 = x_1 + x_2 - x_3, \\ y_2 = x_2, \\ y_3 = x_2 - x_3, \end{cases} \quad \text{即} \quad \begin{cases} x_1 = y_1 - y_3, \\ x_2 = y_2, \\ x_3 = y_2 - y_3. \end{cases}
$$

则有 f 的标准形为 $f=y_1^2+2y_2^2-y_3^2$.

初等变换法:由于 f 的矩阵为

$$\boldsymbol{A} = \begin{bmatrix} 1 & 1 & -1 \\ 1 & 2 & 0 \\ -1 & 0 & 0 \end{bmatrix},$$

$$\begin{bmatrix} A \\ E \end{bmatrix} = \begin{bmatrix} 1 & 1 & -1 \\ 1 & 2 & 0 \\ -1 & 0 & 0 \\ 1 & 0 & 0 \\ 0 & 1 & 0 \\ 0 & 0 & 1 \end{bmatrix} \xrightarrow[c_2 - c_1]{r_2 - r_1} \begin{bmatrix} 1 & 0 & -1 \\ 0 & 1 & 1 \\ -1 & 1 & 0 \\ 1 & -1 & 0 \\ 0 & 1 & 0 \\ 0 & 0 & 1 \end{bmatrix}$$

$$\xrightarrow[c_1 + c_3]{r_1 + r_3} \begin{bmatrix} 1 & 0 & 0 \\ 0 & 1 & 1 \\ 0 & 1 & -1 \\ 1 & -1 & 1 \\ 0 & 1 & 0 \\ 0 & 0 & 1 \end{bmatrix} \xrightarrow[c_3 - c_2]{r_3 - r_2} \begin{bmatrix} 1 & 0 & 0 \\ 0 & 1 & 0 \\ 0 & 0 & -2 \\ 1 & -1 & 2 \\ 0 & 1 & -1 \\ 0 & 0 & 1 \end{bmatrix}$$

$$= \begin{bmatrix} \Lambda \\ C \end{bmatrix}.$$

于是有可逆线性变换 $\boldsymbol{X}=\boldsymbol{C}\boldsymbol{Y}$，得到 f 的标准形为

$$f = \boldsymbol{Y}^{\mathrm{T}} \boldsymbol{\Lambda} \boldsymbol{Y} = y_1^2 + y_2^2 - 2y_3^2.$$

(2) 配方法：先作线性变换

$$\begin{bmatrix} x_1 \\ x_2 \\ x_3 \end{bmatrix} = \begin{bmatrix} 1 & 1 & 0 \\ 1 & -1 & 0 \\ 0 & 0 & 1 \end{bmatrix} \begin{bmatrix} y_1 \\ y_2 \\ y_3 \end{bmatrix},$$

则

$$\begin{aligned} f &= (y_1 + y_2)(y_1 - y_2) + y_3(y_1 - y_2) + y_3(y_1 + y_2) \\ &= y_1^2 + 2y_1y_3 - y_2^2 \\ &= y_1^2 + 2y_1y_3 + y_3^2 - y_2^2 - y_3^2 \\ &= (y_1 + y_3)^2 - y_2^2 - y_3^2. \end{aligned}$$

令

$$\begin{bmatrix} z_1 \\ z_2 \\ z_3 \end{bmatrix} = \begin{bmatrix} 1 & 0 & 1 \\ 0 & 1 & 0 \\ 0 & 0 & 1 \end{bmatrix} \begin{bmatrix} y_1 \\ y_2 \\ y_3 \end{bmatrix},$$

即
$$\begin{bmatrix}y_1\\y_2\\y_3\end{bmatrix}=\begin{bmatrix}1&0&-1\\0&1&0\\0&0&1\end{bmatrix}\begin{bmatrix}z_1\\z_2\\z_3\end{bmatrix},$$
则 f 的标准形为 $f=z_1^2-z_2^2-z_3^2$. 所作可逆线性变换为
$$\begin{bmatrix}x_1\\x_2\\x_3\end{bmatrix}=\begin{bmatrix}1&1&0\\1&-1&0\\0&0&1\end{bmatrix}\begin{bmatrix}1&0&-1\\0&1&0\\0&0&1\end{bmatrix}\begin{bmatrix}z_1\\z_2\\z_3\end{bmatrix}$$
$$=\begin{bmatrix}1&1&-1\\1&-1&-1\\0&0&1\end{bmatrix}\begin{bmatrix}z_1\\z_2\\z_3\end{bmatrix}.$$

初等变换法: f 的矩阵为
$$A=\begin{bmatrix}0&1/2&1/2\\1/2&0&1/2\\1/2&1/2&0\end{bmatrix},$$
$$\begin{bmatrix}A\\E\end{bmatrix}=\begin{bmatrix}0&\frac{1}{2}&\frac{1}{2}\\\frac{1}{2}&0&\frac{1}{2}\\\frac{1}{2}&\frac{1}{2}&0\\1&0&0\\0&1&0\\0&0&1\end{bmatrix}\xrightarrow[c_2+c_1]{r_2+r_1}\begin{bmatrix}1&\frac{1}{2}&1\\\frac{1}{2}&0&\frac{1}{2}\\1&\frac{1}{2}&0\\1&0&0\\1&1&0\\0&0&1\end{bmatrix}$$
$$\xrightarrow[-\frac{1}{2}c_1+c_2]{-\frac{1}{2}r_1+r_2}\begin{bmatrix}1&0&1\\0&-\frac{1}{4}&0\\1&0&0\\1&-\frac{1}{2}&0\\1&\frac{1}{2}&0\\0&0&1\end{bmatrix}\xrightarrow[-c_1+c_3]{-r_1+r_3}\begin{bmatrix}1&0&0\\0&-\frac{1}{4}&0\\0&0&-1\\1&-\frac{1}{2}&-1\\1&\frac{1}{2}&-1\\0&0&1\end{bmatrix}$$

$$\xrightarrow[2c_2]{2r_2}\begin{bmatrix}1 & 0 & 0\\0 & -1 & 0\\0 & 0 & -1\\1 & -1 & -1\\1 & 1 & -1\\0 & 0 & 1\end{bmatrix}=\begin{bmatrix}\boldsymbol{\Lambda}\\\boldsymbol{C}\end{bmatrix}.$$

于是有可逆线性变换 $\boldsymbol{X}=\boldsymbol{CY}$,得到 f 的标准形为

$$f=\boldsymbol{Y}^{\mathrm{T}}\boldsymbol{\Lambda}\boldsymbol{Y}=y_1^2-y_2^2-y_3^2.$$

例 6.10 用正交变换化二次型

$$f(x_1,x_2,x_3)=x_1^2-2x_2+x_3^2+4x_1x_2+8x_1x_3+4x_2x_3$$

成标准形.

解 二次型 f 的矩阵为

$$\boldsymbol{A}=\begin{bmatrix}1 & 2 & 4\\2 & -2 & 2\\4 & 2 & 1\end{bmatrix},$$

在例 5.40(2)中已求得正交矩阵

$$\boldsymbol{P}=\begin{bmatrix}\frac{1}{\sqrt{5}} & \frac{4}{3\sqrt{5}} & \frac{2}{3}\\-\frac{2}{\sqrt{5}} & \frac{2}{3\sqrt{5}} & \frac{1}{3}\\0 & -\frac{5}{3\sqrt{5}} & \frac{2}{3}\end{bmatrix},$$

它使得

$$\boldsymbol{P}^{-1}\boldsymbol{AP}=\boldsymbol{P}^{\mathrm{T}}\boldsymbol{AP}=\begin{bmatrix}-3 & & \\ & -3 & \\ & & 6\end{bmatrix},$$

故所求正交变换为 $\boldsymbol{X}=\boldsymbol{PY}$,在此正交变换下,$f$ 化成标准形

$$f=-3y_1^2-3y_2^2+6y_3^2.$$

例 6.11 设二次型

$$f(x_1,x_2,x_3)=(x_1-x_2)^2+(x_2-x_3)^2+(x_3-x_1)^2,$$

作线性变换

$$\begin{cases} y_1 = x_1 - x_2, \\ y_2 = \quad\ \ x_2 - x_3, \\ y_3 = -x_1 \quad + x_3, \end{cases}$$

则 $f=y_1^2+y_2^2+y_3^2$. 这是二次型 f 的标准形吗?如果错误,给出正确答案.

解 题中所给线性变换的矩阵为

$$C = \begin{bmatrix} 1 & -1 & 0 \\ 0 & 1 & -1 \\ -1 & 0 & 1 \end{bmatrix}.$$

由 $|C|=0$,可知 C 是奇异矩阵,即线性变换是不可逆的,那么 $f=y_1^2+y_2^2+y_3^2$ 不是 f 的标准形.

正确做法是:

$$\begin{aligned} f &= (x_1-x_2)^2+(x_2-x_3)^2+(x_3-x_1)^2 \\ &= 2x_1^2+2x_2^2+2x_3^2-2x_1x_2-2x_1x_3-2x_2x_3 \\ &= 2\left(x_1-\frac{1}{2}x_2-\frac{1}{2}x_3\right)^2+\frac{3}{2}(x_2-x_3)^2. \end{aligned}$$

令线性变换

$$\begin{cases} y_1 = x_1 - \dfrac{1}{2}x_2 - \dfrac{1}{2}x_3, \\ y_2 = \quad\quad\ x_2 - \quad x_3, \\ y_3 = \quad\quad\quad\quad\quad\ \ x_3, \end{cases}$$

这是可逆线性变换,则二次型 f 的标准形为

$$f = 2y_1^2 + \frac{3}{2}y_2^2.$$

例 6.12 已知矩阵

$$A = \begin{bmatrix} 1 & 1 & 0 \\ 1 & 1 & 0 \\ 0 & 0 & \sqrt{2} \end{bmatrix},$$

求可逆矩阵 P,使 $(AP)^{T}(AP)$ 成对角矩阵.

分析 由 $(AP)^{T}(AP)=P^{T}(A^{T}A)P$,因而求可逆矩阵 P,使 $(AP)^{T}(AP)$ 成对角矩阵就是实对称矩阵 $A^{T}A$ 的合同对角化.

解法 1 用配方法将 A^TA 合同对角化. 由

$$A^TA=\begin{bmatrix}1&1&0\\1&1&0\\0&0&\sqrt{2}\end{bmatrix}\begin{bmatrix}1&1&0\\1&1&0\\0&0&\sqrt{2}\end{bmatrix}$$

$$=\begin{bmatrix}2&2&0\\2&2&0\\0&0&2\end{bmatrix},$$

以 A^TA 为矩阵构造二次型,然后配方,得

$$\begin{aligned}f(x_1,x_2,x_3)&=2x_1^2+2x_2^2+2x_3^2+4x_1x_2\\&=2(x_1+x_2)^2+2x_3^2.\end{aligned}$$

令可逆线性变换为

$$\begin{cases}y_1=x_1+x_2,\\y_2=\qquad\quad x_3,\\y_3=\quad\ \ x_2,\end{cases}\tag{1}$$

其逆变换为

$$\begin{cases}x_1=y_1\qquad -y_3,\\x_2=\qquad\quad\ \ y_3,\\x_3=\quad\ y_2,\end{cases}\tag{2}$$

则可将 f 化成标准形

$$f=2y_1^2+2y_2^2.$$

由线性变换(2)得到可逆矩阵

$$P=\begin{bmatrix}1&0&-1\\0&0&1\\0&1&0\end{bmatrix},$$

则有

$$P^T(A^TA)P=(AP)^T(AP)=\begin{bmatrix}2&&\\&2&\\&&0\end{bmatrix}.$$

解法 2 用正交矩阵将 A^TA 合同对角化.

矩阵 A^TA 的特征多项式为

$$|\lambda E - A^{T}A| = \begin{vmatrix} \lambda-2 & -2 & 0 \\ -2 & \lambda-2 & 0 \\ 0 & 0 & \lambda-2 \end{vmatrix} = \lambda(\lambda-2)(\lambda-4),$$

得到 $A^{T}A$ 的特征值为 2,4,0,可求出对应的正交单位特征向量依次为

$$\alpha_1 = (0,0,1)^{T}, \quad \alpha_2 = \left(\frac{1}{\sqrt{2}}, \frac{1}{\sqrt{2}}, 0\right)^{T},$$

$$\alpha_3 = \left(\frac{1}{\sqrt{2}}, -\frac{1}{\sqrt{2}}, 0\right)^{T}.$$

令正交矩阵

$$P = (\alpha_1, \alpha_2, \alpha_3) = \begin{bmatrix} 0 & \frac{1}{\sqrt{2}} & \frac{1}{\sqrt{2}} \\ 0 & \frac{1}{\sqrt{2}} & -\frac{1}{\sqrt{2}} \\ 1 & 0 & 0 \end{bmatrix},$$

则有 $P^{-1}(A^{T}A)P = P^{T}(A^{T}A)P = (AP)^{T}(AP) = \begin{bmatrix} 2 & 0 & 0 \\ 0 & 4 & 0 \\ 0 & 0 & 0 \end{bmatrix}.$

解法 3 用初等变换法将 $A^{T}A$ 合同对角化.

$$\begin{bmatrix} A^{T}A \\ E \end{bmatrix} = \begin{bmatrix} 2 & 2 & 0 \\ 2 & 2 & 0 \\ 0 & 0 & 2 \\ 1 & 0 & 0 \\ 0 & 1 & 0 \\ 0 & 0 & 1 \end{bmatrix} \xrightarrow[-c_1+c_2]{-r_1+r_2} \begin{bmatrix} 2 & 0 & 0 \\ 0 & 0 & 0 \\ 0 & 0 & 2 \\ 1 & -1 & 0 \\ 0 & 1 & 0 \\ 0 & 0 & 1 \end{bmatrix}$$

$$\xrightarrow[c_2 \leftrightarrow c_3]{r_2 \leftrightarrow r_3} \begin{bmatrix} 2 & 0 & 0 \\ 0 & 2 & 0 \\ 0 & 0 & 1 \\ 1 & 0 & -1 \\ 0 & 0 & 1 \\ 0 & 1 & 0 \end{bmatrix} = \begin{bmatrix} \Lambda \\ P \end{bmatrix},$$

于是得到可逆矩阵

$$P = \begin{bmatrix} 1 & 0 & -1 \\ 0 & 0 & 1 \\ 0 & 1 & 0 \end{bmatrix},$$

使 $$P^{\mathrm{T}}(A^{\mathrm{T}}A)P = (AP)^{\mathrm{T}}(AP) = \Lambda = \begin{bmatrix} 2 & 0 & 0 \\ 0 & 2 & 0 \\ 0 & 0 & 0 \end{bmatrix}.$$

例 6.13 设二次型

$$f(x_1,x_2,x_3) = X^{\mathrm{T}}AX = ax_1^2 + 2x_2^2 - 2x_3^2 + 2bx_1x_3 \quad (b > 0),$$

其中矩阵 A 的特征值之和为 1,特征值之积为 -12.

(1) 求常数 a,b 的值;

(2) 利用正交变换将 f 化成标准形,并写出所用正交变换的矩阵.

解 (1) f 的矩阵为

$$A = \begin{bmatrix} a & 0 & b \\ 0 & 2 & 0 \\ b & 0 & -2 \end{bmatrix}.$$

由于矩阵 A 的迹等于矩阵 A 的特征值之和,得到

$$\mathrm{tr}A = a + 2 + (-2) = 1,$$

则 $a=1$. 由矩阵 A 的行列式等于 A 的特征值之积,得到

$$|A| = 2(-2a - b^2) = -12,$$

则 $b=2$. 于是

$$A = \begin{bmatrix} 1 & 0 & 2 \\ 0 & 2 & 0 \\ 2 & 0 & -2 \end{bmatrix}.$$

(2) 矩阵 A 的特征多项式

$$|\lambda E - A| = \begin{vmatrix} \lambda - 1 & 0 & -2 \\ 0 & \lambda - 2 & 0 \\ -2 & 0 & \lambda + 2 \end{vmatrix} = (\lambda - 2)^2(\lambda + 3),$$

所以 A 的特征值为 $\lambda_1=\lambda_2=2$, $\lambda_3=-3$.

对于 $\lambda_1=\lambda_2=2$,通过解齐次线性方程组 $(2E-A)x=\mathbf{0}$,得到 A

的属于 2 的正交单位特征向量为

$$\boldsymbol{\alpha}_1=(0,1,0)^{\mathrm{T}},\quad \boldsymbol{\alpha}_2=\left(\frac{2}{\sqrt{5}},0,\frac{1}{\sqrt{5}}\right)^{\mathrm{T}}.$$

对于 $\lambda_3=-3$，通过解齐次线性方程组 $(-3\boldsymbol{E}-\boldsymbol{A})\boldsymbol{x}=\boldsymbol{0}$，得到 $\boldsymbol{A}$ 的属于 -3 的单位特征向量为

$$\boldsymbol{\alpha}_3=\left(\frac{1}{\sqrt{5}},0,-\frac{2}{\sqrt{5}}\right)^{\mathrm{T}}.$$

令

$$\boldsymbol{Q}=(\boldsymbol{\alpha}_1,\boldsymbol{\alpha}_2,\boldsymbol{\alpha}_3)=\begin{bmatrix}0 & \frac{2}{\sqrt{5}} & \frac{1}{\sqrt{5}}\\ 1 & 0 & 0\\ 0 & \frac{1}{\sqrt{5}} & -\frac{2}{\sqrt{5}}\end{bmatrix},$$

则 $\boldsymbol{Q}$ 为所求正交矩阵，在正交变换 $\boldsymbol{X}=\boldsymbol{QY}$ 下，得 f 的标准形为

$$f=2y_1^2+2y_2^2-3y_3^2.$$

例 6.14 已知二次型

$$f(x_1,x_2,x_3)=2x_1^2+3x_2^2+3x_3^2+2tx_2x_3\quad(t>0)$$

经正交变换化成标准形 $f=2y_1^2+y_2^2+5y_3^2$.

(1) 求参数 t 的值及正交变换的正交矩阵；

(2) 证明在 $x_1^2+x_2^2+x_3^2=1$ 下，$f(x_1,x_2,x_3)$ 的最大值为 5.

解 二次型 f 的矩阵为

$$\boldsymbol{A}=\begin{bmatrix}2 & 0 & 0\\ 0 & 3 & t\\ 0 & t & 3\end{bmatrix},$$

显然由于正交变换的缘故，f 的标准形中系数 2,1,5 就是矩阵 $\boldsymbol{A}$ 的三个特征值. 由特征值性质可知

$$|\boldsymbol{A}|=2(9-t^2)=2\times1\times5,$$

得 $t=2$.

对 $\lambda_1=2$，可求得对应特征向量 $\boldsymbol{\alpha}_1=(1,0,0)^{\mathrm{T}}$.

对 $\lambda_2=1$，可求得对应特征向量 $\boldsymbol{\alpha}_2=\left(0,\frac{1}{\sqrt{2}},-\frac{1}{\sqrt{2}}\right)^{\mathrm{T}}$.

对 $\lambda_3=5$,可求得对应特征向量 $\boldsymbol{\alpha}_3=\left(0,\frac{1}{\sqrt{2}},\frac{1}{\sqrt{2}}\right)^{\mathrm{T}}$.

令

$$\boldsymbol{Q}=(\boldsymbol{\alpha}_1,\boldsymbol{\alpha}_2,\boldsymbol{\alpha}_3)=\begin{bmatrix}1&0&0\\0&\frac{1}{\sqrt{2}}&\frac{1}{\sqrt{2}}\\0&-\frac{1}{\sqrt{2}}&\frac{1}{\sqrt{2}}\end{bmatrix},$$

则 $\boldsymbol{Q}$ 就是所用正交变换的正交矩阵.

(2) 由正交变换 $\boldsymbol{X}=\boldsymbol{QY}$ 及 $x_1^2+x_2^2+x_3^2=1$,即 $\boldsymbol{X}^{\mathrm{T}}\boldsymbol{X}=1$,由例 4.20 知也有 $\boldsymbol{Y}^{\mathrm{T}}\boldsymbol{Y}=1$,即 $y_1^2+y_2^2+y_3^2=1$,故

$$f=2y_1^2+y_2^2+5y_3^2\leqslant 5(y_1^2+y_2^2+y_3^2)\leqslant 5.$$

又

$$f\left(0,\frac{1}{\sqrt{2}},\frac{1}{\sqrt{2}}\right)=f(\boldsymbol{\alpha}_3)=\boldsymbol{\alpha}_3^{\mathrm{T}}\boldsymbol{A}\boldsymbol{\alpha}_3=\boldsymbol{\alpha}_3^{\mathrm{T}}(5\boldsymbol{\alpha}_3)=5,$$

所以 f 的最大值为 5.

注释 由本题(2)的证明可知,实二次型 $f=\boldsymbol{X}^{\mathrm{T}}\boldsymbol{AX}$ 在 $\boldsymbol{X}^{\mathrm{T}}\boldsymbol{X}=1$ 条件下的最大(小)值就是实对称矩阵 $\boldsymbol{A}$ 的最大(小)特征值.

例 6.15 如果将实对称矩阵按合同关系分类,彼此合同的矩阵归为一类.问 3 阶实对称矩阵有多少不同的合同类?一般地,n 阶实对称矩阵有多少不同的合同类?

解 由于两个实对称矩阵合同的充分必要条件是它们对应的实二次型具有相同的正惯性指数 p 和秩 r.对于 3 阶实对称矩阵,其正惯性指数与秩共有下列 10 种情形:

(1) $r=0$; (2) $r=1,\ p=1$;

(3) $r=1,\ p=0$; (4) $r=2,\ p=2$;

(5) $r=2,\ p=1$; (6) $r=2,\ p=0$;

(7) $r=3,\ p=3$; (8) $r=3,\ p=2$;

(9) $r=3,\ p=1$; (10) $r=3,\ p=0$.

即 3 阶实对称矩阵共有 10 个不同的合同类,这 10 个合同类的矩阵分别合同于下列 10 个对角矩阵:

(1) $\begin{bmatrix} 0 & 0 & 0 \\ 0 & 0 & 0 \\ 0 & 0 & 0 \end{bmatrix}$;　　(2) $\begin{bmatrix} 1 & 0 & 0 \\ 0 & 0 & 0 \\ 0 & 0 & 0 \end{bmatrix}$;

(3) $\begin{bmatrix} -1 & 0 & 0 \\ 0 & 0 & 0 \\ 0 & 0 & 0 \end{bmatrix}$;　　(4) $\begin{bmatrix} 1 & 0 & 0 \\ 0 & 1 & 0 \\ 0 & 0 & 0 \end{bmatrix}$;

(5) $\begin{bmatrix} 1 & 0 & 0 \\ 0 & -1 & 0 \\ 0 & 0 & 0 \end{bmatrix}$;　　(6) $\begin{bmatrix} -1 & 0 & 0 \\ 0 & -1 & 0 \\ 0 & 0 & 0 \end{bmatrix}$;

(7) $\begin{bmatrix} 1 & 0 & 0 \\ 0 & 1 & 0 \\ 0 & 0 & 1 \end{bmatrix}$;　　(8) $\begin{bmatrix} 1 & 0 & 0 \\ 0 & 1 & 0 \\ 0 & 0 & -1 \end{bmatrix}$;

(9) $\begin{bmatrix} 1 & 0 & 0 \\ 0 & -1 & 0 \\ 0 & 0 & -1 \end{bmatrix}$;　　(10) $\begin{bmatrix} -1 & 0 & 0 \\ 0 & -1 & 0 \\ 0 & 0 & -1 \end{bmatrix}$.

与 3 阶实对称矩阵的讨论类似，一般地，n 阶实对称矩阵的不同合同类总数为

$$1 + 2 + \cdots + (n+1) = \frac{(n+1)(n+2)}{2}.$$

6.3.3 二次型与对称矩阵的正定性的判定

例 6.16 如果对于任意的全不为零的 $x_1, x_2, \cdots, x_n$，二次型 $f(x_1, x_2, \cdots, x_n)$ 的值恒大于零，问二次型 f 是否正定？

分析 在前面，我们已多次指出一组数的“不全为零”与“全不为零”是不同的. 在二次型正定的定义中，我们要求的是对任意一组不全为零的数，二次型的值恒大于零，故可以想到对本题的二次型未必正定.

解 二次型 f 不一定正定. 例如二次型

$$f(x_1, x_2, x_3) = x_1^2 + (x_2 - x_3)^2$$

对任意的 $x_1 \neq 0$, $x_2 \neq 0$, $x_3 \neq 0$，恒有 $f(x_1, x_2, x_3) > 0$. 但由 $f(0,1,1) = 0$ 可知 f 不是正定二次型.

实际上，$f = x_1^2 + (x_2 - x_3)^2$ 是半正定二次型.

例 6.17 判断二次型

$$f(x_1,x_2,x_3)=5x_1^2+6x_2^2+4x_3^2-4x_1x_2-4x_2x_3$$

是否为正定二次型?

解 f 的矩阵为

$$\boldsymbol{A}=\begin{bmatrix}5&-2&0\\-2&6&-2\\0&-2&4\end{bmatrix}.$$

矩阵 $\boldsymbol{A}$ 的各阶顺序主子式为

$$\Delta_1=5>0,$$

$$\Delta_2=\begin{vmatrix}5&-2\\-2&6\end{vmatrix}=26>0,$$

$$\Delta_3=\begin{vmatrix}5&-2&0\\-2&6&-2\\0&-2&4\end{vmatrix}=84>0,$$

所以 f 为正定二次型.

注释 对于具体给出的二次型,利用顺序主子式判别其正定性较为简单,而在求 $\boldsymbol{A}$ 的各阶顺序主子式时,如果计算得某一个主子式不大于零,可立即断定该二次型非正定.

例 6.18 t 满足什么条件时,二次型

$$f(x_1,x_2,x_3)=x_1^2+4x_2^2+2x_3^2+2tx_1x_2+2x_1x_3$$

是正定的?

解 f 的矩阵为

$$\boldsymbol{A}=\begin{bmatrix}1&t&1\\t&4&0\\1&0&2\end{bmatrix},$$

$\boldsymbol{A}$ 的各阶顺序主子式为

$$\Delta_1=1>0,$$

$$\Delta_2=\begin{vmatrix}1&t\\t&4\end{vmatrix}=4-t^2,$$

$$\Delta_3 = \begin{vmatrix} 1 & t & 1 \\ t & 4 & 0 \\ 1 & 0 & 2 \end{vmatrix} = 4 - 2t^2,$$

可知，只有当 $t^2<2$ 时，即 $-\sqrt{2}<t<\sqrt{2}$ 时，才有 $\Delta_2>0$，$\Delta_3>0$，则 f 为正定二次型.

例 6.19 试问 $a_1, a_2, \cdots, a_n$ 满足什么条件时，二次型

$$f(x_1, x_2, \cdots, x_n) = (x_1 + a_1x_2)^2 + (x_2 + a_2x_3)^2 + \cdots + (x_{n-1} + a_{n-1}x_n)^2 + (x_n + a_nx_1)^2$$

为正定二次型？

解法 1 显然有 $f(x_1, x_2, \cdots, x_n) \geqslant 0$，而且

$$f(x_1, x_2, \cdots, x_n) = 0 \Longleftrightarrow \begin{cases} x_1 + a_1x_2 = 0, \\ x_2 + a_2x_3 = 0, \\ \cdots\cdots\cdots\cdots\cdots\cdots \\ x_n + a_nx_1 = 0. \end{cases} \tag{1}$$

故可知，欲使二次型 f 为正定二次型，当且仅当齐次线性方程组(1)只有零解，即方程组的系数行列式

$$\begin{vmatrix} 1 & a_1 & 0 & \cdots & 0 \\ 0 & 1 & a_2 & \cdots & 0 \\ 0 & 0 & 1 & \cdots & 0 \\ \vdots & \vdots & \vdots & & \vdots \\ a_n & 0 & 0 & \cdots & 1 \end{vmatrix} = 1 + (-1)^{n+1}a_1a_2\cdots a_n \neq 0,$$

所以当 $a_1a_2\cdots a_n \neq (-1)^n$ 时，f 为正定二次型.

解法 2 作线性变换

$$\begin{cases} y_1 = x_1 + a_1x_2, \\ y_2 = x_2 + a_2x_3, \\ \cdots\cdots\cdots\cdots\cdots\cdots \\ y_n = x_n + a_nx_1, \end{cases} \tag{2}$$

可将 f 化成

$$f = y_1^2 + y_2^2 + \cdots + y_n^2. \tag{3}$$

从(2)可知，f 为正定二次型 $\Longleftrightarrow$ (3)式为 f 的规范形. 而要使

(3)式真正成为 f 的规范形,所作线性变换(2)必须是可逆线性变换,故线性变换的矩阵 $\boldsymbol{C}$ 的行列式

$$|\boldsymbol{C}| = 1 + (-1)^{n+1} a_1 a_2 \cdots a_n \neq 0.$$

即当 $a_1a_2\cdots a_n \neq (-1)^n$ 时,f 为正定二次型.

例 6.20 证明:二次型

$$f(x_1,x_2,\cdots,x_n) = 2\sum_{i=1}^{n} x_i^2 + 2\sum_{1\leqslant i<j\leqslant n} x_i x_j$$

为正定二次型.

证法 1 二次型 f 的矩阵为

$$\boldsymbol{A} = \begin{bmatrix} 2 & 1 & 1 & \cdots & 1 \\ 1 & 2 & 1 & \cdots & 1 \\ 1 & 1 & 2 & \cdots & 1 \\ \vdots & \vdots & \vdots & & \vdots \\ 1 & 1 & 1 & \cdots & 2 \end{bmatrix},$$

故 $\boldsymbol{A}$ 中 k 阶顺序主子式为

$$\Delta_k = \begin{vmatrix} 2 & 1 & \cdots & 1 \\ 1 & 2 & \cdots & 1 \\ \vdots & \vdots & & \vdots \\ 1 & 1 & \cdots & 2 \end{vmatrix} = k+1 \quad (k=1,2,\cdots,n),$$

故所有 Δ_k 全大于零,所以 f 是正定二次型.

证法 2 二次型 f 的矩阵 $\boldsymbol{A}$ 的特征多项式为

$$|\lambda \boldsymbol{E} - \boldsymbol{A}| = \begin{vmatrix} \lambda-2 & -1 & \cdots & -1 \\ -1 & \lambda-2 & \cdots & -1 \\ \vdots & \vdots & & \vdots \\ -1 & -1 & \cdots & \lambda-2 \end{vmatrix}$$

$$= (\lambda-1)^{n-1}(\lambda-n-1),$$

故 $\boldsymbol{A}$ 的特征值为 $\lambda_1 = n+1$, $\lambda_2 = \lambda_3 = \cdots = \lambda_n = 1$. 故 $\boldsymbol{A}$ 的 n 个特征值全大于零,说明 $\boldsymbol{A}$ 是正定矩阵,即 f 是正定二次型.

证法 3 由于

$$f(x_1,x_2,\cdots,x_n) = 2\sum_{i=1}^{n} x_i^2 + 2\sum_{1\leqslant i<j\leqslant n} x_i x_j$$

$$= \sum_{i=1}^{n} x_i^2 + \left(\sum_{i=1}^{n} x_i \right)^2.$$

记 $f_1(x_1,x_2,\cdots,x_n)=\sum_{i=1}^{n} x_i^2$，显然 f_1 是正定的.

$f_2(x_1,x_2,\cdots,x_n)=\left(\sum_{i=1}^{n} x_i \right)^2$，显然 f_2 是半正定的.

即对于任意 $\boldsymbol{X}=(x_1,x_2,\cdots,x_n)^{\mathrm{T}}\neq\boldsymbol{0}$，有 $f_1>0$ 及 $f_2\geqslant 0$，也就有 $f=f_1+f_2>0$，所以 f 是正定二次型.

注释 由证法 3，我们得到结论"正定矩阵与半正定矩阵的和是正定矩阵".

例 6.21 设矩阵 $\boldsymbol{A},\boldsymbol{B}$ 均为 n 阶正定矩阵，k,l 为正数，试证：$k\boldsymbol{A}+l\boldsymbol{B}$ 也是正定矩阵.

证 首先由矩阵 $\boldsymbol{A},\boldsymbol{B}$ 为正定矩阵，故 $\boldsymbol{A},\boldsymbol{B}$ 为实对称矩阵，那么 $k\boldsymbol{A}+l\boldsymbol{B}$ 也是实对称矩阵.

考虑二次型

$$f(\boldsymbol{X}) = \boldsymbol{X}^{\mathrm{T}}(k\boldsymbol{A} + l\boldsymbol{B})\boldsymbol{X} = k\boldsymbol{X}^{\mathrm{T}}\boldsymbol{A}\boldsymbol{X} + l\boldsymbol{X}^{\mathrm{T}}\boldsymbol{B}\boldsymbol{X},$$

记 $f_1(\boldsymbol{X})=\boldsymbol{X}^{\mathrm{T}}\boldsymbol{A}\boldsymbol{X}$，$f_2(\boldsymbol{X})=\boldsymbol{X}^{\mathrm{T}}\boldsymbol{B}\boldsymbol{X}$，由题设 f_1,f_2 均为正定二次型，即对任意 $\boldsymbol{X}\neq\boldsymbol{0}$，有 $f_1>0$，$f_2>0$，也就有

$$f = kf_1 + lf_2 > 0,$$

故 f 为正定二次型，所以其矩阵 $k\boldsymbol{A}+l\boldsymbol{B}$ 是正定矩阵.

注释 欲证明某抽象矩阵 $\boldsymbol{A}$ 是正定矩阵，必须先说明这个矩阵是实对称的. 通过构造二次型 f，由 f 的正定来证明矩阵 $\boldsymbol{A}$ 的正定是一个常用的方法.

例 6.22 设 $c_1,c_2,\cdots,c_n$ 均为非零实常数. $\boldsymbol{A}=(a_{ij})$ 为 n 阶正定矩阵. 令

$$b_{ij} = a_{ij}c_ic_j \quad (i,j = 1,2,\cdots,n),$$

证明矩阵 $\boldsymbol{B}=(b_{ij})_{n\times n}$ 是正定矩阵.

证法 1 由

$$\boldsymbol{B} = (b_{ij})_{n\times n} = \begin{bmatrix} a_{11}c_1c_1 & a_{12}c_1c_2 & \cdots & a_{1n}c_1c_n \\ a_{21}c_2c_1 & a_{22}c_2c_2 & \cdots & a_{2n}c_2c_n \\ \vdots & \vdots & & \vdots \\ a_{n1}c_nc_1 & a_{n2}c_nc_2 & \cdots & a_{nn}c_nc_n \end{bmatrix},$$

由于 $\boldsymbol{A}$ 为实对称矩阵，即 $a_{ij}=a_{ji}$，故

$$b_{ij}=b_{ji}\quad(i,j=1,2,\cdots,n),$$

所以 $\boldsymbol{B}$ 是实对称矩阵.

矩阵 $\boldsymbol{B}$ 中任意 k 阶顺序主子式为

$$\Delta_k=\begin{vmatrix} a_{11}c_1c_1 & \cdots & a_{1k}c_1c_k \\ \vdots & & \vdots \\ a_{k1}c_kc_1 & \cdots & a_{kk}c_kc_k \end{vmatrix}$$

$$=(c_1c_2\cdots c_k)^2\begin{vmatrix} a_{11} & a_{12} & \cdots & a_{1k} \\ a_{21} & a_{22} & \cdots & a_{2k} \\ \vdots & \vdots & & \vdots \\ a_{k1} & a_{k2} & \cdots & a_{kk} \end{vmatrix}.$$

由矩阵 $\boldsymbol{A}$ 的正定性可知 $\Delta_k>0$ $(k=1,2,\cdots,n)$，所以 $\boldsymbol{B}$ 是正定矩阵.

证法 2 由证法 1，已知 $\boldsymbol{B}$ 为 n 阶实对称矩阵，考虑以 $\boldsymbol{B}$ 为矩阵的 n 元二次型 $f=\boldsymbol{X}^{\mathrm{T}}\boldsymbol{B}\boldsymbol{X}$.

对任意 $\boldsymbol{X}=(x_1,x_2,\cdots,x_n)^{\mathrm{T}}\neq\boldsymbol{0}$，有

$$(c_1x_1,c_2x_2,\cdots,c_nx_n)^{\mathrm{T}}\neq\boldsymbol{0},$$

那么

$$f=\boldsymbol{X}^{\mathrm{T}}\boldsymbol{B}\boldsymbol{X}=\sum_{i=1}^{n}\sum_{j=1}^{n}a_{ij}c_ic_jx_ix_j$$

$$=\sum_{i=1}^{n}\sum_{j=1}^{n}a_{ij}(c_ix_i)(c_jx_j).$$

由于 $\boldsymbol{A}$ 的正定性及 $(c_1x_1,c_2x_2,\cdots,c_nx_n)^{\mathrm{T}}\neq\boldsymbol{0}$，故 $f>0$. 所以 f 是正定二次型，即 $\boldsymbol{B}$ 是正定矩阵.

证法 3 令对角矩阵 $\boldsymbol{C}=\mathrm{diag}(c_1,c_2,\cdots,c_n)$. 由 $c_1,c_2,\cdots,c_n$ 均为非零数，知 $\boldsymbol{C}$ 是 n 阶可逆矩阵. 那么

$$\boldsymbol{B}=(b_{ij})_{n\times n}=(a_{ij}c_ic_j)_{n\times n}=\boldsymbol{C}^{\mathrm{T}}\boldsymbol{A}\boldsymbol{C}.$$

说明 $\boldsymbol{A}\simeq\boldsymbol{B}$，由 $\boldsymbol{A}$ 是正定矩阵，所以 $\boldsymbol{B}$ 也是正定矩阵.

例 6.23 设 $\boldsymbol{A}$ 为 $m\times n$ 矩阵，且 $m\leqslant n$. 试证：$\boldsymbol{A}\boldsymbol{A}^{\mathrm{T}}$ 正定的充分必要条件是 $\mathrm{r}(\boldsymbol{A})=m$.

证 首先显然 $\boldsymbol{A}\boldsymbol{A}^{\mathrm{T}}$ 是实对称 m 阶矩阵. 考虑以 $\boldsymbol{A}\boldsymbol{A}^{\mathrm{T}}$ 为矩阵的

m 元二次型

$$f(\boldsymbol{X}) = \boldsymbol{X}^{\mathrm{T}}(\boldsymbol{A}\boldsymbol{A}^{\mathrm{T}})\boldsymbol{X} = (\boldsymbol{A}^{\mathrm{T}}\boldsymbol{X})^{\mathrm{T}}(\boldsymbol{A}^{\mathrm{T}}\boldsymbol{X}) = \| \boldsymbol{A}^{\mathrm{T}}\boldsymbol{X} \|^2.$$

于是

$$\begin{aligned}
\boldsymbol{A}\boldsymbol{A}^{\mathrm{T}} \text{ 为正定矩阵} &\Longleftrightarrow f(\boldsymbol{X}) \text{ 是正定二次型} \\
&\Longleftrightarrow \text{对 } \forall\, \boldsymbol{X} \neq \boldsymbol{0},\ f(\boldsymbol{X}) = \| \boldsymbol{A}^{\mathrm{T}}\boldsymbol{X} \|^2 > 0 \\
&\Longleftrightarrow \text{对 } \forall\, \boldsymbol{X} \neq \boldsymbol{0},\ \boldsymbol{A}^{\mathrm{T}}\boldsymbol{X} \neq \boldsymbol{0} \\
&\Longleftrightarrow m \text{ 元齐次线性方程组 } \boldsymbol{A}^{\mathrm{T}}\boldsymbol{X} = \boldsymbol{0} \text{ 只有零解} \\
&\Longleftrightarrow \mathrm{r}(\boldsymbol{A}^{\mathrm{T}}) = \mathrm{r}(\boldsymbol{A}) = m.
\end{aligned}$$

注释 题中条件 $m \leqslant n$ 是为保证方程组 $\boldsymbol{A}^{\mathrm{T}}\boldsymbol{X}=\boldsymbol{0}$ 能只有零解. 因为若 $n<m$,则方程组 $\boldsymbol{A}^{\mathrm{T}}\boldsymbol{X}=\boldsymbol{0}$ 必有非零解,这时 $\boldsymbol{A}\boldsymbol{A}^{\mathrm{T}}$ 是半正定的.

例 6.24 设 $\boldsymbol{A}$ 为 m 阶正定矩阵, $\boldsymbol{B}$ 为 $m \times n$ 矩阵. 证明: $\boldsymbol{B}^{\mathrm{T}}\boldsymbol{A}\boldsymbol{B}$ 为正定矩阵的充分必要条件是 $\mathrm{r}(\boldsymbol{B})=n$.

证 首先,由

$$(\boldsymbol{B}^{\mathrm{T}}\boldsymbol{A}\boldsymbol{B})^{\mathrm{T}} = \boldsymbol{B}^{\mathrm{T}}\boldsymbol{A}^{\mathrm{T}}\boldsymbol{B} = \boldsymbol{B}^{\mathrm{T}}\boldsymbol{A}\boldsymbol{B},$$

说明 $\boldsymbol{B}^{\mathrm{T}}\boldsymbol{A}\boldsymbol{B}$ 是 n 阶实对称矩阵,考虑以 $\boldsymbol{B}^{\mathrm{T}}\boldsymbol{A}\boldsymbol{B}$ 为矩阵的 n 元二次型

$$f(\boldsymbol{X}) = \boldsymbol{X}^{\mathrm{T}}(\boldsymbol{B}^{\mathrm{T}}\boldsymbol{A}\boldsymbol{B})\boldsymbol{X} = (\boldsymbol{B}\boldsymbol{X})^{\mathrm{T}}\boldsymbol{A}(\boldsymbol{B}\boldsymbol{X}),$$

于是

$$\begin{aligned}
\boldsymbol{B}^{\mathrm{T}}\boldsymbol{A}\boldsymbol{B} \text{ 正定} &\Longleftrightarrow f(\boldsymbol{X}) \text{ 是正定二次型} \\
&\Longleftrightarrow \text{对 } \forall\, \boldsymbol{X} \neq \boldsymbol{0},\ f = (\boldsymbol{B}\boldsymbol{X})^{\mathrm{T}}\boldsymbol{A}(\boldsymbol{B}\boldsymbol{X}) > 0 \\
&\Longleftrightarrow \text{由 } \boldsymbol{A} \text{ 正定,对 } \forall\, \boldsymbol{X} \neq \boldsymbol{0},\ \boldsymbol{B}\boldsymbol{X} \neq \boldsymbol{0} \\
&\Longleftrightarrow n \text{ 元齐次方程组 } \boldsymbol{B}\boldsymbol{X} = \boldsymbol{0} \text{ 只有零解} \\
&\Longleftrightarrow \mathrm{r}(\boldsymbol{B}) = n.
\end{aligned}$$

例 6.25 已知 $\boldsymbol{A}$ 为反对称矩阵,证明 $\boldsymbol{E}-\boldsymbol{A}^2$ 是正定矩阵,其中 $\boldsymbol{E}$ 是单位方阵.

证 首先由于 $\boldsymbol{A}^{\mathrm{T}}=-\boldsymbol{A}$,故 $\boldsymbol{E}-\boldsymbol{A}^2=\boldsymbol{E}+\boldsymbol{A}^{\mathrm{T}}\boldsymbol{A}$,而 $\boldsymbol{E}$ 和 $\boldsymbol{A}^{\mathrm{T}}\boldsymbol{A}$ 都是对称矩阵,故 $\boldsymbol{E}-\boldsymbol{A}^2$ 也是对称矩阵.

考虑以 $\boldsymbol{E}-\boldsymbol{A}^2$ 为矩阵的二次型

$$\begin{aligned}
f(\boldsymbol{X}) &= \boldsymbol{X}^{\mathrm{T}}(\boldsymbol{E}-\boldsymbol{A}^2)\boldsymbol{X} = \boldsymbol{X}^{\mathrm{T}}(\boldsymbol{E}+\boldsymbol{A}^{\mathrm{T}}\boldsymbol{A})\boldsymbol{X} \\
&= \boldsymbol{X}^{\mathrm{T}}\boldsymbol{E}\boldsymbol{X} + \boldsymbol{X}^{\mathrm{T}}(\boldsymbol{A}^{\mathrm{T}}\boldsymbol{A})\boldsymbol{X} = f_1 + f_2,
\end{aligned}$$

其中 $f_1=\boldsymbol{X}^{\mathrm{T}}\boldsymbol{E}\boldsymbol{X}$,显然 f_1 正定.

$$f_2 = X^{\mathrm{T}}(A^{\mathrm{T}}A)X = (AX)^{\mathrm{T}}(AX) = \| AX \|^2,$$

显然 f_2 半正定. 于是 f 是正定二次型,即 $E-A^2$ 是正定矩阵.

例 6.26 设 A 为正定矩阵. 证明:

(1) A^{-1}是正定矩阵;

(2) A^*是正定矩阵,其中 A^*是 A 的伴随矩阵.

证 首先由于 $A^{\mathrm{T}}=A$,故有

$$(A^{-1})^{\mathrm{T}} = (A^{\mathrm{T}})^{-1} = A^{-1},$$

说明 A^{-1}是对称矩阵. 又 $A^*=|A|A^{-1}$也是对称矩阵.

(1) 证法 1 对以 A^{-1}为矩阵的二元型 $f=X^{\mathrm{T}}A^{-1}X$ 作可逆线性变换 $X=AY$,得到

$$f = X^{\mathrm{T}}A^{-1}X = (AY)^{\mathrm{T}}A^{-1}(AY) = Y^{\mathrm{T}}AY.$$

由于 $Y^{\mathrm{T}}AY$ 是正定二次型,又可逆线性变换不改变二次型的正定性,所以 $f=X^{\mathrm{T}}A^{-1}X$ 是正定二次型,即 A^{-1}是正定矩阵.

证法 2 由于 A 正定,故 A 的 n 个特征值 $\lambda_1,\lambda_2,\cdots,\lambda_n$ 全大于零,于是 A^{-1}的 n 个特征值$\frac{1}{\lambda_1},\frac{1}{\lambda_2},\cdots,\frac{1}{\lambda_n}$也全大于零,所以 A^{-1}是正定矩阵.

证法 3 由于 A 正定,则存在可逆矩阵 C,使得 $A=C^{\mathrm{T}}C$,于是

$$A^{-1} = (C^{\mathrm{T}}C)^{-1} = C^{-1}(C^{\mathrm{T}})^{-1} = C^{-1}(C^{-1})^{\mathrm{T}}.$$

记 $D^{\mathrm{T}}=C^{-1}$,则 D 也是可逆矩阵,且 $A^{-1}=D^{\mathrm{T}}D$,所以 A^{-1}是正定矩阵.

证法 4 由于 A 是正定二次型,故 A 是对称的且可逆的矩阵,则有

$$A^{\mathrm{T}}A^{-1}A = AA^{-1}A = A,$$

说明 A^{-1}与 A 合同,所以 A^{-1}也是正定矩阵.

(2) 证法 1 由于 A 正定,所以 $|A|>0$.

对 $\forall\ X\neq 0$,

$$X^{\mathrm{T}}A^*X = X^{\mathrm{T}}(|A|A^{-1})X = |A|(X^{\mathrm{T}}A^{-1}X) > 0,$$

即二次型 $f=X^{\mathrm{T}}A^*X$ 是正定的,所以 A^*是正定矩阵.

证法 2 由于 A 正定,故 A 的 n 个特征值 $\lambda_1,\lambda_2,\cdots,\lambda_n$ 全大于

零. 又 $|A|>0$,于是 A^* 的 n 个特征值 $\frac{|A|}{\lambda_1},\frac{|A|}{\lambda_2},\cdots,\frac{|A|}{\lambda_n}$ 也全大于零,所以 A^* 是正定矩阵.

注释 在验证矩阵的正定性时,利用证明其特征值全大于零也是常用的方法.

例 6.27 设 A 为 n 阶正定矩阵,如果 $A-E$ 正定,证明: $E-A^{-1}$ 也正定.

证 由 A 为正定矩阵, A 是实对称的,于是

$$(E-A^{-1})^{\mathrm{T}}=E-(A^{-1})^{\mathrm{T}}=E-(A^{\mathrm{T}})^{-1}=E-A^{-1},$$

故 $E-A^{-1}$ 是实对称矩阵.

设 A 的 n 个特征值为 $\lambda_1,\lambda_2,\cdots,\lambda_n$. 由 A 的正定,它们全大于零. $A-E$ 的 n 个特征值为 $\lambda_1-1,\lambda_2-1,\cdots,\lambda_n-1$. 由 $A-E$ 的正定,它们也全大于零,即 $\lambda_i>1\ (i=1,2,\cdots,n)$. 于是 $E-A^{-1}$ 的 n 个特征值为 $1-\frac{1}{\lambda_1},1-\frac{1}{\lambda_2},\cdots,1-\frac{1}{\lambda_n}$.

由

$$1-\frac{1}{\lambda_i}=\frac{\lambda_i-1}{\lambda_i}>0\quad(i=1,2,\cdots,n),$$

所以 $E-A^{-1}$ 也是正定矩阵.

例 6.28 设 A 是 n 阶实对称矩阵. 试证: 当实数 t 充分大时, $tE+A$ 是正定矩阵.

证 首先,显然 $tE+A$ 是实对称矩阵.

由 A 是 n 阶实对称矩阵,它的特征值全是实数. 不妨设 $\lambda_1,\lambda_2,\cdots,\lambda_n$ 为 A 的 n 个特征值. 那么 $t+\lambda_1,t+\lambda_2,\cdots,t+\lambda_n$ 就是矩阵 $tE+A$ 的 n 个特征值.

当取实数 t 满足

$$t>\max\{|\lambda_1|,|\lambda_2|,\cdots,|\lambda_n|\},$$

则 $t+\lambda_1,t+\lambda_2,\cdots,t+\lambda_n$ 全大于零,所以 $tE+A$ 是正定二次型.

例 6.29 设 A 为 n 阶正定矩阵, E 为 n 阶单位矩阵. 证明: 行列式 $|A+E|>1$.

证 由于已知 A 是 n 阶正定矩阵,所以 A 的 n 个特征值 $\lambda_1,\lambda_2,\cdots,\lambda_n$ 全大于零. 而矩阵 $A+E$ 的特征值为 $\lambda_1+1,\lambda_2+1,\cdots,\lambda_n+1$. 由

$\lambda_i>0$ 可知 $\lambda_i+1>1\ (i=1,2,\cdots,n)$，所以

$$|\boldsymbol{A}+\boldsymbol{E}|=(\lambda_1+1)(\lambda_2+1)\cdots(\lambda_n+1)>1.$$

例 6.30 设 $\boldsymbol{A},\boldsymbol{B}$ 均为 n 阶实对称矩阵，且 $\boldsymbol{A}$ 的特征值全大于 a，$\boldsymbol{B}$ 的特征值全大于 b，其中 a,b 均为实常数，证明：矩阵 $\boldsymbol{A}+\boldsymbol{B}$ 的特征值全大于 $a+b$.

分析 设 λ 为 $\boldsymbol{A}+\boldsymbol{B}$ 的任一个特征值. 如果我们能构造一个矩阵，它以 $\lambda-(a+b)$ 为特征值，且该矩阵是正定的，那么就证明了 $\lambda>(a+b)$.

证 首先 $\boldsymbol{A}+\boldsymbol{B}$ 是 n 阶实对称矩阵，它必有实特征值. 设 λ 为 $\boldsymbol{A}+\boldsymbol{B}$ 的任一个特征值，则有 $\boldsymbol{\alpha}\neq\boldsymbol{0}$，使

$$(\boldsymbol{A}+\boldsymbol{B})\boldsymbol{\alpha}=\lambda\boldsymbol{\alpha}.$$

由此可得

$$[(\boldsymbol{A}-a\boldsymbol{E})+(\boldsymbol{B}-b\boldsymbol{E})]\boldsymbol{\alpha}=[\lambda-(a+b)]\boldsymbol{\alpha}.$$

即 $\lambda-(a+b)$ 为实对称矩阵 $(\boldsymbol{A}-a\boldsymbol{E})+(\boldsymbol{B}-b\boldsymbol{E})$ 的特征值.

设 μ 为实对称矩阵 $\boldsymbol{A}-a\boldsymbol{E}$ 的任一个特征值，则有 $\boldsymbol{\beta}\neq\boldsymbol{0}$，使

$$(\boldsymbol{A}-a\boldsymbol{E})\boldsymbol{\beta}=\mu\boldsymbol{\beta}.$$

即 $\boldsymbol{A}\boldsymbol{\beta}=(a+\mu)\boldsymbol{\beta}$，故 $a+\mu$ 是 $\boldsymbol{A}$ 的特征值. 由题设条件，有 $a+\mu>a$，故 $\mu>0$，即 $\boldsymbol{A}-a\boldsymbol{E}$ 的任一个特征值都大于零，于是 $\boldsymbol{A}-a\boldsymbol{E}$ 是正定矩阵. 同理 $\boldsymbol{B}-b\boldsymbol{E}$ 也是正定矩阵. 由于同阶正定矩阵之和为正定矩阵，故 $(\boldsymbol{A}-a\boldsymbol{E})+(\boldsymbol{B}-b\boldsymbol{E})$ 为正定矩阵，因而它的特征值全大于零. 从而有

$$\lambda-(a+b)>0,$$

所以 $\boldsymbol{A}+\boldsymbol{B}$ 的任一个特征值 λ 都大于 $a+b$.

例 6.31 设 $\boldsymbol{A}=(a_{ij})$ 为 3 阶正定矩阵，证明 $\boldsymbol{A}$ 中主子式

$$\begin{vmatrix} a_{11} & a_{13} \\ a_{13} & a_{33} \end{vmatrix}>0.$$

证法 1 设 3 元二次型

$$\begin{aligned} f(x_1,x_2,x_3)=\boldsymbol{X}^{\mathrm{T}}\boldsymbol{A}\boldsymbol{X}=a_{11}x_1^2+2a_{12}x_1x_2+2a_{13}x_1x_3& \\ +a_{22}x_2^2+2a_{23}x_2x_3& \\ +a_{33}x_3^2&, \end{aligned}$$

对 f 作可逆线性变换

$$\begin{cases}x_1 = y_1,\\ x_2 = y_3,\\ x_3 = y_2,\end{cases}$$

则得到

$$\begin{aligned}f &= a_{11}y_1^2 + 2a_{13}y_1y_2 + 2a_{12}y_1y_3 + a_{33}y_2^2 \\ &\quad + 2a_{23}y_2y_3 + a_{22}y_3^2 \\ &= (y_1,y_2,y_3)\begin{bmatrix}a_{11} & a_{13} & a_{12}\\ a_{13} & a_{33} & a_{23}\\ a_{12} & a_{23} & a_{22}\end{bmatrix}\begin{bmatrix}y_1\\ y_2\\ y_3\end{bmatrix} \\ &= \boldsymbol{Y}^{\mathrm{T}}\boldsymbol{B}\boldsymbol{Y}.\end{aligned}$$

由于 $\boldsymbol{A}$ 是正定矩阵，故新二次型的矩阵 $\boldsymbol{B}$ 也是正定矩阵. 那么 $\begin{vmatrix}a_{11} & a_{13}\\ a_{13} & a_{33}\end{vmatrix}$ 作为 $\boldsymbol{B}$ 中的 2 阶顺序主子式是大于零的.

证法 2　定义 2 元二次型

$$g(x_1,x_3) = f(x_1,0,x_3) = a_{11}x_1^2 + 2a_{13}x_1x_3 + a_{33}x_3^2.$$

由 f 的正定性，可知 $g(x_1,x_3)$ 是正定二次型，其矩阵为

$$\boldsymbol{B} = \begin{bmatrix}a_{11} & a_{13}\\ a_{13} & a_{33}\end{bmatrix},$$

则

$$|\boldsymbol{B}| = \begin{vmatrix}a_{11} & a_{13}\\ a_{13} & a_{33}\end{vmatrix} > 0.$$

注释　本题的结论可推广到一般情形：正定矩阵 $\boldsymbol{A}$ 的任一主子式都大于零. 特别正定矩阵主对角线上元素作为 1 阶主子式都是正的.

例 6.32　试证：若 $f=\boldsymbol{X}^{\mathrm{T}}\boldsymbol{A}\boldsymbol{X}$ 是一个 n 元实二次型，并且有实 n 维列向量 $\boldsymbol{X}_1$ 与 $\boldsymbol{X}_2$，使得

$$\boldsymbol{X}_1^{\mathrm{T}}\boldsymbol{A}\boldsymbol{X}_1 > 0,\quad \boldsymbol{X}_2^{\mathrm{T}}\boldsymbol{A}\boldsymbol{X}_2 < 0,$$

则必存在一个实 n 维列向量 $\boldsymbol{X}_0\neq\boldsymbol{0}$，使得 $\boldsymbol{X}_0^{\mathrm{T}}\boldsymbol{A}\boldsymbol{X}_0=0$.

证　由题设条件可知二次型 f 是不定的. 因此 f 的正惯性指数

p 与负惯性指数 $r-p$ 都是正数(其中 r 为 f 的秩). 于是存在可逆线性变换 $\boldsymbol{X}=\boldsymbol{CY}$,使 f 的规范形为

$$f = y_1^2 + \cdots + y_p^2 - y_{p+1}^2 - \cdots - y_r^2 \quad (p < r).$$

令 n 维列向量

$$\boldsymbol{Y}_0 = \boldsymbol{\varepsilon}_p + \boldsymbol{\varepsilon}_{p+1} = (0,\cdots,0,1,1,0,\cdots,0)^{\mathrm{T}},$$

则 $\boldsymbol{X}_0=\boldsymbol{CY}_0\neq\boldsymbol{0}$,且使

$$f(\boldsymbol{X}_0) = \boldsymbol{X}_0^{\mathrm{T}}\boldsymbol{A}\boldsymbol{X}_0 = 0 + \cdots + 1^2 - 1^2 - 0 - \cdots - 0 = 0.$$

§6.4 练 习 题

1. 填空题:

(1) 与矩阵 $\boldsymbol{A}=\begin{bmatrix} 1 & 0 & -2 \\ 0 & -3 & -1 \\ -2 & -1 & 4 \end{bmatrix}$ 对应的二次型是__________.

(2) 当 t 满足__________时,实二次型

$$f(x_1,x_2,x_3) = x_1^2 + x_2^2 + 5x_3^2 + 2tx_1x_2 - 2x_1x_3 + 4x_2x_3$$

是正定的.

(3) 已知实二次型

$$f(x_1,x_2,x_3) = a(x_1^2 + x_2^2 + x_3^2) + 2x_1x_2 + 2x_1x_3 - 2x_2x_3$$

正定,则参数 a 满足__________.

(4) 设二次型

$$f(x_1,x_2,x_3) = x_1^2 + ax_2^2 + x_3^2 + 2bx_1x_2 + 2x_1x_3 + 2x_2x_3$$

经正交变换 $\boldsymbol{X}=\boldsymbol{QY}$ 化成标准形 $f=y_2^2+4y_3^2$,则 $a=$__________, $b=$__________.

(5) 设 3 阶实对称矩阵 $\boldsymbol{A}$ 的三个特征值为 $1,-2,4$,那么当 k 满足__________时, $\boldsymbol{B}=k\boldsymbol{E}-\boldsymbol{A}$ 是正定矩阵.

(6) 实二次型

$$f(x_1,x_2,x_3) = 3x_1^2 - 4x_2^2 + x_3^2$$

的秩为__________,正惯性指数为__________,负惯性指数为__________.

2. 选择题：

(1) 二次型

$$f(x_1,x_2,x_3)=2x_1^2+x_2^2-4x_3^2-4x_1x_2-2x_2x_3$$

的标准形为(　　).

(A) $2y_1^2-y_2^2-3y_3^2$；　(B) $-2y_1^2-y_2^2-3y_3^2$；

(C) $-2y_1^2+y_2^2$；　(D) $2y_1^2+y_2^2+3y_3^2$.

(2) 与矩阵 $\boldsymbol{A}=\begin{bmatrix}-3 & & \\ & 2 & \\ & & 4\end{bmatrix}$ 合同的是(　　).

(A) $\begin{bmatrix}-2 & & \\ & -4 & \\ & & 3\end{bmatrix}$；　(B) $\begin{bmatrix}1 & & \\ & 2 & \\ & & -1\end{bmatrix}$；

(C) $\begin{bmatrix}3 & & \\ & 1 & \\ & & 0\end{bmatrix}$；　(D) $\begin{bmatrix}1 & & \\ & -1 & \\ & & -1\end{bmatrix}$.

(3) 设 $\boldsymbol{A},\boldsymbol{B}$ 均为 n 阶正定矩阵，则下列结论错误的是(　　).

(A) $\boldsymbol{A}+\boldsymbol{B}$ 为正定矩阵；　(B) $\boldsymbol{A}^2$ 为正定矩阵；

(C) 当 $k>0$ 时，$k\boldsymbol{A}$ 为正定矩阵；　(D) $\boldsymbol{AB}$ 为正定矩阵.

(4) 已知二次型 f 的矩阵为

$$\boldsymbol{A}=\begin{bmatrix}2 & 1 & 0\\ 1 & 1 & -2\\ 0 & -2 & k\end{bmatrix},$$

且 f 的正惯性指数为 3，则 k 的取值范围为(　　).

(A) $k>0$；　(B) $k<0$；　(C) $k>8$；　(D) $k<8$.

(5) 设 $\boldsymbol{A},\boldsymbol{B}$ 是 n 阶正定矩阵，则 $\boldsymbol{AB}$ 是(　　).

(A) 实对称矩阵；　(B) 正定矩阵；

(C) 可逆矩阵；　(D) 正交矩阵.

3. 已知二次型

$$f(x_1,x_2,x_3)=x_1^2+x_2^2+x_3^2+2ax_1x_2+2x_1x_3+2bx_2x_3$$

经正交变换化成标准形 $f=y_2^2+2y_3^2$，求参数 a,b 的值及所用正交变换矩阵.

4. 设矩阵

$$\boldsymbol{A}=\begin{bmatrix}2 & 1\\ 1 & 3\end{bmatrix},\quad \boldsymbol{B}=\begin{bmatrix}15 & 15\\ 15 & 27\end{bmatrix},$$

试问 $\boldsymbol{A}$ 与 $\boldsymbol{B}$ 是否合同？若合同，求可逆矩阵 $\boldsymbol{C}$，使 $\boldsymbol{B}=\boldsymbol{C}^{\mathrm{T}}\boldsymbol{A}\boldsymbol{C}$.

5. 已知二次型

$$f(x_1,x_2,x_3)=\boldsymbol{X}^{\mathrm{T}}\boldsymbol{A}\boldsymbol{X},$$

经正交变换 $\boldsymbol{X}=\boldsymbol{Q}\boldsymbol{Y}$ 化成标准形

$$f=3y_1^2-6y_2^2-6y_3^2,$$

其中矩阵 $\boldsymbol{Q}$ 的第 1 列是 $\alpha_1=\left(\frac{1}{3},\frac{2}{3},\frac{2}{3}\right)^{\mathrm{T}}$，求二次型 $f(x_1,x_2,x_3)$ 的表达式.

6. 已知矩阵

$$\boldsymbol{A}=\begin{bmatrix}3 & 0 & 0\\ a & 8 & 2\\ 0 & -10 & -1\end{bmatrix}$$

可相似对角化，求可逆线性变换 $\boldsymbol{X}=\boldsymbol{C}\boldsymbol{Y}$，化二次型 $f=\boldsymbol{X}^{\mathrm{T}}\boldsymbol{A}\boldsymbol{X}$ 为标准形.

7. 已知 $\boldsymbol{A},\boldsymbol{B}$ 都是 n 阶正定矩阵，证明 $\boldsymbol{AB}$ 是正定矩阵的充分必要条件是 $\boldsymbol{AB}=\boldsymbol{BA}$.

8. 设 $\boldsymbol{A},\boldsymbol{B}$ 分别是 m 阶和 n 阶正定矩阵，试判定分块矩阵

$$\boldsymbol{C}=\begin{bmatrix}\boldsymbol{A} & \boldsymbol{O}\\ \boldsymbol{O} & \boldsymbol{B}\end{bmatrix}$$

是否为正定矩阵？

9. 证明：n 阶实矩阵 $\boldsymbol{A}$ 为正定矩阵的充分必要条件是，存在 n 个线性无关的实向量 α_i $(i=1,2,\cdots,n)$，使

$$\boldsymbol{A}=\alpha_1^{\mathrm{T}}\alpha_1+\alpha_2^{\mathrm{T}}\alpha_2+\cdots+\alpha_n^{\mathrm{T}}\alpha_n.$$

10. 设实对称矩阵 $\boldsymbol{A}$ 满足 $\boldsymbol{A}^2-3\boldsymbol{A}+2\boldsymbol{E}=\boldsymbol{0}$，证明 $\boldsymbol{A}$ 是正定矩阵.

11. 设 $\boldsymbol{A}$ 为 n 阶正定矩阵，n 维非零实列向量 $\alpha_1,\alpha_2,\cdots,\alpha_n$ 满足 $\alpha_i^{\mathrm{T}}\boldsymbol{A}\alpha_j=0$ $(i,j=1,2,\cdots,n;\ i\neq j)$. 证明：向量组 $\alpha_1,\alpha_2,\cdots,\alpha_n$ 线性无

关.

12. 设 $f(\boldsymbol{X})=\boldsymbol{X}^{\mathrm{T}}\boldsymbol{A}\boldsymbol{X}$ 为 n 元实二次型，$\lambda_1,\lambda_2,\cdots,\lambda_n$ 是 $\boldsymbol{A}$ 的特征值，且 $\lambda_1\leqslant\lambda_2\leqslant\cdots\leqslant\lambda_n$. 证明：对于任意一实 n 维列向量 $\boldsymbol{X}$，有

$$\lambda_1\boldsymbol{X}^{\mathrm{T}}\boldsymbol{X}\leqslant\boldsymbol{X}^{\mathrm{T}}\boldsymbol{A}\boldsymbol{X}\leqslant\lambda_n\boldsymbol{X}^{\mathrm{T}}\boldsymbol{X}.$$

13. 设 $\boldsymbol{A}$ 是 n 阶实对称矩阵. 试证：$\mathrm{r}(\boldsymbol{A})=n$ 的充分必要条件是存在 n 阶矩阵 $\boldsymbol{B}$，使 $\boldsymbol{A}\boldsymbol{B}+\boldsymbol{B}^{\mathrm{T}}\boldsymbol{A}$ 是正定矩阵.

附录一　2004年硕士学位研究生入学考试线性代数试题

（数学一—数学四）

一、填空题

1. 设矩阵

$$A=\begin{bmatrix}2&1&0\\1&2&0\\0&0&1\end{bmatrix},$$

矩阵 $\boldsymbol{B}$ 满足 $\boldsymbol{ABA}^*=2\boldsymbol{BA}^*+\boldsymbol{E}$，其中 $\boldsymbol{A}^*$ 为 $\boldsymbol{A}$ 的伴随矩阵，$\boldsymbol{E}$ 是单位矩阵，则 $|\boldsymbol{B}|=$__________.

2. 二次型

$$f(x_1,x_2,x_3)=(x_1+x_2)^2+(x_2-x_3)^2+(x_3+x_1)^2$$

的秩为__________.

3. 设

$$A=\begin{bmatrix}0&-1&0\\1&0&0\\0&0&-1\end{bmatrix},\quad \boldsymbol{B}=\boldsymbol{P}^{-1}\boldsymbol{AP},$$

其中 $\boldsymbol{P}$ 为 3 阶可逆矩阵，则 $\boldsymbol{B}^{2004}-2\boldsymbol{A}^2=$__________.

4. 设 $\boldsymbol{A}=(a_{ij})_{3\times3}$ 是实正交矩阵，且 $a_{11}=1$，$\boldsymbol{b}=(1,0,0)^{\mathrm{T}}$，则线性方程组 $\boldsymbol{Ax}=\boldsymbol{b}$ 的解是__________.

二、选择题

5. 设 $\boldsymbol{A}$ 是 3 阶方阵，将 $\boldsymbol{A}$ 的第 1 列与第 2 列交换得 $\boldsymbol{B}$，再把 $\boldsymbol{B}$ 的第 2 列加到第 3 列得 $\boldsymbol{C}$，则满足 $\boldsymbol{AQ}=\boldsymbol{C}$ 的可逆矩阵 $\boldsymbol{Q}$ 为（　　）.

(A) $\begin{bmatrix}0&1&0\\1&0&0\\1&0&1\end{bmatrix}$；　　(B) $\begin{bmatrix}0&1&0\\1&0&1\\0&0&1\end{bmatrix}$；

(C) $\begin{bmatrix} 0 & 1 & 0 \\ 1 & 0 & 0 \\ 0 & 1 & 1 \end{bmatrix}$;　　　(D) $\begin{bmatrix} 0 & 1 & 1 \\ 1 & 0 & 0 \\ 0 & 0 & 1 \end{bmatrix}$.

6. 设 $\boldsymbol{A},\boldsymbol{B}$ 为满足 $\boldsymbol{AB}=\boldsymbol{O}$ 的任意两个非零矩阵，则必有（　　）.

(A) $\boldsymbol{A}$ 的列向量组线性相关，$\boldsymbol{B}$ 的行向量组线性相关；

(B) $\boldsymbol{A}$ 的列向量组线性相关，$\boldsymbol{B}$ 的列向量组线性相关；

(C) $\boldsymbol{A}$ 的行向量组线性相关，$\boldsymbol{B}$ 的行向量组线性相关；

(D) $\boldsymbol{A}$ 的行向量组线性相关，$\boldsymbol{B}$ 的列向量组线性相关.

7. 设 n 阶矩阵 $\boldsymbol{A}$ 与 $\boldsymbol{B}$ 等价，则必有（　　）.

(A) 当 $|\boldsymbol{A}|=a$ $(a\neq 0)$时，$|\boldsymbol{B}|=a$；

(B) 当 $|\boldsymbol{A}|=a$ $(a\neq 0)$时，$|\boldsymbol{B}|=-a$；

(C) 当 $|\boldsymbol{A}|\neq 0$ 时，$|\boldsymbol{B}|=0$；

(D) 当 $|\boldsymbol{A}|=0$ 时，$|\boldsymbol{B}|=0$.

8. 设 n 阶矩阵 $\boldsymbol{A}$ 的伴随矩阵 $\boldsymbol{A}^*\neq\boldsymbol{O}$，若 $\boldsymbol{\xi}_1,\boldsymbol{\xi}_2,\boldsymbol{\xi}_3,\boldsymbol{\xi}_4$ 是非齐次线性方程组 $\boldsymbol{Ax}=\boldsymbol{b}$ 的互不相等的解，则对应的齐次线性方程组 $\boldsymbol{Ax}=\boldsymbol{0}$ 的基础解系（　　）.

(A) 不存在；

(B) 仅含一个非零解向量；

(C) 含有两个线性无关的解向量；

(D) 含有三个线性无关的解向量.

三、解答题

9. 设有齐次线性方程组

$$\begin{cases} (1+a)x_1 + x_2 + \cdots + x_n = 0, \\ 2x_1 + (2+a)x_2 + \cdots + 2x_n = 0, \\ \cdots\cdots\cdots\cdots\cdots\cdots\cdots\cdots \\ nx_1 + nx_2 + \cdots + (n+a)x_n = 0 \end{cases} \quad (n\geqslant 2),$$

试问 a 取何值时，该方程组有非零解，并求出其通解.

10. 设矩阵

$$\boldsymbol{A}=\begin{bmatrix} 1 & 2 & -3 \\ -1 & 4 & -3 \\ 1 & a & 5 \end{bmatrix}$$

的特征方程有一个二重根，求 a 的值，并讨论 $\boldsymbol{A}$ 是否可相似对角化.

11. 设

$$\boldsymbol{\alpha}_1=(1,2,0)^{\mathrm{T}},\quad \boldsymbol{\alpha}_2=(1,a+2,-3a)^{\mathrm{T}},$$
$$\boldsymbol{\alpha}_3=(-1,-b-2,a+2b)^{\mathrm{T}},\quad \boldsymbol{\beta}=(1,3,-3)^{\mathrm{T}},$$

试讨论 a,b 为何值时，

(1) $\boldsymbol{\beta}$ 不能由 $\boldsymbol{\alpha}_1,\boldsymbol{\alpha}_2,\boldsymbol{\alpha}_3$ 线性表示；

(2) $\boldsymbol{\beta}$ 可由 $\boldsymbol{\alpha}_1,\boldsymbol{\alpha}_2,\boldsymbol{\alpha}_3$ 惟一地线性表示，并求出表示式；

(3) $\boldsymbol{\beta}$ 可由 $\boldsymbol{\alpha}_1,\boldsymbol{\alpha}_2,\boldsymbol{\alpha}_3$ 线性表示，但表示式不惟一，并求出表示式.

12. 设 n 阶矩阵

$$\boldsymbol{A}=\begin{bmatrix}1 & b & \cdots & b\\ b & 1 & \cdots & b\\ \vdots & \vdots & & \vdots\\ b & b & \cdots & 1\end{bmatrix}.$$

(1) 求 $\boldsymbol{A}$ 的特征值和特征向量；

(2) 求可逆矩阵 $\boldsymbol{P}$，使得 $\boldsymbol{P}^{-1}\boldsymbol{A}\boldsymbol{P}$ 为对角矩阵.

13. 设线性方程组

$$\begin{cases}x_1+\lambda x_2+\mu x_3+x_4=0,\\ 2x_1+x_2+x_3+2x_4=0,\\ 3x_1+(2+\lambda)x_2+(4+\mu)x_3+4x_4=1,\end{cases}$$

已知 $(1,-1,1,-1)^{\mathrm{T}}$ 是该方程组的一个解. 试求：

(1) 方程组的全部解，并用对应的齐次线性方程组的基础解系表示全部解；

(2) 该方程组满足 $x_2=x_3$ 的全部解.

14. 设 3 阶实对称矩阵 $\boldsymbol{A}$ 的秩为 2，$\lambda_1=\lambda_2=6$ 是 $\boldsymbol{A}$ 的二重特征值. 若

$$\boldsymbol{\alpha}_1=(1,1,0)^{\mathrm{T}},\quad \boldsymbol{\alpha}_2=(2,1,1)^{\mathrm{T}},\quad \boldsymbol{\alpha}_3=(-1,2,-3)^{\mathrm{T}}$$

都是 $\boldsymbol{A}$ 的属于特征值 6 的特征向量.

(1) 求 $\boldsymbol{A}$ 的另一特征值和对应的特征向量；

(2) 求矩阵 $\boldsymbol{A}$.

附录二　练习题答案、提示与解答

第　一　章

1. (1) $a_1a_2a_3a_4-b_1b_2b_3b_4$；　(2) $a_{12}a_{21}a_{33}a_{44}$；

(3) -8；　(4) $\frac{5}{2}$；　(5) $1-x^2-y^2-z^2$；　(6) $n!(n-2)$；

(7) x^4；　(8) $1-a+a^2-a^3+a^4-a^5$；　(9) 1,2,3；

(10) $t=6$.

2. (1) (C)；　(2) (D)；　(3) (B)；　(4) (B)；　(5) (B).

3. (1) $\frac{6}{15}$；　(2) 0.

提示：两题均是行和相同的行列式.

4. (1) $(-1)^{n-1}(n-1)$.　**提示**：把后面各列都加到第 1 列上，再把第 1 行的 (-1)倍加到下面各行，得一个上三角行列式.

(2) $(-1)^{n-1}(n-1)x^{n-2}$.　**提示**：将第 2 行的(-1)倍加到第 i $(i=2,3,\cdots,n)$行上，再按第 1 列展开，得一个箭形行列式.

(3) $(x-1)(x-2)\cdots(x-n+1)$.　**提示**：将第 1 行的(-1)倍加到下面各行，得一个上三角形列式.

(4) $n!\left(1+x+\frac{x}{2}+\cdots+\frac{x}{n}\right)$.　**提示**：用加边法.

5. $\frac{1}{2}(-1)^{\frac{n(n-1)}{2}}n^{n-1}(n+1)$.　**提示**：将各列加至第 1 列，并提取第 1 列的公因子，得

$$D_n=\frac{n(n+1)}{2}\begin{vmatrix}1 & 2 & 3 & \cdots & n-1 & n\\ 1 & 3 & 4 & \cdots & n & 1\\ 1 & 4 & 5 & \cdots & 1 & 2\\ \vdots & \vdots & \vdots & & \vdots & \vdots\\ 1 & n & 1 & \cdots & n-3 & n-2\\ 1 & 1 & 2 & \cdots & n-2 & n-1\end{vmatrix}$$

$$\xlongequal[\text{每行减去上一行}]{\text{从第 }n\text{ 行起}}\frac{n(n+1)}{2}\begin{vmatrix}1 & 2 & 3 & \cdots & n-1 & n\\ 0 & 1 & 1 & \cdots & 1 & 1-n\\ 0 & 1 & 1 & \cdots & 1-n & 1\\ \vdots & \vdots & \vdots & & \vdots & \vdots\\ 0 & 1 & 1-n & \cdots & 1 & 1\\ 0 & 1-n & 1 & \cdots & 1 & 1\end{vmatrix}$$

$$\xlongequal[\text{按第1列展开}]{}\frac{n(n+1)}{2}\begin{vmatrix}1 & 1 & 1 & \cdots & 1 & 1-n\\ 1 & 1 & 1 & \cdots & 1-n & 1\\ \vdots & \vdots & \vdots & & \vdots & \vdots\\ 1 & 1-n & 1 & \cdots & 1 & 1\\ n-1 & 1 & 1 & \cdots & 1 & 1\end{vmatrix}_{(n-1)}$$

$$\xlongequal[\substack{\text{从第2列起}\\ \text{各列加至第1列}}]{}\frac{n(n+1)}{2}\begin{vmatrix}-1 & 1 & 1 & \cdots & 1 & 1-n\\ -1 & 1 & 1 & \cdots & 1-n & 1\\ \vdots & \vdots & \vdots & & \vdots & \vdots\\ -1 & 1-n & 1 & \cdots & 1 & 1\\ -1 & 1 & 1 & \cdots & 1 & 1\end{vmatrix}_{(n-1)}$$

$$\xlongequal[\text{第1列加至后面各列}]{}\frac{n(n+1)}{2}\begin{vmatrix}-1 & 0 & \cdots & 0 & -n\\ -1 & 0 & \cdots & -n & 0\\ \vdots & \vdots & & \vdots & \vdots\\ -1 & -n & \cdots & 0 & 0\\ -1 & 0 & \cdots & 0 & 0\end{vmatrix}_{(n-1)}$$

$$\xlongequal{\text{按第}\,n-1\,\text{行展开}}\frac{n(n+1)}{2}\cdot(-1)^{n-1}\begin{vmatrix}0 & 0 & \cdots & 0 & -n\\ 0 & 0 & \cdots & -n & 0\\ \vdots & \vdots & & \vdots & \vdots\\ 0 & -n & \cdots & 0 & 0\\ -n & 0 & \cdots & 0 & 0\end{vmatrix}_{(n-2)}$$

$$=\frac{n(n+1)}{2}\cdot(-1)^{n-1}\cdot n^{n-2}(-1)^{\frac{(n-2)(n-1)}{2}}$$

$$=\frac{1}{2}(-1)^{\frac{n(n-1)}{2}}n^{n-1}(n+1).$$

6. 用数学归纳法,按第1行展开,可得递推公式为

$$D_{k+1}=(2\cos\theta)D_k-D_{k-1}.$$

7. 惟一解 $x_1=a,\ x_2=b,\ x_3=c$.

8. (1) $a\neq1$ 且 $b\neq0$ 时,只有零解;

(2) $a=1$ 或 $b=0$ 时有非零解.

第 二 章

1. (1) $\begin{bmatrix}0 & 1/2\\ -1 & -1\end{bmatrix}$; (2) -1; (3) -2^{2n};

(4) $\begin{bmatrix}-1 & 0 & 1\\ 0 & 0 & 0\\ 1 & 0 & -1\end{bmatrix}$; (5) 0; (6) $3\boldsymbol{E}-\boldsymbol{A}$; (7) $\frac{1}{1-n}$.

2. (1) (C)；　(2) (B)；　(3) (D)；　(4) (C)；　(5) (A).

3. $\begin{bmatrix}0&0&1\\0&1&0\\1&0&0\end{bmatrix}$. **提示**：由 $AB=2A+B$，得

$$(A-E)B=2A=2(A-E)+2E,$$

即
$$(A-E)(B-2E)=2E,$$

所以
$$(A-E)^{-1}=\frac{1}{2}(B-2E).$$

4. $A=A^5=\begin{bmatrix}1&0&0\\2&0&0\\0&-1&-1\end{bmatrix}$.

5. $B=A-2E=\begin{bmatrix}-1&-1&1\\1&-1&0\\2&1&-1\end{bmatrix}$.

6. $(B-E)^{-1}=-\frac{1}{3}(A^{-1}+2E)=\begin{bmatrix}0&-1/3&0&0\\-1/2&-1/2&0&0\\0&0&-1&2/3\\0&0&1/6&-7/6\end{bmatrix}$.

7. 反证法. 设 $|A|\neq 0$，则 A 可逆. 用 A^{-1} 左乘 $A^2=A$ 两边得 $A=E$，与已知 $A\neq E$ 矛盾.

8. 反证法. 设 $|A|\neq 0$，则 A 可逆. 用 A^{-1} 左乘 $AB=O$ 的两边，得 $B=O$，与已知 B 是非零矩阵矛盾.

9. $(E+BA)[E-B(E+AB)^{-1}A]$

$$=E+BA-B(E+AB)^{-1}A-BAB(E+AB)^{-1}A$$

$$=E+BA-B(E+AB)(E+AB)^{-1}A=E.$$

10. $\begin{bmatrix}E&O\\-A&E\end{bmatrix}\begin{bmatrix}O&E\\E&O\end{bmatrix}\begin{bmatrix}A&E\\E&B\end{bmatrix}=\begin{bmatrix}E&O\\-A&E\end{bmatrix}\begin{bmatrix}E&B\\A&E\end{bmatrix}=\begin{bmatrix}E&B\\O&E-AB\end{bmatrix}$，再两边取行列式.

11. $\begin{bmatrix}E&O\\E&E\end{bmatrix}\begin{bmatrix}A&B\\B&A\end{bmatrix}\begin{bmatrix}E&O\\-E&E\end{bmatrix}=\begin{bmatrix}A-B&B\\O&A+B\end{bmatrix}$，再两边取行列式.

12. 写出与每一次初等变换对应的初等矩阵，P,Q 是初等矩阵的乘积.

$$P=\begin{bmatrix}1&0&0\\-2&1&0\\1&-2&1\end{bmatrix},\quad Q=\begin{bmatrix}1&0&-3&-1\\0&0&1&0\\0&1&0&0\\0&0&0&1\end{bmatrix},$$

$$PAQ=\begin{bmatrix}1&0&0&0\\0&1&0&0\\0&0&0&0\end{bmatrix}.$$

13. $a=3$ 时，$\mathrm{r}(\boldsymbol{A})=2$；$a\neq 3$ 时，$\mathrm{r}(\boldsymbol{A})=3$.

14. **证 1** 由公式 $\boldsymbol{AA}^*=|\boldsymbol{A}|\boldsymbol{E}$,得 $\boldsymbol{AA}^{\mathrm{T}}=|\boldsymbol{A}|\boldsymbol{E}$. 若 $|\boldsymbol{A}|=0$,则有 $\boldsymbol{AA}^{\mathrm{T}}=\boldsymbol{O}$,由 $\boldsymbol{A}$ 为实方阵,可推出 $\boldsymbol{A}=\boldsymbol{O}$,这与已知 $\boldsymbol{A}$ 为非零矩阵矛盾,故 $|\boldsymbol{A}|\neq 0$.

证 2 设 $\boldsymbol{A}=(a_{ij})_{n\times n}$, $|\boldsymbol{A}|$中元素 a_{ij}的代数余子式为 A_{ij},由伴随矩阵定义与题设条件 $\boldsymbol{A}^*=\boldsymbol{A}^{\mathrm{T}}$,可知 $a_{ij}=A_{ij}\ (i,j=1,2,\cdots,n)$. 又由 $\boldsymbol{A}\neq\boldsymbol{O}$,不妨设 $a_{11}\neq 0$,将$|\boldsymbol{A}|$按第 1 行展开,即得

$$|\boldsymbol{A}|=\sum_{j=1}^{n}a_{1j}A_{1j}=\sum_{j=1}^{n}a_{1j}^{2}>0,$$

故$|\boldsymbol{A}|\neq 0$.

证 3 由 $\boldsymbol{A}^*=\boldsymbol{A}^{\mathrm{T}}$,可知 $\mathrm{r}(\boldsymbol{A}^*)=\mathrm{r}(\boldsymbol{A}^{\mathrm{T}})=\mathrm{r}(\boldsymbol{A})$. 若$|\boldsymbol{A}|=0$,则 $\mathrm{r}(\boldsymbol{A})<n$,利用 $\boldsymbol{A}$ 与 $\boldsymbol{A}^*$的秩的关系,只可能 $\mathrm{r}(\boldsymbol{A})<n-1$,从而 $\mathrm{r}(\boldsymbol{A}^*)=0$,即 $\boldsymbol{A}^*=\boldsymbol{O}$,也即 $\boldsymbol{A}^{\mathrm{T}}=\boldsymbol{O}$,这与 $\boldsymbol{A}$ 为非零矩阵矛盾,于是$|\boldsymbol{A}|\neq 0$.

第　三　章

1. (1) -2；　(2) $a\neq\pm 1$；　(3) $abc=1$；

(4) $\left(\dfrac{1}{2},1,0,2\right)^{\mathrm{T}}+c(1,0,0,1)^{\mathrm{T}}$ （c 为任意常数）；

(5) $a_1+a_2+a_3+a_4=0$.

2. (1) (C)；　(2) (C)；　(3) (A)；　(4) (A)；　(5) (C)；

(6) (C)；　(7) (D)；　(8) (A).

3. $a=15, b=5$.　**提示**：由 $\mathrm{r}(\boldsymbol{\beta}_1,\boldsymbol{\beta}_2,\boldsymbol{\beta}_3)=\mathrm{r}(\boldsymbol{\alpha}_1,\boldsymbol{\alpha}_2,\boldsymbol{\alpha}_3)=2$. 故

$$|\boldsymbol{\beta}_1,\boldsymbol{\beta}_2,\boldsymbol{\beta}_3|=0\Longrightarrow a=3b.$$

由 $\boldsymbol{\beta}_3$ 可以由 $\boldsymbol{\alpha}_1,\boldsymbol{\alpha}_2$ 线性表出,故$|\boldsymbol{\alpha}_1,\boldsymbol{\alpha}_2,\boldsymbol{\beta}_3|=0\Longrightarrow b=5$.

4. $a\neq -1$.

5. $a=1,\ b=2,\ c=1,\ \boldsymbol{X}=\begin{bmatrix}1&2&1\\0&2&-1\\0&0&0\end{bmatrix}$.

提示　对分块矩阵$(\boldsymbol{A},\boldsymbol{B})$作初等行变换,得

$$(\boldsymbol{A},\boldsymbol{B})\to\begin{bmatrix}1&1&2&1&4&0\\0&1&1&0&2&-1\\0&0&0&a-1&b-2&c-1\end{bmatrix}.$$

所以，$a=1,b=2,c=1$ 时矩阵方程有解. 这里矩阵 $\boldsymbol{X}$ 的答案不是惟一的，需注意到 $\boldsymbol{A}$ 为不可逆矩阵.

6. $a=1$. 通解为 $\boldsymbol{x}=c_1(1,-1,1,0)^{\mathrm{T}}+c_2(0,-1,0,1)^{\mathrm{T}}$.

7. $\boldsymbol{\beta}_1,\boldsymbol{\beta}_2,\boldsymbol{\beta}_3,\boldsymbol{\beta}_4$ 是方程组 $\boldsymbol{Ax}=\boldsymbol{0}$ 的基础解系.

8. (1) $a\neq-4$.

(2) $a=-4$，且 $c-3b\neq4$.

(3) $a=-4$，且 $c-3b=4$.

$\boldsymbol{\beta}=k\boldsymbol{\alpha}_1+(4-b-2k)\boldsymbol{\alpha}_2+(2b-4)\boldsymbol{\alpha}_3$ (k 为任意常数).

9. 当方程组恒有解.

当 $a\neq1$ 时，通解为 $\boldsymbol{x}=(0,b,0,0)^{\mathrm{T}}+c(-1,3,-3,1)^{\mathrm{T}}$；

当 $a=1$ 时，通解为 $\boldsymbol{x}=(0,b,0,0)^{\mathrm{T}}+c_1(1,-2,1,0)^{\mathrm{T}}+c_2(2,-3,0,1)^{\mathrm{T}}$.

10. (1) 通解为 $\boldsymbol{x}=(1,-2,0,0)^{\mathrm{T}}+c_1(1,-1,0,2)^{\mathrm{T}}+c_2(-9,1,7,0)^{\mathrm{T}}$；

(2) 全部解为 $\boldsymbol{x}=(1,-2,0,0)^{\mathrm{T}}+c(-2,-6,7,14)^{\mathrm{T}}$.

11. **提示**：方程组 $\boldsymbol{Ax}=\boldsymbol{0}$ 与 $\begin{bmatrix}\boldsymbol{A}\\ \boldsymbol{b}\end{bmatrix}\boldsymbol{X}=\boldsymbol{0}$ 同解，则有 $\mathrm{r}(\boldsymbol{A})=\mathrm{r}\begin{bmatrix}\boldsymbol{A}\\ \boldsymbol{b}\end{bmatrix}$.

12. $\boldsymbol{x}=\left(0,0,-\dfrac{1}{2}\right)^{\mathrm{T}}+c(1,2,1)^{\mathrm{T}}$.

提示：$$\boldsymbol{A}=\begin{bmatrix}1\\2\\1\end{bmatrix}\left(1,\frac{1}{2},0\right)=\begin{bmatrix}1&\frac{1}{2}&0\\2&1&0\\1&\frac{1}{2}&0\end{bmatrix},$$

$$\boldsymbol{B}=\left(1,\frac{1}{2},0\right)\begin{bmatrix}1\\2\\1\end{bmatrix}=2.$$

又
$$\boldsymbol{A}^2=\boldsymbol{\alpha}\boldsymbol{\beta}^{\mathrm{T}}\boldsymbol{\alpha}\boldsymbol{\beta}^{\mathrm{T}}=\boldsymbol{\alpha}(\boldsymbol{\beta}^{\mathrm{T}}\boldsymbol{\alpha})\boldsymbol{\beta}^{\mathrm{T}}=2\boldsymbol{A},$$
$$\boldsymbol{A}^4=8\boldsymbol{A},$$

代入原方程，得
$$16\boldsymbol{Ax}=8\boldsymbol{Ax}+16\boldsymbol{x}+\boldsymbol{\gamma}.$$

即 $8(\boldsymbol{A}-2\boldsymbol{E})\boldsymbol{x}=\boldsymbol{\gamma}$，即
$$\begin{cases}-x_1+\frac{1}{2}x_2=0,\\ 2x_1-x_2=0,\\ x_1+\frac{1}{2}x_2-2x_3=1.\end{cases}$$

可求出此方程的解为

$$x=\left(0,0,-\frac{1}{2}\right)^{\mathrm{T}}+c(1,2,1)^{\mathrm{T}}.$$

第 四 章

1. (1) $\begin{bmatrix}1&-1&0\\0&1&-1\\0&0&1\end{bmatrix}$;　　(2) $\left(a_1,-a_2,\frac{a_3}{2}\right)^{\mathrm{T}}$;

(3) $(1,1,1)^{\mathrm{T}}$;　　(4) $k(-1,2,-1)^{\mathrm{T}}$.

2. (1) (C);　(2) (B);　(3) (C).

3. $\boldsymbol{\beta}_1=(1,0,0)^{\mathrm{T}}$, $\boldsymbol{\beta}_2=(1,1,0)^{\mathrm{T}}$, $\boldsymbol{\beta}_3=(1,1,1)^{\mathrm{T}}$.

4. $\frac{1}{\sqrt{2}}(1,0,1,0)^{\mathrm{T}}$, $\frac{1}{\sqrt{10}}(1,2,-1,-2)^{\mathrm{T}}$.

5. $\boldsymbol{\beta}_1=x_1\boldsymbol{\alpha}_1+x_2\boldsymbol{\alpha}_2+x_3\boldsymbol{\alpha}_3$, $\boldsymbol{\beta}_2=\boldsymbol{\alpha}_2$, $\boldsymbol{\beta}_3=\boldsymbol{\alpha}_3$.

6. 基过渡矩阵为

$$\boldsymbol{A}=\begin{bmatrix}1/3&2/3&2/3\\-2/3&2/3&-1/3\\-2/3&-1/3&2/3\end{bmatrix},$$

$\boldsymbol{A}$ 是正交矩阵.

7. 只需证$(\boldsymbol{A}+2\boldsymbol{E})(\boldsymbol{A}+2\boldsymbol{E})^{\mathrm{T}}=(\boldsymbol{A}+2\boldsymbol{E})(\boldsymbol{A}+2\boldsymbol{E})=\boldsymbol{E}$.

8. $$\begin{aligned}\boldsymbol{A}\boldsymbol{A}^{\mathrm{T}}&=(\boldsymbol{E}-2\boldsymbol{\alpha}\boldsymbol{\alpha}^{\mathrm{T}})(\boldsymbol{E}-2\boldsymbol{\alpha}\boldsymbol{\alpha}^{\mathrm{T}})^{\mathrm{T}}=(\boldsymbol{E}-2\boldsymbol{\alpha}\boldsymbol{\alpha}^{\mathrm{T}})(\boldsymbol{E}-2\boldsymbol{\alpha}\boldsymbol{\alpha}^{\mathrm{T}})\\&=\boldsymbol{E}-4\boldsymbol{\alpha}\boldsymbol{\alpha}^{\mathrm{T}}+4\boldsymbol{\alpha}\boldsymbol{\alpha}^{\mathrm{T}}\boldsymbol{\alpha}\boldsymbol{\alpha}^{\mathrm{T}}=\boldsymbol{E}.\end{aligned}$$

这里 $\boldsymbol{\alpha}^{\mathrm{T}}\boldsymbol{\alpha}=\|\boldsymbol{\alpha}\|^2=1$.

当 $\boldsymbol{\alpha}=\frac{1}{\sqrt{3}}\begin{bmatrix}1\\1\\1\end{bmatrix}$ 时, $\boldsymbol{A}=\begin{bmatrix}1/3&-2/3&-2/3\\-2/3&1/3&-2/3\\-2/3&-2/3&1/3\end{bmatrix}$.

9. $$\boldsymbol{Q}\boldsymbol{Q}^{\mathrm{T}}=\begin{bmatrix}\boldsymbol{A}&\boldsymbol{C}\\\boldsymbol{O}&\boldsymbol{B}\end{bmatrix}\begin{bmatrix}\boldsymbol{A}^{\mathrm{T}}&\boldsymbol{O}\\\boldsymbol{C}^{\mathrm{T}}&\boldsymbol{B}^{\mathrm{T}}\end{bmatrix}=\begin{bmatrix}\boldsymbol{A}\boldsymbol{A}^{\mathrm{T}}+\boldsymbol{C}\boldsymbol{C}^{\mathrm{T}}&\boldsymbol{C}\boldsymbol{B}^{\mathrm{T}}\\\boldsymbol{B}\boldsymbol{C}^{\mathrm{T}}&\boldsymbol{B}\boldsymbol{B}^{\mathrm{T}}\end{bmatrix}=\begin{bmatrix}\boldsymbol{E}&\boldsymbol{O}\\\boldsymbol{O}&\boldsymbol{E}\end{bmatrix}.$$

由 $\boldsymbol{B}\boldsymbol{B}^{\mathrm{T}}=\boldsymbol{E}$ 知 $\boldsymbol{B}$ 是正交矩阵,可得 $\boldsymbol{B}$ 可逆,再由 $\boldsymbol{B}\boldsymbol{C}^{\mathrm{T}}=\boldsymbol{O}$,得 $\boldsymbol{C}=\boldsymbol{O}$,也就有 $\boldsymbol{A}\boldsymbol{A}^{\mathrm{T}}=\boldsymbol{E}$,即 $\boldsymbol{A}$ 为正交矩阵.

10. 由于 $\boldsymbol{A}+\boldsymbol{B}=\boldsymbol{B}\boldsymbol{B}^{\mathrm{T}}\boldsymbol{A}+\boldsymbol{B}\boldsymbol{A}^{\mathrm{T}}\boldsymbol{A}=\boldsymbol{B}(\boldsymbol{A}+\boldsymbol{B})^{\mathrm{T}}\boldsymbol{A}$,再由题设可知 $|\boldsymbol{A}|=-|\boldsymbol{B}|$, $|\boldsymbol{B}|^2=1$. 把 $\boldsymbol{A}+\boldsymbol{B}$ 取行列式,可有 $|\boldsymbol{A}+\boldsymbol{B}|=-|\boldsymbol{A}+\boldsymbol{B}|$,所以 $|\boldsymbol{A}+\boldsymbol{B}|=0$,即 $\boldsymbol{A}+\boldsymbol{B}$ 不可逆.

11. (1) 设 $\boldsymbol{\alpha}=x_1\boldsymbol{\alpha}_1+x_2\boldsymbol{\alpha}_2+x_3\boldsymbol{\alpha}_3$,则

$$(\boldsymbol{\alpha},\boldsymbol{\alpha})=x_1(\boldsymbol{\alpha},\boldsymbol{\alpha}_1)+x_2(\boldsymbol{\alpha},\boldsymbol{\alpha}_2)+x_3(\boldsymbol{\alpha},\boldsymbol{\alpha}_3)=0,$$

所以，$\boldsymbol{\alpha}=\mathbf{0}$.

(2) 由 $(\boldsymbol{\alpha},\boldsymbol{\alpha}_i)=(\boldsymbol{\beta},\boldsymbol{\alpha}_i)$，即 $(\boldsymbol{\alpha}-\boldsymbol{\beta},\boldsymbol{\alpha}_i)=0$，故 $\boldsymbol{\alpha}-\boldsymbol{\beta}=\mathbf{0}$.

第 五 章

1. (1) 120；　(2) $a^2(a-2^n)$；　(3) 4；

(4) 0(三重)，4(一重)；　(5) $\boldsymbol{P\alpha}$；

(6) $(-2,4,-4)^{\mathrm{T}}$. **提示**：$\boldsymbol{\beta}=\boldsymbol{\alpha}_1-2\boldsymbol{\alpha}_2$.

2. (1) (D)；　(2) (C)；　(3) (D)；　(4) (D)；　(5) (D).

3. $\boldsymbol{E}$. **提示**：令 $\boldsymbol{P}=(\boldsymbol{\alpha}_1,\boldsymbol{\alpha}_2,\boldsymbol{\alpha}_3)$，则 $\boldsymbol{P}^{-1}\boldsymbol{AP}=\begin{bmatrix}-1 & & \\ & 1 & \\ & & 1\end{bmatrix}=\boldsymbol{\Lambda}$，则

$$\boldsymbol{A}^{100}=\boldsymbol{P\Lambda}^{100}\boldsymbol{P}^{-1}=\boldsymbol{PEP}^{-1}=\boldsymbol{E}.$$

4. $-\boldsymbol{E}$. **提示**：由 $\boldsymbol{A}$ 能相似对角化，$\boldsymbol{B}$ 也能相似对角化，且

$$\boldsymbol{B}\sim\operatorname{diag}(-1,-1,-1),$$

故 $\boldsymbol{B}+\boldsymbol{E}\sim\operatorname{diag}(0,0,0)$，则 $\boldsymbol{B}+\boldsymbol{E}=\boldsymbol{O}$，即 $\boldsymbol{B}=-\boldsymbol{E}$.

5. $x+y=0$.

提示：$\boldsymbol{A}$ 的特征值为 $1,1,-1$. 题设条件说明 $\boldsymbol{A}$ 能相似对角化. 因而对二重特征值 $\lambda=1$，应有 $\mathrm{r}(\boldsymbol{E}-\boldsymbol{A})=1$，则可推出 $x+y=0$.

6. $x=0$，$y=-2$，$\boldsymbol{P}=\begin{bmatrix}0 & 0 & 1\\ 2 & 1 & 0\\ -1 & 1 & -1\end{bmatrix}$.

7. (1) $(1,-1,0)^{\mathrm{T}}$，$(1,1,-2)^{\mathrm{T}}$；

(2) $\boldsymbol{A}=\begin{bmatrix}4 & 1 & 1\\ 1 & 4 & 1\\ 1 & 1 & 4\end{bmatrix}$.

8. $a=2$，$b=1$，$\lambda=1$ 或 $a=2$，$b=-2$，$\lambda=4$.

提示：$|\boldsymbol{A}|=3a-2$. 由 $\boldsymbol{A}^*\boldsymbol{\alpha}=\lambda\boldsymbol{\alpha}\Longrightarrow\boldsymbol{A\alpha}=\dfrac{|\boldsymbol{A}|}{\lambda}\boldsymbol{\alpha}$，即

$$\begin{bmatrix}2 & 1 & 1\\ 1 & 2 & 1\\ 1 & 1 & a\end{bmatrix}\begin{bmatrix}1\\ b\\ 1\end{bmatrix}=\frac{3a-2}{\lambda}\begin{bmatrix}1\\ b\\ 1\end{bmatrix},$$

得到 $a=1$，$b=2$，$\lambda=1$ 或 $a=2$，$b=-2$，$\lambda=4$.

9. $a=0$，$\boldsymbol{P}=\begin{bmatrix}1 & 0 & 1\\ 2 & 0 & -2\\ 0 & 1 & 0\end{bmatrix}$.

提示：$|\lambda\boldsymbol{E}-\boldsymbol{A}|=(\lambda-6)^2(\lambda+2)$. 由 $\boldsymbol{A}$ 可相似对角化，故对二重特征值 6，应

有 $r(6E-A)=1$.

10. 提示：由题设 A 有 n 个线性无关的特征向量，若(1)成立，则(2)必成立，故只需证明(1).

设 $A\alpha=\lambda\alpha$，即 α 为 A 的任一个特征向量，则有

$$BA\alpha=AB\alpha=\lambda(B\alpha).$$

若 $B\alpha=0$，则 α 为 B 的属于 $\lambda=0$ 的特征向量.

若 $B\alpha\neq 0$，$B\alpha$ 是 A 的属于 λ 的特征向量，由 λ 是一重特征向量，故 $B\alpha$ 与 α 成比例，即

$$B\alpha=k\alpha,$$

所以 α 也是 B 的特征向量.

由 α 的任意性，说明 A 的特征向量都是 B 的特征向量类似可证明 B 的特征向量也是 A 的特征向量.

11. 提示：$|\lambda E-A|=\lambda^2-(a+d)\lambda+(ad-bc)$，判别式

$$\Delta=(a+d)^2-4(ad-bc)=(a-d)^2+4bc>0,$$

故特征方程有两个不相等的实根.

12. 提示：存在可逆矩阵 P，使 $P^{-1}AP=\Lambda$，故 $A=P\Lambda P^{-1}$，则

$$\begin{aligned}B&=(P\Lambda P^{-1}-\lambda_1PP^{-1})(P\Lambda P^{-1}-\lambda_2PP^{-1})(P\Lambda P^{-1}-\lambda_3PP^{-1})\\&=P(\Lambda-\lambda_1E)(\Lambda-\lambda_2E)(\Lambda-\lambda_3E)P^{-1}=O.\end{aligned}$$

13. 提示：(1) 由题设 $A\alpha_i=\lambda_i\alpha_i(i=1,2,3)$，于是

$$\begin{aligned}A\beta&=A\alpha_1+A\alpha_2+A\alpha_3=\lambda_1\alpha_1+\lambda_2\alpha_2+\lambda_3\alpha_3,\\A^2\beta&=\lambda_1^2\alpha_1+\lambda_2^2\alpha_2+\lambda_3^2\alpha_3.\end{aligned}$$

设 $k_1\beta+k_2A\beta+k_3A^2\beta=0$，即有

$$(k_1+k_2\lambda_1+k_3\lambda_1^2)\alpha_1+(k_1+k_2\lambda_2+k_3\lambda_2^2)\alpha_2+(k_1+k_2\lambda_3+k_3\lambda_3^2)\alpha_3=0.$$

因 $\alpha_1,\alpha_2,\alpha_3$ 线性无关，于是

$$\begin{cases}k_1+k_2\lambda_1+k_3\lambda_1^2=0,\\k_1+k_2\lambda_2+k_3\lambda_2^2=0,\\k_1+k_2\lambda_3+k_3\lambda_3^2=0,\end{cases}$$

其系数行列式 $\begin{vmatrix}1&\lambda_1&\lambda_1^2\\1&\lambda_2&\lambda_2^2\\1&\lambda_3&\lambda_3^2\end{vmatrix}\neq 0$，必有 $k_1=k_2=k_3=0$. 故 $\beta,A\beta,A^2\beta$ 线性无关.

(2) 由 $A^3\beta=A\beta$，有

$$A(\beta,A\beta,A^2\beta)=(A\beta,A^2\beta,A\beta)$$
$$=(\beta,A\beta,A^2\beta)\begin{bmatrix}0&0&0\\1&0&1\\0&1&0\end{bmatrix}.$$

令 $P=(\beta,A\beta,A^2\beta)$，则 P 可逆，且

$$P^{-1}AP=\begin{bmatrix}0&0&0\\1&0&1\\0&1&0\end{bmatrix}=B,$$

即 $A\sim B$，于是 $A-E\sim B-E$，$A+2E\sim B+2E$，从而有

$$\mathrm{r}(A-E)=\mathrm{r}(B-E)=\mathrm{r}\begin{bmatrix}-1&0&0\\1&-1&1\\0&1&-1\end{bmatrix}=2,$$

$$|A+2E|=|B+2E|=\begin{vmatrix}2&0&0\\1&2&1\\0&1&2\end{vmatrix}=6.$$

第 六 章

1. (1) $f(x_1,x_2,x_3)=x_1^2-3x_2^2+4x_3^2-4x_1x_3-2x_2x_3$.

(2) $-\frac{4}{5}<t<0$. (3) $a>2$. (4) $a=3$, $b=1$.

(5) $k>4$. (6) 3,2,1.

2. (1) (A). (2) (B). (3) (D). (4) (C). (5) (C).

3. $a=b=0$，正交矩阵 $Q=\begin{bmatrix}-\frac{1}{\sqrt{2}}&0&\frac{1}{\sqrt{2}}\\0&1&0\\\frac{1}{\sqrt{2}}&0&\frac{1}{\sqrt{2}}\end{bmatrix}$.

4. A 与 B 合同，$C=\begin{bmatrix}2&0\\1&3\end{bmatrix}$.

提示：A 与 B 都是正定矩阵，故都与 E 合同，所以 A 与 B 合同.

5. $f=-5x_1^2-2x_2^2-2x_3^2+4x_1x_2+4x_1x_3+8x_2x_3$.

提示：求二次型 f 就是求 f 的矩阵 A. 可知 A 的特征值为 $3,-6,-6$. 而 α_1 就是 A 的属于 $\lambda=3$ 的特征向量.

由互相正交，可求出 A 的属于 $\lambda=-6$ 的正交单位特征向量为

$$\alpha_2=\left(0,\frac{1}{\sqrt{2}},-\frac{1}{\sqrt{2}}\right)^{\mathrm{T}},\quad \alpha_3=\left(\frac{4}{3\sqrt{2}},\frac{-1}{3\sqrt{2}},-\frac{1}{3\sqrt{2}}\right)^{\mathrm{T}}.$$

由矩阵 $\boldsymbol{P}=(\alpha_1,\alpha_2,\alpha_3)$ 及对角矩阵 $\boldsymbol{\Lambda}=\mathrm{diag}(3,-6,-6)$ 可求出 $\boldsymbol{A}=\boldsymbol{P\Lambda P}^{-1}$.

6. 可逆线性变换

$$\begin{cases} x_1 = y_1, \\ x_2 = \quad y_2 + \dfrac{1}{2}y_3, \\ x_3 = \quad\quad y_3, \end{cases}$$

f 的标准形为 $f=3y_1^2+8y_2^2-3y_3^2$.

提示：此处 $\boldsymbol{A}$ 不是对称矩阵，$\boldsymbol{A}$ 的特征值为 3,3,4. 由 $\boldsymbol{A}$ 可相似对角化. 因此 $\mathrm{r}(3\boldsymbol{E}-\boldsymbol{A})=1$，可推出 $a=0$. 此时

$$f = \boldsymbol{X}^{\mathrm{T}}\boldsymbol{AX} = 3x_1^2 + 8x_2^2 - x_3^2 - 8x_2x_3$$

经配方，可求出可逆线性变换，将 f 化为标准形.

7. **提示**：*必要性* 设 $\boldsymbol{AB}$ 是正定矩阵，则 $\boldsymbol{AB}$ 是对称矩阵，故

$$(\boldsymbol{AB})^{\mathrm{T}} = \boldsymbol{AB} = \boldsymbol{B}^{\mathrm{T}}\boldsymbol{A}^{\mathrm{T}} = \boldsymbol{BA}.$$

充分性 设 $\boldsymbol{AB}=\boldsymbol{BA}$，则 $\boldsymbol{AB}$ 是对称矩阵.

由 $\boldsymbol{A},\boldsymbol{B}$ 为正定矩阵，可知 $\boldsymbol{A}=\boldsymbol{P}^{\mathrm{T}}\boldsymbol{P},\boldsymbol{B}=\boldsymbol{Q}^{\mathrm{T}}\boldsymbol{Q}$，其中 $\boldsymbol{P},\boldsymbol{Q}$ 是可逆矩阵. 于是

$$\boldsymbol{Q}(\boldsymbol{AB})\boldsymbol{Q}^{-1} = (\boldsymbol{QP}^{\mathrm{T}})(\boldsymbol{PQ}^{\mathrm{T}}) = (\boldsymbol{PQ}^{\mathrm{T}})^{\mathrm{T}}(\boldsymbol{PQ}^{\mathrm{T}}),$$

记 $(\boldsymbol{PQ}^{\mathrm{T}})^{\mathrm{T}}(\boldsymbol{PQ}^{\mathrm{T}})=\boldsymbol{C}$，则 $\boldsymbol{C}$ 是正定矩阵，则 $\boldsymbol{C}$ 的特征值全大于零.

而 $\boldsymbol{AB}$ 与 $\boldsymbol{C}$ 相似，所以 $\boldsymbol{AB}$ 的特征值与 $\boldsymbol{C}$ 的相同也全大于零，则 $\boldsymbol{AB}$ 是正定矩阵.

8. $\boldsymbol{C}$ 是正定矩阵.

提示：由 $\boldsymbol{A},\boldsymbol{B}$ 为正定矩阵，故 $\boldsymbol{A}=\boldsymbol{P}^{\mathrm{T}}\boldsymbol{P}$，$\boldsymbol{B}=\boldsymbol{Q}^{\mathrm{T}}\boldsymbol{Q}$，这里 $\boldsymbol{P},\boldsymbol{Q}$ 为可逆矩阵. 于是

$$\begin{bmatrix}\boldsymbol{A} & \boldsymbol{O}\\ \boldsymbol{O} & \boldsymbol{B}\end{bmatrix}=\begin{bmatrix}\boldsymbol{P}^{\mathrm{T}}\boldsymbol{P} & \boldsymbol{O}\\ \boldsymbol{O} & \boldsymbol{Q}^{\mathrm{T}}\boldsymbol{Q}\end{bmatrix}=\begin{bmatrix}\boldsymbol{P}^{\mathrm{T}} & \boldsymbol{O}\\ \boldsymbol{O} & \boldsymbol{Q}^{\mathrm{T}}\end{bmatrix}\begin{bmatrix}\boldsymbol{P} & \boldsymbol{O}\\ \boldsymbol{O} & \boldsymbol{Q}\end{bmatrix}$$

$$=\begin{bmatrix}\boldsymbol{P} & \boldsymbol{O}\\ \boldsymbol{O} & \boldsymbol{Q}\end{bmatrix}^{\mathrm{T}}\begin{bmatrix}\boldsymbol{P} & \boldsymbol{O}\\ \boldsymbol{O} & \boldsymbol{Q}\end{bmatrix},$$

而 $\begin{bmatrix}\boldsymbol{P} & \boldsymbol{O}\\ \boldsymbol{O} & \boldsymbol{Q}\end{bmatrix}$ 是可逆矩阵，故 $\boldsymbol{C}$ 是正定矩阵.

9. **提示**：$\boldsymbol{A}$ 正定 $\Longleftrightarrow$ $\exists$ 可逆矩阵 $\boldsymbol{P}$，使得 $\boldsymbol{A}=\boldsymbol{P}^{\mathrm{T}}\boldsymbol{P}$.

令 $\boldsymbol{P}^{\mathrm{T}}=(\alpha_1^{\mathrm{T}},\alpha_2^{\mathrm{T}},\cdots,\alpha_n^{\mathrm{T}})$，则 $\alpha_1,\alpha_2,\cdots,\alpha_n$ 线性无关，且

$$\boldsymbol{A} = \boldsymbol{P}^{\mathrm{T}}\boldsymbol{P} = \alpha_1^{\mathrm{T}}\alpha_1 + \alpha_2^{\mathrm{T}}\alpha_2 + \cdots + \alpha_n^{\mathrm{T}}\alpha_n.$$

10. **提示**：设 λ 为 $\boldsymbol{A}$ 的任一个特征值，则由 $\boldsymbol{A}^2-3\boldsymbol{A}+2\boldsymbol{E}=\boldsymbol{O}$，故 $\lambda^2-3\lambda+2=0$，得 $\lambda=1$ 或 $\lambda=2$，即 $\boldsymbol{A}$ 的特征值只可能是 1 或 2，由 $\boldsymbol{A}$ 的特征值全大于零知 $\boldsymbol{A}$ 正定.

11. **提示**：设

$$x_1\boldsymbol{\alpha}_1 + x_2\boldsymbol{\alpha}_2 + \cdots + x_n\boldsymbol{\alpha}_n = \mathbf{0},$$

两端左乘 $\boldsymbol{\alpha}_i^{\mathrm{T}}\boldsymbol{A}$，得 $x_i\boldsymbol{\alpha}_i^{\mathrm{T}}\boldsymbol{A}\boldsymbol{\alpha}_i=0$. 由 $\boldsymbol{A}$ 正定及 $\boldsymbol{\alpha}_i\neq\mathbf{0}$，故 $x_i=0\ (i=1,2,\cdots,n)$，所以 $\boldsymbol{\alpha}_1,\boldsymbol{\alpha}_2,\cdots,\boldsymbol{\alpha}_n$ 线性无关.

12. 提示：对于 $f=\boldsymbol{X}^{\mathrm{T}}\boldsymbol{A}\boldsymbol{X}$，存在正交变换 $\boldsymbol{X}=\boldsymbol{Q}\boldsymbol{Y}$，使得

$$f = \lambda_1 y_1^2 + \lambda_2 y_2^2 + \cdots + \lambda_n y_n^2,$$

由题设知

$$\lambda_1\boldsymbol{Y}^{\mathrm{T}}\boldsymbol{Y} \leqslant \lambda_1 y_1^2 + \lambda_2 y_2^2 + \cdots + \lambda_n y_n^2 \leqslant \lambda_n\boldsymbol{Y}^{\mathrm{T}}\boldsymbol{Y}.$$

又因 $\boldsymbol{Q}$ 是正交矩阵，于是 $\boldsymbol{X}^{\mathrm{T}}\boldsymbol{X}=\boldsymbol{Y}^{\mathrm{T}}\boldsymbol{Q}^{\mathrm{T}}\boldsymbol{Q}\boldsymbol{Y}=\boldsymbol{Y}^{\mathrm{T}}\boldsymbol{Y}$. 代入上式即得

$$\lambda_1\boldsymbol{X}^{\mathrm{T}}\boldsymbol{X} \leqslant \boldsymbol{X}^{\mathrm{T}}\boldsymbol{A}\boldsymbol{X} \leqslant \lambda_n\boldsymbol{X}^{\mathrm{T}}\boldsymbol{X}.$$

13. 提示：*必要性*　由 $\mathrm{r}(\boldsymbol{A})=n$ 知 $\boldsymbol{A}$ 是可逆矩阵，取 $\boldsymbol{B}=\boldsymbol{A}^{-1}$，则有

$$\boldsymbol{AB} + \boldsymbol{B}^{\mathrm{T}}\boldsymbol{A} = \boldsymbol{A}\boldsymbol{A}^{-1} + (\boldsymbol{A}^{-1})^{\mathrm{T}}\boldsymbol{A} = \boldsymbol{A}\boldsymbol{A}^{-1} + (\boldsymbol{A}^{\mathrm{T}})^{-1}\boldsymbol{A} = 2\boldsymbol{E}$$

为正定矩阵.

充分性　用反证法. 假设 $\mathrm{r}(\boldsymbol{A})<n$，则 n 元齐次线性方程组 $\boldsymbol{Ax}=\mathbf{0}$ 有非零解，即有 $\boldsymbol{x}\neq\mathbf{0}$，使 $\boldsymbol{Ax}=\mathbf{0}$，也就有 $\boldsymbol{x}^{\mathrm{T}}\boldsymbol{A}=\mathbf{0}^{\mathrm{T}}$.

由 $(\boldsymbol{AB}+\boldsymbol{B}^{\mathrm{T}}\boldsymbol{A})^{\mathrm{T}}=\boldsymbol{B}^{\mathrm{T}}\boldsymbol{A}^{\mathrm{T}}+\boldsymbol{A}^{\mathrm{T}}\boldsymbol{B}=\boldsymbol{AB}+\boldsymbol{B}^{\mathrm{T}}\boldsymbol{A}$，说明 $\boldsymbol{AB}+\boldsymbol{B}^{\mathrm{T}}\boldsymbol{A}$ 是实对称矩阵.

在上述 $\boldsymbol{x}\neq\mathbf{0}$ 时，

$$f = \boldsymbol{x}^{\mathrm{T}}(\boldsymbol{AB} + \boldsymbol{B}^{\mathrm{T}}\boldsymbol{A})\boldsymbol{x} = 0,$$

与 $\boldsymbol{AB}+\boldsymbol{B}^{\mathrm{T}}\boldsymbol{A}$ 是正定矩阵矛盾，所以 $\mathrm{r}(\boldsymbol{A})=n$.

2004年硕士学位研究生入学考试线性代数试题解答

1. 由 $\boldsymbol{ABA}^*=2\boldsymbol{BA}^*+\boldsymbol{E}$，则 $(\boldsymbol{A}-2\boldsymbol{E})\boldsymbol{BA}^*=\boldsymbol{E}$，两边取行列式得

$$|\boldsymbol{A} - 2\boldsymbol{E}||\boldsymbol{B}||\boldsymbol{A}^*| = 1.$$

而 $|\boldsymbol{A}|=3$，$|\boldsymbol{A}^*|=9$，$|\boldsymbol{A}-2\boldsymbol{E}|=1$，所以 $|\boldsymbol{B}|=\dfrac{1}{9}$.

2.
$$\begin{aligned} f(x_1,x_2,x_3) &= (x_1+x_2)^2+(x_2-x_3)^2+(x_3+x_1)^2 \\ &= 2x_1^2+2x_2^2+2x_3^2+2x_1x_2+2x_1x_3-2x_2x_3. \end{aligned}$$

由 f 的矩阵

$$\boldsymbol{A} = \begin{bmatrix} 2 & 1 & 1 \\ 1 & 2 & -1 \\ 1 & -1 & 2 \end{bmatrix} \to \begin{bmatrix} 1 & 2 & -1 \\ 0 & -1 & 1 \\ 0 & 0 & 0 \end{bmatrix},$$

所以 f 的秩为 2.

3. $\boldsymbol{A}^2=\begin{bmatrix} -1 & 0 & 0 \\ 0 & -1 & 0 \\ 0 & 0 & 1 \end{bmatrix}$，$\boldsymbol{A}^{2n}=\boldsymbol{E}\ (n\geqslant 2)$，所以

$$B^{2004}-2A^2=(P^{-1}AP)^{2004}-2A^2=P^{-1}A^{2004}P-2A^2$$

$$=E-2A^2=\begin{bmatrix}3&0&0\\0&3&0\\0&0&-1\end{bmatrix}.$$

4. 由题设,可知正交矩阵

$$A=\begin{bmatrix}1&0&0\\0&a_{22}&a_{23}\\0&a_{32}&a_{33}\end{bmatrix},$$

显然
$$\begin{bmatrix}1&0&0\\0&a_{22}&a_{23}\\0&a_{32}&a_{33}\end{bmatrix}\begin{bmatrix}1\\0\\0\end{bmatrix}=\begin{bmatrix}1\\0\\0\end{bmatrix},$$

所以方程组 $Ax=b$ 的解是 $x=(1,0,0)^T$.

5. 由初等变换与初等矩阵关系,可知

$$Q=\begin{bmatrix}0&1&0\\1&0&0\\0&0&1\end{bmatrix}\begin{bmatrix}1&0&0\\0&1&1\\0&0&1\end{bmatrix}=\begin{bmatrix}0&1&1\\1&0&0\\0&0&1\end{bmatrix}.$$

应选(D).

6. 不妨设 A 为 $m\times n$ 矩阵, B 为 $n\times s$ 矩阵.

由 $AB=O$,则 $r(A)+r(B)\leqslant n$.

又 A,B 均为非零矩阵,可知 $r(A_{m\times n})<n$, $r(B_{n\times s})<n$,所以 A 的列向量组线性相关, B 的行向量组线性相关.

应选(A).

7. 由初等变换与方阵的行列式的关系可知(D)正确.

应选(D).

8. 由题设条件来讨论 A 的秩应为多少?

若 $r(A)=n$,则 $Ax=b$ 有惟一解,与题设不符;

若 $r(A)<n-1$,则 $A^*=O$,与题设不符,故只能有 $r(A)=n-1$. 则 n 元齐次线性方程组 $Ax=0$ 的基础解系仅含一个非零解向量.

应选(B).

9. 方程组的系数行列式

$$|A|=\begin{vmatrix}1+a&1&\cdots&1\\2&2+a&\cdots&2\\\vdots&\vdots&&\vdots\\n&n&\cdots&n+a\end{vmatrix}=a^{n-1}\left(a+\frac{n(n+1)}{2}\right),$$

所以当 $a=0$ 或 $a=-\frac{n(n+1)}{2}$ 时，$|\boldsymbol{A}|=0$,方程组有非零解.

当 $a=0$ 时，

$$\boldsymbol{A}\to\begin{bmatrix}1&1&\cdots&1\\0&0&\cdots&0\\\vdots&\vdots&&\vdots\\0&0&\cdots&0\end{bmatrix},$$

通解为

$$c_1\begin{bmatrix}-1\\1\\0\\\vdots\\0\end{bmatrix}+c_2\begin{bmatrix}-1\\0\\1\\\vdots\\0\end{bmatrix}+\cdots+c_{n-1}\begin{bmatrix}-1\\0\\0\\\vdots\\1\end{bmatrix},$$

其中 $c_1,c_2,\cdots,c_{n-1}$ 为任意常数.

当 $a=-\frac{n(n+1)}{2}$ 时，

$$\boldsymbol{A}\to\begin{bmatrix}-2&1&0&\cdots&0\\-3&0&1&\cdots&0\\\vdots&\vdots&\vdots&&\vdots\\-n&0&0&\cdots&1\\0&0&0&\cdots&0\end{bmatrix},$$

通解为

$$c(1,2,\cdots,n)^{\mathrm{T}},\quad c\text{ 为任意常数}.$$

10. $\boldsymbol{A}$ 的特征多项式为

$$|\lambda\boldsymbol{E}-\boldsymbol{A}|=\begin{vmatrix}\lambda-1&-2&3\\1&\lambda-4&3\\-1&-a&\lambda-5\end{vmatrix}$$

$$=(\lambda-2)(\lambda^2-8\lambda+18+3a).$$

① 若有 $\lambda=2$ 为二重根,则应

$$\lambda^2-8\lambda+18+3a=(\lambda-2)(\lambda-6),$$

则 $a=-2$,此时

$$2\boldsymbol{E}-\boldsymbol{A}=\begin{bmatrix}1&-2&3\\1&-2&3\\-1&2&-3\end{bmatrix}\to\begin{bmatrix}1&-2&3\\0&0&0\\0&0&0\end{bmatrix}.$$

由 $\mathrm{r}(2\boldsymbol{E}-\boldsymbol{A})=1$ 可知 $\boldsymbol{A}$ 能相似对角化.

② 若 $\lambda^2-8\lambda+18+3a=(\lambda-4)^2$，则 $a=-\frac{2}{3}$. 此时

$$4\boldsymbol{E}-\boldsymbol{A}=\begin{bmatrix}3 & -2 & 3\\ 1 & 0 & 3\\ -1 & \frac{2}{3} & -1\end{bmatrix}\to\begin{bmatrix}1 & 0 & 3\\ 0 & 1 & 3\\ 0 & 0 & 0\end{bmatrix}.$$

由 $\mathrm{r}(4\boldsymbol{E}-\boldsymbol{A})=2$ 可知，$\boldsymbol{A}$ 不能相似对角化.

11. 考虑 3 元非齐次线性方程组

$$x_1\boldsymbol{\alpha}_1+x_2\boldsymbol{\alpha}_2+x_3\boldsymbol{\alpha}_3=\boldsymbol{\beta},$$

方程组的系数行列式为

$$|\boldsymbol{A}|=\begin{vmatrix}1 & 1 & -1\\ 2 & a+2 & -b-2\\ 0 & -3a & a+2b\end{vmatrix}=a(a-b).$$

(1) 当 $a=b=0$ 时，

$$\overline{\boldsymbol{A}}=\begin{bmatrix}1 & 1 & -1 & 1\\ 2 & 2 & -2 & 3\\ 0 & 0 & 0 & -3\end{bmatrix},$$

方程组无解，说明 $\boldsymbol{\beta}$ 不能由 $\boldsymbol{\alpha}_1,\boldsymbol{\alpha}_2,\boldsymbol{\alpha}_3$ 线性表示.

当 $a=0,b\neq0$ 时，

$$\overline{\boldsymbol{A}}=\begin{bmatrix}1 & 1 & -1 & 1\\ 2 & 2 & -b-2 & 3\\ 0 & 0 & 2b & -3\end{bmatrix}\to\begin{bmatrix}1 & 1 & -1 & 1\\ 0 & 0 & -b & 1\\ 0 & 0 & 0 & -1\end{bmatrix},$$

方程组无解，$\boldsymbol{\beta}$ 不能由 $\boldsymbol{\alpha}_1,\boldsymbol{\alpha}_2,\boldsymbol{\alpha}_3$ 线性表示.

(2) 当 $a\neq0$ 且 $a\neq b$ 时，方程组有惟一解为 $\left(1-\frac{1}{a},\frac{1}{a},0\right)^{\mathrm{T}}$，说明 $\boldsymbol{\beta}$ 可由 $\boldsymbol{\alpha}_1,\boldsymbol{\alpha}_2,\boldsymbol{\alpha}_3$ 惟一地线性表示，且表示式为

$$\boldsymbol{\beta}=\left(1-\frac{1}{a}\right)\boldsymbol{\alpha}_1+\frac{1}{a}\boldsymbol{\alpha}_2+0\boldsymbol{\alpha}_3.$$

(3) 当 $a=b\neq0$ 时，

$$\overline{\boldsymbol{A}}=\begin{bmatrix}1 & 1 & -1 & 1\\ 2 & a+2 & -a-2 & 3\\ 0 & -3a & 3a & -3\end{bmatrix}\to\begin{bmatrix}1 & 0 & 0 & 1-\frac{1}{a}\\ 0 & 1 & -1 & \frac{1}{a}\\ 0 & 0 & 0 & 0\end{bmatrix}.$$

方程组有无穷多解，全部解为 $\left(1-\frac{1}{a},\frac{1}{a}+c,c\right)^{\mathrm{T}}$，$c$ 为任意常数，说明 $\boldsymbol{\beta}$ 可由 $\boldsymbol{\alpha}_1,\boldsymbol{\alpha}_2,\boldsymbol{\alpha}_3$ 线性表示，但不惟一. 线性表示式为

$$\boldsymbol{\beta}=\left(1-\frac{1}{a}\right)\boldsymbol{\alpha}_1+\left(\frac{1}{a}+c\right)\boldsymbol{\alpha}_2+c\boldsymbol{\alpha}_3.$$

12. (1) $\boldsymbol{A}$ 的特征多项式为

$$|\lambda\boldsymbol{E}-\boldsymbol{A}|=\begin{vmatrix}\lambda-1 & -b & \cdots & -b\\ -b & \lambda-1 & \cdots & -b\\ \vdots & \vdots & & \vdots\\ -b & -b & \cdots & \lambda-1\end{vmatrix}$$

$$=[\lambda-1-(n-1)b](\lambda-1+b)^{n-1}.$$

所以 $\boldsymbol{A}$ 的特征值为 $1+(n-1)b$(一重)，$1-b$($n-1$ 重).

对 $\lambda=1+(n-1)b$，

$$[1+(n-1)b]\boldsymbol{E}-\boldsymbol{A}=\begin{bmatrix}(n-1)b & -b & \cdots & -b\\ -b & (n-1)b & \cdots & -b\\ \vdots & \vdots & & \vdots\\ -b & -b & \cdots & (n-1)b\end{bmatrix}$$

$$\to\begin{bmatrix}1 & 0 & \cdots & 0 & -1\\ 0 & 1 & \cdots & 0 & -1\\ \vdots & \vdots & & \vdots & \vdots\\ 0 & 0 & \cdots & 1 & -1\\ 0 & 0 & \cdots & 0 & 0\end{bmatrix},$$

可得 $\boldsymbol{A}$ 的属于 $\lambda=1+(n-1)b$ 的特征向量 $\boldsymbol{\alpha}_1=(1,1,\cdots,1)^{\mathrm{T}}$.

对 $\lambda=1-b$，

$$(1-b)\boldsymbol{E}-\boldsymbol{A}=\begin{bmatrix}-b & -b & \cdots & -b\\ -b & -b & \cdots & -b\\ \vdots & \vdots & & \vdots\\ -b & -b & \cdots & -b\end{bmatrix}\to\begin{bmatrix}1 & 1 & \cdots & 1\\ 0 & 0 & \cdots & 0\\ \vdots & \vdots & & \vdots\\ 0 & 0 & \cdots & 0\end{bmatrix},$$

可得 $\boldsymbol{A}$ 的属于 $\lambda=1-b$ 的特征向量为

$$\boldsymbol{\alpha}_2=(1,-1,0,\cdots,0)^{\mathrm{T}},\quad \boldsymbol{\alpha}_3=(1,0,-1,\cdots,0)^{\mathrm{T}},\quad \cdots,$$
$$\boldsymbol{\alpha}_n=(1,0,\cdots,-1)^{\mathrm{T}}.$$

(2) 令矩阵

$$\boldsymbol{P}=\begin{bmatrix}1 & 1 & \cdots & 1\\ 1 & -1 & \cdots & 0\\ \vdots & \vdots & & \vdots\\ 1 & 0 & \cdots & -1\end{bmatrix},$$

则有 $$\boldsymbol{P}^{-1}\boldsymbol{A}\boldsymbol{P}=\boldsymbol{\Lambda}=\mathrm{diag}(1+(n-1)b,1-b,\cdots,1-b).$$

13. (1) 由$(1,-1,1,-1)^{\mathrm{T}}$为方程组一个解，将它代入方程组中，可得$\lambda=\mu$，于是

$$\bar{\boldsymbol{A}}=\begin{bmatrix}1&\lambda&\lambda&1&0\\2&1&1&2&0\\3&2+\lambda&4+\lambda&4&1\end{bmatrix}\to\begin{bmatrix}1&\lambda&\lambda&1&0\\0&1&3&1&1\\0&1-2\lambda&1-2\lambda&0&0\end{bmatrix}.$$

① 当$1-2\lambda\neq0$，即$\lambda\neq\dfrac{1}{2}$时，

$$\bar{\boldsymbol{A}}\to\begin{bmatrix}1&0&0&1&0\\0&1&0&-\dfrac{1}{2}&-\dfrac{1}{2}\\0&0&1&\dfrac{1}{2}&\dfrac{1}{2}\end{bmatrix},$$

可得方程组全部解为

$$\left(0,-\frac{1}{2},\frac{1}{2},0\right)^{\mathrm{T}}+c\left(-1,\frac{1}{2},-\frac{1}{2},1\right)^{\mathrm{T}}.$$

② 当$1-2\lambda=0$，即$\lambda=\dfrac{1}{2}$时，

$$\bar{\boldsymbol{A}}\to\begin{bmatrix}1&0&-1&\dfrac{1}{2}&-\dfrac{1}{2}\\0&1&3&1&1\\0&0&0&0&0\end{bmatrix},$$

可得方程组全部解为

$$\left(-\frac{1}{2},1,0,0\right)^{\mathrm{T}}+c_1(1,-3,1,0)^{\mathrm{T}}+c_2\left(-\frac{1}{2},-1,0,1\right)^{\mathrm{T}}.$$

(2) 当$\lambda=\mu\neq\dfrac{1}{2}$时，将条件$x_2=x_3$用于通解中，得$c=1$，方程组惟一解为$(-1,0,0,1)^{\mathrm{T}}$.

当$\lambda=\mu=\dfrac{1}{2}$时，将条件$x_2=x_3$用于通解中，得$c_2=1-4c_1$，则方程组全部解为

$$(-1,0,0,1)^{\mathrm{T}}+c_1(3,1,1,-4)^{\mathrm{T}}.$$

14. (1) 设$\boldsymbol{A}$的另一特征值为λ_3，对应特征向量$\boldsymbol{\alpha}_3=(x_1,x_2,x_3)^{\mathrm{T}}$，则由$\boldsymbol{A}$能相似对角化，且

$$\boldsymbol{A}\sim\begin{bmatrix}6&&\\&6&\\&&\lambda_3\end{bmatrix},$$

因$\mathrm{r}(\boldsymbol{A})=2$，所以$\lambda_3=0$. $\boldsymbol{\alpha}_3$与$\boldsymbol{\alpha}_1$及$\boldsymbol{\alpha}_2$都正交，则有

$$\begin{cases} x_1 + x_2 = 0, \\ 2x_1 + x_2 + x_3 = 0, \end{cases}$$

故可取 $\boldsymbol{\alpha}_3=(-1,1,1)^{\mathrm{T}}$.

(2) 令 $\boldsymbol{P}=\begin{bmatrix}1 & 2 & -1\\ 1 & 1 & 1\\ 0 & 1 & 1\end{bmatrix}$,则

$$\boldsymbol{P}^{-1}\boldsymbol{A}\boldsymbol{P}=\begin{bmatrix}6 & & \\ & 6 & \\ & & 0\end{bmatrix}=\boldsymbol{\Lambda},$$

则
$$\boldsymbol{A}=\boldsymbol{P}\boldsymbol{\Lambda}\boldsymbol{P}^{-1}=\begin{bmatrix}4 & 2 & 2\\ 2 & 4 & -2\\ 2 & -2 & 4\end{bmatrix}.$$

参 考 书 目

[1] 王中良编. 线性代数与解析几何. 北京：科学出版社，2000.

[2] 魏战线编著. 线性代数辅导与典型题解析. 西安：西安交通大学出版社，2001.

[3] 王中良主编. 线性代数学习辅导与解题方法. 北京：高等教育出版社，2003.

[4] 黄先开. 线性代数. 北京：世界图书出版公司，2003.

[5] 李永乐、周耀耀编著. 线性代数辅导讲义. 北京：国家行政学院出版社，2001.

[6] 马杰主编. 线性代数复习指导. 北京：科学技术文献出版社，1999.